AF573016

Impressum

Originally published in the United States of America by
The Taunton Press, Inc. in 2002: "Joinery"

Deutsche Ausgabe

„Holzverbindungen – Auswählen, konstruieren, bauen“
4. unveränderte Auflage

Übersetzung: Michael Auwers
Umschlaggestaltung: Kerker + Baum, Hannover
Produktion: PrintMediaNetwork, Oldenburg
Printed in Europe

ISBN 978-3-86630-951-7
Best.-Nr. 9156

HolzWerken
Ein Imprint von Vincentz Network GmbH & Co. KG
Plathnerstr. 4c, 30175 Hannover
www.holzwerken.net

Die deutsche Ausgabe ist wegen hier nicht zugelassener Maschinen und sonstiger abweichender Sicherheitsvorschriften gegenüber der amerikanischen Orignalausgabe um einige Seiten gekürzt.
Die folgenden Fotos sind abweichend von der Originalausgabe von Guido Henn erstellt: S. 117 oben, S. 205 (alle), S. 242 F, S. 326 B und C

Das Arbeiten mit Holz, Metall und anderen Materialien bringt schon von der Sache her das Risiko von Verletzungen und Schäden mit sich. Autor und Verlag können nicht garantieren, dass die in diesem Buch beschriebenen Arbeitsvorhaben von jedermann sicher auszuführen sind. Vor Inangriffnahme der Projekte hat der Ausführende zu prüfen, ob er die Handhabung der notwendigen Werkzeuge und Maschinen beherrscht. Autor und Verlag übernehmen keine Verantwortung für eventuell entstehende Verletzungen, Schäden oder Verlust, seien sie direkt oder indirekt durch den Inhalt des Buches oder den Einsatz der darin zur Realisierung der Projekte genannten Werkzeuge entstanden.

Weitere Materialien kostenlos online verfügbar!

http://www.holzwerken.net/bonus

Ihr exklusiver Bonus an Informationen!
Zusätzlich zu diesem Buch bietet Ihnen *HolzWerken* Bonus-Material zum Download an.
Scannen Sie den QR-Code oder geben Sie den Buch Code unter www.holzwerken.net/bonus ein und erhalten Sie kostenfreien Zugang zu Ihren persönlichen Bonus-Materialien!

Buch-Code: TE4624A

Inhalt

264 KAPITEL FÜNFZEHN: Schlitz-und-Zapfenverbindungen

Einleitung

Wie andere menschliche Tätigkeiten ordnen wir auch die Herstellung von Möbeln in verschiedene Kategorien. Schließlich gibt es nur so und so viele Arten, einen Kasten herzustellen. Aber dank unserer Phantasie haben wir das Meiste aus all diesen Möglichkeiten gemacht.

Tatsächlich gibt es nur zwei grundlegende Verbindungssysteme bei der Arbeit mit Holz. Entweder wir stellen aus breiten Platten aus Voll- oder Sperrholz einen Kasten her, der den Korpus unsere Schränke oder Schmuckkästchen ergibt. Oder wir bauen in Gestellbauweise unsere Stühle, Tische, Betten und Schränke. Diese Gestelle entstehen aus kleineren Teilen, die mit oder ohne eine eingefügte Füllung miteinander verbunden werden.

Aus diesen beiden Kategorien lässt sich eine Vielzahl unterschiedlicher Verbindungen entwickeln. Ein so einfacher Gegenstand wie ein Kasten kann auf einem Dutzend unterschiedlicher Verbindungen beruhen, und viele der Verbindungen können gegeneinander ausgetauscht werden. Wie wählt man also die passende Verbindung aus?

Ausgangspunkt für die Wahl der Verbindung ist die Funktion des Werkstücks. Wollen Sie einen Schrank bauen, in dem die Kronjuwelen aufbewahrt werden, oder soll es ein Rezeptkästchen sein, dem die Arbeit in der Küche zu mehr als einem Flecken verhelfen wird?

Große Platten lassen sich am besten mit Schwalbenschwanzzinkungen verbinden, aber ein Blumenkasten für das Fenster muss nicht so hergestellt werden, um brauchbar zu sein.

Bedenken Sie dann auch Fragen der Wirtschaftlichkeit - Sie sollten effizient und schnell mit der Arbeit vorankommen können.

Wie viel Zeit steht Ihnen zur Verfügung? Falls das Stück an einem Wochenende fertig werden soll, kann die Verbindungswahl einen großen Einfluss ausüben. Dutzende von Schlitzen mit der Hand zu schneiden, ist sicher nicht sehr zeitsparend, aber es kann die perfekte Art und Weise sein, in gelassener Stimmung inmitten einer gehetzten Welt zu arbeiten.

Die Fertigkeit, über die Sie verfügen, bestimmen auch die Wahl der Verbindungen, aber andererseits kann das Erlernen einer neuen Verbindung auch eine wunderbare Herausforderung sein. Wir neigen dazu, einmal gefundene Methoden immer wieder zu verwenden, was natürlich auch den Vorteil hat, dass man bei jeder Wiederholung etwas besser wird.

Die Verbindungen beeinflussen den Entwurf eines Möbels auf sehr offensichtliche, aber auch auf sehr subtile Weise. Ein schlichter Kasten kann auf einem Dutzend unterschiedlicher Weisen konstruiert werden, aber eine Eckverbindung auf Gehrung sieht nicht im Entferntesten so aus wie eine Fingerzinkung. Die Verbindungen können auch bei der Montage von manchen Möbelstücken hilfreich sein, indem sie Wangen und Kanten anbieten, die man beim Verleimen oder der Vormontage nutzen kann.

Wählen Sie Ihre Verbindungen nach allen diesen Kriterien aus. Die eine Methode mag am einen Tag besser funktionieren, die andere an einem anderen. Bedenken Sie bitte auch, dass dieses Buch nur ein Ratgeber ist. Keine einzelne Methode, keine Hilfsvorrichtung, keine Maschine und kein Buch können einen Meister vom Himmel fallen lassen. Meisterhafte Verbindungen lernt man herzustellen, indem man Verbindungen herstellt. Meisterhaftes Arbeiten ist der Lohn der Zeit, die man damit verbracht hat, zu lernen, Fehler zu machen, wieder von vorne anzufangen. Die Möbel, die man herstellt, sind für den Handwerker nur eine Zugabe - die echte Belohnung ist immer die Zeit, die man in der Werkstatt verbracht hat.

Über den Umgang mit diesem Buch

Dieses Buch ist vor allem dafür gedacht, mit ihm zu arbeiten. Es soll nicht im Regal zum Staubfänger werden. Es sollte zur Hand genommen werden, wenn man ein neues oder wenig bekanntes Verfahren anwenden möchte. Als erstes sollte man also sicherstellen, das sich das Buch dort befindet, wo man mit Holz arbeitet.

Auf den folgenden Seiten finden Sie eine Vielzahl unterschiedlicher Methoden, mit denen die wichtigsten Arbeitsweisen auf diesem Gebiet der Holzbearbeitung abgedeckt werden. Wie bei vielen anderen praktischen Tätigkeiten gibt es auch in der Tischlerei oft verschiedene Wege, um zum gleichen Ergebnis zu gelangen. Die Bevorzugung der einen Methode gegenüber einer anderen hängt von verschiedenen Faktoren ab.

Zeit.

Müssen Sie zügig arbeiten, oder können Sie es sich erlauben, die Ruhe zu genießen, die bei der Arbeit mit Handwerkzeugen herrscht?

Ihre Werkzeugausstattung.

Verfügen Sie über eine Werkstatt, bei der mancher Berufstischler vor Neid blass wird, oder arbeiten Sie mit der üblichen Ausstattung an Handwerkzeugen und Maschinen?

Ihre Fähigkeiten.

Ziehen Sie einfache Arbeitsweisen vor, weil Sie noch am Anfang Ihrer Karriere als Holzwerker stehen, oder suche Sie immer nach neuen Herausforderungen, um Ihre Fähigkeiten zu erweitern?

Das Werkstück.

Planen Sie einen reinen Gebrauchsgegenstand, oder wollen Sie etwas herstellen, das Ihre Handwerkstechniken im besten Licht erscheinen lassen wird?

Im Buch haben wir viele verschiedene Methoden angewandt, um Ihren Bedürfnissen entgegen zu kommen.

Um sich im Buch zu orientieren, sollten Sie sich zuerst zwei Fragen stellen: Welches Resultat möchte ich erreichen? Welche Werkzeuge will ich einsetzen, um es zu erreichen?

In manchen Fällen gibt es viele verschiedene Methoden und viele Werkzeuge, die zum gleichen Ergebnis führen. Bei anderen Vorhaben gibt es nur ein oder zwei vernünftige Lösungen. Wir haben uns aber auf jeden Fall für eine praktische Herangehensweise entschieden, es kann also sein, dass Ihre liebste exotische Methode für einen bestimmten Arbeitsgang hier nicht vorkommt. Wir haben jede vernünftige Methode aufgenommen - und noch einige darüber hinaus, um Ihre Kenntnisse zu erweitern.

Um das Material zu organisieren, haben wir zwei Gliederungsebenen verwendet. Die verschiedenen grundlegenden Verfahren werden in entsprechenden „Teilen" vorgestellt. Jeder dieser Teile wird in mehrere „Abschnitte" unterteilt, die jeweils Verfahren und Vorgehensweisen vorstellen, die zu ähnlichen Ergebnissen führen. Meist kommen die einfacheren oder häufigeren Verfahren zuerst und werden von den anspruchsvolleren und jenen gefolgt, die besondere Werkzeuge voraussetzen. Manchmal wird zuerst die Methode vorgestellt, die mit grundlegenden Techniken bewältigt werden kann, dann folgen Alternativen mit anderen gebräuchlichen Werkzeugen, schließlich folgen dann solche mit Spezialwerkzeugen.

Als erstes sehen Sie eine Übersicht mit Fotos und entsprechenden Seitenzahlen. Dies ist eine Art illustriertes Inhaltsverzeichnis. Sie finden hier für jeden Abschnitt ein Foto und die Seitenzahl, mit welcher der Abschnitt anfängt.

Jeder Abschnitt beginnt mit einem ähnlichen ‚Wegweiser', bei dem die Fotos als Vertreter für zusammengehörige Gruppen von Techniken oder für einzelne Techniken stehen. Unter jeder Gruppierung findet sich eine Liste der Arbeitsanweisungen für die Techniken und die Angabe der Seite, auf der man sie finden kann. Die "VISUELLE LANDKARTE“ zeigt Ihnen, wo Sie den Abschnitt finden, in dem der Arbeitsgang beschrieben wird, den Sie ausführen möchten.

Die Abschnitte beginnen mit einem Überblick, in dem die Verfahren kurz vorgestellt werden, die in dem Abschnitt behandelt werden. Hier findet man wichtige allgemeine Informationen zu dieser Gruppe von Techniken, darunter auch eventuell notwendige Sicherheitshinweise und Beschreibungen von besonderen Werkzeugen.

Die Arbeitsanleitungen sind das Kernstück des Buches. Hier werden die einzelnen Schritte des Verfahrens mit Abbildungen vorgestellt. Der Begleittext beschreibt das Verfahren und führt den Anwender unter Bezug auf die Fotos durch die Vorgehensweise. Je nachdem, wie Sie am besten lernen, können Sie zuerst die Abbildungen oder den Text studieren, bedenken Sie jedoch, dass beide zusammengehören. Falls ein Arbeitsschritt auch auf andere Weise ausgeführt werden kann, wird dies im Text und bei den Abbildungen als „Variation“ gekennzeichnet.

In einem „ABSCHNITT“ werden verwandte Verfahren zusammengefasst.

Um die Nutzbarkeit des Buches zu erhöhen, haben wir Querverweise auf Methoden und Arbeitsschritte eingefügt, die in einem anderen Abschnitt des Buches bereits beschrieben wurden. Diese gelben „Querverweise“ finden sich häufig in den Überblicksabschnitten und in den Arbeitsanleitungen.

Die „VISUELLE LANDKARTE“ zeigt Ihnen, wo Sie den Abschnitt finden, in dem der Arbeitsgang beschrieben wird, den Sie ausführen möchten.

In einem „KAPITEL“ werden verwandte Verfahren zusammengefasst.

Der „ÜBERBLICK“ gibt Ihnen wichtige Informationen über eine Gruppe von Techniken, er schildert, wie die Vorrichtungen gebaut werden und gibt Hinweise zum Werkzeugeinsatz und zur Sicherheit.

An einigen Stellen im Text finden Sie farbig abgesetzt einen Warnhinweis: WARNUNG. Man kann die Wichtigkeit dieser Sicherheitshinweise kaum zu sehr betonen. Denken Sie bei der Arbeit immer an Ihre Sicherheit, verwenden Sie Schutzvorrichtungen an den Maschinen und Schutzausstattungen zu Ihrem persönlichen Schutz (Sicherheitsbrille, Gehörschutz und ähnliches). Wenn Sie sich bei einem Verfahren unsicher fühlen, führen Sie es nicht aus, sondern greifen Sie auf ein anderes zurück.

„VERWEISE“ zeigen Ihnen, wo Sie im Buch verwandte Arbeitstechniken oder die detaillierte Beschreibung eines Verfahrens finden. Schließlich sollten Sie daran denken, dieses Buch immer dann zur Hand zu nehmen, wenn Sie eine Gedächtnisstütze benötigen oder etwas Neues lernen wollen. Es ist als Nachschlagewerk konzipiert worden, das Ihnen helfen soll, ein besserer Holzhandwerker zu werden. Das kann nur gelingen, wenn es ein genauso vertrautes Werkzeug wird wie Ihre Lieblingsstechbeitel.

Die «SCHRITT-FÜR-SCHRITT-ESSAYS“ enthalten Fotos, Zeichnungen und Anleitungen für die Ausführung der Arbeiten.

Der „TEXT“ enthält Hinweise auf die Abbildungen.

„VARIATIONEN“ zeigen Alternativen zu einem Arbeitsschritt.

„WARNUNGEN“ weisen auf besondere Sicherheitsrisiken bei diesem Verfahren hin und zeigen, wie man ihnen begegnet.

„TIPPS“ zeigen, wie man schneller und geschickter zum gewünschten Ergebnis kommt.

Die „SCHRITT-FÜR-SCHRITT-ESSAYS“ enthalten Fotos, Zeichnungen und Anleitungen für die Ausführung der Arbeiten.

„WARNUNGEN“ weisen auf besondere Sicherheitsrisiken bei diesem Verfahren hin und zeigen, wie man ihnen begegnet.

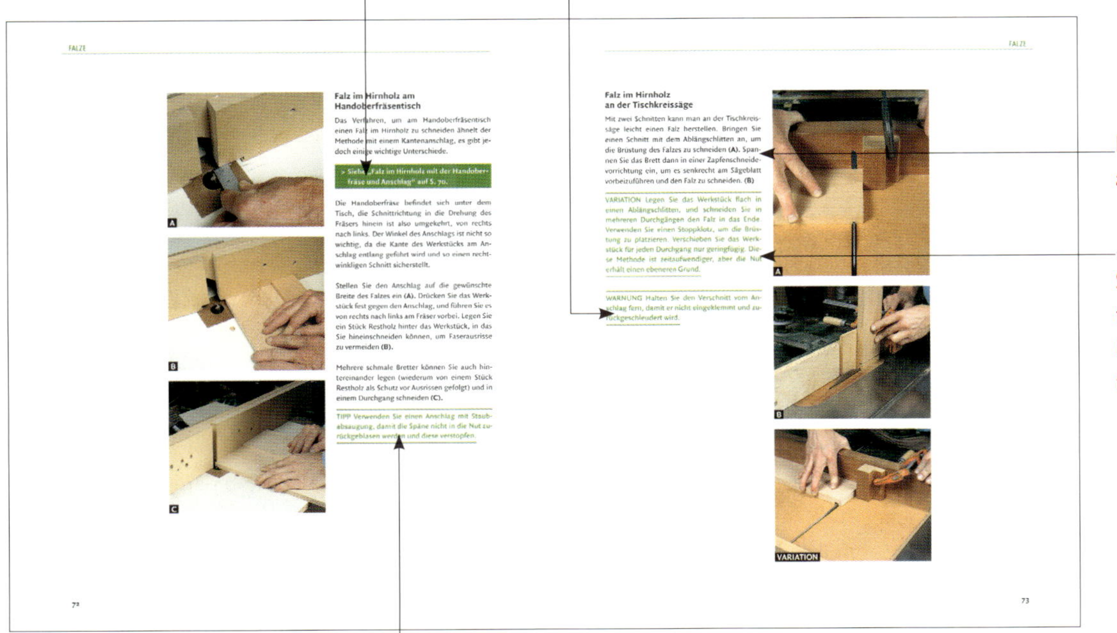

Der „TEXT“ enthält Hinweise auf die Abbildungen.

„VERWEISE“ zeigen Ihnen, wo Sie im Buch verwandte Arbeitstechniken oder die detaillierte Beschreibung eines Verfahrens finden.

„TIPPS“ zeigen, wie man schneller und geschickter zum gewünschten Ergebnis kommt.

TEIL EINS

Das Werkzeug

Handwerkzeuge
(S. 7)

Elektrowerkzeuge
(S. 16)

Stationäre Maschinen
(S. 26)

Der Möbeltischler verwendet bei seiner Arbeit eine Vielzahl von Werkzeugen, um Verbindungen herzustellen. Die Arbeit mit Handwerkzeugen muss erlernt werden, was Geduld erfordert, aber sie gewährleisten dann auch hohe Genauigkeit und großes Vergnügen bei der Arbeit. Elektromaschinen wie die Handoberfräse sind schnell, flexibel und genau, wenn man sie richtig zu führen weiß. Diese Effizienz bezahlt man aber auch mit Lärm und Staub. Stationäre Maschinen sind heute die Arbeitstiere in den meisten Werkstätten, da mit ihnen die groben Vorarbeiten des Zuschnitts und Aushobelns erledigt werden. Sie können aber auch für bestimmte Arbeiten bei der Herstellung von Verbindungen effektiv eingesetzt werden. Maschinen arbeiten schnell und sind so konstruiert, dass man mit ihnen identische Aufgaben unendlich oft und ohne Mühe wiederholen kann. Außerdem ist die Arbeit mit ihnen gefährlich, wenn man nicht an die Sicherheit denkt. Jede dieser Werkzeugarten bringt ihre eigenen Vorteile und Probleme mit sich. Der erfahrene Tischler setzt sie alle ein, manchmal zusammen, manchmal alleine. Es hängt einfach von dem erwünschten Ergebnis ab.

Handwerkzeuge

Der erfahrene Holzwerker weiß, wann er nach seiner Feinsäge greifen muss, wann er die Handoberfräse einsetzt und wann er an der Tischkreissäge arbeiten sollte. Seine Entscheidung hängt ebenso sehr von der anstehenden Arbeit und den zur Verfügung stehenden Werkzeugen wie von seiner Erfahrung ab. Schließlich gibt es Dutzende von Methoden, einen Schlitz zu schneiden. Einer der entscheidenden Faktoren ist die Geschwindigkeit, mit der man Ergebnisse erzielen will. Es dauert länger, die Schlitze alle mit der Hand zu stemmen, aber die Arbeit ist auch befriedigender. Und wie bei den meisten Arbeiten mit Handwerkzeugen lernt man auch beim Stemmen von Schlitzen eine Menge über das Wesen des Holzes und seiner Werkzeuge.

Handwerkzeuge für die Herstellung von Verbindungen lassen sich nach ihrem Zweck in einige grobe Kategorien einteilen: Werkzeuge zum Messen und Anreißen, Werkzeuge zum Schneiden und Werkzeuge zum Bohren. Darüber hinaus gibt es eine Vielfalt von ungemein nützlichem Zubehör – Hobelbänke, Hilfsvorrichtungen und Zwingen –, das bei der Herstellung von Verbindungen eingesetzt wird.

Werkzeuge zum Messen und Anreißen

Die Herstellung einer Verbindung beginnt mit dem Anzeichnen der Schnitte. Dabei kann man die Wichtigkeit des genauen Messens und Anreißens kaum überbetonen. Die angezeichnete Schnittlinie dient als Referenz, wenn man den Sägeschnitt ausführt, den Fräser einstellt oder den Anschlag der Maschine verstellt.

Messwerkzeuge können sehr schlicht sein. Mehr als eine gerade Leiste und einen Bleistift benötigt man eigentlich nicht. Diese altehrwürdige Methode ist einfach und sehr effektiv. Allerdings sind auch eine Vielzahl von Werkzeugen für das Messen entwickelt worden, darunter Bandmaße, Richtscheite, Lineale, Schiebelehren und Tischlerwinkel. Manche von ihnen sind mit Messeinteilungen versehen, andere nicht.

Beim Messen müssen Sie immer daran denken, das Bandmaß oder Lineal parallel zur Kante des Werkstücks zu halten. Dadurch erreichen Sie eine höhere Genauigkeit. Versuchen Sie auch stets das gleiche Bandmaß bei einer Arbeit zu verwenden, da die Maßmarkierungen je nach Bandmaß variieren können. Mit dem Haken, der am Nullpunkt des Bandmaßes befestigt ist, kann man sowohl von einer Innen- als auch von einer Außenecke aus messen. Achten Sie darauf, dass der Haken mit der Zeit nicht zuviel Spiel bekommt.

Schiebelehren

Schiebelehren gibt es in verschiedenen Größen und Formen. Große Schieblehren sind sehr nützlich, um Abmessungen zu überprüfen, vor allem an der Drechselbank. Um Materialstärken zu überprüfen, ziehe ich eine kleinere Schiebelehre vor. Kontrollieren Sie, ob die Backen der Schiebelehre dicht schließen, so dass keine Lücke zwischen ihnen besteht.

Diese Werkzeuge sind in jeder Werkstatt maßgebend.

Mit einem Stahllineal kann man Verbindungen anreißen oder die Ebenheit von Flächen überprüfen.

Ein kurzes (150 mm) Lineal, vor allem eines mit Skalen an den Enden, leistet in der Werkstatt unschätzbare Dienste.

Mit der Schmiege kann man Winkel übertragen und anreißen oder die Neigung von Sägeblättern einstellen.

Lineale

Lineale sind wichtig, um genaue Messungen vorzunehmen. Mit einer Tiefenlehre lässt sich die Tiefe eines Schnittes überprüfen. Die Messskala ist nützlich, um Maße abzunehmen, aber eine Oberfläche lässt sich auch dadurch überprüfen, dass man kontrolliert, ob die Tiefenlehre schaukelt oder Licht unter ihr zu sehen ist.

Ein Richtscheit aus Stahl kann man verwenden, um Linien anzureißen, Oberflächen zu überprüfen und Maschinen einzustellen. Es nutzt sich nicht ab, wenn man es nicht missbraucht, man sollte also ein gutes, präzises erwerben. Die Investition lohnt sich.

Ein 15 cm langes Lineal ist ideal, um Verbindungen anzureißen. Man kann es fast überall auf einem Brett oder einer Maschine verwenden, um einen Mittelpunkt festzulegen oder einen Schlitz oder Zapfen anzureißen. Die besseren Exemplare haben vier verschiedene Messskalen und zusätzlich noch zwei Skalen an den Enden, um über eine Lücke zu messen, zum Beispiel in der Grundplatte der Handoberfräse.

Schmiege

Mit der Schmiege kann man jeden beliebigen Winkel anreißen. Man kann einen Winkel von einem vorhandenen Werkstück oder einer ansprechenden Zeichnung übernehmen, oder eine Linie mit dem Bleistift anreißen und die Schmiege danach einstellen. Achten Sie darauf, dass sich die Schmiege nach beiden Seiten verstellen lässt, ohne dass die Feststellschraube die Bewegung behindert.

Winkel

Der Winkel ist das Messwerkzeug, das für die meisten Holzwerker am wichtigsten ist. Es gibt verschiedene Versionen, darunter der große Zimmermannswinkel und seine kleineren Brüder, der Tischlerwinkel und das Winkelmaß des Metallbauers. Am vielseitigsten sind die Kombiwinkel, die aus dem englischsprachigen Raum zu uns gekommen sind. Man kann mit einem solchen Kombiwinkel natürlich die Rechtwinkligkeit einer Kante oder Fläche an einem Brett überprüfen, aber er lässt sich auch als Tiefenlehre, Bleistift-Streichmaß, Winkellehre für Innenecken und als Gehrungslehre für 45°-Winkel verwenden. Alle diese Winkel haben einige Gemeinsamkeiten. Keinem von ihnen tut es gut, wenn sie auf den Boden fallen oder in einen Werkzeugkasten geworfen werden. Man sollte sie stets am Anschlag und nicht am Blatt halten. Wenn Sie den Winkel an die Kante eines Brettes halten, um zu sehen, ob das Brett rechtwinklig ist, sollten Sie nicht zu fest auf den Winkel drücken, in der Hoffnung, das erwünschte Ergebnis zu sehen. So können Sie sich leicht selbst täuschen. Gehen Sie vorsichtig mit dem Winkel um, und achten Sie darauf, Werkstück und Winkel bei der Überprüfung immer gegen das Licht zu halten. So können Sie mit dem Auge Abweichungen von einem Zehntel Millimeter oder weniger erkennen.

Anreißwerkzeuge erfüllen nur einen Zweck: Man reißt mit ihnen einen Schnitt an, den man ausführen möchte. Achten Sie darauf, dass Ihr Bleistift spitz ist. Dicke Bleistiftstriche machen mehr Probleme als dass sie helfen, wenn man versucht, einen Schnitt genau in ihrer Mitte anzulegen.

Messer

Risslinien sollten sauber und präzise sein. Viele Handwerker ziehen für das Anreißen von Verbindungen ein Messer dem Bleistift vor.

In manchen Situationen, wie zum Beispiel dem Anreißen der Zinken einer Schwalbenschwanzverbindung, gelangt man mit dem Bleistift einfach nicht tief genug in die engen Winkel. Verwenden Sie statt des Bleistifts ein scharfes Anreißmesser, ein Einwegmesser oder sogar ein Taschenmesser.

Mit dem Kombiwinkel kann man die Rechtwinkligkeit von Innen- wie von Außenecken überprüfen, aber auch Gehrungen anreißen.

Wenn Sie dicht an einer Kante anreißen müssen, empfiehlt sich die Verwendung eines Anreißmessers.

Ist das wirklich ein rechter Winkel?

Es lässt sich leicht überprüfen, ob der Winkel, den man verwendet, wirklich 90° aufweist. Legen Sie den Winkel an die Kante eines geraden Brettes an, und reißen Sie eine Bleistiftlinie an. Drehen Sie den Winkel um, und kontrollieren Sie, ob sein Schenkel am Bleistiftstrich anliegt. Falls ja, ist der Winkel genau rechtwinklig. Falls er auf eine Länge von 150 oder 200 mm um ein oder zwei Hundertstel Millimeter abweicht, ist er wahrscheinlich für die meisten Arbeiten, die Sie ausführen werden, genau genug. Wenn die Abweichung jedoch größer sein sollte, hängen Sie den Winkel besser als Dekorstück an die Wand. Wenn Sie ihn für Arbeiten verwenden, die Genauigkeit erfordern, macht er nur Ihre Bemühungen zunichte.

Die Rechtwinkligkeit eines Tischler- oder Kombiwinkels wird überprüft, indem man senkrecht zu einer Kante eine Linie damit anreißt. Dann wird der Winkel umgedreht, und die Übereinstimmung mit der gezeichneten Linie kontrolliert.

Eine Ahle eignet sich gut, um den Mittelpunkt eines Bohrloches zu markieren.

Ahle

Zum genauen Anreißen müssen Sie so nahe an das Holz herankommen wie möglich. Markieren Sie Mittelpunkte von Bohrlöchern mit einer Reißnadel oder einer Ahle.

Streichmaße

Streichmaße zum Anreißen sind mit einem Messer, Stift oder zugeschliffenen Rad versehen, um das Werkstück zu markieren. Das Streichmaß wird eingestellt, indem man einen verschiebbaren Anschlag in die richtige Position bringt. Drücken Sie den Anschlag fest gegen die Kante des Brettes, während Sie das Streichmaß daran entlang ziehen. Die meisten Streichmaße mit einem Stift oder Messer müssen vor dem ersten Einsatz noch fein eingestellt werden. Feilen Sie an der dem Anschlag zugewandten Seite eine Fase an das Messer, so dass es das Streichmaß beim Schneiden an das Werkstück heranzieht. Streichmaße mit einem Anreißrad weisen diese Fase schon ab Werk auf. Sie sind hervorragend zum Anreißen von Hirnholz geeignet.

Doppelstreichmaße werden verwendet, um Zapfen oder Schlitze anzureißen. Sie besitzen zwei verstellbare Anreißstifte oder -leisten. So kann man den Abstand auf die Breite des Stemmeisens oder des Gegenstücks der Verbindung einstellen.

Spanabtragende Handwerkzeuge

Holzwerker verwenden verschiedene Sägen, um Verbindungen zu schneiden. Das Ablängen wird meist mit einer Handsäge durchgeführt. Rückensägen (zu denen auch die Feinsägen gehören) haben eine Versteifung am Rücken, die das Blatt versteift und beim Schnitt am Ausbiegen hindert. Die besten Ergebnisse erzielt man mit einer Säge, deren Zähne für die anstehende Aufgabe richtig zugefeilt sind. Für Quer-(Abläng-)schnitte sollte der Winkel 60° betragen. Schlitzsägen werden rechtwinklig zugefeilt und für Längsschnitte (entlang der Faser) verwendet. Gelegentlich werden Sie auch eine Säge benötigen, mit der Sie gebogene Schnitte ausführen können. Dafür sind Schweif-, Laub- oder Bügelsägen geeignet.

Streichmaße mit einem Anreißrad bringen auch quer zu den Holzfasern einen sauberen Riß an und das sogar bei weichen Nadelhölzern.

Bei einer Schlitzsäge sind die Zähne für Auftrennschnitte zugefeilt. Sie ist besonders zum Schneiden von Zapfen und Schwalbenschwänzen geeignet; auf Englisch heißt sie deswegen sogar „dovetail saw“.

Setzen Sie den Schnitt an einer Ecke des Werkstücks an. Bewegen Sie die Sägen in der entgegengesetzten Richtung zu jener, in der sie schneidet.

Ein japanische Säge schneidet auf Zug und hat ein sehr dünnes Blatt.

Feine Putzarbeiten lassen sich gut mit dem Stechbeitel ausführen.

Außer diesen Wahlmöglichkeiten gibt es jedoch auch noch eine weitere: Möchten Sie auf Zug oder auf Stoß sägen? Europäische Sägen arbeiten alle auf Stoß. Einen Schnitt beginnt man mit ihnen, indem man die Säge am Riss ansetzt und dann zurückzieht. Japanische Sägen arbeiten auf Zug. Dadurch steht die Säge unter Spannung, wenn man das Blatt durch das Material zieht. Deshalb kann das Blatt einer japanischen Säge dünner und weniger stark geschränkt sein. Auch wenn man für diese beiden Sägearten vollkommen unterschiedliche Sägetechniken verwendet, gibt es doch einige Dinge, die unverändert bleiben. Benutzen Sie Ihren Zeigefinger, um den Schnitt zu führen. Sägen Sie auf der Verschnittseite des Risses. Vor allem: Lassen Sie die Säge die Arbeit machen. Konzentrieren Sie sich darauf, sie lediglich zu führen. Bedenken Sie auch, dass Sie immer in zwei Richtungen sägen: Bei einem einfachen Schnitt quer zur Faser schneiden Sie senkrecht zur Längskante des Brettes und gleichzeitig nach unten.

Stemmeisen

Stemmeisen hat fast jeder Holzwerker, vom fanatischen Handwerkzeug-Anhänger bis hin zum überzeugten Handoberfräsen-Verwender. Achten Sie darauf, dass die Stecheisen immer scharf sind. Mit einem stumpfen Beitel kann man keine gute Arbeit leisten. Außerdem ist es auch viel gefährlicher, mit einem stumpfen Eisen zu arbeiten, da dieses sich nicht so leicht kontrollieren lässt. Stechbeitel werden für verschiedene Zwecke verwendet: Zum Stemmen von Schlitzen und anderen Öffnungen, zum Ausarbeiten feiner Details und zum Verputzen fertiger Arbeiten. Die am häufigsten verwendeten, für alle Arbeiten geeigneten Beitel haben Längskanten, die mit einer Fase versehen sind. Kürzere Exemplare eignen sich vor allem für Arbeiten unter beengten Umständen. Schließlich gibt es auch noch Stechbeitel mit besonders langer Klinge, die nur zum Abheben sehr feiner Späne beim Nacharbeiten eines Schnittes dienen.

Schlitzbeitel halten auch die starken Belastungen aus, die beim Stemmen eines Schlitzes auftreten.

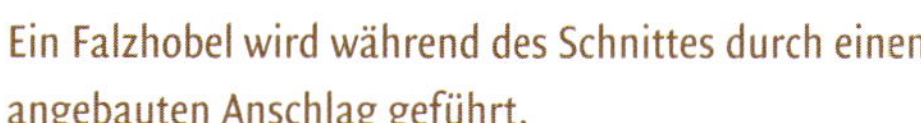

Ein Falzhobel wird während des Schnittes durch einen angebauten Anschlag geführt.

Beim Abrichten langer Kanten sind die Länge und das Gewicht einer Raubank nützlich.

Mit dem Hirnholzhobel kann man eine Gehrung vor dem Verleimen nacharbeiten oder eine Furnierfeder nach dem Einleimen bündig hobeln.

Die Brüstungen eines Zapfens werden mit dem Simshobel verputzt.

Lochbeitel

Lochbeitel gibt es ebenfalls in verschiedenen Ausführungen. Schwere Lochbeitel haben starke Blätter mit parallelen Seitenkanten. Meist sind sie mit einer Lederscheibe zwischen Blatt und Heft versehen, die als Stoßdämpfer wirkt. Der Griff ist entweder sehr groß, oder er weist am Ende einen Eisenring auf, der das pilzartige Ausfasern des Schlagendes verhindert. Die Klinge ist so klein, dass sie auch für Putz- und ähnliche Arbeiten verwendet werden kann.

Hobel

Mit dem Hobel kann man feine Nacharbeiten an der Passung einer Verbindung ausführen. Halten Sie eine Anzahl von ihnen bereit, die nur solchen Zwecken dienen. Mit dem Putzhobel werden Verbindungen nachgearbeitet und kurze Kanten abgerichtet. Die Raubank verwendet man, um längere Kanten an Brettern abzurichten.

Hirnholzhobel können für viele verschiedene Arbeiten eingesetzt werden, vom Verputzen von Gehrungen bis hin zum Einpassen von losen Federn für eine Verbindung und dem Nacharbeiten von breiten Zapfen. Zu den Hobeln, die speziell für die Arbeit an Verbindungen geschaffen wurden, gehören der Simshobel und der Eckensimshobel mit kurzer Nase. Mit diesen Werkzeugen kann man feine Späne von der Seitenwand oder Brüstung eines Zapfens abnehmen. Ihr Eisen ist so breit wie die Sohle.

Mit dem Nuthobel werden Nuten und Schlitze, ja sogar größere Verbindungen wie Überlappungen gearbeitet. Mit dem Falzhobel schneidet man an die Kante eines Brettes einen Falz an. Auch sie haben ein Eisen, das so breit ist wie die Sohle. Man kann eine Führung am Werkstück befestigen oder den Falzhobel mit einem Anschlag versehen. Kombinationshobel können viele verschiedene Schnitte ausführen, wenn sie richtig eingestellt sind und gut schneiden. Das Eisen sollte abgestützt sein, wenn man gute Ergebnisse erzielen möchte.

Handbohrmaschinen

Es gibt verschiedene Arten von Handbohrern. Der Brustleier und der Drillbohrer sind in manchen Situationen nützlich, um Löcher zu bohren oder Schrauben einzudrehen.

Für größere Arbeiten ist die Bohrwinde das Werkzeug der Wahl. Der einfache Handbohrer (Spiralbohrer) wird ebenfalls häufig verwendet, bei der Herstellung von Stühlen ziehen viele Handwerker jedoch einen Löffelbohrer vor, da sich bei ihm der Bohrwinkel leichter verändern lässt.

Obwohl sie selten als typische Werkzeuge für die Herstellung von Verbindungen betrachtet werden, sind gute Hämmer und Klüpfel doch unverzichtbar. Für leichte Stemmarbeiten ist ein einfacher Klüpfel mit Lederkopf ideal. Schwerere Arbeiten führt man mit dem Holzklüpfel aus. Keile und Pfropfen lassen sich am besten mit einem Metallhammer eintreiben. Wenn der Keil so weit eingetrieben ist, wie es möglich ist, kann man hören, wie sich das dumpfe Klopfgeräusch des Hammers zu einem hellen Ton verändert.

Bei den meisten Handbohrarbeiten wird eine Bohrwinde verwendet.

Feine Stemmarbeiten sollte man mit einem kleinen Klüpfel oder Hammer ausführen.

Treiben Sie Keile mit einem Metallhammer ein. Wenn der Keil die volle Tiefe erreicht hat, ändert sich der Ton des Hammers von dumpf zu hell.

Hammer

Auch der rückschlagfreie Hammer hat einen Platz im Werkzeugkasten verdient, da er auch festsitzende Teile lösen kann, ohne jedoch Oberflächen stark zu beschädigen. Mit ihm kann man auch Dübel oder lose Federn eintreiben, ohne ihre Enden aufpilzen zu lassen. Auch beim Überprüfen der Passung einer Verbindung leistet er gute Dienste. Seine Schläge hinterlassen keine Spuren, wenn man eine Verbindung demontiert, die zu fest zusammengesteckt worden ist.

Verbindungen sollte man immer mit der Hand zusammenstecken. So verringert man das Risiko, das Holz zu beschädigen, indem man zuviel Kraft aufwendet.

Schraubendreher

In jeder Werkstatt findet sich eine Sammlung von Schraubendrehern. Falls Sie Schlitzschrauben verwenden, schleifen Sie die Klinge des Schraubendrehers auf die Maße des Schlitzes zu.

So sitzt der Schraubendreher besser im Schlitz und man erspart sich verkratzte Schraubenköpfe. Bessere Kontrolle über den Schraubvorgang erhält man, wenn man Kreuzschlitzschrauben verwendet. Achten Sie darauf, die richtige Schraubendrehergröße für die verwendete Schraube zu verwenden. Schneiden Sie das Gewinde im Holz für eine Messingschraube immer vor, indem Sie zuerst eine Stahlschraube an der Stelle eindrehen. Messingschrauben sind weich, man kann ohne diese Vorsichtsmaßnahme ohne weiteres den Kopf der Schraube abdrehen.

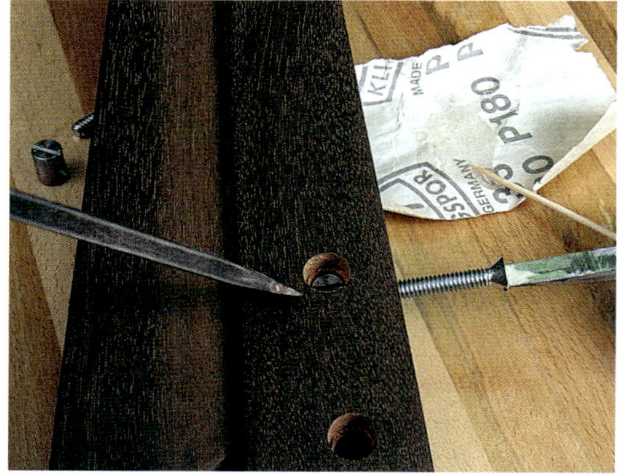

Schleifen Sie die Spitze Ihres Schlitzschraubendrehers genau passend für die Schraubenköpfe zu.

Das Bit für eine Schraube mit Innenvierkantkopf sollte genau passen, damit man sicher schrauben kann.

Vorrichtungen zum Halten

Die einfachste Vorrichtung zum Halten eines Werkstücks ist die Stoßlade. Stellen Sie sich mehrere Exemplare in unterschiedlichen Längen her, um mit ihnen hobeln, sägen oder schärfen zu können. Eine andere Variante der Stoßlade ist die Abrichtlade, die man verwendet, um mit dem Hobel die langen Kanten eines Brettes abzurichten. Mit einer Gehrungslehre lassen sich Kanten im Winkel von 45° mit dem Hobel bearbeiten.

Werkzeuge zum Einspannen

Die Bankzangen an der Hobelbank sind das Werkzeug der Wahl, wenn es darum geht, Werkstücke während der Bearbeitung sicher zu halten. Bringen Sie an Ihrer Werkbank eine Zange an, die mit einem Schnelllösemechanismus versehen ist. Achten Sie aber vor allem darauf, dass die Zange stabil ist und sicher an der Bank angebracht ist, um wirklich gute Ergebnisse zu erzielen.

Zwingen gibt es in vielen verschiedenen Größen und Ausführungen. Je nach Situation kann man Schraubzwingen, Einhandzwingen oder Rohrzwingen verwenden. Mit Klemmzwingen, deren Backen aus Holz und mit Kork belegt sind, kann man kleine Werkstücke beim Bohren oder Bretter bei der Bearbeitung halten, ohne dass die Gefahr besteht, die Oberfläche zu beschädigen.

Zum Verleimen von Gehrungsverbindungen kann man C-Zwingen mit Zulagen, Spannbändern oder unter Umständen sogar einfaches Klebeband verwenden.

Stoßladen unterschiedlicher Form halten Werkstücke beim Hobeln, Sägen und Schärfen.

Zwingen kann man einfach nicht zu viele haben. Legen Sie sich eine Sammlung verschiedener Exemplare zu, damit Sie auf jede Situation vorbereitet sind.

Stellen Sie sicher, dass die Bankzange sicher an der Hobelbank befestigt ist. Eine Schnelllösevorrichtung und Bankhaken sind nützliche Ergänzungen.

Gehrungsverbindungen werden zum Verleimen mit Bandspannern oder Zwingen und Zulagen eingespannt. Kleine, gut auf Passung gearbeitete Gehrungsverbindungen lassen sich auch mit Hilfe von Klebeband verleimen.

Elektrowerkzeuge

Einer meiner Freunde hat einmal gesagt, die Verwendung einer Handoberfräse sei die schnellste Art und Weise, ein Stück Holz zu versauen, die er kenne. Die Handoberfräse ist aber auch eines der nützlichsten elektrischen Werkzeuge für die Herstellung von Verbindungen, die sich in der Werkstatt finden lassen.

Es mag zwar eine Weile dauern, bis man gelernt hat, wie man sie führt und verwendet, wenn man aber einmal die notwendigen Fertigkeiten erworben hat, kann man schnell und gleich bleibende Verbindungen schneiden. Elektrowerkzeuge ermöglichen schnelles Arbeiten, um jedoch gute Ergebnisse zu erzielen, sollte man sie verstehen, bevor man sie anstellt. Wenn sie richtig geführt werden, sind sie unschlagbar genau und vielseitig, die einzige Einschränkung ist die Ihrer konstruktiven Phantasie. Sie sollten Elektrowerkzeugen auch Respekt entgegenbringen, weil sie eine momentane Unachtsamkeit in eine Erinnerung fürs Leben verwandeln können. Obwohl es nur wenige Typen gibt, so ist die Zahl der Ausführungen doch fast unübersehbar. Zu den Elektrowerkzeugen gehören Elektrosägen, Handoberfräsen, Nutfräsen und Bohrmaschinen.

Die Schnittergebnisse moderner Handkreissägen werden durch das erhältliche Zubehör wie Staubabsaugung oder Faserausrissschutz und Maßnahmen zu Vibrationsreduzierung wesentlich verbessert.

Wenn man sie richtig zu führen weiß, kann man mit der Handoberfräse schnell und präzise Verbindungen schneiden.

Sägen

Es gibt nur wenige Handkreissägen, die mit der Genauigkeit arbeiten, die für den Möbelbau notwendig ist. Einige Hersteller haben jedoch Sägen auf den Markt gebracht, die mit geringen oder gar keinen Vibrationen des Sägeblattes schneiden und deshalb überlegene Ergebnisse liefern. Der Ausrissschutz, mit dem solche Sägen versehen werden können, schützt das Werkstück vor Faserausrissen an der Oberfläche. Wenn Sie die Handkreissäge mit einer Führungsschiene verwenden, können Sie die Qualität der Arbeit deutlich steigern.

Die Handoberfräse und ihre Fräser

Die Handoberfräse ist zu einem Arbeitspferd bei der Herstellung von Verbindungen geworden, da sie so vielseitig ist. Man kann sie am Anlaufring eines Fräsers führen, aber auch an einer Stangenführung an der Fräse oder an einem Anschlag, der am Werkstück befestigt ist. Man kann sie auch mit Schablonen oder Hilfsvorrichtungen verwenden, um die Schnitte aneinander auszurichten. Sogar freihändig lässt sich mit ihr arbeiten, um Verbindungen zu schneiden. Wenn man lernt, sie erfolgreich zu führen, gibt es kaum eine Arbeit, die sich nicht mit ihr bewältigen lässt. Es gibt zwei Typen von Handoberfräsen: solche, bei denen der Fräskorb trennbar mit dem Motor verbunden ist, und solche, bei denen er fest am Motor sitzt.

Der erste Fräsentyp besteht aus zwei Hauptteilen: dem Motor und dem Fräskorb. Um einen Fräser einzuspannen, wird der Fräskorb abgenommen. Danach wird die Fräshöhe eingestellt. Um die Endtiefe des Schnitts zu erreichen, führt man mehrere Schnitte aus. Diese Fräser können mit der Hand geführt werden, dann schneiden sie von oben, oder sie werden in einen entsprechenden Handoberfräsentisch eingesetzt, dann arbeiten sie unterhalb des Werkstücks. Fräsen dieses Typs sind in Deutschland sehr viel seltener als im englischsprachigen Raum.

Der europäische Typ der Handoberfräse eignet sich besonders für Schnitte, bei denen der Fräser in das Material abgesenkt wird. Der Motor ist untrennbar mit dem Fräskorb verbunden, aber er lässt sich an zwei Führungssäulen in der Höhe verstellen. Der Fräser wird für die Endtiefe des Schnitts eingestellt, aber diese Tiefe wird erst in mehreren Durchgängen erreicht. Viele dieser Handoberfräsen arbeiten mit einstellbaren Geschwindigkeiten.

Die Handoberfräsen werden auch nach dem Durchmesser des Fräserschaftes unterschieden, mit dem gearbeitet wird. Am vielseitigsten sind Fräsen mit einer Spannzange, die 12-mm-Schäfte aufnehmen kann, da die Auswahl an Fräsern hier größer ist und die Fräser mit den stärkeren Schäften auch ruhiger laufen. Bei Fräsern mit großem Durchmesser sollte man die Fräse in einen Handoberfräsentisch einspannen und die Drehzahl reduzieren.

Fräser werden aus drei Grundmaterialien hergestellt: Schnellarbeitsstahl (bekannt als HSS-Stahl), Hartmetall und Verbundmaterial mit Hartmetallschneiden. Jedes Material hat unterschiedliche Eigenschaften, die es für bestimmte Situationen besonders geeignet machen. Schnellarbeitsstahl weist die höchste Schneidenschärfe auf, aber die Standzeit ist geringer. Fräser aus Schnellarbeitsstahl sollten Sie verwenden, wenn Sie Kosten einsparen wollen, wenn die Schneide des Fräsers beschädigt werden könnten und wenn es Ihnen nichts ausmacht, die Schneiden nach jeder Verwendung nachzuschärfen.

Schnellarbeitsstahl wird auch für Schlichtfräser mit Stirnschneiden verwendet, die besonders für das Schneiden von Schlitzen nützlich sind.

Fräser mit Hartmetallschneiden weisen Standzeiten auf, die bis zum zehnfachen derjenigen von Schnellarbeitstahl betragen können, beim Abstumpfen können jedoch kleine Hartmetallteile abblättern. Mit den inzwischen verfügbaren Diamantschleifsteinen lassen sich manche Hartmetallschneiden nachschärfen. Es gibt eine große Auswahl an Fräsern mit Hartmetallschneiden. Fräser aus Hartmetall eignen sich sehr für das Schneiden von Schlitzen. Da sie natürlich mehr Hartmetall enthalten, weisen sie auch eine längere Lebenszeit auf, da sie sich öfter nachschärfen lassen.

Die Schnitttiefe wird bei Handoberfräsen, die nicht eintauchen können, durch Verstellen des Motors im Fräskorb eingestellt.

Die Tauchfräse lässt sich unter anderem mit einem Parallelanschlag führen.

Diese Spiralfräser sind gut für das Schneiden von Schlitzen geeignet. Von links nach rechts: Hartmetall, abwärtsgerichtete Spirale mit Hartmetallschneiden, HSS, Hartmetallschneiden.

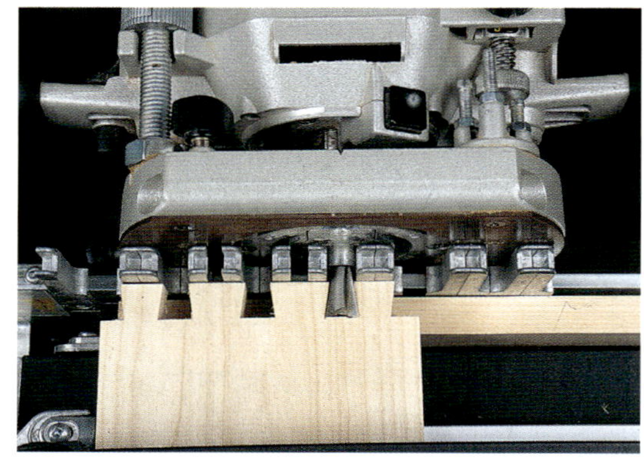

Dieser Schwalbenschwanzfräser führt einen Schnitt aus, bei dem das Holz schwalbenschwanzförmig stehen bleibt. Er wird mit einer Kopierhülse und Schablone geführt.

Stellen Sie die Schnitttiefe am Handoberfräsentisch mit einem Lineal ein, das Endskalen aufweist.

Häufig wiederkehrende Schnitttiefen lassen sich mit einer einfachen Lehre einstellen.

Fräser werden auch nach ihrer Form und Größe eingeteilt. Es gibt eine Vielzahl unterschiedlicher Nutfräser, Fräser mit ein oder zwei Spanräumen, gerade und Spiralfräser. Zum schnellen Abtragen von Holz wird ein sogenannter Schruppfräser verwendet, der einen einzelnen, geraden Spanraum hat. Einen glatteren Schnitt erreicht man mit zwei Spanräumen. Noch besser wird die Schnittqualität mit einem Spiralfräser, der einen ziehenden Schnitt ausführt. Bei ihnen schneidet immer mindestens eine Schneide, so dass das Werkzeug weniger vibriert. Am häufigsten sind die aufwärtsschneidenden Spiralfräser, die an einen Bohrer erinnern, und die Holzspäne aus dem Material herausbefördern. Einen abwärtsschneidenden Spiralfräser sollten Sie verwenden, wenn Sie Faserausrisse an der Oberseite eines Loches vermeiden wollen.

Die Schneiden von Profilfräsern sind zu bestimmten Formen ausgebildet. Diese Form ist das Negativ des Profils, das der Fräser in das Holz schneidet – mit etwas Phantasie kann man sich das Positiv leicht vorstellen.

Die Tiefeneinstellung des Fräsers kann auf unterschiedliche Weisen vorgenommen werden. Am Handoberfräsentisch sollte der Genauigkeit wegen ein Lineal zum Einstellen verwendet werden. Man kann aber auch ein Stück Holz mit entsprechenden Bleistiftmarkierungen verwenden. Falls die Tiefeneinstellung häufiger benötigt wird, kann man auch eine Tiefenlehre aus Holz herstellen. Für Schnitte, die man oft ausführt, sollte man auf jeden Fall einige solche Tiefenlehren bereithalten. Moderne Handoberfräsen haben meist einen eingebauten Tiefeneinsteller mit Skala.

Mit der Handoberfräse arbeiten

Wenn man die Handoberfräse von oben auflegt, wird sie normalerweise von links nach rechts an der Kante des Werkstücks entlang geführt. Beachten Sie jedoch, dass dies entgegen dem Uhrzeigersinn sein kann, wenn man zum Beispiel an der Außenkante eines Rahmens arbeitet, während man an der Innenkante des Rahmens beim Schneiden der Fälze im Uhrzeigersinn fräst. Es ist besser, sich nicht am Uhrzeigersinn zu orientieren, wenn man an die Bewegung der Handoberfräse denkt. Besser ist es, sich an der Drehung des Fräsers zu orientieren. Dieser bewegt sich immer im Uhrzeigersinn. Wenn man die Handoberfräse von links nach rechts an einer Kante entlangführt, zieht die Drehung des Fräsers die Schneiden in das Material.

Wenn man jedoch die Fräse von rechts nach links bewegt, ist das Ergebnis ganz anders. Die Fräse versucht, sich von der Werkstückkante wegzuschieben, und man „flitzt“ an der Kante entlang. Dieses Gleichlauffräsen genannte Verhalten ist darauf zurückzuführen, dass der erste Schnitt des Fräsers direkt in die Materialkante geht und so dazu führt, dass die Fräse vom Werkstück weggedrückt wird. Wenn man nicht darauf vorbereitet ist, kann sie recht überraschend sein. Bei einer Handoberfräse ist sie jedoch leicht zu beherrschen.

Am Handoberfräsentisch gilt das genaue Gegenteil. Wenn man auf den Fräser blickt, dreht er sich entgegen des Uhrzeigersinns, und das Werkstück wird von rechts nach links am Fräser entlang transportiert. Diese Vorschubrichtung führt dazu, dass das Material in die Drehrichtung des Fräsers geschoben wird, so dass es in den Fräser oder an den Anschlag gezogen wird. Im Gleichlauf schneidet man am Handoberfräsentisch, wenn das Werkstück von links nach rechts bewegt wird. Das kann dazu führen, dass das Werkstück am Fräser vorbeischießt, wenn man nicht besonders vorsichtig ist.

Vorschubrichtung am Handoberfräsentisch

Freiliegender Fräser

Führen Sie das Material am Handoberfräsentisch von rechts nach links dem Fräser zu, in die Drehrichtung des Fräsers hinein. Dadurch wird das Werkstück während des Schnittes an den Anschlag herangezogen.

Werkstück
Anschlag
Vorschubrichtung

Fräser teilweise durch Anschlag verdeckt

Anschlag
Fräser, teilweise durch Anschlag verdeckt
Werkstück
Vorschubrichtung

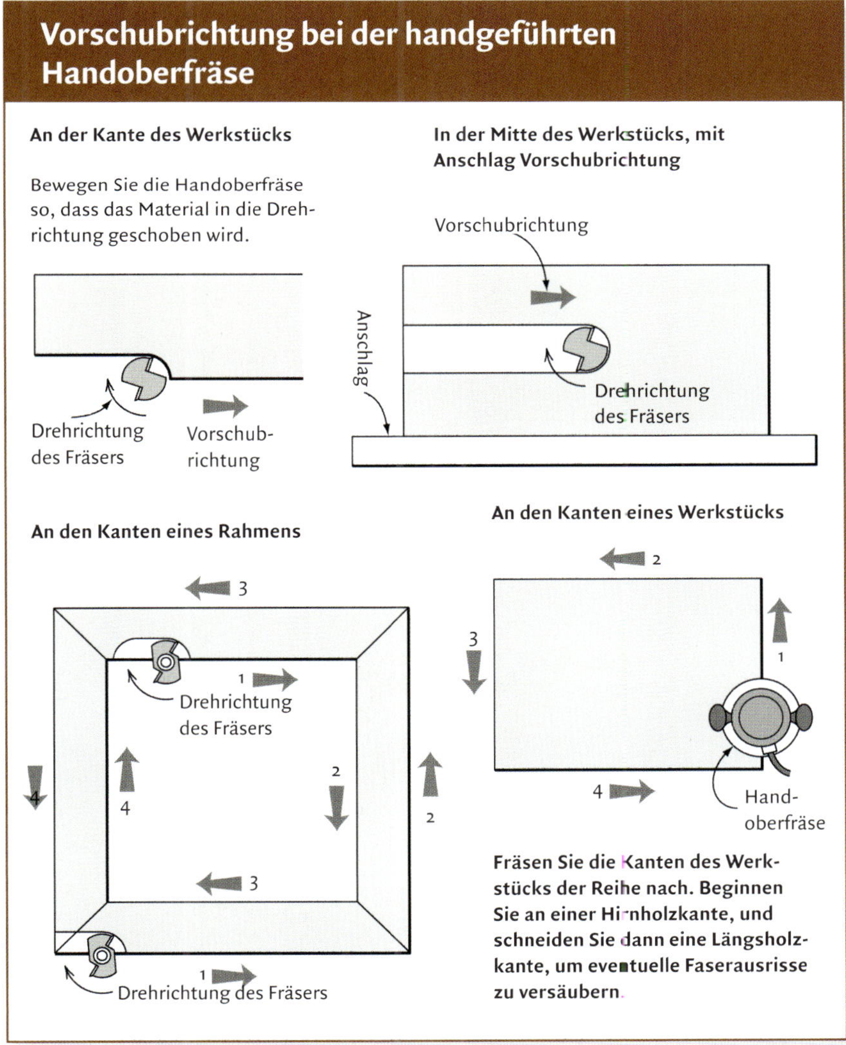

Gleichlauffräsen

Gegenlauffräsen

Beim normalen (Gegenlauf-) Fräsen kann es manchmal an den Kanten zu Faserausrissen kommen, vor allem wenn man entgegen des Faserverlaufs schneidet. Auch unterhalb der Endtiefe des Schnittes können die Holzfasern ausreißen. (Wenn der Fräser von oben in das Material schneidet, dreht er sich im Uhrzeigersinn.)

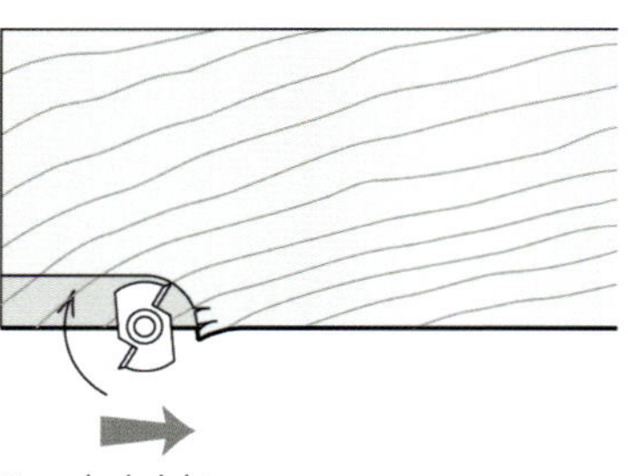

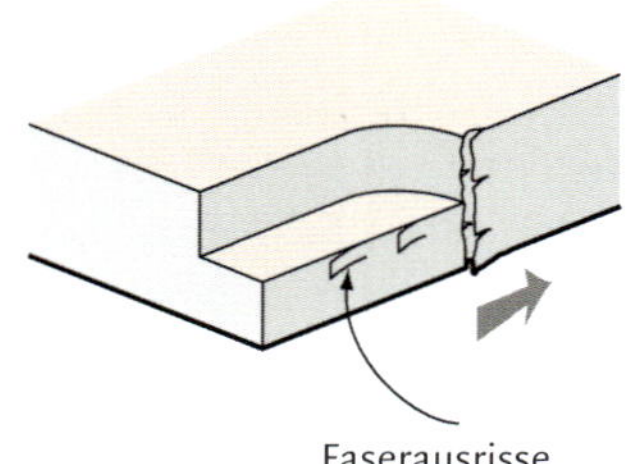

Gleichlauffräsen

Fräsen im Gleichlauf führt zu unregelmäßigen Schnitten, da der Fräser versucht, sich aus dem Schnitt und von der Kante weg zu drücken.

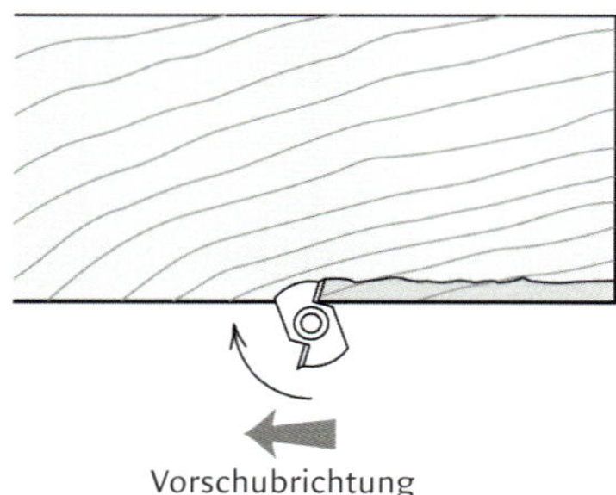

Säuberungsschnitt

Der Säuberungsschnitt geht bis auf Endtiefe und beseitigt die ausgerissenen Fasern. Falls es zu Faserausrissen kommt, liegen diese nicht an der Werkstückkante.

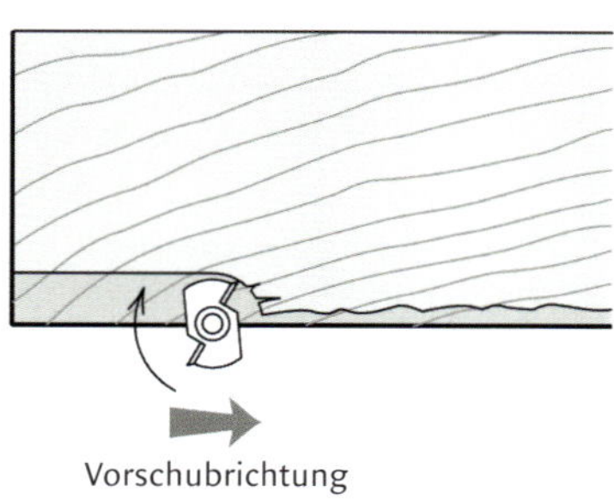

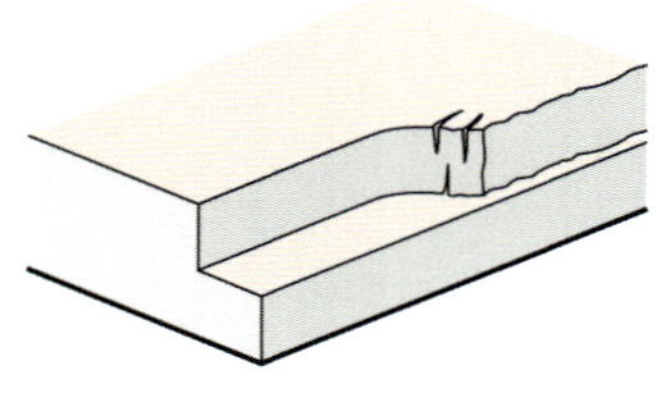

Es gibt Situationen, bei denen eine Fräsung zu starken Faserausrissen führen kann. Bei Schnitten im Längsholz kann man durch Gleichlauffräsen die Faserausrisse verringern. Diese Technik kann nicht bei kurzen Werkstücken auf der Handoberfräse verwendet werden, sie sollte am besten mit der handgeführten Fräse von oben eingesetzt werden. Führen Sie einen Vorschnitt im Gleichlauf an der Kante des Längholzes entlang, um die langen Fasern des Holzes zu trimmen. Führen Sie dann den eigentlichen Schnitt im Gegenlauf aus. Falls es zu Faserausrissen kommen sollte, liegen diese von der Kante zurück und werden deshalb bei der Fertigstellung des Schnittes wieder entfernt.

Das Führen der Handoberfräse

Der Fräser wird oft durch einen sogenannten Anlaufring geführt, der entweder ober- oder unterhalb der Schneiden angebracht ist. Solche Fräser werden sowohl bei handgeführten Arbeiten als auch bei solchen am Handoberfräsentisch verwendet. Die Schnittbreite wird durch den Anlaufring bestimmt. Stellen Sie sicher, dass der Anlaufring sich leichtgängig auf den innenliegenden Kugellagern bewegt. Ein sehr nützlicher Fräser mit Anlaufring ist der sogenannte Bündigfräser. Bei ihm entspricht der Durchmesser des Anlaufrings dem des Schneidenflugkreises, so dass man mit ihm genau die gleiche Form und Größe wie die einer verwendeten Schablone fräst. Man kann den Bündigfräser sowohl mit gekauften als auch mit selbst angefertigten Schablonen verwenden.

Der Schlitzfräser, der hier im Handoberfräsentisch verwendet wird, hat einen untenliegenden Anlaufring, der die Schnitttiefe begrenzt.

Bringen Sie einen Parallelanschlag an der Handoberfräse an, wenn Sie handgeführte Schnitte parallel zur Kante eines Werkstücks ausführen. Die Anschläge haben meist mehr oder weniger Spiel, befestigen Sie sie deshalb gut an der Fräse, und ziehen Sie die Muttern gut an. Man kann den Parallelanschlag auch mit einem verlängerten Anschlag versehen, der mit seiner größeren Anlagefläche für einen sichereren Schnitt sorgt. Führen Sie die Fräse von links nach rechts an der Kante des Werkstücks entlang.

Man kann die Fräse auch an einem Anschlag führen, den man am Werkstück befestigt hat. Achten Sie darauf, dass der Anschlag gerade ist und dass die Zwingen nicht beim Schnitt stören. Führen Sie die Fräse auf der Oberseite des Werkstücks von links nach rechts, so dass sie an den Anschlag herangezogen wird. Achten Sie darauf, die Handoberfräse während des Schnitts nicht zu drehen, da manche Grundplatten nicht konzentrisch um den Fräser angeordnet sind. Manche Fräsen werden inzwischen mit Grundplatten ausgestattet, die an einer Seite eine gerade Kante haben, um sie leichter mit einem Anschlag verwenden zu können. Wahlweise kann man auch eine Zusatzgrundplatte mit einer geraden Kante verwenden, um gerade Schnitte auszuführen.

Am Handoberfräsentisch wird sehr häufig mit Anschlägen gearbeitet, um Schnitte zu führen. Stellen Sie sich einen Anschlag her, an dem Sie den Schlauch einer Staubabsaugung anbringen können. Stellen Sie sicher, dass jeder Anschlag, den sie verwenden, rechtwinklig zur Tischfläche steht, eben und nicht verzogen ist. Bei den meisten Arbeiten am Handoberfräsentisch wird das Werkstück von rechts nach links am Fräser vorbeigeführt.

Eine andere effektive Methode, den Schnitt einer Handoberfräse zu führen, ist die Verwendung einer Schablone. Die dafür nötige Kopierhülse wird in der Grundplatte der Handoberfräse angebracht. Kopierhülsen werden in verschiedenen Größen angeboten, die sich in Innen- und Außendurchmesser unterscheiden. Messen Sie die Entfernung von der Fräsenschneide bis zur Kopierhülse, und kalkulieren Sie diesen Versatz bei der Schablone mit ein.

Der Vorteil von Schablonen ist ihre Wiederverwendbarkeit. Falls Sie die Schablonen nicht selbst herstellen möchten, können Sie auch auf käuflich

Der Bündigfräser hat einen Anlaufring mit dem gleichen Durchmesser wie der Schneidenflugkreis. Der Anlaufring wird an der Schablone entlang geführt, so dass man eine Form schneiden kann, die genau der Schablone entspricht.

Bringen Sie einen Parallelanschlag an der Handoberfräse an, um Schnitte auszuführen, die genau parallel zu einer Kante verlaufen. Mit einem Hilfsanschlag wird der Schnitt noch präziser.

Ein von oben ausgeführter Schnitt kann an einer Anlage geführt werden, die man am Werkstück festspannt. Eine Zusatzgrundplatte mit einer geraden Kante liegt an der Anlage an, um den Schnitt zu führen.

Spannen Sie einen Anschlag am Handoberfräsentisch fest, um einen Schnitt genau zu platzieren. Mit einer Staubabsaugung hält man die Schmutzentwicklung in Grenzen.

Messen Sie die Entfernung von der Fräserschneide bis zur Kante der Kopierhülse, um den Versatz zu ermitteln.

Mit Schablonen kann man wiederholte Schnitte mit der Handoberfräse ausführen. Die Kopierhülse wird in der Grundplatte der Handoberfräse angebracht und in den Schlitzen der Schablone geführt.

Vorrichtung für rechtwinklige Schnitte

Die Maße können nach Ihren Bedürfnissen abgeändert werden, die Teile müssen aber immer genau im Winkel von 90° zueinander angebracht werden.

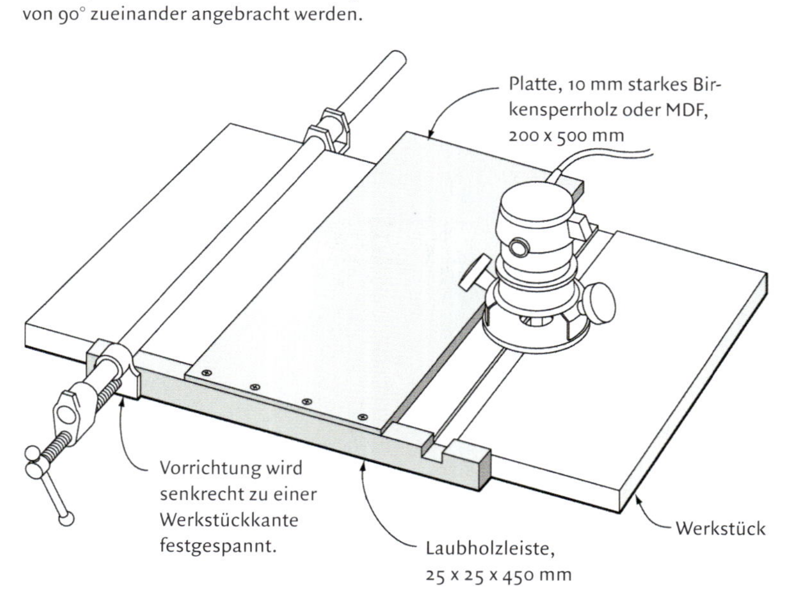

zu erwerbende zurückgreifen. Am häufigsten sind Schablonen für Schwalbenschwanzzinkungen, aber es gibt auch solche, mit denen sich Gratnuten oder (mit entsprechenden Einrichtarbeiten) Schlitz-und-Zapfen-Verbindungen herstellen lassen.

Mit Zusatzvorrichtungen kann man die Handoberfräse bei vielen verschiedenen Schnitten führen. Einfache Anschläge mit rechten Winkeln lassen sich leicht herstellen und erleichtern das Schneiden von Nuten und Schlitzen in der Oberfläche eines Werkstücks. Es lassen sich jedoch auch komplexere Vorrichtungen für Arbeiten am Handoberfräsentisch oder mit der handgeführten Fräse konstruieren. Mit einer solchen Hilfsvorrichtung kann entweder das Material am Fräser vorbeigeführt oder die Fräse am Werkstück entlang bewegt werden. Sie sollten sich mit dem Entwurf und der Herstellung von Vorrichtungen beschäftigen, wenn Sie Ihre Fähigkeiten im Umgang mit der Handoberfräse verbessern wollen.

Mit dieser Vorrichtung wird ein Kasten sicher gehalten, während man Schlitze als Aufnahmen für lose Federn in die Ecken schneidet.

Diese Vorrichtung für Schäftungen erlaubt es, die Handoberfräse über das Werkstück zu führen, während man die Verbindung schneidet.

Schlitzfräsen

Die lose Formfeder (auch unter dem Markennamen „Lamello®“ bekannt) hat in vielen Werkstätten die Schraube und den Dübel als Verbindungsmittel der Wahl abgelöst. Bei diesen Verbindungen wird eine lose Feder aus gepresstem Buchenholz in zwei Schlitze eingeleimt, die in die Teile der Verbindung gefräst wurden. Lose Formfedern werden vor allem bei Werkstücken aus Plattenmaterial verwendet, da man die entsprechenden Schlitze an jeder Stelle der Platte schneiden kann und dennoch eine gute Leimfläche erhält.

Eine durchdachte Vorrichtung für die Handoberfräse kann häufig wiederkehrende Aufgaben wie das Fräsen von Schlitzen einfacher und schneller machen.

Schlitzfräser werden verwendet, um die Schlitze für lose Formfedern zu schneiden. Diese losen Formfedern bestehen aus gepresstem Buchenholz, das aufquillt, wenn es mit Leim in Berührung kommt.

Holzwerkstoffe wie Sperrholz und Mitteldichte Faserplatte (MDF) sind ideal für Arbeiten mit losen Formfedern geeignet, da sie immer eine gute Leimfläche bieten, in die man einen Schlitz fräsen kann.

Verbindungen mit losen Formfedern bieten sich für Rahmenkonstruktionen an, da die Schlitze immer in Längsholz geschnitten werden.

Mit losen Formfedern lassen sich die Bretter einer Breitenverbindung aneinander ausrichten.

Akkubohrer lassen sich auch zum Eindrehen von Schrauben verwenden.

Mit einem entsprechenden Bohrfutter lassen sich auch größerer Bohrer einsetzen.

Führungslöcher für Drahtstifte oder kleine Giernägel müssen mit kleinen Bohrern hergestellt werden. Stellen Sie sicher, dass Ihre Bohrmaschine so kleine Bohrer auch sicher halten kann.

Bei Vollholzarbeiten beschränkt sich die Verwendbarkeit von Formfedern auf Situationen, in denen man Schlitze in zwei Langholzflächen schneiden kann. Rahmenkonstruktionen sind ein solcher Fall. Außerdem werden Formfedern auch eingesetzt, wenn man Platten aus einzelnen Brettern zusammenleimt, in diesem Fall erleichtern sie das bündige Ausrichten der Oberflächen.

Bohrer

Die heute gängigen Bohrmaschinen eignen sich für zwei Aufgaben. Zum einen erledigen sie natürlich schnell die anstehenden Bohrarbeiten. Aber auch um das Ein- und Ausdrehen von Schrauben kümmern sie sich inzwischen. Früher waren schnurgebundene Bohrmaschinen der Standard in den meisten Werkstätten. Inzwischen sind sie weitgehend von Akkubohrern ersetzt worden, deren Akkuspannung von 9 Volt für mäßig schwere, kurze Arbeiten bis hin zu 24 Volt für schwere und lange Arbeiten reicht.

Die Wahl einer Bohrmaschine wird auch durch die Größe des Bohrfutters bestimmt. Die Größenbezeichnung bezieht sich auf den größten möglichen Schaftdurchmesser eines verwendeten Bohrers. Für den Möbelbau sind die gängigen 10-mm-Bohrfutter vollkommen ausreichend. Nur in seltenen Fällen wird man größere Bohrer mit einer Akkubohrmaschine verwenden wollen. Bei feineren Arbeiten kann das andere Extrem Probleme bereiten: Manche Bohrfutter halten sehr kleine Bohrer nicht gut. Falls Sie mit kleinen Bohrerdurchmessern arbeiten wollen, sollten Sie sicherstellen, dass Ihr Bohrfutter sie auch aufnehmen kann.

Schmieren Sie die Schrauben, indem Sie Wachs auf das Gewinde auftragen, um sie leichter eindrehen zu können.

Schrauben werden in den meisten Werkstätten heute regelmäßig mit der Bohrmaschine eingedreht. Verwenden Sie dafür eine Maschine mit Vorwärts- und Rückwärtsgang und verstellbarer Geschwindigkeit. So können Sie die Geschwindigkeit auf das Material und die verwendete Schraubenart einstellen. Die Verwendung der Bohrmaschine schont Ihre Hände, Handgelenke und Arme und ist im Allgemeinen eine viel schnellere und bessere Methode. Die meisten Akkubohrmaschinen haben auch eine Rutschkupplung. Wenn die voreingestellte Widerstandskraft erreicht ist, hört die Maschine auf, das Bohrfutter zu drehen. Geben Sie immer etwas Wachs als Schmiermittel an die Schrauben, um das Eindrehen zu erleichtern.

Feinabstimmung von Elektrowerkzeugen

Elektrowerkzeuge sind keine handwerklich hergestellten Möbelstücke. Ihre Genauigkeit lässt sich durch leichte Einstellarbeiten erhöhen, wodurch ihre Nützlichkeit für Holzarbeiten deutlich steigt.

- Kontrollieren Sie mit einem Richtscheit die Grundplatte der Handoberfräse auf Ebenheit. Zusatzgrundplatten können sich verziehen und sollten dann ersetzt oder auf einem Stück Schleifpapier oder vorsichtig an der Bandschleifmaschine eben geschliffen werden.
- Schmieren Sie die Führungssäulen der Handoberfräse mit einem Sprühmittel, damit sie stets frei beweglich sind. Entfernen Sie regelmäßig den angesammelten Staub.
- Saubere Schnitte erfordern saubere Fräser. Sie können die Fräser mit einer alten Zahnbürste und Ofenreiniger säubern. Lassen Sie die Fräser im Reiniger einweichen, und bürsten Sie dann die festgebrannten Rückstände ab. Mit einem kleinen Diamantschleifer lassen sich danach auch die flachen Seiten der Schneiden abziehen.
- Achten Sie darauf, dass der Handoberfräsentisch stets eben ist. Benutzen Sie ein Richtscheit, um zu kontrollieren, ob das Gewicht der Handoberfräse den Arbeitstisch nicht in der Mitte nach unten gezogen hat.
- Überprüfen Sie, ob der Anschlag des Handoberfräsentischs gerade ist und senkrecht auf dem Arbeitstisch steht.
- Kontrollieren Sie, ob der Anschlag des Schlitzfräsers parallel zum Fräser steht. Falls der Anschlag nicht vollkommen parallel stehen sollte, lässt sich das mit einem Stück Klebeband beheben, das an einem Ende angebracht wird.

Stationäre Maschinen

Holzverarbeitungsmaschinen sind jeweils für einen bestimmten Zweck konstruiert. So schneidet die Säge Holz und der Abrichthobel ebnet Holzoberflächen. Oft können diese Maschinen jedoch auch für die Herstellung von Verbindungen genutzt werden. Es gibt aber auch Maschinen, die speziell für solche Aufgaben vorgesehen sind, die Bohrmaschinen und Schlitzstemmmaschinen wären hier zu nennen.

Kontrollieren Sie die Arbeitsflächen der Maschinen auf Ebenheit. Ein verzogener oder schiefer Tisch führt bei der Arbeit zu anhaltenden Problemen. Verwenden Sie ein gutes Richtscheit, um den Tisch oder Anschlag zu kontrollieren. Sorgen Sie dafür, dass die Arbeitsflächen sauber und frei von Spänen sind, wenn Sie an der Maschine arbeiten. Bringen Sie eine Absauganlage an, um Holzstaub und -späne zu entfernen. Lesen Sie die Sicherheitsrichtlinien des Herstellers, und befolgen Sie sie gewissenhaft.

Mit der Ständerbohrmaschine kann man präzise Löcher bohren, aber nur wenn man hochwertige Bohrer verwendet.

Bohren und Schlitze schneiden

Mit der Bohrmaschine kann man Löcher als Aufnahme für Schlitze herstellen. Im Gegensatz zu diesen Löchern mit ihren durch die Drehung des Bohrers abgerundeten Ecken stellt die Schlitzstemmmaschine Schlitze mit rechtwinkligen Ecken her.

Die Ständerbohrmaschine wird vor allem für das Bohren von Dübellöchern verwendet. Die Löcher können senkrecht oder im Winkel zur Werkstückoberfläche stehen. Bei dieser Arbeit spielt die Fähigkeit der Ständerbohrmaschine, genau runde Löcher zu bohren, eine wichtige Rolle. Aber unabhängig davon, wie präzise die Lager und das Futter der Maschine gearbeitet sind, kann die Verwendung billiger Bohrer zu unrunden Löchern führen. Benutzen Sie hochwertige Bohrer, und kontrollieren Sie sie auf Unwuchten, wenn Sie in die Ständerbohrmaschine eingespannt sind.

In Verbindung mit einem Anschlag kann man mit der Ständerbohrmaschine auch Schlitze schneiden. Da der Anschlag dafür sorgt, dass ein Schnitt oder ein Loch in einer bestimmten Entfernung von einer Kante angelegt wird, kann man eine Reihe von Löchern machen, um einen Schlitz für eine Schlitz-und-Zapfen-Verbindung zu bohren. Denken Sie daran, dass der Anschlag für diese Arbeit weder parallel noch im rechten Winkel zu irgendeiner Kante des Arbeitstisches verlaufen muss. Er muss lediglich in der richtigen Entfernung von der Mittelachse des Bohrers angebracht werden. Die Ständerbohrmaschine kann auch mit anderen Werkzeugeinsätzen verwendet werden, um Schlitze zu schneiden. So lassen sich sowohl mit Fräsern mit Stirnschneiden als auch mit Hohlmeißeln Schlitze herstellen.

Verwenden Sie einen Anschlag, um eine Reihe von Löchern zu bohren, aus denen dann der Schlitz für eine Schlitz-und-Zapfenverbindung entsteht.

Mit einem Hohlmeißel, den man an der Ständerbohrmaschine anbringt, kann man rechteckige Löcher schneiden.

Ein Hilfstisch am Arbeitstisch der Ständerbohrmaschine erleichtert die Befestigung von anderen Vorrichtungen.

Sie können sich die Schlitzarbeit an der Ständerbohrmaschine mit einigen Hilfsvorrichtungen erleichtern. Ein Zusatztisch ist nützlich, da die meisten Ständerbohrmaschinen mit Arbeitstischen aus Metallguss ausgestattet sind, die auf der Unterseite Rippen aufweisen. Wenn Sie auf dem Arbeitstisch einen Zusatztisch festzwingen, ist es sehr viel leichter, andere Vorrichtungen zu befestigen. Stellen Sie den Zusatztisch aus einem Stück 20-mm-MDF (Mitteldichte Faserplatte) her, an deren Unterseite Sie ein Brett festgeleimt haben. Befestigen Sie ihn mit Zwingen am Arbeitstisch der Ständerbohrmaschine.

Schlitze können Sie mit einem Anschlag bohren. Der Anschlag sollte gerade sein und eine ebene Anlagefläche aufweisen, kann aber in jeder beliebigen Stellung am Tisch befestigt werden. Wichtig ist lediglich die Entfernung vom Bohrer. Jedes der Löcher wird in dieser Entfernung gebohrt, so dass sie eine gerade Linie bilden. Die Arbeitstische mancher Ständerbohrmaschinen lassen sich schräg stellen, um Löcher in einem Winkel zu Oberflächen zu bohren. Die gleiche Wirkung können Sie jedoch auch mit einer Winkelvorrichtung erreichen. Eine Vorrichtung zum Bohren von senkrecht stehenden Werkstücken ist nützlich, wenn Sie ein Loch in Hirnholz bohren möchten.

Vorrichtungen für die Ständerbohrmaschine

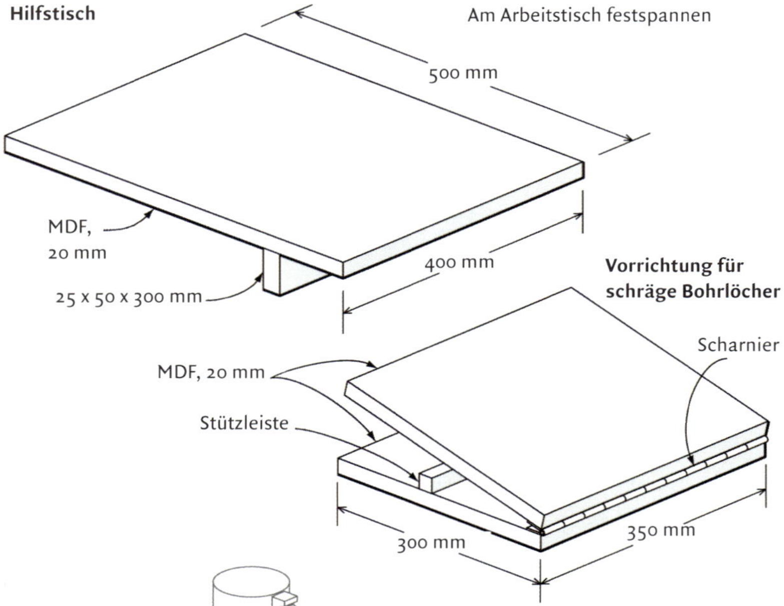

Hilfstisch

Am Arbeitstisch festspannen

500 mm

MDF, 20 mm

25 x 50 x 300 mm

400 mm

Vorrichtung für schräge Bohrlöcher

Scharnier

MDF, 20 mm

Stützleiste

300 mm

350 mm

Arbeitstisch der Ständerbohrmaschine

Spannen Sie die Vorrichtung am Hilfstisch fest. Die obere Platte wird auf den gewünschten Winkel eingestellt. Mit der Stützleiste wird sie so in dieser Stellung gehalten und mit einer Zwinge fixiert.

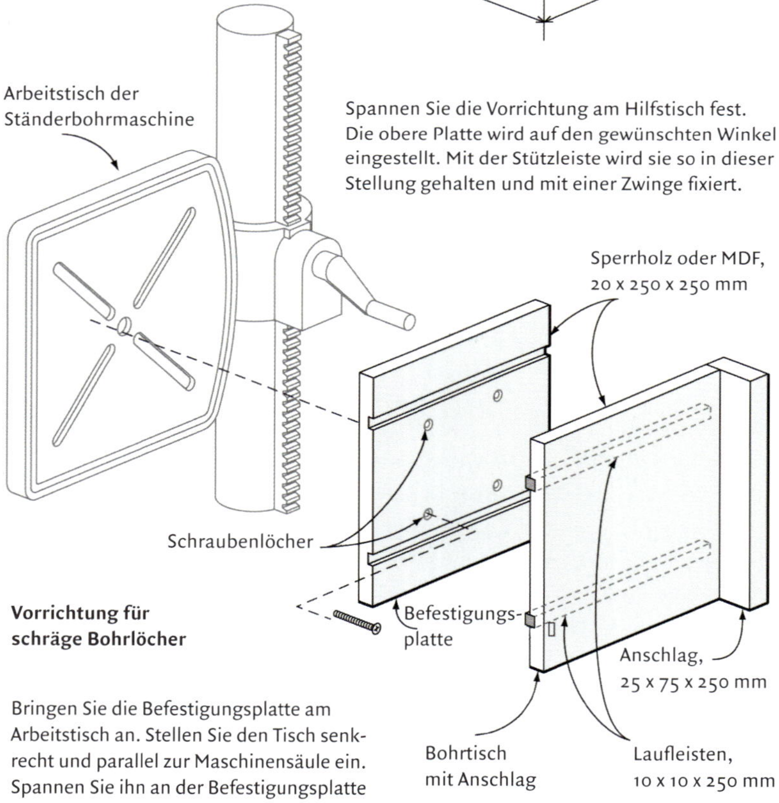

Sperrholz oder MDF, 20 x 250 x 250 mm

Schraubenlöcher

Befestigungsplatte

Anschlag, 25 x 75 x 250 mm

Vorrichtung für schräge Bohrlöcher

Bohrtisch mit Anschlag

Laufleisten, 10 x 10 x 250 mm

Bringen Sie die Befestigungsplatte am Arbeitstisch an. Stellen Sie den Tisch senkrecht und parallel zur Maschinensäule ein. Spannen Sie ihn an der Befestigungsplatte fest und das Werkstück gegen den Anschlag.

Eine Vorrichtung zum Bohren senkrechter Löcher wird am Arbeitstisch der Ständerbohrmaschine befestigt, der dafür senkrecht gestellt wird. Mit dem verstellbaren Anschlag können die Bohrlöcher in der Schmalkante des Werkstücks genau platziert werden.

In der Ständerbohrmaschine lassen sich Spiralbohrer für Holz- und Metallarbeiten einsetzen, Spatenbohrer für grobe Bohrarbeiten in Holz, Spiralbohrer mit Zentrierspitze für präzise Arbeiten, Bohrer mit Vorschneidern für Löcher größeren Umfangs und Forstnerbohrer, die sich besonders für Bohrungen im Winkel zur Oberfläche eignen. Verwenden Sie immer ein Stück Restholz als Unterlage, wenn Sie durch ein Werkstück bohren, um den Arbeitstisch oder Zusatztisch zu schützen.

Langlochbohrmaschinen sind gewerblich genutzte Maschinen zum Schneiden von Löchern und Schlitzen. Der Arbeitstisch bewegt sich von Seite zu Seite und von oben nach unten, während der Motor und Bohrer in das Material bewegt werden. Fräsmaschinen wie der in den USA verbreitete Multirouter können ebenfalls Schlitze schneiden und sind auch sonst sehr vielseitig. Man kann mit ihnen im Winkel zur Werkstückoberfläche arbeiten und sie verwenden, um Zapfen zu schneiden. Da sie sich in drei Richtungen bewegen lassen, sind sie für viele verschiedene Schlitzarbeiten geeignet. Der waagerechte Arbeitstisch nimmt das Werkstück auf und bewegt sich von Seite zu Seite und von oben nach unten. Die Handoberfräse wird am senkrechten Tisch befestigt und bewegt sich auf und ab. Alle waagerecht arbeitenden Maschinen müssen sich in den Hauptbewegungsrichtungen frei bewegen können. Die Arbeitstische dürfen kein Spiel haben. Achten Sie auch darauf, dass sich der Tisch nicht durchbiegt, wenn man ein langes oder schweres Brett auflegt.

Die Stemmmaschine ist eine Spezialmaschine zum Schneiden von Schlitzen. Um andere Bohrarbeiten damit auszuführen, muss man umfangreiche Umbauarbeiten vornehmen. Die verwendeten Bohrer müssen gut in Schuss und sehr scharf sein, aber dann lassen sich rechtwinklige Schlitze wegen der größeren Hebelkraft der Übersetzung leicht herstellen. Je schwerer eine Stemmmaschine ist, desto besser.

Maschinen zur Flächen- und Kantenbearbeitung

Diese Werkzeuge sind alle für andere Aufgaben konstruiert, können aber gelegentlich auch bei der Herstellung von Verbindungen nützlich sein.

Mit der Abrichthobelmaschine wird die Kante oder Fläche eines Brettes geebnet (abgerichtet). Die Fläche oder Kante ist dabei nicht parallel zu einer anderen, da das Hobelmesser am Arbeitstisch ausgerichtet ist. Stellen Sie sicher, dass die Schneiden der Hobelmesser in ihrer höchsten Stellung genau die Höhe des Abnahmetischs aufweisen. Falls die Messer zu hoch stehen, schneiden sie in das hintere Ende des Werkstücks, wenn dieses das Ende des Angabetischs erreicht und in die Messer hineinfällt. Falls sich das Werkstück durch das Abrichten verjüngt, stehen die Messer im Verhältnis zum Abnahmetisch zu tief. Sie greifen nicht mehr in das Material, wenn das Werkstück vorgeschoben wird, auf dem Abnahmetisch zu liegen kommt und allmählich von den Messern abgehoben wird.

Die Dicktenhobelmaschine ebnet eine Seite eines Brettes parallel zu einer anderen Seite. Die Hobelwelle wird parallel zum Auflagetisch ausgerichtet. Die besten Ergebnisse erzielt man, wenn man zuerst eine Seite des Werkstücks an der Abrichthobelmaschine abrichtet und das Werkstück dann am Dicktenhobel bearbeitet. Mit der Dicktenhobelmaschine lässt sich auch das Material für lose Federn oder lose Zapfen vorbereiten.

Die Drechselbank wird bei der Herstellung von Verbindungen dazu genutzt, runde Zapfen anzufertigen. Dazu kann man verschiedene Drechseleisen verwenden. Mit der Scheibenschleifma-

Mit der Abrichthobelmaschine werden Brettkanten abgerichtet, bevor man die Bretter verleimt.

Durch ihre drei Bewegungsachsen können Maschinen, in die eine Handoberfräse waagerecht eingespannt wird, nicht nur Schlitze, sondern auch Zapfen und andere Verbindungen schneiden.

An der Dicktenhobelmaschine hobelt man Material mit genau parallelen Seiten für lose Zapfen und Federn aus.

An der Drechselbank können Sie Rundzapfen am Ende von eckigen oder runden Werkstücken anschneiden.

schine kann man Gehrungsschnitte versäubern. Arbeiten Sie immer an der linken Seite einer Schleifscheibe, wenn diese sich entgegen dem Uhrzeigersinn dreht. Dadurch wird das Werkstück nach unten gegen den Arbeitstisch gedrückt.

Sägen

Die Nützlichkeit von Sägen für die Herstellung von Verbindungen hängt von ihrer Genauigkeit ab. Im Allgemeinen gilt: Je schwerer die Säge, desto besser. Rund laufende Lager und gute, gerade Anschläge, die sich sicher arretieren lassen, sind für jede Säge wichtig. Die verwendeten Sägeblätter sollten stets scharf sein. Schieben Sie das Material nicht mit Gewalt durch die Säge. Man kann entweder schnell oder genau sägen. Erwarten Sie nicht, beides gleichzeitig zu erreichen. Verwenden Sie die vom Hersteller mitgelieferten Schutzvorrichtungen, und tragen Sie bei der Arbeit Gehörschutz und Schutzbrille.

Wenn die Bandsäge mit einem scharfen Sägeblatt, rundlaufenden Rädern und präzisen Führungen ausgestattet ist, kann man mit ihr viele Verbindungsarbeiten ausführen. Für Auftrennschnitte sollte man ein breiteres Blatt mit weniger Zähnen pro Zoll (teeth per inch, tpi) verwenden. Zapfen oder Fingerzinken lassen sich gut

Gehrungsschnitte kann man an der Scheibenschleifmaschine nacharbeiten. Achten Sie darauf, dass der Arbeitstisch im rechten Winkel zur Schleifscheibe steht.

mit einem 10 mm breiten 3-tpi- oder 4-tpi-Blatt schneiden. Glattere Schnittflächen erhalten Sie mit einem 6-tpi Blatt, in diesem Fall sollten Sie allerdings die Vorschubgeschwindigkeit des Materials reduzieren. Die Arbeit geht leichter von der Hand, wenn die Bandsäge mit einem verstellbaren Anschlag versehen ist. Zeichnen Sie die Schnitte mit dem Bleistift an, und überprüfen Sie, ob das Sägeblatt parallel zum Anschlag schneidet. Falls nicht, müssen Sie einen Hilfsanschlag verwenden, der mit Zwingen im gleichen Winkel am Sägeanschlag befestigt wird, um den das Blatt schief schneidet.

Die Gehrungs- und Kappsäge war ursprünglich ein Werkzeug der Zimmerleute. Leicht und gut zu transportieren, konnte man sie auf jede Baustelle mitnehmen. Heute wird sie auch viel im Möbelbau verwendet und kann hervorragende Ergebnisse liefern, wenn Bretter abgelängt werden müssen. Zwingen Sie Stoppklötze am Anschlag der Säge fest, wenn Sie Schnitte wiederholt ausführen müssen. Mit der Kapp- und Gehrungssäge kann man die Gehrungen an Bilderrahmen oder breiteren Kästen schneiden. Wenn man die Schnitttiefe verändert, kann man mit einer neigbaren Gehrungssäge auch Überblattungen und Zapfen schneiden.

Bringen Sie an der Bandsäge einen Anschlag und Stoppklotz an, um Fingerzinken zu schneiden.

Die Bandsäge ist beim Schneiden vieler Verbindungen überraschend hilfreich. Gute Ergebnisse erzielt man nur, wenn das Blatt gerade läuft und man die Vorschubgeschwindigkeit nicht zu hoch wählt.

Die Kapp- und Gehrungssäge ist hervorragend dafür geeignet, mehrere Werkstücke genau auf die gleiche Länge zu schneiden.

Schneiden Sie Gehrungen an Rahmen- oder Kastenteilen mit der Kapp- und Gehrungssäge.

Die Tischkreissäge ist in den meisten Holzwerkstätten das Arbeitstier. Mit verschiedenen Vorrichtungen kann man an ihr auch gut Verbindungen schneiden.

Sägeblätter

Wechselzahn

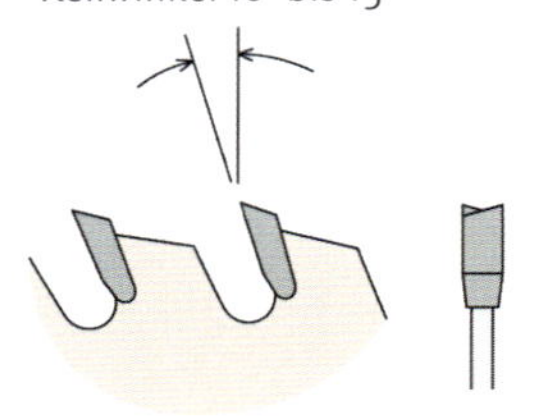

Dieses Blatt ist mit seinen 48 bis 80 Zähnen besonders zum Ablängen geeignet.

Flachzahn

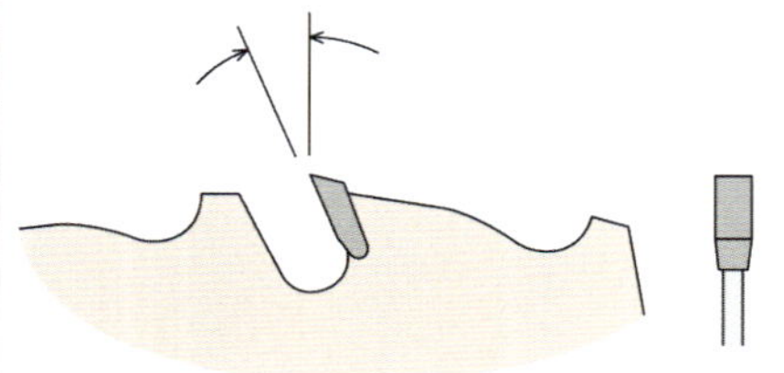

Dieses Blatt ist mit seinen 10 bis 24 Zähnen besonders zum Abbreiten geeignet.

Flach-Dach-Zahn

alle anderen Zähne

Räumzahn

Dieses Blatt ist mit seinen 40 bis 60 Zähnen vielseitig einsetzbar. Der Keilwinkel beträgt 10° bis 15 °.

Flach-Trapez-Zahn

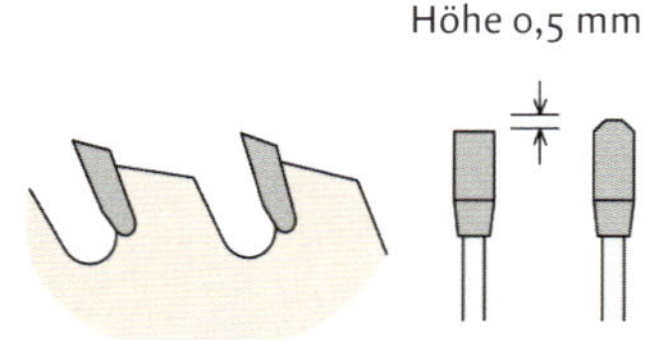

Dieses Blatt ist mit seinen 60 bis 80 Zähnen vor allem für Laminate und Holzwerkstoffe wie MDF und Sperrholz geeignet. Der Keilwinkel beträgt 10°.

Mit der Tischkreissäge werden die meisten Routineschnittarbeiten in der Holzwerkstatt durchgeführt, vom Aufteilen von Plattenmaterial, über das Abbreiten von Material bis hin zum Ablängen. Mit einer Reihe von Hilfsvorrichtungen kann man sie jedoch auch für präzise Verbindungsarbeiten einsetzen.

Sägeblätter

Für die meisten Sägeaufgaben sind hartmetallbestückte Sägeblätter heute der Standard. Bei Kreissägeblättern gibt es vier wichtige Zahnformen: Wechselzahn, Flachzahn, Trapez- Flachzahn und Trapezzahn.

Am vielseitigsten zu verwenden sind Blätter mit Trapez-Flachzahn-Geometrie.

In den USA werden auch Nutsägeblätter für Verbindungsarbeiten verwendet, die allerdings in Deutschland nicht den Vorschriften der Berufsgenossenschaften entsprechen. Deshalb werden sie hier weder gehandelt noch verwendet.

Hilfsvorrichtungen

Mit Hilfsvorrichtungen kann man die Vielseitigkeit der Tischkreissäge bei der Herstellung von Verbindungen sehr erhöhen. Versehen Sie den Parallelanschlag der Tischkreissäge mit einem Hilfsanschlag, wenn Sie breite Bretter schneiden, die gestützt werden müssen.

Sie können einen Hilfsanschlag auch als Zulage verwenden, in die Sie hineinschneiden können.

Sicherheit im Umgang mit der Tischkreissäge

- Verwenden Sie immer die Sicherheitseinrichtungen (Schutzhaube und Spaltkeil).
- Tragen Sie Augen- und Gehörschutz.
- Heben Sie das Sägeblatt nur um die Höhe eines Zahnes über die Oberfläche des Materials an, das Sie schneiden.
- Vergewissern Sie sich stets, wo sich Ihre Finger gerade befinden. Legen Sie sie bewusst auf eine Vorrichtung, bevor Sie diese am Sägeblatt vorbeischieben.
- Verwenden Sie einen Schiebestock, wenn der Parallelanschlag näher als Faustesbreite am Sägeblatt ist. Bewahren Sie die Schiebestöcke so nahe an der Tischkreissäge auf, dass Sie sie jederzeit ergreifen können.
- Stellen Sie sich links vom Parallelanschlag auf, so dass Sie das Werkstück dagegen schieben. Ihr Körper und Ihr Kopf sollten etwas links vom Sägeblatt sein, wo sie sich nicht im Flugpfad von zurückschlagenden Holzteilen befinden.
- Das Sägeblatt muss stets scharf sein. Drücken Sie nicht mit dem Material gegen ein stumpfes Sägeblatt.
- Bewegen Sie das Material mit mäßiger Vorschubgeschwindigkeit am Sägeblatt vorbei. Falls das Werkstück beginnt, auf dem Sägeblatt nach oben zu steigen, halten Sie es sicher in seiner Stellung, während Sie das Sägeblatt nach unten und aus der Schnittfuge bewegen. Versuchen Sie nicht, das Holz auf das Sägeblatt hinab zu zwingen.
- Denken Sie daran, dass alles, was am Parallelanschlag passiert, als nächstes am Sägeblatt geschieht, und nicht umgekehrt. Führen Sie das Werkstück immer fest am Anschlag.
- Achten Sie darauf, dass das Werkstück nicht die hintere Hälfte des Sägeblattes berührt. Verwenden Sie einen Spaltkeil, um zu verhindern, dass es in das Blatt hineinwandert.
- Schieben Sie das Werkstück ganz am Sägeblatt vorbei und noch ein Stück weiter, bevor Sie herum greifen, um es abzunehmen.
- Verwenden Sie bei langen Brettern oder Platten einen Abnahmetisch oder Rollenständer. Ziehen Sie das Werkstück nicht, um es am Sägeblatt vorbei zu führen.
- Legen Sie niemals während des Sägens eine Hand auf das Material hinter dem Sägeblatt. Falls es zurückschlägt, wird Ihre Hand mitgezogen.
- Wenn Sie eine Hilfsvorrichtung aus Metall verwenden, vergewissern Sie sich, dass sie am Sägeblatt vorbei passt, bevor Sie die Tischkreissäge anstellen.
- Achten Sie darauf, nicht kleine Verschnittstücke zwischen Sägeblatt und Anschlag (oder Stoppklotz) einzuklemmen, da diese in Ihre Richtung zurückgeschleudert werden können.

Mit einem Sägeblatt mit Wechselbezahnung und einem Räumzahn lassen sich unterschiedliche Verbindungen schneiden.

Gehrungsanschläge aus dem Zubehörhandel zeichnen sich durch feste Einstellungen für häufige Winkel, verstellbare lange Anschläge für große Werkstücke und arretierbare Stoppklötze aus.

Verwenden Sie einen Hilfsanschlag, um breite Werkstücke zu stützen, wenn sie hochkant bearbeitet werden. In einen solchen Anschlag kann man auch hineinschneiden, um das Sägeblatt im Anschlag „einzufangen".

Der Gehrungsanschlag der Kreissäge kann ohne Justierung meist nicht im Lieferzustand verwendet werden. Meist weisen sie sehr viel Spiel in den Führungsnuten des Arbeitstisches auf.

Entfernen Sie die Führungen und bringen Sie stattdessen käufliche Nutklötze mit Breitenverstellung an. Dadurch erhaltene Sie eine bessere, spielfreie Passung.

Manche Gehrungsanschläge sind mit arretierbaren Endanschlägen, verstellbaren Anschlägen und festen Einstellungen für bestimmte Winkel versehen. Auch solche Anschläge kann man durch den Einsatz von Endmaßen verbessern. Gehrungen können Sie mit einem solchen Gehrungsanschlag schneiden, Sie können sich aber auch eine Vorrichtung zum Gehrungsschneiden herstellen. Wenn diese Vorrichtung mit entsprechender Sorgfalt und Genauigkeit hergestellt worden ist, kann man mit ihr Schnitte ausführen, die immer eine rechtwinklige Ecke ergeben.

Zum Ablängen an der Tischkreissäge sollte man einen Ablängschlitten verwenden. Befestigen Sie den Anschlag mit Muttern, so dass er sich sicherer arretieren lässt. So lässt er sich auch leichter verstellen. Stellen Sie die Kufen, die in den Nuten des Arbeitstisches laufen, aus Holz mit stehenden Jahresringen her, um das Arbeiten des Holzes zu reduzieren. Bringen Sie mit Zwingen Stoppklötze am Anschlag an, um die Lage von Schnitten bestimmen zu können.

Eine Vorrichtung zum Schneiden von Bilderrahmenfriesen hat eine rechtwinklige Ecke, die im Winkel von 45° zum Sägeblatt steht. Sie wird auf Laufschienen bewegt, die in die Tischnuten der Tischkreissäge passen.

Vorrichtungen zum Schneiden von Zapfen kann man kaufen oder selbst herstellen. Nehmen Sie sich die Zeit, um Feinjustierungen an einer gekauften Vorrichtung vorzunehmen. Eine eigene Vorrichtung lässt sich sehr leicht herstellen. Die Schrauben, mit denen der Stützklotz befestigt wird, sollten höher liegen als die höchstmögliche Position des Sägeblattes. Die Vorrichtung sollte außerdem höher sein als der Parallelanschlag, damit Sie eine Zwinge am Werkstück anbringen können. Achten Sie darauf, die Vorrichtung beim Vorschieben des Werkstücks nicht in das Sägeblatt zu kippen.

Falls Sie ein Werkstück in einem Winkel am Sägeblatt vorbeiführen müssen, sollten Sie dafür eine Vorrichtung herstellen. Bringen Sie den Anschlag im erforderlichen Winkel an einem unbenutzten Brett an, um das Werkstück zu halten.

Ein Ablängschlitten wird in den Tischnuten geführt. Schrauben Sie einen Anschlag daran fest, damit Sie ihn leicht für einen rechtwinkligen Schnitt einstellen können.

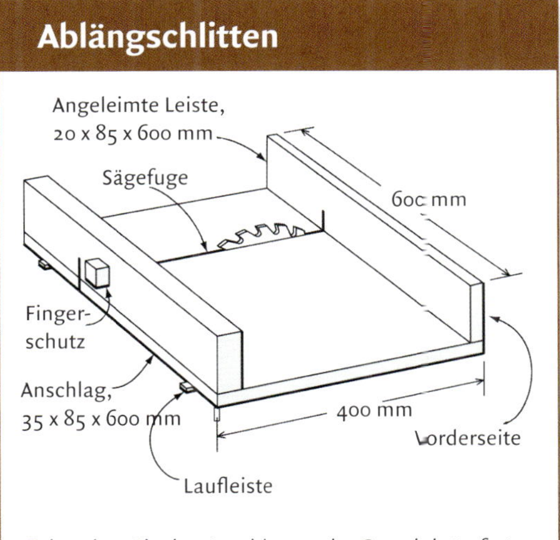

Vergewissern Sie sich, dass sich Ihre Zapfenschneidevorrichtung genau einstellen lässt und sich präzise in der Tischnut bewegt.

Ablängschlitten

Angeleimte Leiste, 20 x 85 x 600 mm
Sägefuge
600 mm
Fingerschutz
Anschlag, 35 x 85 x 600 mm
400 mm
Vorderseite
Laufleiste

Schrauben Sie den Anschlag an der Grundplatte fest. Verwenden Sie Laufleisten mit stehenden Jahresringen, um das Arbeiten des Holzes zu reduzieren. Leimen Sie einen Holzklotz als Fingerschutz am Anschlag fest, und platzieren Sie Ihre Finger immer zu seiner rechten Seite.

Fertigen Sie eine hohe Zapfenschneidevorrichtung an, damit Sie oben an ihr einen Stützklotz anbringen können. Dann können Sie das Werkstück auch mit einer Zwinge festspannen.

Verwenden Sie einen Schiebestock in Situationen, in denen Ihre Finger zu nahe an den Austrittspunkt eines Sägeblattes geraten könnten.

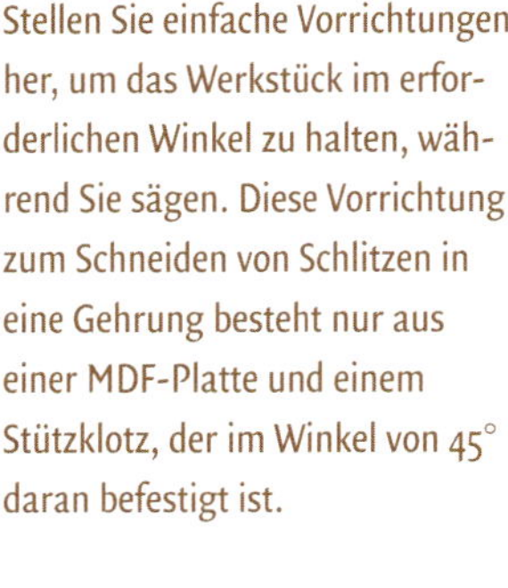

Stellen Sie einfache Vorrichtungen her, um das Werkstück im erforderlichen Winkel zu halten, während Sie sägen. Diese Vorrichtung zum Schneiden von Schlitzen in eine Gehrung besteht nur aus einer MDF-Platte und einem Stützklotz, der im Winkel von 45° daran befestigt ist.

Stellen Sie einen dünnen Schiebestock her, um dünne Werkstücke am Sägeblatt vorbei zu führen.

Verwenden Sie einen Schiebestock in Situationen, in denen der Anschlag zu nahe an das Blatt kommt. Ich benutze die Faustbreite als Daumenregel: Wenn der Abstand geringer ist als die Breite meiner Faust, greife ich zum Schiebestock. Verwenden Sie einen Schiebestock bei jedem Schnitt, bei dem Ihrer Finger nahe an den Austrittspunkt des Sägeblatts geraten könnten. Verwenden Sie bei sehr dünnem Material auch einen entsprechend dünnen Schiebestock. Wenn man einen Druckkamm und einen Schiebestock zusammen benutzt, kann man auch sehr schmale Werkstücke sicher bearbeiten.

Setzen Sie einen Druckkamm und Schiebestock ein, um schmale Werkstücke am Sägeblatt vorbei zu führen.

TEIL ZWEI

Korpusverbindungen

Verbindungen auf Stoß
(S. 38)

Falz, Nut und Feder
(S. 63)

Gehrungsverbindungen
(S. 98)

Fingerzinken
(S. 115)

Schlitz-und-Zapfenverbindungen
(S. 127)

Schwalbenschwanzzinkungen
(S. 139)

Korpuskonstruktion ist nichts anderes als die Herstellung eines Kastens. Der Kasten ist die Grundform jedes Schrankes und Regals, jeder Schublade und jeder Kommode. Insofern ist die Fähigkeit, einen stabilen und robusten Kasten zu bauen, eine der Grundlagen der Möbeltischlerei.

Einen Korpus kann man aus Vollholz, Sperrholz oder aus anderen Holzwerkstoffen wie zum Beispiel MDF (Mitteldichte Faserplatte) herstellen. Bei einer Konstruktion aus Sperrholz oder anderen Holzwerkstoffen muss man keine Rücksicht auf Faserverlauf, Belastbarkeit oder das Arbeiten des Holzes nehmen. Bei einem Korpus aus Vollholz ist der Verlauf der Holzfasern jedoch wichtig.

Die Längsholzseiten eines Kastens eignen sich gut zum Verleimen. Wo jedoch Längsholz auf Hirnholz trifft, muss man eine mechanische Verbindung herstellen. Im Idealfall entsteht dabei auch eine zusätzliche Leimfläche. Die vielen Methoden, dieses Ziel zu erreichen, werden zusammenfassend als Korpusverbindungen bezeichnet.

Verbindungen auf Stoß

Verbindungen mit Verbindungsmitteln

Demontierbare Verbindungen

Verbindungen mit losen Formfedern

Gedübelte Verbindungen

Am einfachsten verbindet man Bretter auf Stoß zu einem Korpus. Verbindungen auf Stoß sind leicht zu schneiden, wenn man darauf achtet, dass sie sowohl zur Fläche als auch zur Kante eines Brettes rechtwinklig stehen und bündig sind. Natürlich müssen gewinkelte Verbindungen auf Stoß in einem anderen Winkel als 90° in die Fläche oder Kante geschnitten werden. Sowohl bei gewinkelten Stoßverbindungen als auch bei solchen in der Fläche muss die Verbindung selbst in der Länge als auch Breite eben sein. Dadurch wird die Leimfläche vergrößert und die Verbindung ist besser einzuspannen.

Außer bei behelfsmäßigsten Konstruktionen sollten alle gestoßenen Verbindungen mit mehr als Leim gesichert werden. Bei den meisten Verbindungen auf Stoß wird Längsholz (in Richtung der Holzfaser geschnitten) mit Hirnholz (quer zu Holzfaser geschnitten) verbunden. Hirnholz lässt sich nicht gut verleimen, welchen Leim auch immer man verwendet. Der Leim wird eine gewisse Zeit halten, aber ohne zusätzliche Befestigungsmittel wird die Verbindung schließlich versagen. Befestigungsmittel können diese schwache Leimverbindung verstärken.

Mit losen Formfedern lassen sich große Möbelkorpusse auf effiziente Weise herstellen. Sie verstärken die Verbindung und sorgen für genaue Ausrichtung.

Die Wahl der Befestigungsmittel

Zuerst müssen Sie entscheiden, welche Art von Befestigungsmittel Sie verwenden möchten, um die Verbindung zu verstärken. Es gibt verschie-

Bei einer einfachen Verbindung auf Stoß ohne Befestigungsmittel werden die Kanten nur mit Leim versehen, und die Verbindung wird eingespannt.

Diese Verbindung auf Stoß ohne Verbindungsmittel hat den Belastungen nicht standgehalten.

Wenn man einen Nagel in Laubholz treibt, kommt es oft vor, dass dieses reisst.

Eine Verbindung auf Stoß mit demontierbaren Verbindungselementen lässt sich am Bestimmungsort auf- und auch wieder abbauen.

Schräge Sacklöcher werden mit einer Vorrichtung hergestellt, die es ermöglicht, Führungslöcher im Winkel in das Material zu bohren. Sie sind eine gute Verstärkungsmöglichkeit für Korpusverbindungen.

dene Methoden, um Verbindungen auf Stoß zu verstärken.

Am häufigsten werden Nägel verwendet, um zwei Bretter zu verbinden. Treiben Sie einen Nagel durch das eine Brett in das andere hinein. Nichts könnte leichter sein. Bei Laubhölzern, in dünnen oder schmalen Werkstücken kann es jedoch leicht passieren, dass das Material beim Eintreiben des Nagels reißt. Wenn man ein Loch vorbohrt, dessen Durchmesser etwas geringer ist als der des Nagels, kann man das Reißen verhindern.

Schrauben sind ein weiteres Verbindungsmittel, das bei Verbindungen auf Stoß, vor allem im Möbelbau, verwendet wird. Wenn sie fachgerecht angebracht werden, halten sie Plattenmaterial sehr gut und ohne Spiel zusammen.

Lösbare Verbindungsmittel können erstaunlich belastbar sein, wenn man sie richtig einsetzt. Sie erlauben es, Möbel in der Werkstatt zu bauen und dann am Lieferort oder der Baustelle zusammenzubauen. Außerdem erleichtern sie das Umziehen und Einlagern. Allerdings müssen Verbindungen mit solchen Beschlägen so entworfen werden, dass sie den wiederholten Belastungen nicht nachgeben und sich nicht bewegen oder gar ausreißen. Es ist wichtig, genügend Verbindungselemente zu verwenden, so dass der Druck auf eine hinreichend große Fläche verteilt und die Haltekraft ausreichend groß wird. Verteilen Sie die Verbinder gleichmäßig, so dass der Druck verteilt wird und die Stoßverbindung eben wird.

Schräge versenkte Schraubungen sind eine weitere Methode, um gestoßene Verbindungen zu verstärken. Sie werden im Möbelbau häufig eingesetzt, um einen Blendrahmen am Korpus zu befestigen. Sie sollen der Zeitersparnis dienen, man sollte sie also dementsprechend einsetzen. Es gibt käufliche Hilfsschablonen, mit denen sich die entsprechenden schrägen Sacklöcher sehr schnell bohren lassen, man kann aber auch eine einfache selbst gebaute Vorrichtung mit einer Handbohrmaschine und einem Bohrer verwenden. Für die käuflichen Vorrichtungen gibt es besondere Bohrer, die oft mit einem Tiefenanschlag versehen sind. Solche Bohrer haben an der Spitze meist einen geringeren Durchmesser, um ein Führungsloch zu bohren.

Verschraubungen

Schnelle Installationsarbeiten lassen sich am besten mit einem Versenkbohrer vornehmen, der mit einem Tiefenanschlag versehen ist. Diese Bohrer weisen unterschiedliche Durchmesser des Schneidenteils auf, so dass sie ein Führungsloch für die Schraube oder eine Versenkung für den Schraubenkopf in einem Durchgang bohren können. Wenn man tiefer bohrt, kann man auch ein Sackloch für einen Holzzapfen bohren. Mit dem Tiefenanschlag kann man dafür sorgen, dass alle Löcher zur gleichen Tiefe gebohrt werden. Die Versenkung kann auch mit einem Spatenbohrer vorgenommen werden. Die Löcher werden mit der Hand gebohrt und neigen zu Faserausrissen, mit einem scharfen Bohrer kann man jedoch ein annehmbares Ergebnis erzielen.

Für anspruchsvollere Möbelbauarbeiten ist genaueres Bohren erforderlich. Verwenden Sie dazu die Ständerbohrmaschine, und legen Sie zuerst eine Versenkung für den Schraubenkopf mit einem 8- oder 10-mm-Bohrer an. Für diese geläufigen Größen lassen sich auch leicht Zapfenschneider finden. Bohren Sie dann die Führungslöcher für die Schrauben an der Ständerbohrmaschine.

Allerdings kann es auch vorkommen, dass das Seitenteil eines Möbelstücks nicht unter die Ständerbohrmaschine passt. In diesem Fall erweist sich die Handoberfräse als nützlich. Mit einem Nutfräser mit Stirnschneiden können Sie auch auf großen Flächen genaue Bohrungen vornehmen. Spannen Sie die Handoberfräse am Werkstück fest, so dass sie nicht verrutschen kann, und schneiden Sie dann das Bohrloch bis zur vorgesehenen Tiefe.

Mit dem Spatenbohrer kann man Bohrlöcher ebenfalls versenken.

Mit entsprechenden Bohrern kann man gleichzeitig ein Führungsloch und die Versenkung für eine Schraube bohren.

Falls ein Werkstück zu groß für die Ständerbohrmaschine ist, kann man präzise Bohrungen auch mit der Handoberfräse und einem Fräser mit Stirnschneiden ausführen.

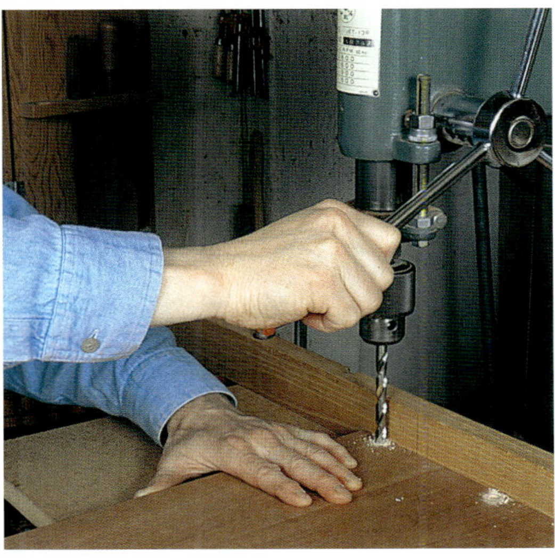

Wenn Genauigkeit erforderlich ist, sollte man Führungslöcher an der Ständerbohrmaschine bohren.

Beim Bohren von Führungslöchern sollte der Durchmesser des Bohrers jenem des Schraubenschaftes entsprechen.

Mit einem Stück Klebeband lässt sich schnell und leicht die Tiefe des Führungsloches markieren.

Holzzapfen und Querholzscheiben kann man in verschiedenen Größen, Formen und Holzarten kaufen. Man kann jedoch auch eigene herstellen, die dann genau auf das umgebende Holz abgestimmt sind.

Beim Bohren von Führungslöchern sollten Sie einen Bohrer verwenden, dessen Durchmesser dem Gewindekern entspricht oder vielleicht sogar eine Größe darüber liegt. Dadurch lassen sich die Schrauben leicht eindrehen, haben aber immer noch gute Haltekraft. In manchen Hölzern führt ein zu kleines Führungsloch dazu, dass es schwerfällt, die Schraube überhaupt einzudrehen. Der Schraubenkopf kann dann beschädigt oder gar abgedreht werden. Stellen Sie die Größe des Bohrers also nicht nur auf die Schraubengröße, sondern auch auf das Holz ab. Ein weiches Holz wie die meisten Nadelhölzer verträgt ein unterdimensioniertes Loch sehr viel eher als Ahorn oder Kirsche. Führungslöcher sollten auf die richtige Tiefe gebohrt werden, in manchen Fällen ist schon ein geringes Mehr zu viel. Man kann einen Streifen Klebeband am Bohrer anbringen, um so die richtige Bohrtiefe zu markieren.

Verborgene Befestigungen

In manchen Fällen können Befestigungen am Möbelstück als Zierelemente dienen, etwa bei handgeschmiedeten Nägeln an einem rustikalen Stück oder Zierstifte an einem eleganteren Stück. Meist ist es jedoch so, dass man die Tatsache verbergen möchte, dass die Verbindung durch eine Befestigung zusammengehalten wird. Sehen Sie der Tatsache ins Gesicht: Nagelköpfe sind ganz einfach hässlich. Glücklicherweise lassen sie sich leicht verstecken, indem man die Nägel versenkt und die Löcher mit etwas Holzkitt ausfüllt, den man im Farbton vieler verschiedener Holzarten erhält.

Schrauben zu verstecken ist etwas arbeitsaufwendiger. Es gibt verschiedene Arten von Holzzapfen, mit denen man Schraubenköpfe verbergen kann. Käuflich erwerben lassen sich verschiedene Arten mit Pilzkopf und rundem Kopf. Bohren Sie mit dem Bohrer, den Sie für die Arbeit verwenden wollen, einige Probelöcher in eine Stück Restholz, um die Passung der Zapfen zu überprüfen.

Sie können die Zapfen auch aus Dübelstangen schneiden. Überprüfen Sie die Passung der Dübelstange, bevor Sie sie kaufen. Bedenken Sie, dass die runde Dübelstange während des Trocknens oval wird. Die Passung in einem runden Loch kann darunter leiden. Auch dass ein Zapfen aus Dübelstange Hirnholz in der Oberfläche zeigen wird, sollte nicht außer Acht gelassen werden. Der Kontrast zwischen den Dübeln und dem umgebenden Holz kann sehr stark sein, auch wenn sie aus der gleichen Holzart bestehen, da Hirnholz mehr Oberflächenmittel aufnimmt und deshalb dunkler wird.

Man kann seine eigenen Zapfen oder Scheiben mit einem Zapfenschneider herstellen und so sicherstellen, dass sie gut in die Löcher passen und fast in ihrer Umgebung „aufgehen". Gleichen Sie zu diesem Zweck den Faserverlauf der Scheibe jenem der Korpusseite an.

Mit konischen Zapfenschneidern stellt man Zapfen her, die sich von oben nach unten verjüngen. Die Zapfen lassen sich leicht in das Bohrloch einsetzen und füllen dieses vollkommen aus, so dass die unschönen Leimränder an einer Hälfte des Bohrloches entfallen. Schneiden Sie die Zapfen an der Ständerbohrmaschine, stellen Sie die Schnitttiefe dabei jedoch so ein, dass sie nicht freigeschnitten werden. Entfernen Sie sie dann mit einem Schraubendreher, oder schneiden Sie sie an der Bandsäge frei.

Gewerbliche Zapfenschneider werden zum Herstellen von langen Zapfen oder langen Dübeln verwendet, man kann sie jedoch auch für Zapfen und Scheiben zu Abdeckzwecken verwenden. Die fertigen Stücke werden ausgeworfen, was nützlich ist, wenn man größere Mengen herstellen muss.

Formfedern und Dübel

Formfedern und Dübel werden zur Verstärkung von Verbindungen auf Stoß verwendet. Verbindungen mit losen Formfedern werden erst seit den sechziger Jahren des vergangenen Jahrhunderts hergestellt, sind also sehr viel jünger als die althergebrachte Methode des Nagelns. Sie erweisen sich jedoch als recht effektiv bei der Verstärkung von gestoßenen Verbindungen, vor allem bei Korpusarbeiten aus Sperrholz.

Verbindung mit losen Formfedern

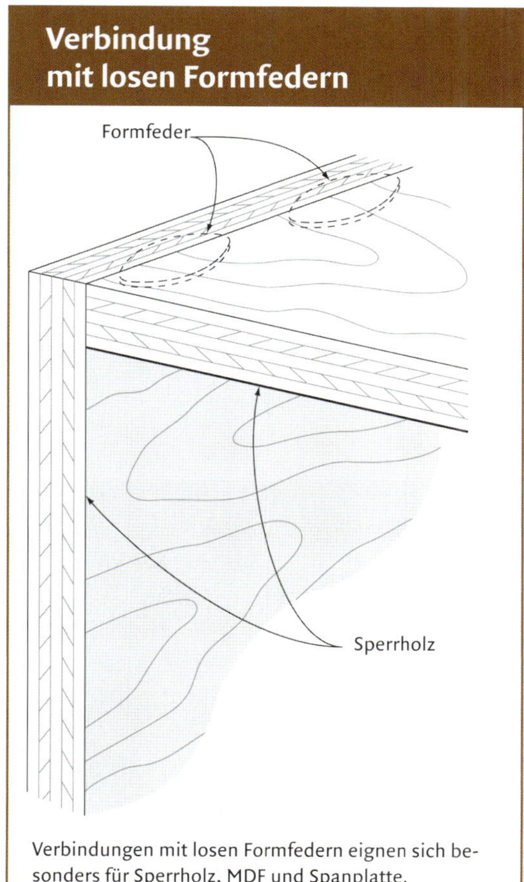

Verbindungen mit losen Formfedern eignen sich besonders für Sperrholz, MDF und Spanplatte.

Nachdem man die Zapfen mit einem konischen Zapfenschneider ausgeschnitten hat, werden sie mit dem Schraubendreher aus dem Material entnommen.

Mit einem Zapfenschneider lassen sich auch Abdeckzapfen schneiden; bei ihm werden die Zapfen nach dem Schneiden ausgeworfen.

Solche losen Formfedern gleichen losen Zapfen oder Dübeln: Man schneidet einen Schlitz oder ein Loch in jedes der zu verbindenden Teile und fügt unter Leimzugabe ein Verbindungsstück ein. Sie unterscheiden sich dadurch, dass sie aus gepresstem Buchenholz bestehen und diagonal zur Faser geschnitten werden, um Schwinden und Probleme mit dem Faserverlauf zu vermeiden.

Außerdem schwellen sie an, wenn sie mit einem wasserhaltigen Leim in Berührung kommen. Lose Formfedern gibt es in verschiedenen Größen für verschiedene Anwendungen. Verbindungen mit Formfedern sind sehr gut für Konstruktionen aus Sperrholz und Faserplatten geeignet. Bei Vollholzkonstruktionen und vor allem bei Möbeln aus Vollholz kann man sich jedoch Situationen gegenübersehen, in denen die Formfedern nicht in den optimalen Leimstellen (zwischen Längsholz und Längsholz) angebracht werden können.

Dübel sind natürlich ein Industriestandard und werden verwendet, um Millionen von Couches, Tischen und Stühlen herzustellen. Sie sind zum Standard geworden, weil sie schnell anzubringen sind und eine Lebensdauer haben, die gerade lang genug ist, dass die Leute immer wieder Produkte mit ihnen kaufen. Im Gegensatz zu Formfedern, die ohne Warnung vollkommen versagen können, bewegen sich Dübel jahrelang hin und her und knarren dabei warnend, bevor sie endlich den Geist aufgeben.

Leider haben Dübel auch Nachteile. Die langen Holzfasern des Dübels passen nicht immer zum Längsholz des Werkstücks, vor allem wenn Sie in der Fläche eines Brettes verwendet werden. Ein Dübelloch, das in Längsholz gebohrt wird, weist im Inneren Hirnholz auf, das nicht die beste Oberfläche zum Verleimen ist. Darüber hinaus kann sich der Querschnitt eines Dübels beim Trocknen zu einem Oval verändern, wodurch die Passung im runden Bohrloch leidet. Dübel können sich wegen des Arbeitens des Holzes im Laufe der Jahreszeiten auch lockern. Hinzu kommt die Schwierigkeit, die Teile einer Verbindung genau aneinander auszurichten und die Passung von Stücken mit mehreren Dübellöchern zu überprüfen. Und schließlich kann auch bei perfekt eingepassten Dübeln eine zu großzügige Leimangabe in den Dübellöchern dazu führen, dass sich die Verbindung nur unter Mühen und mit großem Kraftaufwand schließen lässt.

Gedübelte Verbindung

Dübel

Dübel werden in Sperrholz oder Vollholz verwendet.

Formfedern gibt es in verschiedenen Größen für unterschiedliche Einsatzzwecke.

Trotz aller dieser Probleme sind Dübel, wenn man die Verbindung richtig plant, für bestimmte Anwendungen sehr gut geeignet und können auch so eingesetzt werden, dass man keine Spur von ihnen sieht. Solche versteckten Dübelverbindungen haben jedoch schon manchen Handwerker zur Verzweiflung getrieben. Das ist kaum verwunderlich, da verborgene Dübelverbindungen ausgesprochen tückisch sind, wenn man bei der Arbeit auch nur im Geringsten ungenau war. Sie sind jedoch bei einer Reihe von Anwendungen nützlich, nicht zuletzt beim Anbringen von Griffen an Schachteldeckeln. Falls Ihre Voraussicht nicht weit genug reichte, um ein Dübelloch in ein kleines oder unregelmäßig geformtes Stück zu bohren, bevor Sie ihm seine Form gaben, befestigen Sie es mit einer Zwinge sorgfältig waagerecht am Arbeitstisch der Ständerbohrmaschine, um das Loch nachträglich zu bohren.

Das genau rechtwinklige Ablängen

Der erste Sägeschnitt, den man je ausführt, ist ein Ablängschnitt. Aber es steckt etwas mehr in diesem Schnitt, als man vielleicht denken mag. Gerade und rechtwinklige Schnitte sind für alle Verbindungsarbeiten unabdingbar, ganz besonders aber für Verbindungen auf Stoß. Bedenken Sie, dass Sie bei jedem Sägeschnitt immer in zwei Richtungen schneiden. Bei einem rechtwinkligen Ablängschnitt sägen Sie einerseits gerade über die Breite eines Brettes und andererseits gerade nach unten.

Ob Sie nun mit der Handsäge oder einer Elektrosäge ablängen, reißen Sie zuvor immer eine gut sichtbare, gerade Bleistiftlinie an. Machen Sie die Linie nicht zu breit, und versuchen Sie nicht, in ihrer Mitte zu sägen. Zeichnen Sie die Linie sauber und gleichmäßig dünn, und setzen Sie die Säge dann direkt an der Linie im Verschnitt an. Wenn sich die Bleistiftlinie zwischen Ihnen und der Säge befindet, ist sie leicht zu sehen.

Mit der Handsäge ablängen

Um mit der Handsäge abzulängen, bewegen Sie die Säge zuerst entgegen ihrer normalen Schnittrichtung. Damit wird die Sägefuge an der richtigen Stelle angelegt. Wenn Sie mit einer westlichen Säge arbeiten, die auf Stoß schneidet, ziehen Sie die Säge zurück. Wenn die Sägefuge angelegt ist, können Sie damit beginnen, durch das Brett zu sägen. Eine japanische Säge schneidet auf Zug, Sie müssen den Schnitt also anlegen, indem Sie auf Stoß sägen.

Benutzen Sie Ihre Knöchel als Führung, wenn Sie die Säge bei den ersten Schnitten hin und her führen. Geben Sie mit dem Zeigefinger die Schnittrichtung vor, dies ist eine gute Führung für die Säge. Versuchen Sie, das Sägen zu üben, ohne zu schneiden. Zu starker Druck nach unten

Spannen Sie kleine oder unregelmäßig geformte Werkstücke in einer Zwinge ein, bevor Sie Löcher für Dübel hineinbohren.

Um eine Verbindung auf Stoß genau zu arbeiten, muss der Hirnholzschnitt genau rechtwinklig sein.

Beim Ablängen mit der Handsäge sollte man auf der Verschnittseite direkt neben dem Riss sägen.

beim Anlegen des Schnittes macht es schwer, gerade zu sägen. Lassen Sie die Säge schneiden, Ihre Aufgabe ist es, das Sägeblatt gerade zu führen. Das Werkstück sollte tief liegen, so dass Ihre Schulter sich über dem Schnitt befindet – wenn die Säge scharf ist, wird der Schnitt dann mit hinreichender Kraft ausgeführt.

Mit der Handkreissäge ablängen

Die Handkreissäge schneidet natürlich sehr viel schneller als eine Handsäge, aber der Schlüssel zu einem guten Schnitt ist immer noch Genauigkeit. Am besten lässt sich ein gerader Schnitt mit einem Richtscheit als Anlage ausführen. Ein einfaches Brett, das an der richtigen Stelle befestigt wird, reicht vollkommen aus. Machen Sie einen Probeschnitt, um die Entfernung zwischen dem Sägeschnitt und der Kante der Handkreissäge zu bestimmen, die am Anschlag geführt wird. Platzieren Sie den Anschlag dann in dieser Entfernung von der angerissenen Linie. Für die besseren Handkreissägen kann man entsprechende Führungssysteme als Zubehör bekommen. Die Führungsschiene, die im Foto oben links zu sehen ist, wird am Werkstück festgeklemmt und hat eine Druckschiene aus Gummi, die direkt an der markierten Linie angelegt wird und Faserausrisse verhindert. Die Handkreissäge wird in einer Nut des Anschlags geführt, so dass man Schnitte von überragender Güte erhält. Stützen Sie den Verschnitt immer ab, damit es nicht zum Ausreißen des Materials kommt.

Beim Sägen rechtwinkliger Schnitte mit der Handkreissäge kann eine Führungsschiene die Genauigkeit deutlich erhöhen.

Ablängen mit der Kapp- und Gehrungssäge.

In den meisten Werkstätten ist die Kapp- und Gehrungssäge das Werkzeug der Wahl für das Ablängen. Sie ist tragbar, genau (falls sie nicht durch zu häufige Transporte und andere Belastungen beeinträchtigt wurde) und praktisch. Sie können eine in unmittelbarer Nähe Ihrer Werkbank aufstellen, um all jene kleinen Ablängarbeiten auszuführen, die immer wieder anfallen. Die Säge sollte immer zum vollkommenen Stillstand kommen, bevor Sie das Brett entfernen. So verringern Sie das Risiko, den Verschnitt in der Werkstatt herumfliegen zu sehen.

Die Kapp- und Gehrungssäge fand sich einst vor allem auf Baustellen, inzwischen steht sie auch in vielen Holzwerkstätten.

Ablängen an der Tischkreissäge

Die Tischkreissäge ist meine Lieblingsmaschine, wenn es um präzises Sägen geht. Mit einem guten Ablängschlitten kann man genaue Schnitte unzählig oft wiederholen. Die einzige Einschränkung ist die Stärke der Bretter, die man mit ihr sägen kann. Längere Bretter sind einfacher zu schneiden, wenn Sie eine Zulage verwenden, die so stark ist wie die Grundplatte Ihres Ablängschlittens. Das lange Brett liegt während des Schnittes auf der Zulage auf, ohne zu kippen.

Stellen Sie einen einfachen Ablängschlitten her, um genau rechtwinklige Schnitte an der Tischkreissäge ausführen zu können.

Genagelte Verbindung auf Stoß

Ihr erster Gehversuch als Holzwerker war vermutlich so einfach: Man nehme zwei Bretter, halte sie auf Stoß aneinander und hämmere einen Nagel hinein, um sie zusammenzuhalten.

> Siehe „Das genau rechtwinklige Ablängen" auf S. 45.

Schneiden Sie zuerst das Material auf Größe, und längen Sie die Schmalkanten präzise ab. Das Nageln wird erleichtert, wenn man Leim an die Verbindungen gibt und den Kasten zusammenzwingt **(A, B)**.

Wenn Sie mit der Hand nageln, liegt es an Ihnen, dafür zu sorgen, dass der Nagel gerade ins Material geht. Kontrollieren Sie den Fortschritt von der Seite des Brettes, um zu sehen, welche Fortschritte der Nagel macht. Nehmen Sie notwendige Korrekturen rechtzeitig vor, nicht erst, wenn der Nagel schon die Seitenwand durchstoßen hat **(C)**. Verwenden Sie einen Nageltreiber, um die Nagelköpfe unter die Oberfläche des Werkstücks zu treiben, so dass sie das Aussehen nicht beeinträchtigen **(D)**.

A

B

C

D

A

B

C

Verbindung auf Stoß mit Zierstiften

Mit Zierstiften kann man gestoßene Verbindungen auf dekorative Weise verstärken. Schneiden Sie zuerst das Material auf Größe, und längen Sie die Schmalkanten präzise ab.

> Siehe „Das genau rechtwinklige Ablängen" auf S. 45.

Bei den meisten Holzarten ist es angebracht, Führungslöcher vorzubohren, um zu verhindern, dass die Bretter reißen. Außerdem stellen Sie so sicher, dass die Zierstifte genau dort sitzen, wo Sie das vorgesehen haben.

Kontrollieren Sie die Größe der Zierstifte im Vergleich zur Bohrergröße. Ich verwende eine Schiebelehre und halte zwischen den Backen sowohl den Stift und einen Bohrer in der annähernd richtigen Größe. Wenn ich beide loslasse und der Stift herausfällt, weiß ich, dass er kleiner ist als der Bohrer **(A).**

Vergewissern Sie sich, dass der Kasten eben steht, oder spannen Sie ihn an der Hobelbank ein, um die Führungslöcher zu bohren **(B).** Treiben Sie in einem letzten Schritt die Nägel so weit ein, dass ihre Köpfe bündig mit der Oberfläche abschließen **(C).**

Druckluftnagler

Mit einem Druckluftnagler kann man etwa zehnmal so schnell nageln wie mit der Hand. Allerdings ist die Arbeit auch sehr viel gefährlicher. Schneiden Sie zuerst das Material auf Größe, und längen Sie die Schmalkanten präzise ab.

> Siehe „Das genau rechtwinklige Ablängen" auf S. 45.

Wenn man die zu verbindenden Teile verleimt und einspannt, ist es einfacher, sie gerade aneinander auszurichten **(A)**. Sie können die Nägel entweder senkrecht in das Material treiben oder den Druckluftnagler in einem leichten Winkel halten. In einem leichten Winkel eingetriebene Nägel haben höhere Haltekraft **(B)**.

Wenn der Luftdruck hoch genug ist, werden die Nägel oder Drahtstifte vom Druckluftnagler automatisch bis unter die Oberfläche des Brettes getrieben. Es bleibt dann nur, die Löcher mit etwas Holzkitt zu füllen. Wasserbasierte Kitte sind in der Verarbeitung etwas angenehmer als solche mit Lösemitteln, da es leichter ist, die Werkzeuge nach der Arbeit zu reinigen. Nehmen Sie eine wenig mehr Kitt, als notwendig ist, um das Loch zu füllen. Später wird der Überstand abgeschliffen, um eine ebene Oberfläche zu erhalten **(C)**.

WARNUNG Im Englischen heißt der Druckluftnagler nicht zu Unrecht „nail gun": Die Nägel werden mit einer Geschwindigkeit und einem Druck herausgeschossen, die ernsthafte Verletzungen für Sie oder andere zur Folge haben können. Halten Sie Ihre Finger von der Oberfläche fern, in die Sie nageln, und sorgen Sie dafür, dass niemand anderes in die Schusslinie gerät.

A

B

C

A

B

C

TIPP

Geschraubte Verbindung auf Stoß

Die geschraubte Verbindung auf Stoß ähnelt der genagelten Verbindung auf Stoß: Nur das Verbindungsmittel ist ein anderes. Natürlich ist die Haltekraft der Schrauben im Holz wegen ihres Gewindes größer. Schneiden Sie zuerst das Material auf Größe, und längen Sie die Schmalkanten präzise ab.

> Siehe „Das genau rechtwinklige Ablängen" auf S. 45.

Wie bei vielen Verbindungen erleichtert es das Anbringen der Verbindungsmittel, wenn man die Teile vorher verleimt und einspannt **(A).** In den meisten Fällen wird man ein Führungsloch bohren und eine Versenkung bohren müssen, auch wenn das Material bei Schrauben nicht so leicht reißt wie bei Nägeln (A). Ohne Versenkung erhebt sich der Schraubenkopf über die Materialoberfläche, und ohne Führungsloch kann es geschehen, dass sich die Schraube bei harten Hölzern nicht eindrehen lässt.

> Siehe „Verschraubungen" auf Seite 41 für weitere Informationen.

Am schnellsten lässt sich das Vorbohren mit einer Handbohrmaschine ausführen, die man mit einem Versenkbohrer ausgestattet hat, der einen Tiefenanschlag aufweist. Wenn Sie den Schraubenkopf versenken und vollständig verbergen möchten, bohren Sie so tief, dass ein Sackloch für einen Holzzapfen entsteht **(B).** Drehen Sie die Schraube senkrecht und im rechten Winkel zu der Kante ein, die verbunden werden soll.

TIPP Schmieren Sie Ihre Schrauben mit ein wenig Wachs, um sie leichter eindrehen zu können.

Falls der Schraubendreher aus dem Schraubenkopf rutscht, sollten Sie überprüfen, ob der Schraubendreher die richtige Größe für die verwendeten Schrauben hat **(C).**

Verbindung auf Stoß mit schrägem Sackloch

Spannen Sie die Bohrlehre fest auf das Werkstück. Verwenden Sie einen Tiefenanschlag am Bohrer, oder markieren Sie die Bohrtiefe mit einem Streifen Klebeband. Stellen Sie sicher, dass die eingestellte Tiefe so gering ist, dass die Schraube nicht auf der Gegenseite durch die Oberfläche stößt. Bohren Sie das schräge Sackloch **(A)**.

A

Die Schrauben für diese Verbindung haben einen runden Kreuzschlitzkopf und ein selbstschneidendes Gewinde, mit dem das Eindrehen beschleunigt wird **(B)**. Es ist dennoch zu empfehlen, die Verbindung zusätzlich zu verleimen, wie das bei der hier gezeigten Schublade der Fall ist **(C)**; durch die Schrauben in den Sacklöchern entfällt jedoch die Notwendigkeit, mit zahlreichen Zwingen zu arbeiten.

B

C

A

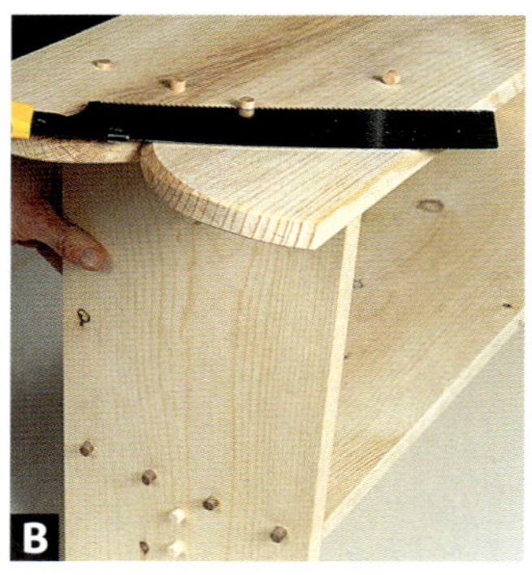
B

C

Schraubenlöcher mit Holzzapfen verdecken

Wenn alle Schrauben an Ort und Stelle sind, drehen Sie sie noch eine weitere Drehung ein, bevor Sie die Löcher mit Holzzapfen verschließen. Tragen Sie mit einem Zahnstocher etwas Leim an der Öffnung des Loches auf, und richten Sie die Maserung des Zapfens an derjenigen des umgebenden Holzes aus **(A)**. Treiben Sie dann die Zapfen mit dem Hammer ein, und achten Sie dabei darauf, dass sie gerade sitzen. Wenn der Leim getrocknet ist, können die Zapfen auf unterschiedliche Weise mit der Holzoberfläche bündig gemacht werden. Eine flexible japanische Säge hat gering geschränkte Zähne. Deshalb ist sie gut geeignet, um schnell Zapfen einzukürzen. Achten Sie dennoch darauf, das umgebende Holz nicht zu beschädigen **(B)**.

Man kann den Zapfen auch mit einem guten, scharfen Hobel verputzen. Machen Sie einige Probeschnitte, um festzustellen, in welcher Richtung die Holzfasern verlaufen. Tragen Sie den Zapfen dann bis zur Holzoberfläche ab, arbeiten Sie dabei um so langsamer, je weiter Sie nach unten gelangen. Sie möchten das umgebende Holz nicht mit einem fehlgegangenen Hobelschnitt verderben **(C)**.

A

B

C

Holzzapfen mit der Handoberfräse verputzen

Mit der Handoberfräse lassen sich Holzzapfen schnell verputzen. Der Trick dabei ist es, die Schnitttiefe auf etwas weniger als die Holzoberfläche einzustellen **(A)**. Legen Sie ein Stück Pappe unter den Fräser, und stellen Sie die Schnitttiefe darauf ein. So wird der Schnitt um genau diese Stärke oberhalb des Materials enden. Führen Sie die Handoberfräse über jeden der Zapfen, und schneiden Sie das herausragende Holz ab. Der verbleibende Rest kann leicht mit der Ziehklinge oder mit Schleifpapier entfernt werden **(C)**.

Dekorative Holzzapfen herstellen

Die käuflich zu erwerbenden Holzzapfen und -scheiben sind vielleicht manchmal nicht ansprechend genug für ein bestimmtes Werkstück. Sie können verschiedene eigene Zapfen herstellen, die einem Stück wirklich das gewisse Etwas geben **(A).** Quadratische Zapfen aus einem Kontrastholz können bündig geschnitten werden, oder man lässt sie leicht gewölbt überstehen, schnitzt sie oder schneidet eine Spitze an.

Beginnen Sie, indem Sie wie auch sonst das Sackloch für den Zapfen bohren. Schneiden Sie die Löcher dann mit dem Stechbeitel quadratisch zu. Dabei müssen Sie keine Risslinien markieren. Vertrauen Sie auf Ihr Augenmaß, und arbeiten Sie sorgfältig, aber nicht übertrieben genau **(B).** Schneiden Sie dann das Material für die Zapfen mit einem quadratischen Querschnitt zu, der etwas größer ist als die soeben geschnittenen Löcher. Für die hier zu sehenden Löcher mit einer Seitenbreite von 5 mm sägen Sie zuerst das Material an der Bandsäge mit Anschlag auf eine Stärke von etwas mehr als nötig zu **(C).** Dann wird es mit einem dünnen Schiebestock an der Tischkreissäge auf 6 mm im Quadrat zugeschnitten **(D).** Mit einem Schnitt des Handhobels werden die Sägespuren entfernt. Dann wird das Ende des quadratischen Zapfens mit dem Stechbeitel, der Feile oder mit Schleifpapier angefast **(E).** Der Zapfen lässt sich leicht in das Loch treiben, aber seine Übergröße wird etwaige Ungenauigkeiten beim Ausstechen der Löcher überdecken. Verputzen Sie dann den Zapfen mit dem Stechbeitel.

Man kann den Zapfen natürlich mit dem Hobel oder der Handoberfräse bündig mit der Holzoberfläche schneiden. Ich ziehe es jedoch vor, meine Handarbeit sichtbar werden zu lassen und lasse deshalb die Zapfen etwas über die Oberfläche herausragen. Schneiden Sie sie mit dem Hobel bis auf etwa 1 mm über die Oberfläche, und schleifen Sie sie dann mit 120er Körnung zu einer leichten Wölbung.

Um die Zapfen mit einer geschnitzten Spitze zu versehen, müssen Sie von den Kanten zur Mitte hin schneiden. Legen Sie ein Reststück Laminat auf das Holz, um die Oberfläche zu schützen. Hebeln Sie dann mit ihrem schärfsten Stechbeitel nach oben zur Mitte des Zapfens hin **(F).** Wenn man ein paar Dutzend Stück so angefertigt hat, geht es einem recht leicht von der Hand.

A

B

C

D

E

F

G

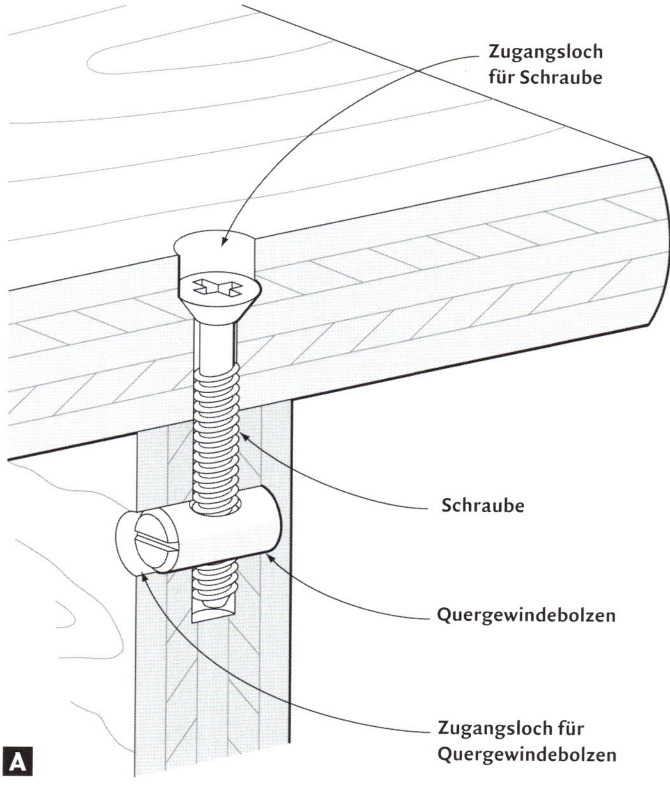

Verbindung auf Stoß mit Quergewindebolzen

Quergewindebolzen **(A)** sind runde Metallstifte, die in der Mitte eine Gewindebohrung aufweisen. In dieses Gewinde wird eine Schraube eingedreht, um die Verbindung dicht zu ziehen **(B).**

Wenn der Bolzen verborgen werden soll, bohren Sie zuerst ein 10-mm-Sackloch. Bohren Sie dann ein Loch mit einem etwas größeren Durchmesser als derjenige des Quergewindebolzens, so dass dieser sich leicht einstecken lässt **(C).** Bohren Sie auch ein Loch für die Schraube, die in das Gewinde des Bolzens eingedreht wird. Dieses Loch sollte tief genug sein, um die Schraube ganz durch den Bolzen drehen zu können.

Ein Quergewindebolzen, der durch einen Holzzapfen verborgen werden soll, kann mit Epoxidkleber befestigt werden **(D),** allerdings erst, nachdem man diesen ausgerichtet hat. Der Bolzen hat zu diesem Zweck einen Schlitz in einem Ende, so dass man ihn mit einem Schraubendreher drehen kann **(E).**

Verbindung auf Stoß mit Exzenterverbindern

Exzenterverbinder werden häufig bei Büromöbeln verwendet, die aus großen furnierten Platten bestehen und so entworfen sind, dass sie am Lieferort montiert werden können.

A

Bohren Sie zuerst zwei 20-mm-Löcher für die Gehäuse des Verbinders. Achten Sie darauf, dass die Zentrierspitze des Bohrers nicht durch das Furnier stößt **(A)**. Der hier gezeigte Bohrer konnte die Löcher nicht tief genug bohren, ohne durch das Furnier zu stoßen, ich musste also mit der Handoberfräse bis zur endgültigen Tiefe schneiden. Verwenden Sie einen Bündigfräser mit Anlaufring am Schaft, um das Loch zu vertiefen. Der Anlaufring liegt am oberen Teil des Loches an, und der Fräser vertieft das Loch lediglich so weit, dass der Verbindungsstift gerade unter der Furnieroberfläche liegt **(B)**.

B

Bohren Sie dann mit einem 10-mm-Bohrer seitlich in die Platte. Durch dieses Loch wird der Verbindungsstift eingeführt.

C

Bohren Sie so tief, dass das Ende des Verbindungsstiftes durch den Ring im Gehäuse reicht **(C)**. Drehen Sie das Gehäuse mit einem 3-mm-Schraubendreher, um die Verbindung anzuziehen. Dadurch wird der Kopf des Verbindungsstiftes fest gegen den Ring im Gehäuse gezogen **(D)**.

D

Verbindung auf Stoß mit Einschraubmutter

Einschraubmuttern werden oft auch mit dem Markennamen Rampamuffen bezeichnet. Sie haben an der Außenseite ein Holzgewinde, so dass sie in die Kante einer Platte eingeschraubt werden können **(A).** Auf der Innenseite haben sie ein metrisches Gewinde zur Aufnahme einer Schraube, mit der die beiden zu verbindenden Platten zusammengezogen werden können. Sie sind etwas schwieriger als andere lösbare Verbindungsmittel anzuwenden, da sie gerne in jede denkbare Richtung abwandern. Lassen Sie sich also Zeit, oder verwenden Sie eine gute Hilfsvorrichtung.

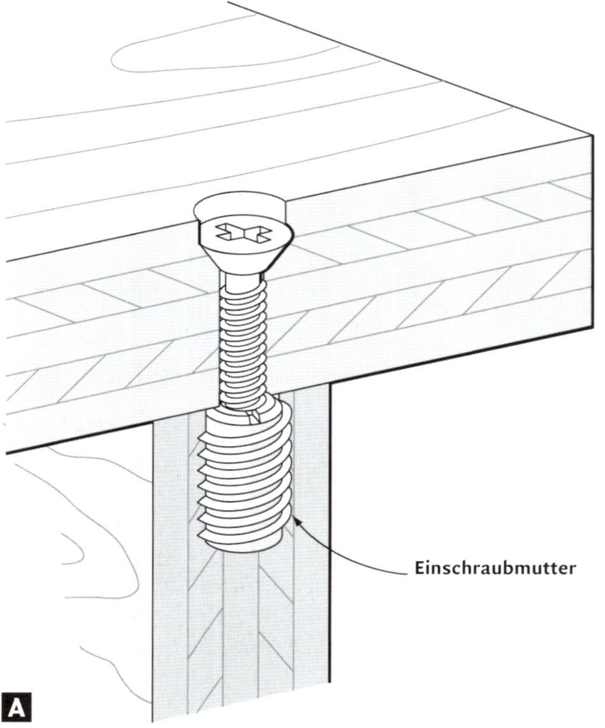

Bohren Sie Aufnahmen für die Einschraubmuffen in das Ende der Korpus. Verwenden Sie eine Zentriereinrichtung für Dübel, um sicherzustellen, dass die Bohrung genau in der Mitte der Platte liegt **(B).** Nehmen Sie dann die Zentriervorrichtung ab, und bohren Sie mit einem Bohrer nach, der etwas größer als der noch von der Vorrichtung aufgenommene ist. So verhindern Sie das Auswölben der Platte, wenn die Muffe eingedreht wird. Oder sichern Sie die Stelle beim Eindrehen durch Ansetzen von Zwingen.

Drehen Sie die Muffe mit einem Schraubendreher mit T-Griff oder mit einer Schraube mit Gegenmutter und einer Ratsche ein **(C).** Kontrollieren Sie von beiden Seiten, ob die Muffe senkrecht hineingeht. Es ist sehr leicht, die Muffen versehentlich schräg einzudrehen. Wenn die Muffen eingedreht sind, kontrollieren Sie auf gute Übereinstimmung mit den Löchern am Gegenstück der Verbindung **(D).**

Bündige Eckverbindung mit loser Formfeder

Reißen Sie an den Korpusteilen die Lage der Schlitze für die Formfedern an **(A)**. Verwenden Sie so viele, wie in die Breite des Stücks passen, seien Sie aber vorsichtig, dass sie an den Kanten nicht zu sehen sind. Vergessen Sie nicht, die Höhe der Schlitzfräse so einzustellen, dass die Schlitze genau in der Mitte der Platte geschnitten werden. Vergewissern Sie sich, dass die Höhenverstellung der Fräse arretiert und ihr Anschlag im rechten Winkel eingestellt ist. Bringen Sie eine Zulage am Anschlag an, falls dieser nicht genau parallel zum Fräser steht. An der Seite der hier gezeigten Schlitzfräse ist eine Mittenmarkierung für die Höhe der Formfeder angebracht. Richten Sie sie an der Mitte der Platte aus, oder verwenden Sie die Skala an der Fräse **(B)**.

Markieren Sie die Lage der Formfedern mit Bleistift an den Platten. Als Referenz für die Schlitze werden Ihnen die Außenkante der einen Platte und die Außenfläche der anderen dienen **(C)**. Die Schlitzfräse hat eine Mittenmarkierung, mit welcher der Mittelpunkt des Schneidenflugkreises gekennzeichnet ist. Richten Sie es an den Bleistiftmarkierungen aus, und schneiden Sie die Schlitze. Spannen Sie das Werkstück ein, oder drücken Sie es fest gegen einen Anschlag, um es zu arretieren.

Wenn Sie den Schlitz schneiden, sollten Sie fest auf den Griff der Fräse drücken, damit diese sicher auf dem Werkstück aufliegt **(D)**. Wie bei jeder Verbindungsarbeit sollten Sie einen Probeschnitt machen, um die Einstellungen zu kontrollieren.

A

B

C

D

Die Schlitze in der Kante einer Platte lassen sich leicht schneiden; etwas schwieriger ist es schon, die Schlitze in der Fläche der anderen Platte zu fräsen. Verwenden Sie eine andere Platte des Korpus', um die Fräse zu stützen, wenn Sie Schlitze am Ende der Platte schneiden. Zwingen Sie die Platte bündig mit der Oberkante des zu schneidenden Stücks ein, und legen Sie die Fräse flach auf diese Fläche, während Sie den Schnitt ausführen.

Führen Sie die Schnitte mit mittlerer Vorschubgeschwindigkeit aus. Bei zu hohem Vorschub wird das Werkzeug nur unnötig belastet, der Motor der Fräse kann durchbrennen und die Schneiden des Fräsers werden abgestumpft. Andererseits sollten Sie auch nicht so langsam schneiden, dass das Material Brennspuren aufweist. Bringen Sie einen Staubfangbeutel an der Fräse an, oder – noch besser – schließen Sie sie an eine Absauganlage an.

Geben Sie mit einem Pinsel Leim in den Schlitz. Seien Sie nicht zu sparsam, die Leimmenge muss reichen, um die Formfeder aufquellen zu lassen. Rechnen Sie damit, dass Leim aus dem Schlitz austritt, wenn Sie die Formfeder mit dem Hammer eintreiben. Kontrollieren Sie die Formfeder auf mittigen Sitz, bevor Sie mit der nächsten Feder weitermachen **(G)**.

WARNUNG Halten Sie kleine Werkstücke nicht mit der Hand, wenn Sie einen Schnitt mit der Schlitzfräse ausführen. Verwenden Sie immer eine Zwinge.

Versetzte Eckverbindung mit loser Formfeder

Versetzte Seitenteile, Regalböden und Unterteilungen, die an irgendeiner Stelle außer direkt an der Kante einer Korpusseite angebracht werden sollen, verlangen nach einer anderen Formfeder-Verbindungstechnik.

Offensichtlich kann man den Anschlag nicht in der heruntergeklappten Stellung verwenden, um den Schnitt in der Mitte eines Seitenteiles zu platzieren. Stattdessen benutzt man den Regalboden, der mit dem Seitenteil verbunden werden soll. Zeichnen Sie die Position der Schlitze am Regalboden an. Verwenden Sie einen Tischlerwinkel als Tiefenmaß, um den Regalboden an der richtigen Stelle am Seitenteil zu platzieren. Reißen Sie die obere oder untere Fläche des Regalbodens am Seitenteil an, und kennzeichnen Sie die Mittelpunkte der Schlitze **(A)**. Spannen Sie den Regalboden dann flach auf die Korpusseite, so dass sie genau am Bleistiftriss liegt. Dies ist der Anschlag für die Schlitzfräse. Schneiden Sie dann mit dem Anschlag an Ort und Stelle die Schlitze in die Korpusseite **(B)**.

Die Schlitze in die Kante des Regalbodens werden auf die übliche Weise geschnitten. Bedenken Sie beim Verleimen, dass es schwierig sein kann, an einer solchen Stelle ausgetretenen Leim wieder zu entfernen. Geben Sie also nur so viel Leim an wie nötig **(C)**.

> Siehe „Bündige Eckverbindung mit loser Formfeder" auf S. 57.

A

B

C

Offene Dübelverbindung

Ein Kasten mit Eckverbindungen auf Stoß lässt sich mit offenen, durchgehenden Dübelverbindungen verstärken. Sie sind sehr leicht herzustellen, weil Sie die Löcher bohren und die Dübel einstecken können, nachdem der Kasten zusammengebaut worden ist.

Visieren Sie den Bohrer von der Seite an, so dass die Bohrlöcher in der Kastenseite in einer Linie liegen **(A).** Die Dübel, die ich hier benutzt habe, hatten zwar einen sehr kleinen Durchmesser, trockneten aber dennoch zu ovaler Form und saßen zu eng in den Bohrlöchern. Da die Löcher sehr dicht am Ende des Seitenteils lagen, bohrte ich sie mit 0,5 mm Übermaß nach, um ein Ausbrechen des kurzen Holzes zu vermeiden, wenn ich die Dübel eintrieb. Vergleichen Sie den Durchmesser der Dübel immer mit dem des verwendeten Bohrers, bevor Sie die Dübel eintreiben.

Sie können die Dübel auch mit einer entsprechenden Schablone auf Maß bringen. Bohren Sie mit guten, geraden Spiralbohrern einige Löcher in gängigen Dübeldurchmessern in eine Metallplatte. Treiben Sie dann die Dübel, die Sie auf Maß bringen wollen, mit einigen Hammerschlägen durch das entsprechende Loch. Das Loch im Metall trägt überflüssiges Holz vom Dübel ab und korrigiert eventuell eingetretenen Verzug **(B).** Bevor Sie Leim angeben, sollten Sie die Enden der Dübel mit Schleifpapier leicht anfasen.

Dadurch wird das Einstecken der Dübel enorm erleichtert **(C).** Wenn der Leim an der Dübelverbindung getrocknet ist, sägen Sie den Überstand direkt über der Oberfläche des Kastens ab. Legen Sie ein Stück Pappe auf die Oberfläche und darauf die Säge. Dadurch werden die Zähne der Säge gerade so weit über das Holz gehoben, dass sie nicht in den Kasten schneiden **(D).** Achten Sie auch darauf, dass Ihre Hand sich nicht im Schnittweg der Sägezähne befindet, wenn die Säge durch den Dübel stößt. Verputzen Sie die Dübel mit einem scharfen Stechbeitel schließlich bündig mit der Holzoberfläche **(E).** Das Hirnholz des verputzten Dübels hebt sich dunkel vom umgebenden Holz ab und sorgt so für einen dekorativen Effekt **(F).**

Verborgene Dübelverbindung mit Dübellehre

Verwenden Sie eine Dübellehre, um Dübellöcher in Korpus- oder Kastenteile zu bohren. Reißen Sie die Mittelpunkte der Löcher sorgfältig am Werkstück an **(A).** Platzieren Sie mehr Dübel in der Nähe der Brettkanten, wo die Wahrscheinlichkeit des Schüsselns höher ist. Bohren Sie die Löcher mit einem guten Bohrer mit Zentrierspitze. Diese Spitze erleichtert das genaue Bohren in Hirnholz, das sonst etwas schwierig sein kann.

Ermitteln Sie die notwendige Bohrtiefe, und markieren Sie diese am Bohrer, während er in der Dübellehre steckt **(B).** Vergessen Sie nicht, die Länge der Zentrierspitze miteinzuberechnen. Falls die Lehre sehr nahe am Ende des Werkstücks eingesetzt werden soll, stützen Sie mit einem Materialstück gleicher Stärke ab. Ziehen Sie dann die Dübellehre an beiden Teilen fest. Auf diese Weise kann sich die Lehre nicht verziehen **(C).**

Nachdem Sie die Enden der Kastenseiten gebohrt haben, reißen Sie die Lage der Dübel an den Gegenstücken an. Sie können die Löcher in den Gegenstücken mit Dübelspitzen markieren, die Sie in die vorhandenen Löcher stecken. Bei Versatz verwenden Sie eine Zulage in entsprechender Stärke, um die richtige Lage zu ermitteln. Halten Sie die Teile aneinander, und übertragen Sie die Position, indem Sie die Dübelspitzen mit einem leichten Hammerschlag in das Gegenstück treiben **(D).**

Am genausten lassen sich die Löcher in den Gegenstücken an der Ständerbohrmaschine bohren. Verwenden Sie einen Anschlag, und stellen Sie die Bohrtiefe so ein, dass das Dübelloch tief genug ist, ohne auf der gegenüberliegenden Seite aus dem Holz auszutreten **(E).**

Schneiden Sie mit der Säge in jeden Dübel einige flache Nuten in die Längsseiten. Diese Nuten erlauben es überschüssigem Leim auszutreten. Stecken Sie die Dübel in die Enden der Kastenteile. Verwenden Sie eine Höhenlehre, um zu erkennen, wann Sie den Dübel tief genug eingetrieben haben **(F).** Wenn die Dübel an Ort und Stelle sind, stecken Sie den ganzen Kasten zusammen. Legen Sie vorher einen rückschlagfreien Hammer und einige Zwingen bereit **(G).**

A

B

C

D

E

F

G

Verborgene Dübelverbindung mit Schablone

Schneiden Sie die Schablone genau auf die Breite des Seitenteils zu. Richten Sie den Bohrer an den Mittenmarkierungen aus, um die einzelnen Löcher in der Schablone zu bohren. Reißen Sie ein Loch an, und halten Sie die Schablone fest gegen den Anschlag der Ständerbohrmaschine **(A)**.

A

B

C

D

E

F

Falls Sie nicht über eine waagerecht arbeitende Bohrmaschine verfügen, müssen Sie eine Ständerbohrmaschine mit schwenkbarem Arbeitstisch verwenden, um senkrechte Löcher zu bohren. Das Werkstück wird mit einer Vorrichtung zum senkrechten Bohren sicher in der richtigen Stellung gehalten **(B)**. Drücken Sie die Schablone mit den Händen fest an das Werkstück, oder fixieren Sie sie mit Nägeln. Richten Sie die Schablone sowohl am Stoppklotz als auch an der Kante aus, und bohren Sie alle Löcher. Ziehen Sie den Bohrer immer wieder zurück, damit die Späne herauskommen und der Bohrer nicht zu heiß wird. Bohren Sie auch die waagerechten Löcher **(C)**.

> Siehe „Vorrichtungen für die Ständerbohrmaschine“ auf S. 28.

Fasen Sie die Enden der Dübel an, damit sie leichter einzustecken sind **(D)**. Sie können auch die Kanten der Dübellöcher mit einem Versenker etwas anfasen. Dadurch können Holzfasern aufgenommen werden, die vielleicht abgerissen werden, falls der Dübel nicht genau senkrecht eingetrieben wird.

Die hier gezeigten Dübel sind mit Leimnuten versehen, damit überschüssiger Leim austreten kann. Falls Ihre Dübel nicht über solche Nuten verfügen, können Sie sie mit einigen flachen Sägeschnitten selbst anbringen.

Als eine weitere Montagehilfe können Sie die Dübel in einen „Dübelofen“ tun. Dies ist ein Kasten, von dessen Deckel eine Glühbirne herabhängt. Die Dübel werden in einer Blechbüchse genau unter der Glühbirne platziert. Erhitzen Sie die Dübel so lange, bis sie einen Teil ihre Feuchtigkeit verloren haben. Dadurch wird es leichter, sie in die Löcher einzustecken. Wenn Leim an die Dübel gegeben wird, dehnen sie sich wieder aus und führen zu einer eng passenden Verbindung, die sehr belastbar ist **(F)**.

Falz, Nut und Feder

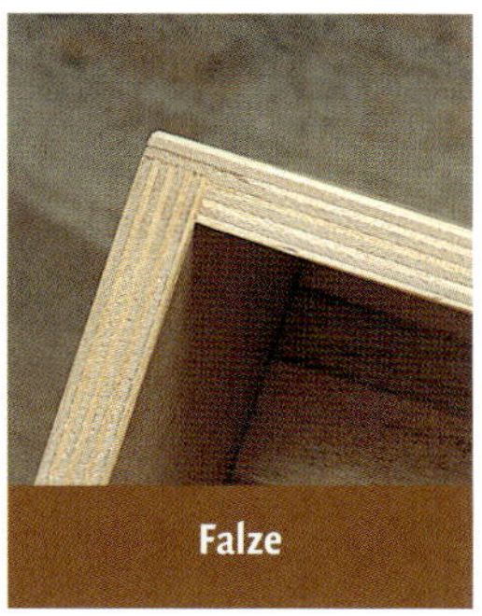

Falze

- > Handgeschnittener Falz im Hirnholz (S. 69)
- > Falz im Hirnholz mit der Handoberfräse und Anschlag (S. 70)
- > Falz im Hirnholz mit der Handoberfräse und einem Falzfräser (S. 71)
- > Falz im Hirnholz am Handoberfräsentisch (S. 72)
- > Falz im Hirnholz an der Tischkreissäge (s. 73)
- > Verstärkte Falzverbindungen im Hirnholz (S. 74)
- > Handgeschnittener Falz im Längsholz (S. 75)
- > Falz im Längsholz am Handoberfräsentisch (S. 76)
- > Falz im Längsholz an der Tischkreissäge (S. 77)

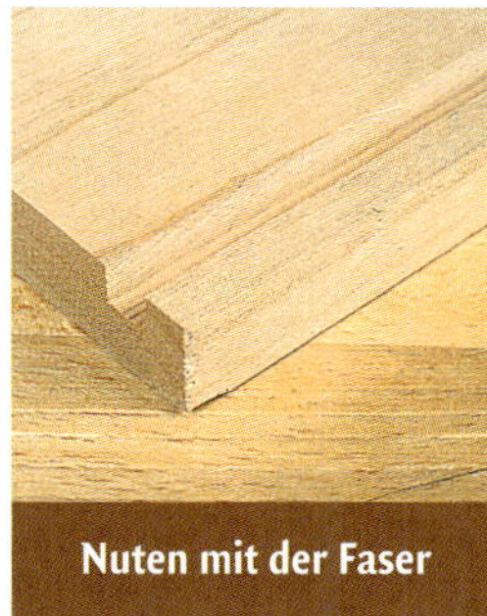

Nuten mit der Faser

- > Handgeschnittene Längsnut (S. 78)
- > Längsnut am Handoberfräsentisch (S. 79)
- > Längsnut an der Tischkreissäge (S. 81)

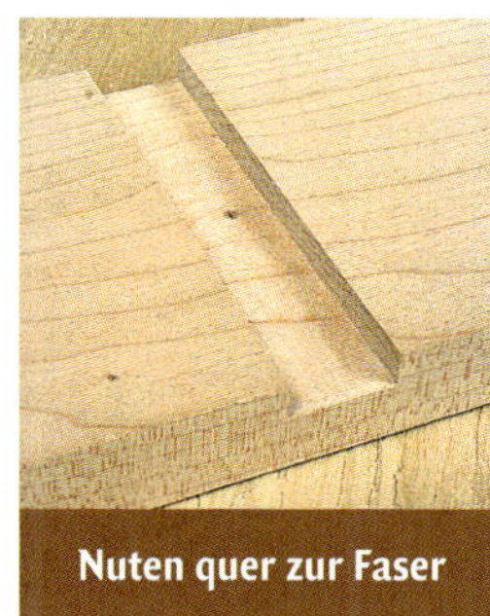

Nuten quer zur Faser

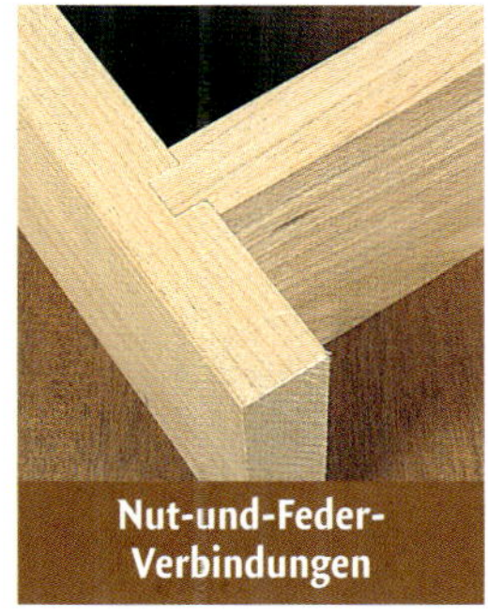

- > Handgeschnittene Quernut (S. 81)
- > Quernut mit der Handoberfräse (S. 82)
- > Quernut am Handoberfräsentisch (S. 83)
- > Quernut an der Tischkreissäge (S. 84)
- > Abgesetzte Quernut mit der Handoberfräse (S. 85)
- > Abgesetzte Quernut am Handoberfräsentisch (S. 86)

Nut-und-Feder-Verbindungen

- > Nut-und-Feder-Verbindung (S. 87)
- > Quernut und einseitig angeschnittene Feder (S. 88)

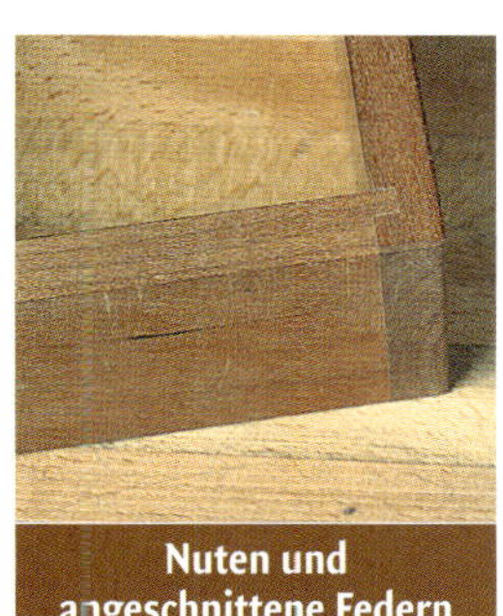

Nuten und angeschnittene Federn

- > Quernut und einseitig angeschnittene Feder am Handoberfräsentisch (S. 89)
- > Halbverdeckte Nut- und-Feder-Verbindung (S. 90)

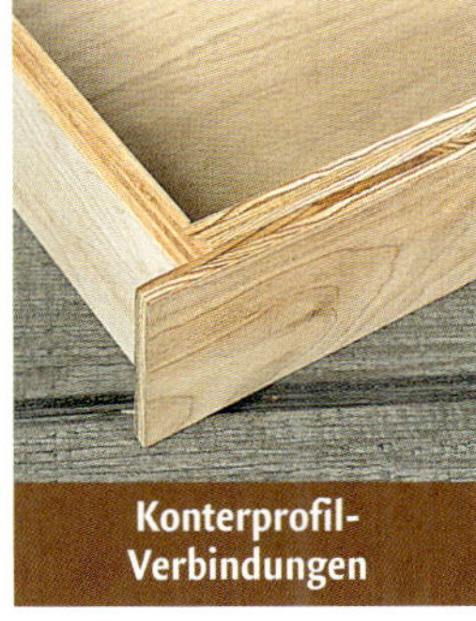

Konterprofil-Verbindungen

- > Konterprofil für Schubladenvorderstücke (S. 91)

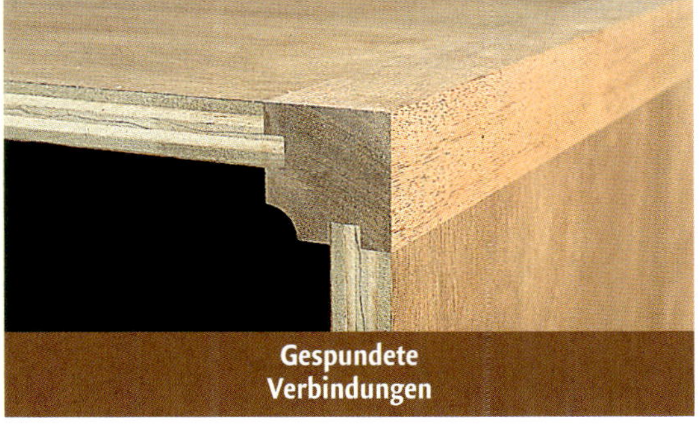

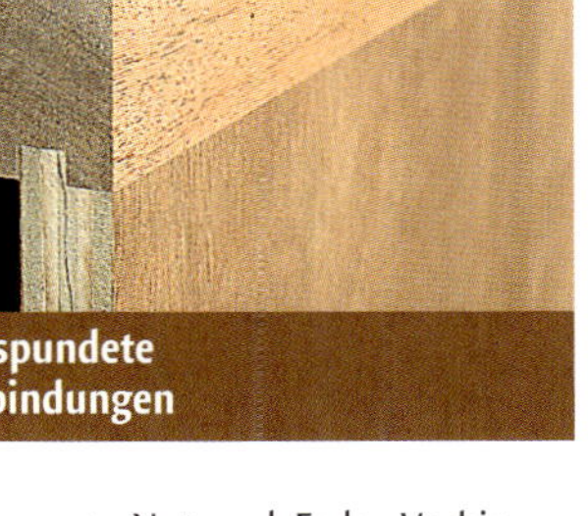

Gespundete Verbindungen

- > Handgeschnittene gespundete Verbindung (S. 92)
- > Gespundete Verbindung mit der Handoberfräse (S. 92)
- > Gespundete Verbindung am Handoberfräsentisch (S. 93)
- > Nut-und-Feder-Verbindung an der Tischkreissäge (S. 94)
- > Eckverbindung mit angeschnittenen Federn (S. 95)

Verbindungen mit loser Feder

- > Lose Federn herstellen (S. 96)

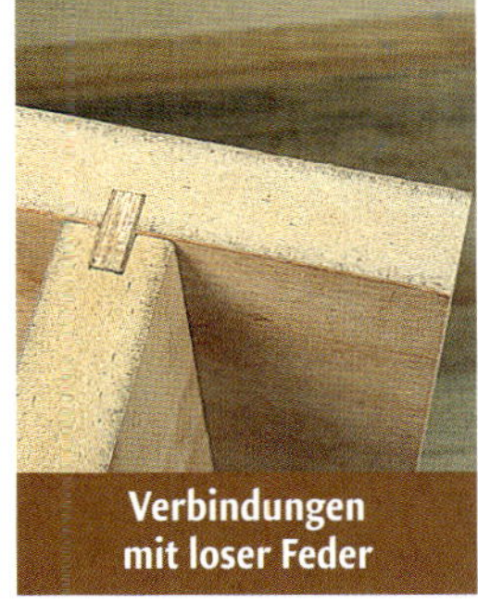

Bei diesem Regal aus Mahagoni wurden die Ecken gefälzt und die Regalbretter eingenutet.

An der Rückseite dieses Mahagonischrankes kann man sowohl durchgehende als auch abgesetzte Fälze sehen.

Der Falz, die Nut und die Feder gehören zu den häufigsten Verbindungen in der Möbeltischlerei. Mit diesen einfachen Elementen erhält man stabile Verbindungen und ausreichende Leimflächen. Sie sind besonders bei der Arbeit mit Sperrholz und Spanplatten nützlich, weil man dort nicht auf die Faserrichtung achten muss. In Werkstücken aus Vollholz kann mit diesen Verbindungen nur Längsholz mit Hirnholz verleimt werden, was nicht optimal ist; man sollte also Nuten und Fälze für schnell hergestellte Korpusse oder Kästen verwenden, die keine schweren Belastungen aushalten müssen. Wenn man sie mit Nägeln, Schrauben oder Dübeln verstärkt, werden diese Verbindungen sehr viel belastbarer.

Wenn man eine einfach Verbindung auf Stoß zwischen einer Fläche und einer Kante nimmt, und an der Fläche des einen Brettes eine Brüstung anschneidet, erhält man einen Falz. Die Brüstung macht die Montage sehr viel einfacher und gibt der Verbindung zusätzliche belastbare Fläche.

Gefälzte und genutete Verbindungen sind in vielen verschiedenen Situationen nützlich, man kann mit ihnen große Sperrholzplatten genauso verbinden wie die kleinsten Schubladenböden. Mit diesen Methoden kann man einfache Schubladen, kleine Kästen und freistehende Raumteiler konstruieren. Sie bieten darüber hinaus auch die Möglichkeit, Füllungen, Schubladenböden und Schrankunterteilungen einzubauen.

Feine Unterschiede

Was ist der Unterschied zwischen einem Falz und einer Nut? Zwischen einer angeschnittenen und einer losen Feder? Wir wollen versuchen, etwas Klarheit in den Wust der Fachbegriffe zu bringen.

Ein Falz kann entweder durchgehend sein – er läuft von einem Ende des Stücks bis zum anderen – oder er kann abgesetzt sein – er endet vor einem oder beiden Enden. Fälze im Hirnholz werden am Ende von Brettern angeschnitten und bei der Konstruktion von Kästen verwendet. Sie bieten bei Vollholz lediglich eine Verleimung zwischen Lang- und Hirnholz, was nicht optimal ist. Bei Konstruktionen aus Sperrholz oder Spanplatten sind Verbindungselemente nicht notwendig, können aber eine gute Idee sein, um Verziehen zu verhindern. Fälze im Längsholz werden verwendet, um die Rückseiten von Möbelstücken oder die Böden von Schmuckkästen und Schubladen zu befestigen. Belastbarer werden diese Verbindungen, wenn man sie durch geeignete Verbinder verstärkt. Sie werden auch bei überwälzten, dachziegelähnlich angeordneten Konstruktionen und zum Ausrichten von Brettern bei der Verleimung zu Platten verwendet. Nuten werden verwendet, um Schubladenböden oder Deckel aufzunehmen. Auch Nuten können durchgehend oder an einem oder beiden Enden abgesetzt sein. Die Nuttiefe sollte nicht mehr als die Hälfte der Materialstärke betragen, um das Werkstück nicht zu schwächen. Noch stabiler und auch optisch ansprechender sind sie allerdings, wenn sie lediglich ein Drittel der Materialstärke betragen.

Bei einer eingenuteten Verbindung wird ein Regalboden oder eine Schubladenführung in ihrer ganzen Stärke von einer Nut aufgenommen. Dabei kann es sich um eine durchgehende Nut oder eine abgesetzte Nut handeln. Auch Gratnutverbindungen lassen sich so anfertigen. Bei Vollholzkonstruktion muss die Verbindung sehr sorgfältig ausgearbeitet werden, um belastbar zu sein, da alle Leimflächen an Hirn- und Längsholz liegen. Verstärken Sie diese Verbindungen mit Schrauben oder Nägeln.

Anstatt einen Regalboden komplett einzunuten, können Sie Brüstungen anschneiden, so dass sie eine Feder erhalten. Dadurch wird die Verbindung etwas stabiler, ist weniger anfällig für Verzug und sieht sauberer aus. Bei einer Nut-und-Feder-Verbindung vergrößert sich die Leimfläche. Seien Sie bei Vollholz und bei Plattenmaterial vorsichtig, da neben der eingeschnittenen Nut kurzes Holz stehen bleibt. Man kann das Ausbrechen dieses kurzen Holzes verhindern,

Bei diesem Werkstück sieht man eine abgesetzte Nut, die im Längsholz verläuft, und eine durchgehende Nut, die quer zur Faserrichtung verläuft.

Bei dieser Verbindung ist das Regalbrett in ganzer Stärke (ohne Brüstungen) in das Seitenteil eingenutet.

Fälze und Nuten

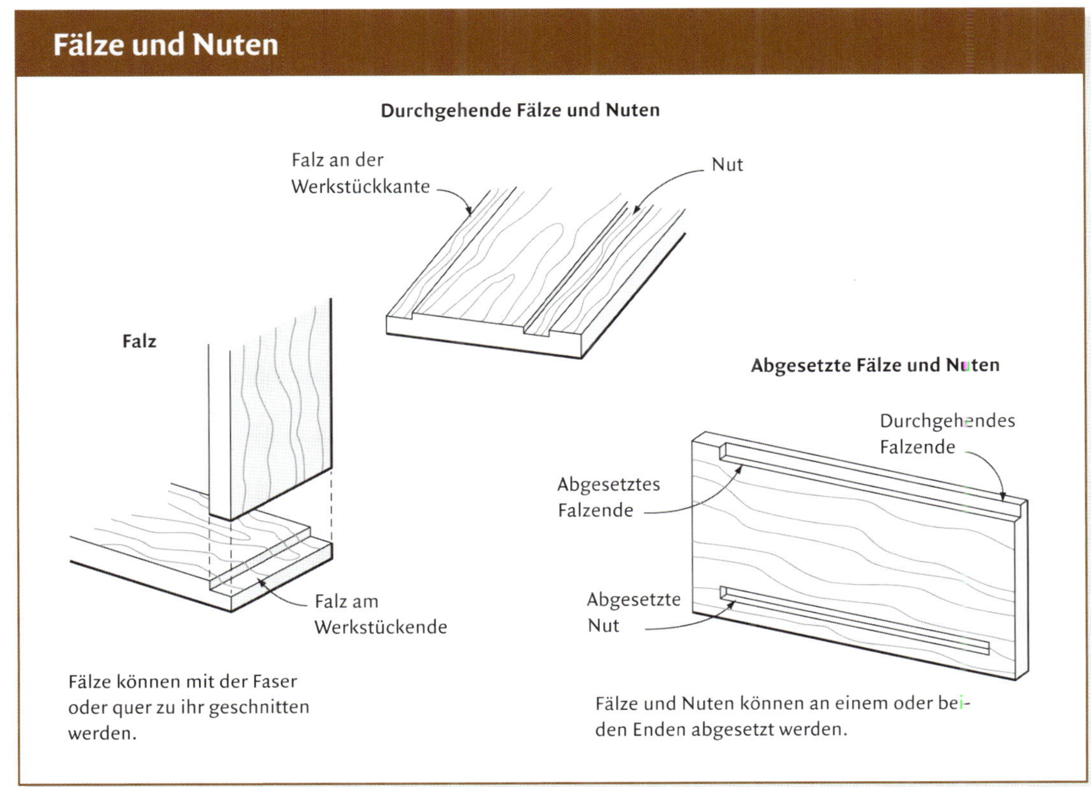

Fälze können mit der Faser oder quer zu ihr geschnitten werden.

Fälze und Nuten können an einem oder beiden Enden abgesetzt werden.

Nuten

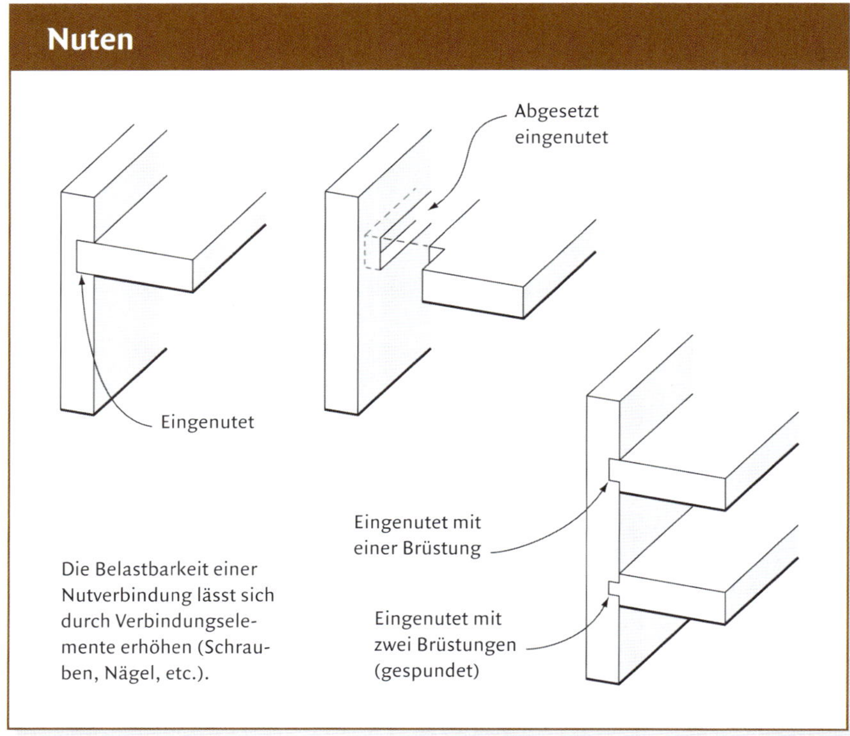

Die Belastbarkeit einer Nutverbindung lässt sich durch Verbindungselemente erhöhen (Schrauben, Nägel, etc.).

Gespundete Verbindungen

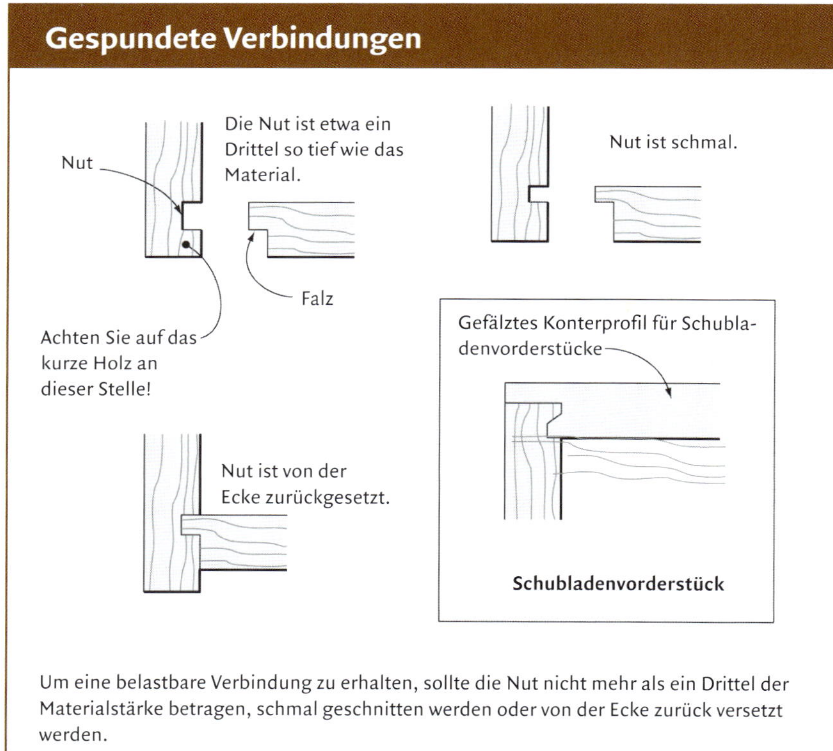

Um eine belastbare Verbindung zu erhalten, sollte die Nut nicht mehr als ein Drittel der Materialstärke betragen, schmal geschnitten werden oder von der Ecke zurück versetzt werden.

indem man die Nut schmal und so weit vom Ende des Brettes wie möglich ausführt. Außerdem können Nut und Feder relativ flach ausgeführt werden, sie müssen nicht mehr als ein Drittel der Materialstärke betragen.

Verwenden Sie die Nut-und-Feder-Verbindung für kleinere Platten oder Kästen. Größere Korpusse sind schwieriger zu montieren, und es kommt zu schnell vor, dass das kurze Holz neben der Nut ausbricht, während man ein großes Bauteil in die Verbindung einpasst. Bei Schubladen sollte die Verbindung so angelegt werden, dass die Nut im Seitenteil liegt. Auf diese Weise bietet die Nut-und-Feder-Verbindung den Belastungen Widerstand, die beim wiederholten Öffnen auftreten.

Ein Konterprofil für das Schubladenvorderstück wird mit einem besonderen Fräser am Handoberfräsentisch geschnitten. Da die Schneidengeschwindigkeit bei diesen Fräsern wegen ihres großen Durchmessers sehr hoch ist, muss die Drehzahl der Fräse auf etwa 10 000 UpM reduziert werden. Sie sollten etwas Zeit einplanen, um die Schnitttiefe und den Abstand des Anschlags richtig einzustellen.

Bei einer zweiseitig angeschnittenen Feder sollten Sie darauf achten, dass die Brüstungen gleich hoch sind und dass die Feder etwas kürzer ist als die Tiefe der Nut. Der Freiraum kann überschüssigen Leim oder quellendes Holz aufnehmen. Machen Sie zuerst einen Probeschnitt in einem Stück Restholz. Bei Sperrholz muss man keine Rücksicht auf den Faserverlauf nehmen, Sie können also von links nach rechts ganz um die Kante herum schneiden.

Faserverlauf

Achten Sie beim Schneiden von Nuten und Fälzen darauf, dass es nicht zu Faserausrissen kommt. Besonders sorgfältig muss man vorgehen, wenn man quer zur Holzfaser schneidet, dann kann es an der Kante eines Brettes, wo die Säge oder der Fräser austreten, schnell zu Faserausrissen kommen. Es gibt verschiedene Methoden, um die Gefahr zu verringern. Am einfachsten ist es, zuerst die Schnitte quer zur Faser auszuführen und dann die im Längsholz. Die abschließenden Schnitte beseitigen dann die Ausrisse.

Sie können die Austrittsstelle des Fräsers oder der Säge auch mit Klebeband absichern. Oder Sie können den Riss mit einem guten Anreißmesser markieren, um den Austrittspunkt der Schneiden zu kennzeichnen. Diese Methoden funktionieren gut, wenn ein wertvolles Furnier oder Einlegeband erhalten bleiben muss und man nicht mit einem Fälzschnitt verputzen kann. Aber in allen anderen Situationen schneiden Sie Ihr Material einfach 3 mm breiter zu als benötigt. Führen Sie alle Hirnholzschnitte ohne Rücksicht auf Faserausrisse durch, und schneiden Sie dann die zusätzlichen 3 mm ab, womit Sie auch die gerissenen Fasern entfernen.

Das Schneiden der Verbindungen

Es gibt verschiedene Methoden, diese Gruppe von Verbindungen zu schneiden, vom arbeitsintensiven Ausstechen mit dem Stechbeitel bis hin zu den befriedigenderen Schnitten, die man mit einem gut justierten Falzhobel ausführen kann. Die Handoberfräse und die Tischkreissäge sind gut für Nutarbeiten geeignet und werden deshalb auch oft eingesetzt. Allerdings sollten Sie sich bewusst sein, dass abgesetzte Schnitte mit der Maschine ihre eigenen Probleme aufwerfen. Jeder Schnitt mit einer Maschine, der endet, bevor er eine Kante erreicht, wird eine abgerundete Ecke aufweisen. Dies liegt an der Rotationsbewegung des Sägeblattes oder Fräsers. Beachten Sie jedoch den Unterschied zwischen den abgesetzten Schnitten einer Handoberfräse und einer Säge, wie er im Foto auf der gegenüberliegenden Seite zu sehen ist. Der Unterschied ist wegen seiner Größe beeindruckend; der mit der Handoberfräse ausgeführte Schnitt ist deutlich sauberer.

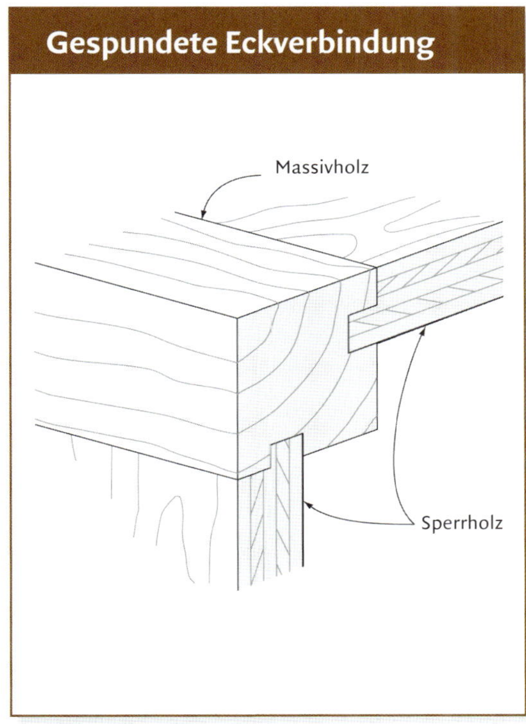

Die Faserausrisse am Hirnholz dieses Werkstückes lassen sich durch den folgenden Falzschnitt leicht wieder beseitigen.

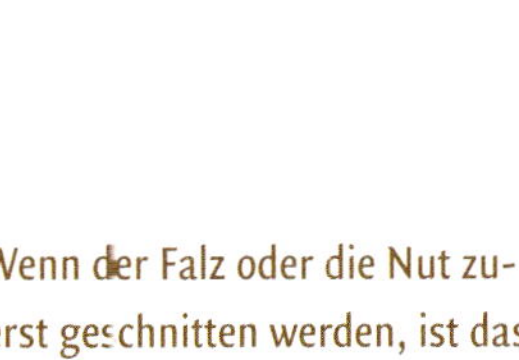

Wenn der Falz oder die Nut zuerst geschnitten werden, ist das Risiko von Faserausrissen beim Nutschnitt im Hirnholz höher.

Abgesetzte Schnitte mit der Tischkreissäge und Handoberfräse. Die Bleistiftschraffuren zeigen, wie viel Holz noch abgenommen werden muss.

Um die Passung von Nuten und Fälzen nachzuarbeiten, wird das Gegenstück mit dem Handhobel bearbeitet.

Ich ziehe es vor, solche abgesetzten Verbindungen mit der Handoberfräse zu schneiden. Allerdings liegt das nicht nur an dem geringeren Bedarf an Nacharbeiten. Auch die Gefahr von Unfällen ist geringer. Immer wenn die hintere Hälfte eines Sägeblattes mit Holz in Berührung kommt, besteht die Gefahr, dass die hohe Kraft des Blattes die Arbeit vom Tisch hochhebt und einem entgegenschleudert. Wenn man das hintere Ende des Brettes hält, während man versucht, es hochzuheben, um einen abgesetzten Schnitt zu erhalten, kann es zu unangenehmen Ereignissen kommen. Auch wenn Sie Stoppklötze am Anschlag der Säge anbringen, ist es immer noch riskant, die Tischkreissäge für solche Schnitte zu verwenden. Im Gegensatz drückt ein Fräser, der in einer Handoberfräse am Handoberfräsentisch verwendet wird, das Material gegen einen Anschlag. Es kann nicht zum Zurückschlagen kommen. Auch bei der handgeführten Fräse ist die Rückschlagsgefahr gering, wenn Sie einen Fräser in der richtigen Größe verwenden und jeweils nur geringe Materialmengen abtragen.

Die Passung der Verbindungen

Fälze sind recht einfach einzupassen, da sie nur um die Stärke des Gegenstücks oder vielleicht etwas weniger breit geschnitten werden müssen. Dagegen sind Nuten dafür berüchtigt, dass sie auch nach wiederholtem Nacharbeiten noch nicht passen. Und dann versinkt das Gegenstück plötzlich in der Nut wie der Fuß eines Kindes im Schuh seines Vaters.

Arbeiten Sie sich an die richtige Passung für diese Verbindungen heran, indem Sie die aufnehmende Hälfte der Verbindung etwas zu klein schneiden. Bearbeiten Sie dann das Gegenteil so lange mit dem Hobel, einem scharfen Stechbeitel, einer Ziehklinge oder Säge, bis es passt. Mit Schleifpapier rundet man nur Kanten und Ecken ab, was zu einer schlechten Passung und einem unschönen Aussehen führt.

Werkstücke aus Vollholz können mit dem Hobel auf Passung gebracht werden. Dabei ist es günstig, die eine Seite fertig zu hobeln und die Passarbeiten dann an der anderen Seite auszuführen.

Plattenmaterial kann mit der Ziehklinge eingepasst werden. Bringen Sie Bleistiftmarkierungen an der Platte an, um zu kennzeichnen, an welcher Seite Material entfernt werden muss. Wenn die Bleistiftlinie verschwindet, wissen Sie, dass Sie die gesamte Fläche der Platte bearbeitet haben. Kontrollieren Sie die Passung in der Nut, und wiederholen Sie den Vorgang gegebenenfalls.

Handgeschnittener Falz im Hirnholz

Handgeschnittene Fälze müssen sorgfältig angerissen und gerade geschnitten werden. Reißen Sie den Falz am Hirnholzende des einen Brettes mit einem Streichmaß an **(A, B).** Stellen Sie das Streichmaß bei Vollholz auf etwas weniger als die Stärke des Materials ein, dies erleichtert das Einspannen und Verleimen. Schneiden Sie das Hirnholz mit einer Feinsäge oder Gestellsäge ein. Spannen Sie breite Bretter in einem Winkel ein, so dass Sie beide Risse besser sehen können. Schneiden Sie in einem Winkel bis zum Brüstungsriss, drehen Sie dann das Brett um, und sägen Sie von der anderen Seite **(C).** Mit einem Schnitt zwischen diesen beiden Schnitten sägen Sie die Wange frei. Schneiden Sie dann die Brüstung. Sie können auch mit einer Zwinge eine Anlage befestigen, um den Brüstungsschnitt zu führen.

Verputzen Sie die Brüstung des Falzes mit dem Simshobel **(D).** Achten Sie darauf, von beiden Seiten zur Mitte hin zu hobeln, damit die Endfasern nicht ausreißen. Oder spannen Sie ein Brett direkt hinter der Längskante ein, auf die Sie zuschneiden. Der Simshobel ist für diese Verbindung konzipiert. Achten Sie darauf, dass der Hobel gut geschärft und richtig eingestellt ist. Sie können eine Führung anspannen und an ihr entlang hobeln oder den Anschlag des Hobels verwenden. Stellen Sie mit dem Tiefenanschlag des Hobels sicher, dass die beiden Fälze die richtigen Maße aufweisen **(E).**

A

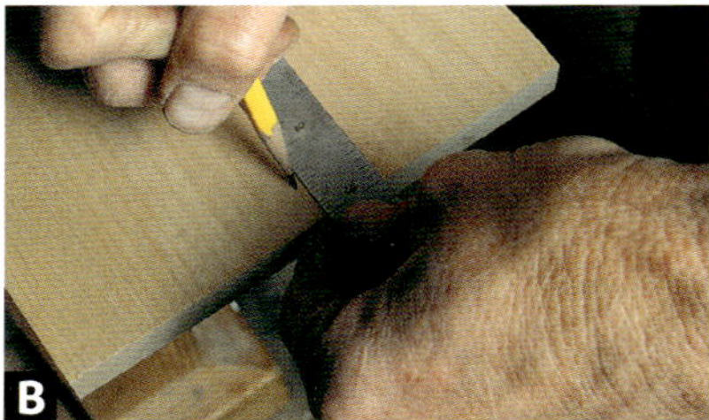
B

C

D

E

F

G

H

I

Falz im Hirnholz mit der Handoberfräse und Anschlag

Mit der handgeführten Fräse schneiden Sie mit einem Nutfräser und einem Anschlag einen Falz in Hirnholz. Verwenden Sie einen Fräser, dessen Größe dem Falz entspricht, den Sie schneiden möchten. Falls der Fräser etwas zu klein ist, führen Sie zuerst einen Putzschnitt an der Außenkante aus. Ein Hilfsanschlag, den Sie am Parallelanschlag der Handoberfräse anbringen, macht es wegen der größeren Anlagefläche einfacher, den Schnitt zu führen **(A).**

Reißen Sie die Tiefe des Falzes am Werkstück an. Stellen Sie die Schnitttiefe an der Handoberfräse ein **(B, C).** Schneiden Sie einen tiefen Falz in mehreren Durchgängen **(D).** Achten Sie auf die Gefahr von Faserausrissen am Ende des Schnitts. Man kann kurz vor dem Ende des Schnittes anhalten und etwa 50 mm zurück schneiden, um dies zu vermeiden. Diese Methode kann man auch verwenden, um Fälze im Längsholz zu schneiden.

Handgeführte Schnitte kann man auch mit einem rechtwinkligen Anschlag an der Handoberfräse führen. Dieser Anschlag ist einfach nur ein gerades Stück Material, dessen eine Kante abgerichtet worden ist. Messen Sie die Entfernung von der Kante der Grundplatte der Handoberfräse bis zur Schneidenkante des Fräsers **(E, F).** Dies ist der Versatz, der die Positionierung des Anschlags bestimmt. Achten Sie darauf, dass der Anschlag rechtwinklig zur Grundplattenkante ist (bei einer rechtwinkligen Vorrichtung sollte dies automatisch der Fall sein) **(G).**

> Siehe „Vorrichtung für rechtwinklige Schnitte" auf Seite 22.

Befestigen Sie den Anschlag sicher am Werkstück und der Hobelbank. Kontrollieren Sie die Stellung des Fräsers am Bleistiftriss **(H).** Um zueinander passende Fälze zu erhalten, schneiden Sie einen Abstandshalter auf eine Breite, die der Entfernung von der Kante des Brettes bis zur gewünschten Lage des Anschlags entspricht. Leimen Sie ein Brett an das Ende dieses Abstandshalters, um das Ausrichten noch einfacher zu machen **(I).**

Falz im Hirnholz mit der Handoberfräse und einem Falzfräser

Mit Falzfräsern mit einem Anlaufring lassen sich Fälze im Hirnholz sehr effizient schneiden. Diese Fräser sind mit austauschbaren Anlaufringen erhältlich, so dass man die Breite des Schnittes einstellen kann. Verwenden Sie den Anlaufring, dessen Größe dem Falz entspricht, den Sie schneiden möchten **(A).**

Stellen Sie die Handoberfräse auf die Endtiefe des Falzes ein **(B).** Führen Sie den Fräser an das Werkstück heran, bis der Anlaufring die Kante des Brettes berührt. Schneiden Sie mit mäßigem Vorschub und von links nach rechts an einer Kante entlang (in die Drehung des Fräsers hinein) **(C).** Schneiden Sie fast ganz an der Kante entlang, hören Sie aber kurz vorm Ende auf, um Faserausrisse zu vermeiden. Schneiden Sie diese kurze Entfernung zurück, um den Falz zu versäubern. Machen Sie bei tiefen Fälzen mehrere Schnitte, bis der Anlaufring die Kante des Brettes berührt.

Falz im Hirnholz am Handoberfräsentisch

Das Verfahren, um am Handoberfräsentisch einen Falz im Hirnholz zu schneiden ähnelt der Methode mit einem Kantenanschlag, es gibt jedoch einige wichtige Unterschiede.

> Siehe „Falz im Hirnholz mit der Handoberfräse und Anschlag" auf S. 70.

Die Handoberfräse befindet sich unter dem Tisch, die Schnittrichtung in die Drehung des Fräsers hinein ist also umgekehrt, von rechts nach links. Der Winkel des Anschlags ist nicht so wichtig, da die Kante des Werkstücks am Anschlag entlang geführt wird und so einen rechtwinkligen Schnitt sicherstellt.

Stellen Sie den Anschlag auf die gewünschte Breite des Falzes ein **(A).** Drücken Sie das Werkstück fest gegen den Anschlag, und führen Sie es von rechts nach links am Fräser vorbei. Legen Sie ein Stück Restholz hinter das Werkstück, in das Sie hineinschneiden können, um Faserausrisse zu vermeiden **(B).**

Mehrere schmale Bretter können Sie auch hintereinander legen (wiederum von einem Stück Restholz als Schutz vor Ausrissen gefolgt) und in einem Durchgang schneiden **(C).**

TIPP Verwenden Sie einen Anschlag mit Staubabsaugung, damit die Späne nicht in die Nut zurückgeblasen werden und diese verstopfen.

Falz im Hirnholz an der Tischkreissäge

Mit zwei Schnitten kann man an der Tischkreissäge leicht einen Falz herstellen. Bringen Sie einen Schnitt mit dem Ablängschlitten an, um die Brüstung des Falzes zu schneiden **(A).** Spannen Sie das Brett dann in einer Zapfenschneidevorrichtung ein, um es senkrecht am Sägeblatt vorbeizuführen und den Falz zu schneiden. **(B)**

VARIATION Legen Sie das Werkstück flach in einen Ablängschlitten, und schneiden Sie in mehreren Durchgängen den Falz in das Ende. Verwenden Sie einen Stoppklotz, um die Brüstung zu platzieren. Verschieben Sie das Werkstück für jeden Durchgang nur geringfügig. Diese Methode ist zeitaufwendiger, aber die Nut erhält einen ebeneren Grund.

WARNUNG Halten Sie den Verschnitt vom Anschlag fern, damit er nicht eingeklemmt und zurückgeschleudert wird.

A

B

VARIATION

A

B

C

Verstärkte Falzverbindungen im Hirnholz

Gefälzte Verbindungen im Hirnholz von Vollholz haben keine Leimflächen, bei denen Längsholz an Längsholz liegt, und sind deshalb nicht sehr belastbar. Man sollte die Verbindung deshalb bei Korpussen aus Vollholz verstärken. Geleimte Verbindungen bei Korpussen aus Sperrholz oder Spanplatte sind zwar besser zu verleimen, sollten aber dennoch mit Verbindern versehen werden, um Scherbelastungen entgegenzuwirken **(A).**

Bei einem Korpus aus Sperrholz können Sie Schrauben zur Verstärkung verwenden. Sie sollten lang genug sein, um Haltekraft zu entfalten. Achten Sie jedoch darauf, dass Sie gerade in die Seitenteile bohren.

> Siehe „Verschraubungen“ auf S. 41.

Auch Dübel lassen sich bei Sperrholz gut verwenden, um die Verbindung zu verstärken. Winkeln Sie den Bohrer um ein Geringes an, damit die Haltekraft der Dübel erhöht wird **(B).** Eine gefälzte Verbindung in Vollholz wird mit kleinen Dübeln gesichert **(C).** Bohren Sie vorsichtig, und verwenden Sie Dübel, die im Verhältnis zur Größe des Falzes klein sind, um Problemen mit kurzem Holz am Ende der Verbindung aus dem Wege zu gehen.

Handgeschnittener Falz im Längsholz

Bevor Sie einen Falz im Längsholz schneiden, sollten Sie die Schnitte anreißen. Dadurch wird die Lage des Schnittes festgelegt und die Genauigkeit Ihrer Arbeit erhöht **(A)**. Lassen Sie das Streichmaß nicht dem Faserverlauf des Brettes folgen, sondern halten Sie es fest gegen die Kante des Werkstücks. Spannen Sie einen Anschlag am Brett fest, um einen durchgehenden Schnitt zu führen. Halten Sie den Hobel gerade im Falz, es ist leicht ihn zu kippen und so einen schrägen Falz zu schneiden **(B)**. Der hier gezeigte Falzhobel hat einen Anschlag, um den Schnitt zu führen. Halten Sie ihn mit einer Hand dicht an die Kante Ihres Brettes **(C)**. Bringen Sie den Anschlag des Hobels auf der einen oder anderen Seite an, je nachdem, wie der Faserverlauf dies erfordert.

A

B

C

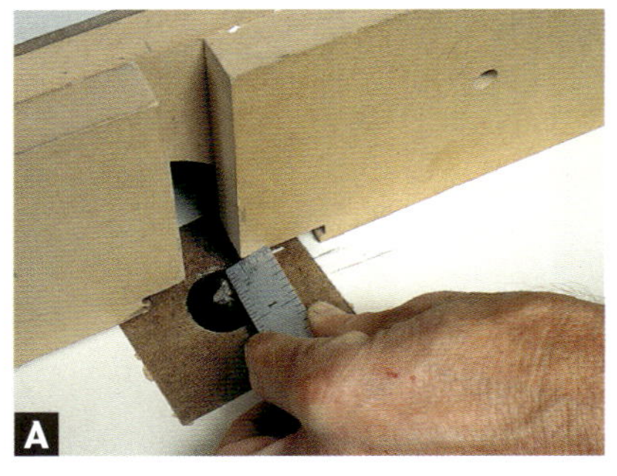
A

D

B

E

C

F

VARIATION Sie können die Fälze auch mit der handgeführten Handoberfräse und einem Falzfräser der richtigen Größe schneiden. Arbeiten Sie dabei von links nach rechts an der Kante entlang.

VARIATION

Falz im Längsholz am Handoberfräsentisch

Am Handoberfräsentisch schneiden Sie Fälze im Längsholz mit dem Nutfräser. Nutfräser eignen sich gut, da ihr geringer Durchmesser nur wenig Holz zum Verputzen übrig lässt. Stellen Sie den Anschlag des Handoberfräsentisches genau auf die richtige Entfernung zum Schneidenflugkreis des Fräsers ein **(A)**. Drehen Sie den Fräser so, dass sich eine Schneide am entferntesten Punkt vom Anschlag befindet. Der Anschlag selbst muss für diese Arbeit nicht parallel zu irgendeiner Kante des Arbeitstisches verlaufen, damit der Schnitt parallel zur Kante des Werkstücks verläuft. In Foto **(B)** sieht man zwischen den beiden Teilen des Anschlags einen Fräser, der größer ist als der erwünschte Falz. Halten Sie eine Kante des Werkstücks fest gegen den Anschlag, und schieben Sie das Werkstück von rechts nach links **(C)**.

Um einen abgesetzten Falz zu schneiden, spannen Sie einen Stoppklotz am Anschlag oder Arbeitstisch fest, der den Schnitt an der richtigen Stelle beendet **(D)**. Führen Sie den Schnitt am Ende langsam an den Stoppklotz heran, damit das kurze Holz am Brett nicht belastet wird.

Beim Fräsen eines Falzes in Vollholz kann es oft an den Kanten des Schnittes zu Faserausrissen kommen. Das gilt besonders, wenn man gegen den Faserverlauf des Holzes schneidet. Verringern Sie den Vorschub, schneiden Sie mehrmals mit geringer Schnitttiefe, und ziehen Sie einen Vorschnitt im Gleichlauf in Betracht, um die Holzfasern zu durchtrennen **(E)**.

> Siehe Zeichnung „Gleichlauffräsen" auf S. 20.

Abgesetzte Fälze an der Rückseite eines Möbelstücks bedürfen einer gewissen Nacharbeit, dies ist aber sehr viel sicherer, als einen abgesetzten Schnitt an der Tischkreissäge auszuführen **(F)**.

Falz im Längsholz an der Tischkreissäge

Mit der Tischkreissäge lassen sich durchgehende Fälze im Längsholz leicht und genau schneiden. Eine effektive, wenn auch langsame Methode ist es, das Werkstück flach auf den Arbeitstisch zu legen und den Falz mit wiederholten Schnitten auszuarbeiten. Bei einer anderen Methode wird der Falz mit nur zwei Schnitten angelegt. Legen Sie das Brett flach auf den Arbeitstisch, um den ersten Schnitt auszuführen. Vergewissern Sie sich stets, wo der Austrittspunkt des Sägeblatts liegt, damit Sie Ihre Hände in gehöriger Entfernung halten können **(A)**.

A

Verwenden Sie einen Hilfsanschlag am Parallelanschlag der Tischkreissäge, um das Brett zu stützen.

Machen Sie dann einen zweiten Schnitt in das senkrecht stehende Material **(B)**.

B

WARNUNG Halten Sie den Verschnitt vom Anschlag fern, damit er nicht eingeklemmt und zurückgeschleudert wird.

A

D

B

E

C

F

VARIATION

Handgeschnittene Längsnut

Mit der Hand ausgeführte Schnitte für eine Längsnut müssen sorgfältig ausgerichtet werden, damit sie parallel sind. Reißen Sie die Nut mit einem Streichmaß an, das auf die gewünschte Breite eingestellt ist. Übernehmen Sie dafür die Breite eines entsprechenden Stechbeitels **(A).** Führen Sie das Streichmaß fest an der Kante des Werkstücks entlang, während Sie beide Seiten der Nut anreißen. Üben Sie genug Druck aus, dass die Risse deutlich zu erkennen sind. – Führen Sie dann an beiden Rissen entlang mit dem Stechbeitel einen V-förmigen Schnitt aus **(B).** Dabei sollte die Fase des Stechbeitels nach unten weisen, damit sich die Schneide nicht in das Holz schiebt. Entfernen Sie nur so viel Holz, dass ein kleiner Graben entsteht... Schneiden Sie mit einer Feinsäge bis auf die Tiefe der Nut ein. Führen Sie die Säge – vor allem am Anfang eines Schnittes – fest in dem vorgeschnittenen Graben. Bringen Sie am Sägeblatt ein Stück Klebeband als Schnitttiefenmarkierung an, anhand dessen Sie erkennen können, wann Sie tief genug gesägt haben **(C).**

Bei einer abgesetzten Nut muss etwas anders gearbeitet werden als bei einer durchgehenden. Stechen Sie zuerst am abgesetzten Ende ein, um einen Stoppschnitt für die Sägeschnitte zu erhalten **(D).** Sägen Sie dann bis zu dem Stoppschnitt.

Entfernen Sie den Verschnitt zwischen den beiden Sägeschnitten mit dem Stechbeitel **(E).** Arbeiten Sie in Faserrichtung, um Faserausrisse zu vermeiden.

Ein Grundhobel ist sehr nützlich, um die Nut genau auf Tiefe zu bringen **(F).**

VARIATION Nuten kann man auch mit einem Kombinationshobel sehr gut schneiden oder verputzen. Ein auf die Breite der Nut zugeschliffenes Eisen ist Voraussetzung. Führen Sie nur flache Schnitte aus, damit der Hobel in der Spur bleibt und gut schneidet. Stellen Sie sicher, dass der Hobel nicht an Bankhaken oder ähnlichem hängen bleibt.

Längsnut am Handoberfräsentisch

Der Handoberfräsentisch ist das beste Hilfsmittel, um abgesetzte Längsnuten zu schneiden. Man kann Stoppklötze am Anschlag oder Arbeitstisch anbringen, es gibt nur wenig Verputzarbeiten, und die Rückschlaggefahr ist gering.

Stimmen Sie die Fräserbreite immer auf die Stärke des Gegenstücks der Nut ab **(A)**. Das meiste Plattenmaterial ist heutzutage etwas dünner als Nennstärke, kontrollieren Sie die Stärke genau, indem Sie eine Probenut fräsen. Beachten Sie bei diesem Probeschnitt in einem Stück Restholz, dass es immer besser ist, die Nut etwas schmaler als das Gegenstück zu schneiden.

Stellen Sie die Schnitttiefe für die meisten Materialien auf 3 mm ein. Die Entfernung zwischen Anschlag und Fräser wird eingestellt, nachdem eine Schneide des Fräsers in die kürzest mögliche Entfernung zum Anschlag gebracht worden ist **(B)**. Halten Sie das Werkstück fest gegen den Anschlag, und führen Sie es von rechts nach links am Fräser vorbei **(C)**.

Wenn Sie eine abgesetzte Nut schneiden wollen, markieren Sie Anfang und Ende des Schnittes sorgfältig am Anschlag. Halten Sie ein Stück Restholz an den Fräser, und drehen Sie den Fräser, bis er das Holz wegdrückt. Der Punkt, an dem das Holz sich nicht mehr bewegt, ist der Schneidenflugkreis des Fräsers. Markieren Sie diesen am Anschlag, und überwinkeln Sie die Markierung auf die obere Kante des Anschlags, so dass sie leichter zu erkennen ist. Wenn Sie den Vorgang auf der anderen Seite wiederholen, haben Sie zwei Markierungen auf dem Anschlag, an denen sich die Breite des Fräsers erkennen lässt **(D)**.

A

B

C

D

Reißen Sie die abgesetzten Enden der Nut am Werkstück an. Richten Sie die erste Endlinie an der linken Kante des Fräsers aus, die am Anschlag markiert ist. Befestigen Sie dann am hinteren Ende des Werkstücks mit einer Zwinge einen Stoppklotz am Anschlag oder Arbeitstisch **(E)**. Bewegen Sie das Werkstück, so dass die zweite Endlinie an der rechten Kante des Fräsers ausgerichtet ist, und bringen Sie einen zweiten Stoppklotz an.

TIPP Es kann vorkommen, dass sich am entfernten Stoppklotz an der Abnahmeseite des Handoberfräsentisches beim Fräsen Späne ansammeln. Legen Sie eine etwa 5 mm starke Zulage unter den Stoppklotz, wenn Sie ihn festspannen. Wenn Sie dann die Zulage wieder entfernen, können die Späne während des Schnitts weggeblasen werden.

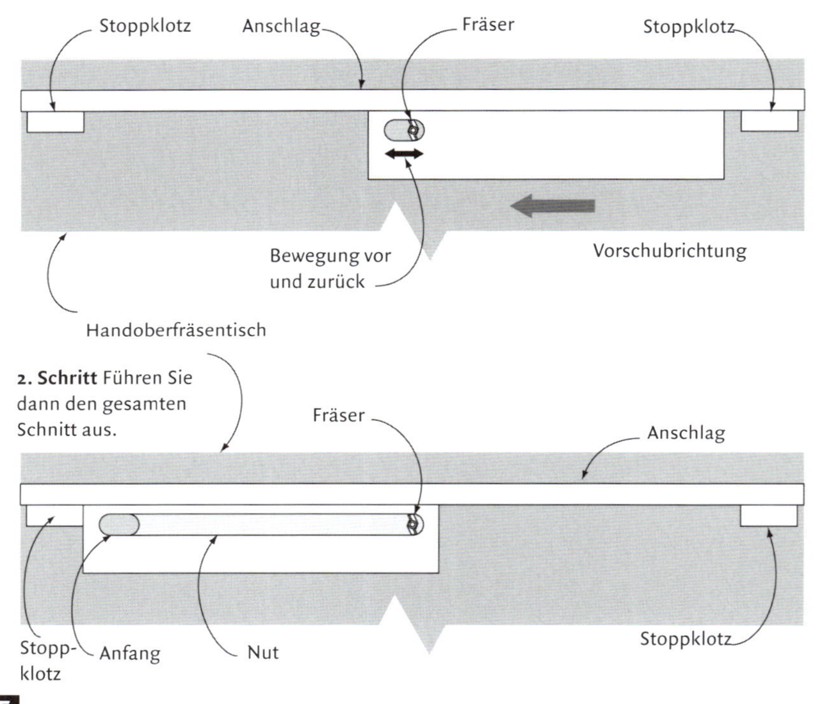

Halten Sie das Werkstück über den Fräser, und senken Sie das rechte Ende vorsichtig am rechten Stoppklotz ab. Senken Sie dann das linke Ende auf den Fräser ab. Schieben Sie das Werkstück beim Absenken eine kleine Strecke hin und her, um Verbrennen des Holzes zu vermeiden, während Sie auf volle Schnitttiefe kommen **(F)**. Wenn Sie die volle Schnitttiefe erreicht haben, bewegen Sie das Werkstück zurück bis an den ersten Stoppklotz, um sicherzustellen, dass der Schnitt sauber ist, und führen Sie dann den eigentlichen Schnitt aus. Heben Sie das Werkstück am Ende des Schnitts vom Fräser ab, indem Sie es fest, aber vorsichtig gegen den Anschlag drücken **(G)**. Dadurch bleibt das Brett am Schnitt ausgerichtet. Sie können das Werkstück auf etwas gegen den Stoppklotz drücken, um das Anheben zu erleichtern.

Nachdem Sie die abgesetzte Nut geschnitten haben, stechen Sie die runden Enden mit dem Stechbeitel rechtwinklig nach. Markieren Sie zuerst die Wandungen der Nut mit einem breiten Stechbeitel **(H)**, und schneiden Sie dann bis auf Endtiefe ein.

Längsnut an der Tischkreissäge

Die Tischkreissäge ist gut geeignet, um Längsnuten zu schneiden. Vergewissern Sie sich, dass die Kante des Werkstücks eben ist und dass keine Späne am Parallelanschlag der Säge liegen. Verwenden Sie bei kleinen Werkstücken einen Schiebestock. Ein Wechselzahnblatt schneidet leicht Nuten in Vollholz und Plattenmaterial **(A)**. Eine breitere Nut lässt sich durch eine Reihe von Einzelschnitten herstellen. Verstellen Sie einfach den Parallelanschlag nach jedem Schnitt, um die notwendige Breite zu erreichen **(B)**.

TIPP Falls die Nut mittig im Werkstück liegt, können Sie einen Schnitt ausführen, das Brett umdrehen, und den zweiten Schnitt mit der gleichen Einstellung ausführen.

Entfernen Sie den restlichen Verschnitt mit dem Stechbeitel oder einem Grundhobel, oder verstellen Sie den Anschlag in sehr kleinen Schnitten, um das Holz restlos zu entfernen.

A

B

Handgeschnittene Quernut

Legen Sie ein Brett rechtwinklig über das Werkstück, um die Säge beim Schnitt zu führen **(A)**. Stellen Sie sicher, dass die Kante des Anschlags eben und rechtwinklig zur Fläche ist, und markieren Sie die Schnitttiefe entweder am Sägeblatt oder an den Kanten des Werkstücks. Führen Sie die Säge dicht am Anschlag, während Sie bis auf Endtiefe einsägen **(B)**.

Verputzen Sie die Nut, indem Sie den größten Teil des Verschnitts mit dem Stechbeitel entfernen. Schneiden Sie dann mit dem Grundhobel bis auf Endtiefe **(C)**.

A

B

C

A

B

C

D

E

VARIATION

Durchgehende Quernut mit der Handoberfräse

Um mit der handgeführten Handoberfräse eine Quernut in ein breites Brett zu fräsen, muss der Schnitt sorgfältig ausgerichtet werden. Mit einer entsprechenden Vorrichtung lässt sich der Schnitt im rechten Winkel zur Kante anlegen. Spannen Sie den gewünschten Fräser ein. Dabei können Sie nicht unbedingt davon ausgehen, dass die Größe des Fräsers genau mit der Stärke des vorhandenen Materials übereinstimmt. Schneiden Sie die Nut geringfügig schmaler, und arbeiten Sie das Gegenstück so nach, dass Sie eine gute Passung erhalten **(A).** Messen Sie die Entfernung von der Kante der Handoberfräsengrundplatte bis zur Schneide des Fräsers **(B).** Legen Sie die Vorrichtung im rechten Winkel auf das Werkstück **(C, D).** Führen Sie die Grundplatte der Fräse dicht an der Vorrichtung entlang, oder setzen Sie eine Kopierhülse ein, und führen Sie diese dicht an der Kante der Vorrichtung entlang. Sie schließt bündig mit der Kante des Materials ab.

Führen Sie die Fräsung aus, und verwenden Sie dann die Zulage, um den Schnitt am Gegenstück auszuführen.

> Siehe „Vorrichtung für rechtwinklige Schnitte“ auf S. 22

VARIATION Der Schnitt durch das Werkstück (vor allem Plattenware) kann auch mit einem kommerziellen Einspann- oder Anschlagssystem geführt werden. Das hier gezeigte Führungssystem der Firma Festo besteht aus einer Leichtmetallplatte, die auf das Sperrholz gelegt wird, die Handoberfräse wird an der Schiene geführt. Die Schiene wird mit einer Zulage genau in die richtige Position gebracht.

Durchgehende Quernut am Handoberfräsentisch

Stellen Sie den Anschlag auf die Entfernung zwischen Materialkante und Nut ein **(A)**: Schneiden Sie die Quernut mit einem Nutfräser am Handoberfräsentisch.

Verwenden Sie einen Abstandshalter für den ersten Schnitt, falls Sie eine Nut schneiden wollen, die breiter ist als Ihr größter Fräser. Legen Sie den Abstandshalter zwischen das Werkstück und den Anschlag. Dadurch wird das Werkstück etwas vom Anschlag entfernt positioniert. Entfernen Sie den Abstandshalter für den zweiten Schnitt. So stellen Sie sicher, dass Sie stets im Gegenlauf fräsen, wenn Sie das Werkstück von rechts nach links über den Handoberfräsentisch führen **(B)**. Verwenden Sie eine Zulage hinter dem Werkstück, um es zu führen und Faserausrisse am Austritt zu verhindern. Achten Sie darauf, dass alle Werkstücke während des Schnittes dicht am Anschlag anliegen und sich nicht verkanten oder verschieben **(C)**.

A

B

C

A

B

Durchgehende Quernut an der Tischkreissäge

Eine durchgehende Nut wird an der Tischkreissäge mit mehreren Schnitten am Ablängschlitten hergestellt. Richten Sie für beide Enden des Schnittes Anschläge ein. Wenn Ihr Werkstück genau auf die richtige Länge geschnitten ist, werden auch die Nuten alle gleich lang **(A)**. Achten Sie darauf, dass sich keine Holzreste zwischen dem Werkstückende und den Anschlägen festsetzen, da diese zu ungenauen Schnitten führen würden. Führen Sie einen Schnitt aus, und verschieben Sie das Material für jeden folgenden Schnitt geringfügig.

Bei einem schmalen Brett kann man einfach die beiden Brüstungen freischneiden, dann den Verschnitt in der Mitte entfernen und schließlich die Nut mit dem Kreissägeblatt verputzen **(B)**. Verstellen Sie dazu nach den ersten Schnitten die Vorrichtung so, dass das Werkstück sich genau über dem Sägeblatt befindet. Verschieben Sie dann das Werkstück zwischen den Anschlägen, um die Nut mit mehreren Schnitten zu säubern.

Abgesetzte Quernut mit der Handoberfräse

Abgesetzte Nuten sind an der Kante eines Werkstückes nicht zu sehen. Sie lassen sich am besten mit der Handoberfräse herstellen. Dabei kann man die Fräse mit der Hand an einem Hilfsanschlag führen, der am Parallelanschlag befestigt wird.

Reißen Sie zuerst die Verbindung deutlich an **(A)**, und vertrauen Sie dann auf Ihr Augenmaß und Ihre ruhige Hand, um die Nut an der richtigen Stelle abzusetzen **(B)**. Falls die Grundplatte der Handoberfräse die Markierung der Verbindung am Werkstück verdeckt, können Sie die Position stattdessen auf der Grundplatte kennzeichnen. Bringen Sie den Fräser in die richtige Stellung, und stellen Sie die Handoberfräse genau über das Ende der Verbindung.

Markieren Sie mit dem Bleistift die Lage der Grundplatte, und führen Sie die Handoberfräse bei jedem Schnitt bis zu dieser Markierung **(C)**.

Man kann die Handoberfräse auch mit einer Vorrichtung für rechtwinklige Schnitte führen **(D)**.

> Siehe „Durchgehende Quernut mit der Handoberfräse" auf S. 82.

A

B

C

D

A

B

C

D

E

F

G

Abgesetzte Quernut am Handoberfräsentisch

Abgesetzte Schnitte kann man auch am Handoberfräsentisch ausführen. Markieren Sie zuerst die Position des Fräsers mit dem Bleistift **(A)**. Am genauesten lassen sich abgesetzte Schnitte ausführen, indem man direkt auf dem Handoberfräsentisch oder seinem Anschlag entsprechende Stoppklötze anbringt **(B)**. Verwenden Sie die Bleistiftmarkierungen, um die Stoppklötze zu platzieren. Überprüfen Sie die Anordnung, bevor Sie die ersten Schnitte in gutem Holz ausführen. Um andere abgesetzte Verbindungen am Handoberfräsentisch zu schneiden, müssen Sie das Werkstück am Anfang des Schnittes auf den Fräser absenken und es am Ende des Schnittes wieder anheben **(C)**.

Nachdem Sie die abgesetzte Quernut geschnitten haben, werden Holzfasern, die beim Schnitt quer zur Faser hochstehen, mit einem scharfen Stechbeitel verputzt **(D)**. Stechen Sie dann die Enden der Nut rechtwinklig ab **(E)**.

Dann muss noch das Gegenstück der Verbindung passend für die Nut zugeschnitten werden. Klinken Sie dieses Stück mit der Handsäge oder der Tischkreissäge entsprechend aus **(F, G)**.

Achten Sie darauf, nur so tief wie nötig zu schneiden. Stecken Sie den Korpus Ihres Werkstücks trocken zusammen, und messen Sie die lichte Weite; verwenden Sie diesen Wert beim Ausklinken der Verbindung.

> Siehe „Längsnut am Handoberfräsentisch" auf S. 79 – 80.

Nut-und-Feder-Verbindung

Häufiger als die einfache eingenutete Verbindung wird die Nut mit einer angeschnittenen Feder als Gegenstück verwendet. Sie sieht ausgewogen aus und ist etwas belastbarer als die einfache Verbindung. Schneiden Sie zuerst die durchgehende Quernut nach einer Methode Ihrer Wahl (wie auf S. 85 - 88 gezeigt). Die Breite der Nut sollte ein Drittel der Stärke des Materials des Gegenstücks sein.

Jede der Brüstungen an der Feder sollte breit genug sein, um Scherkräften widerstehen zu können. 3 mm dürften meist ausreichen. Da der Schnitt quer zur Feder ausgeführt wird, sollten Sie mit relativ hohem Vorschub am Handoberfräsentisch arbeiten, um bei Vollholz Brennspuren im Hirnholz zu vermeiden **(A).**

Die Schnitttiefe sollte nicht mehr als die Hälfte der Materialstärke betragen. Bei tieferen Nuten besteht die Gefahr, dass man das Werkstück schwächt. Ich ziehe es persönlich vor, nur bis zu einem Drittel der Materialstärke zu schneiden. Das ist tief genug, um stabil zu sein, und sieht besser aus.

Schneiden Sie die beiden Brüstungen am Gegenstück mit einem Nutfräser und Parallelanschlag an der Handoberfräse **(B).** Diese Methode funktioniert gut, wenn man die Handoberfräse nicht kippt und darauf achtet, die Brüstungen aneinander auszurichten. Üben Sie direkt über dem Holz hinreichenden Druck auf die Grundplatte der Handoberfräse aus. Führen Sie den ersten Schnitt aus, und hören Sie kurz vor Ende des Schnittes auf, um die Passung zu kontrollieren, bevor Sie den Schnitt vollkommen ausführen. Sie können diese Schnitte, mit der die Feder angeschnitten wird, auch am Handoberfräsentisch oder der Tischkreissäge ausführen. Arbeiten Sie die Verbindung mit einem Falz- oder Simshobel nach, falls die Passung fast, aber nicht ganz stimmt **(C).**

A

B

C

TIPP Legen Sie eine Zulage hinter das Werkstück, um die Faserausrisse aufzunehmer. Dadurch bleiben die Kanten des Werkstücks sauber

A

B

C

Quernut und einseitig angeschnittene Feder

Eine Quernut mit einer einseitig angeschnittenen Feder als Gegenstück ist leicht herzustellen und leicht einzupassen. Schneiden Sie die Quernut genauso wie für jede andere abgesetzte oder durchgehende Nutverbindung **(A).**

Schneiden Sie mit der handgeführten Handoberfräse oder am Handoberfräsentisch einen Falz an das Gegenstück. Am Handoberfräsentisch können Sie mit einem dicht am Fräser anschließenden Anschlag und der gleichen Schnitttiefeneinstellung beide Teile der Verbindung schneiden. Schneiden Sie zuerst die Nut, und halten Sie dann das andere Brett senkrecht, um den Falz im Hirnholz zu schneiden **(B).**

> Siehe „Falz im Hirnholz am Handoberfräsentisch" auf S. 72.

Passen Sie die Verbindung ein, indem Sie mit dem Hobel oder der Ziehklinge so lange Material von der Feder entfernen, bis sie in die Nut passt. Schraffieren Sie die gesamte Feder mit Bleistift, und verputzen Sie dann, bis die Schraffur verschwunden ist. Überprüfen Sie dann die Passung **(C).**

Quernut und einseitig angeschnittene Feder am Handoberfräsentisch

Bei einer bündigen Eckverbindung mit eingenuteter Feder sollte die Nut so weit von der Ecke entfernt geschnitten werden wie das Gegenstück stark ist. Sie können die Materialstärke des Gegenstücks zum Anreißen des Schnitts verwenden, aber Sie sollten zuerst einen Probeschnitt ausführen, um die Einstellungen zu überprüfen **(A).** Schneiden Sie dann die Nut am Handoberfräsentisch mit einem Nutfräser.

TIPP Legen Sie zwei Werkstücke zusammen, um sie besser am Anschlag anlegen zu können.

Achten Sie darauf, die Werkstücke nicht zu kippen, vor allem an der Öffnung zwischen den beiden Backen des Anschlags am Handoberfräsentisch **(B).**

Die Schnitttiefeneinstellung kann am Handoberfräsentisch für die Nut und den Falz, mit dem die Feder geschnitten wird, die gleiche bleiben. Sie müssen lediglich den Anschlag verstellen, um die richtige Größe für den Falz zu bestimmen. Mit einem Anschlag, dessen Öffnung nur so groß ist wie der Fräser, lässt sich die Gefahr von Faserausrissen reduzieren. Sie können aber auch mit dem Streichmaß einen Riss an der Innenseite des gefederten Brettes anschneiden **(C).** – Schließlich besteht auch die Möglichkeit, zuerst nur einen leichten Schnitt an der Sichtseite der Bretter auszuführen, den Anschlag zu verstellen und dann auf die endgültige Tiefe zu schneiden. Wenn Sie dagegen den Falz mit flachliegendem Werkstück schneiden, müssen Sie sowohl die Schnitttiefe als auch den Abstand des Anschlags für den zweiten Schnitt neu einstellen.

A

B

C

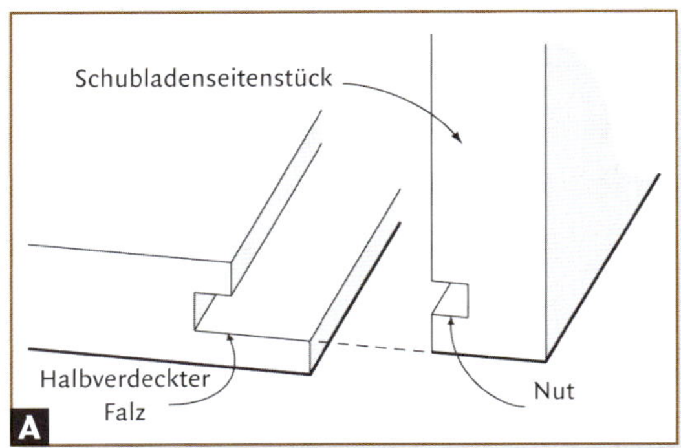

Halbverdeckte Nut-und-Feder-Verbindung

Die halbverdeckte Nut-und-Feder-Verbindung ist nur bedingt belastbar, ist aber dann nützlich, wenn man eine einfache, in Serie herzustellende Verbindung benötigt, die von einer Seite nicht sichtbar ist **(A).** Im gezeigten Beispiel wird sie für den Bau einer Schublade eingesetzt.

Stellen Sie den Parallelanschlag für einen Nutschnitt am Seitenteil der Schublade ein, der um etwa zwei Drittel der Materialstärke des Vorderstücks von der vorderen Kante zurück liegt. Die Nutbreite entspricht lediglich der Breite des Sägeblattes **(B).** Sie können einen Ablängschlitten mit einem Stoppklotz für diese Schnitte verwenden.

Beachten Sie die Hinweise zur Gefährlichkeit von Nutsägeblättern auf S. 76! Schneiden Sie mit dem Nutsägeblatt die Nut und Feder in das Ende des Schubladenvorderstücks. Sie können auch am Handoberfräsentisch arbeiten, sollten aber in diesem Fall mit einigen Schnitten vorher möglichst viel des Verschnitts entfernen.

Kürzen Sie die Feder an der Tischkreissäge ein, so dass ihre Tiefe der Nut entspricht **(D).** Entfernen Sie zuerst das Ende dieses Überstandes, so dass der Verschnitt nicht zwischen dem Stoppklotz und dem Sägeblatt eingeklemmt wird. Die letzte Einpassung der Verbindung kann man vornehmen, indem man das Hirnholz des Seitenteils oder die Innenseite des Vorderstücks verputzt, je nachdem welcher Teil der Verbindung angepasst werden muss.

TIPP Verwenden Sie die Verschnittstücke, um den Durchmesser des Fräsers oder die Breite der Nut auf Übereinstimmung mit dem ersten Schnitt zu überprüfen.

Konterprofil für Schubladenvorderstücke

Schneiden Sie am Handoberfräsentisch den waagerechten Schnitt für das Konterprofil in ein Reststück Sperrholz **(A).** Schneiden Sie dann den senkrechten Schnitt mit dem nur wenig vor dem Anschlag vorstehenden Fräser. Ermitteln Sie die perfekte Schnitthöhe durch Versuch und Irrtum, und überprüfen Sie dann die gesamte Einstellung durch Probeschnitte an etwas Restholz **(B).** Stellen Sie den Fräser tiefer ein, falls die Passung zu eng ist, da die Nut der Verbindung immer gleich breit ist. Die Feder wird kleiner, wenn weniger vom Fräser bei einer geringeren Höhe zu sehen ist. Ich habe festgestellt, dass 12 mm zu einer optimalen Passung führen, bedenken Sie jedoch, dass Sie die Passung auch durch die Stellung des Anschlags beeinflussen können. Wenn der Anschlag zu weit vom Fräser entfernt ist, passt zwar die Verbindung, aber die Ecke wird nicht bündig. Machen Sie die Entfernung zwischen Anschlag und Fräser zu gering, passt die Verbindung nicht richtig. Verstellen Sie den Anschlag so lange, während Sie auch die Höhe des Fräsers verändern, bis die Verbindung passt.

TIPP Verwenden Sie einen Anschlag, der bis dicht an den Fräser reicht und über eine Staubabsaugung verfügt. Stellen Sie die Handoberfräse auf die niedrigste Geschwindigkeit ein.

A

B

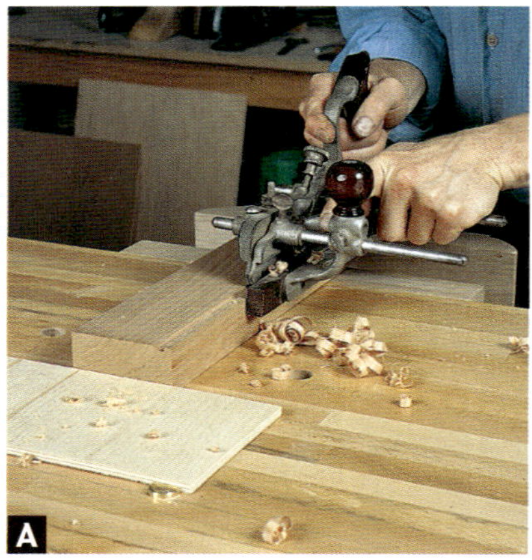
A

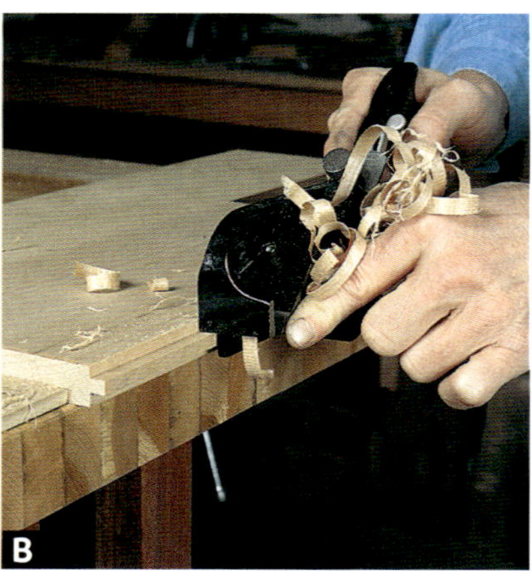
B

Handgeschnittene gespundete Verbindung

Mit einem Kombinationshobel lassen sich gut durchgehende Längsholznuten schneiden. Das hier gezeigte Exemplar muss, wie alle Kombinationshobel, sorgfältig eingestellt werden, damit das Eisen während des Schnittes gut abgestützt wird **(A).** Wenn man das Eisen zu sehr hervorstehen lässt, „rattert" der Hobel. Die Feder kann mit einem Falzhobel angeschnitten werden **(B).** Der Hobel muss im rechten Winkel zur Werkstückkante geführt werden, damit die Brüstung senkrecht auf der Feder steht. Stellen Sie den Anschlag des Hobels so ein, dass die Feder nicht ganz so tief ist wie die Nut.

A

B

C

D

Gespundete Verbindung mit der Handoberfräse

Die Nut wird mit einem Nutfräser in der Handoberfräse geschnitten. Damit lässt sich die Schnitttiefe leicht kontrollieren. Der Schnitt wird mit dem Parallelanschlag der Handoberfräse geführt, an dem man einen Zusatzanschlag befestigt hat **(A).** Da Kantenfräsungen wie diese etwas diffizil sind, wird ein zweites Brett neben dem Werkstück angebracht, um die Handoberfräse zu stützen **(B).**

Sie könnten die Nut auch mit einem Schlitzfräser am Handoberfräsentisch schneiden. Oder Sie bringen einen zweiten Parallelanschlag an der Handoberfräse an und fangen das Werkstück zwischen den beiden Anschlägen ein **(C).**

Schneiden Sie die Feder in einer Sperrholzplatte mit einem Falzfräser in der Handoberfräse an **(D).** Der Schnitt sollte so tief sein, dass die Verbindung hält, aber nicht so tief, dass die Feder geschwächt wird.

Gespundete Verbindung am Handoberfräsentisch

Montieren Sie einen Schlitzfräser mit Anlaufring im Handoberfräsentisch, um die Nut zu schneiden. Vergewissern Sie sich, dass die Schnitttiefe – die Entfernung von der Fräserschneide bis zur Kante des Anlaufrings – für die anstehende Arbeit richtig ist. Sie können den Anlaufring gegen einen mit anderem Durchmesser austauschen, um die gewünschte Schnitttiefe zu erhalten **(A).** Man kann den Fräser aber auch so weit in einem verstellbaren Anschlag verstecken, dass nur so viel von ihm wie nötig herausragt **(B, C).** Mit einem Schlitzfräser lässt sich auch die Feder schneiden. Stellen Sie die Fräserhöhe so ein, dass Sie zuerst auf der einen, dann auf der anderen Seite einen Falz schneiden können **(D).**

Diese Methode funktioniert nur bei Material, das eben ist und dessen Flächen parallel zueinander verlaufen. Achten Sie darauf, dass das Werkstück fest auf den Arbeitstisch gedrückt wird, während Sie es am Fräser vorbei schieben.

A

B

C

D

Nut-und-Feder-Verbindung an der Tischkreissäge

Mit der Tischkreissäge kann man eine Nut genauso gut wie jeden anderen Schnitt im Längsholz ausführen. Drücken Sie das Werkstück gut am Arbeitstisch und dem Anschlag an, und verwenden Sie eine mittlere Vorschubgeschwindigkeit. Stützen Sie das Werkstück gegebenenfalls mit einem Zusatzanschlag ab **(A).** Mit einem einfachen Schnitt erzielt man eine 2 mm breite Nut. Breitere Nuten lassen sich natürlich sehr viel schneller mit einem Nutsägeblatt erzielen. Beachten Sie jedoch die Hinweise zur Gefährlichkeit dieses Werkzeugs auf S. 76! Drehen Sie das Werkstück um seine Längsachse, um eine breitere Nut zu erzielen.

Die Feder wird mit einem normalen Sägeblatt geschnitten. Schneiden Sie zuerst am liegenden Werkstück die Brüstungen der Feder **(B).** Die Schnitte werden wie für zwei Fälze ausgeführt, deren Brüstungen aneinander ausgerichtet sind. Mit den zweiten Schnitten werden die Wangen der Feder geschnitten, dafür wird das Werkstück senkrecht am Anschlag gehalten **(C).** Der Verschnitt darf nicht zwischen Anschlag und Sägeblatt eingeklemmt werden, es droht Rückschlaggefahr. Stellen Sie die Schnitttiefe etwas geringer als für den Brüstungsschnitt ein. Entfernen Sie etwaigen Verschnitt mit dem Stechbeitel. Verwenden Sie einen Zusatzanschlag, um das Werkstück besser zu stützen. Überprüfen Sie die Passung der Feder, bevor Sie alle Schnitte ausführen.

Eckverbindung mit angeschnittenen Federn

Die Eckverbindung mit angeschnittenen Federn bietet einige Entwurfsoptionen und ausreichende Haltbarkeit für Sperrholzkorpusse. Vergessen Sie aber nicht, dass die hier beschriebene Verbindung nur für Sperrholz oder Spanplatten zu verwenden ist.

Richten Sie den Handoberfräsentisch für die bündigen Außenseiten dieser Eckverbindung ein, indem Sie einen Nutfräser einsetzen und den Anschlag auf den gewünschten Abstand einstellen. Verwenden Sie das Sperrholzmaterial als Lehre, um den Abstand des Anschlags für die Nuten einzustellen. Verwenden Sie dazu die Außenseiten des Eckstollens als Bezugsfläche. Benutzen Sie zum Einstellen auf jeden Fall ein Reststück desselben Materials wie für die eigentliche Arbeit **(A).**

Unter den gegebenen Umständen ist es meines Erachtens besser, die Ecke aus Vollholz etwas höher zu lassen als das Sperrholz. Machen Sie zuerst einen Probeschnitt, um diese Einstellung zu überprüfen. Um die Verbindung einfach zu halten, werden die Nut-und-Feder-Verbindungen durchgehend ausgeführt.

Schneiden Sie die erste Nut, und drehen Sie dann den Stollen aus Vollholz, um die zweite Nut zu schneiden. Markieren Sie an den Vollholzteilen die beiden Bezugsflächen, die am Anschlag und Arbeitstisch anliegen **(B).** Bei tiefen Nuten sollten Sie die Endtiefe in mehreren Durchgängen schneiden oder den Verschnitt mit der Tischkreissäge entfernen, bevor Sie auf Endtiefe fräsen. Schneiden Sie die Feder im Sperrholz an. Die Passung sollte eng sein, und am Grund der Nut sollte etwas Platz für überschüssigen Leim bleiben.

> **Siehe „Gespundete Verbindung am Handoberfräsentisch" und „Gespundete Verbindung mit der Handoberfräse" auf S. 92 – 93.**

A

B

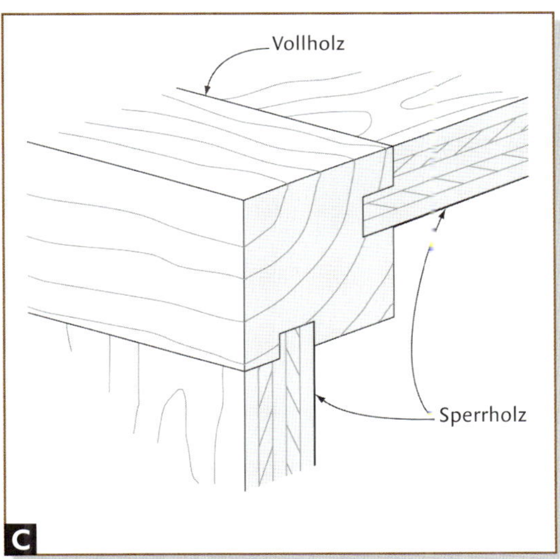

C

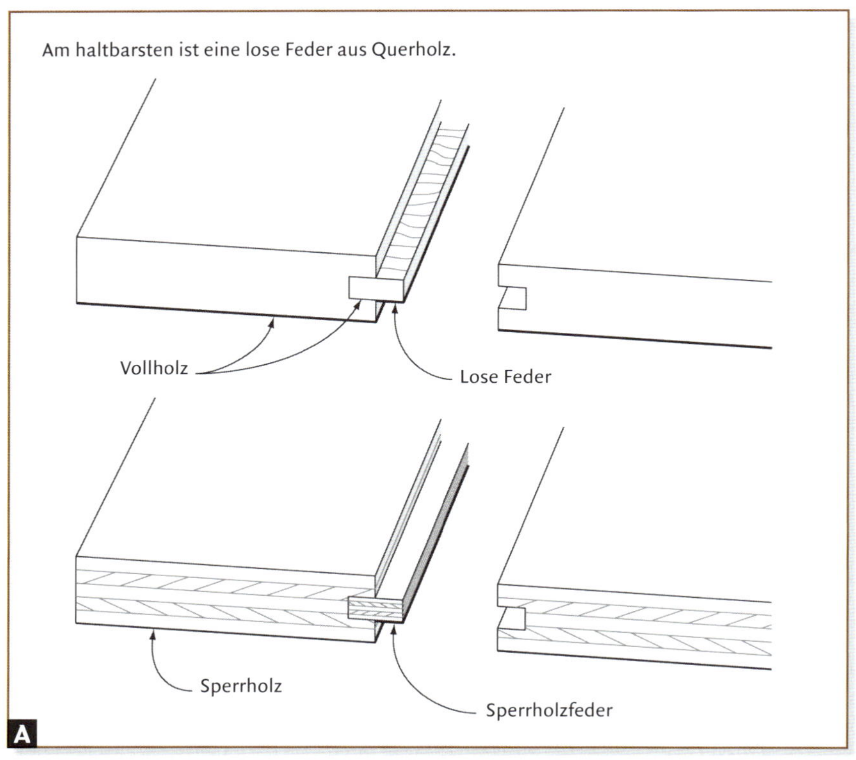

Lose Federn herstellen

Nut-und-Feder-Verbindungen können auch mit losen Federn hergestellt werden, die in genutete Bretter eingefügt werden **(A).** Eine lose Feder ist ein langes, schmales und flaches Brettchen, das zwischen zwei Nuten eingeleimt wird. Die Passung sollte gut sein, lassen Sie nur etwas Raum für überschüssigen Leim. Die Feder sollte nicht aus der Nut fallen, wenn man die Passung überprüft, andererseits sollte man sie auch nicht mit dem Hammer eintreiben müssen, wenn man nicht schon den Leim angegeben hat. Wenn Sie Holzwerkstoffe verwenden, kann die Feder aus Sperrholz sein, da das Schwinden nicht berücksichtigt werden muss. Bei Vollholzseiten können auch Federn aus Vollholz verwendet werden. Die Feder sollte für größtmögliche Belastbarkeit aus Querholz geschnitten werden.

Schneiden Sie durchgehende Nuten mit der Tischkreissäge oder mit einem Nutfräser in der Handoberfräse.

> Siehe „Längsnut an der Tischkreissäge" auf S. 81.

Oder schneiden Sie abgesetzte Nuten mit dem Nutfräser am Handoberfräsentisch **(B).** Bringen Sie mit Zwingen Stoppklötze an, und senken Sie das Werkstück auf den Fräser ab. Stellen Sie den Fräser auf volle Schnitttiefe ein, und verwenden Sie Tischeinsätze mit 3 mm oder 5 mm Stärke, um das Werkstück anzuheben. Nach jedem Schnitt entfernen Sie einen der Tischeinsätze. Sie können aber auch die Schnitttiefe des Fräsers nach jedem Schnitt verändern. Achten Sie darauf, immer die Sichtseite des Werkstücks als Bezugsfläche für die Nuten zu verwenden.

Lose Federn, die zu dick sind, werden mit der Ziehklinge oder dem Hobel eingepasst. Beim Schleifen werden nicht nur die Kanten abgerundet, sondern es ist auch schwierig, ein Handschleifgerät bei dieser Arbeit zu kontrollieren **(C).** Kontrollieren Sie die Passung der Feder über die gesamte Länge der Nuten.

Eine Eckverbindung mit einem Stollen aus Vollholz kann auch mit losen Federn ausgeführt werden, allerdings nur, wenn die Seiten aus Sperrholz oder einem anderen Holzwerkstoff bestehen. Das Arbeiten des Holzes in Vollholzseiten und Vollholzstollen bei gegensätzlichem Faserverlaufen würde zum Versagen der Verbindung oder zum Verziehen des Korpus führen.

Verwenden Sie am Handoberfräsentisch einen Schlitzfräser, aber versuchen Sie möglichst, die Breite der von ihm geschnittenen Nuten auf die losen Federn abzustimmen **(D).** Schleifen Sie einen Fräser entsprechend zu, damit er für Sperrholz mit Untermaß passt, falls Sie bei einem Werkstück mehrere dieser Verbindungen herstellen müssen. Beachten Sie auch, dass das Material für die Eckelemente etwas stärker als das Sperrholz sein sollte, damit die Eckverbindung nach dem Nuten belastbar ist. Das Letzte, was Sie brauchen, wäre ein Zusammentreffen der Nutschnitte im Inneren des Eckstollens.

D

E

Durchgehende Nuten können mit einer falschen losen Feder geschmückt werden, die an der Außenseite der Verbindung angebracht wird.

Eine solche Dekorfeder kann aus einem schön kontrastierenden Material wie Mahagoni (hier abgebildet) oder Nussbaum hergestellt werden **(E).**

Gehrungsverbindungen

Zusammengesetzte Gehrungsschnitte

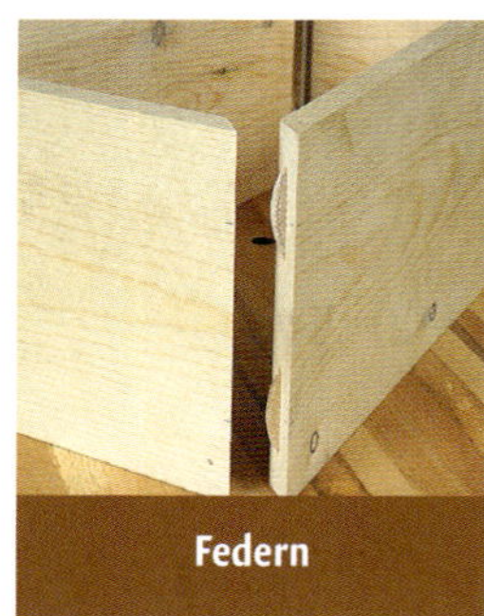

Federn

Gehrungsverbindungen mit losen Federn

Gehrungsverbindungen mit Eckfedern

Gefälzte Gehrungen

Gehrungen mit Nut und Federn

Gehrungsverbindungen am Korpus bieten einzigartige Entwurfsmöglichkeiten, da sie es erlauben, ein durchgehendes Längsholzmaserbild um den gesamten Korpus herum zu zeigen, ohne dass es durch Hirnholz unterbrochen wird. Das Aussehen von Kästen wird nicht durch das dunklere Hirnholz von Finger- oder Schwalbenschwanzzinken beeinträchtigt. An Möbelkorpussen sieht man nie das Deckfurnier oder die Mittellagen des Sperrholzes.

Dadurch entsteht natürlich ein sehr sauberes und ordentliches Aussehen, aber leider sind Gehrungsverbindungen, die nur von Leim zusammengehalten werden, nicht sehr belastbar. Da das Holz in einer Gehrung weder Längsholz noch Hirnholz, sondern etwas Dazwischenliegendes ist, entsteht eine nicht optimale Leimfläche. Es ist keine schlechte Leimfläche, aber es ist einfach keine gute. Die Belastbarkeit einer Gehrungsverbindung kann man durch eingeleimte Leimklötze, Federn oder Formfedern beträchtlich erhöhen.

Das Schneiden von Gehrungen

Beim Schneiden von Gehrungen kommt es zu einer weiteren Schwierigkeit. Die Schnitte müssen schon für eine einfache Gehrungsverbindung absolut genau ausgeführt werden und im rechten Winkel zu einer Kante stehen. Zusammengesetzte Gehrungen, bei denen in mehreren Ebenen in einem Winkel geschnitten wird, machen das Einrichten der Maschinen noch komplizierter. Gleichmäßiges Arbeiten ist also für jede Gehrung von größter Wichtigkeit. Alle Schnitte müssen genau im erforderlichen Winkel ausgeführt werden. Ein Fehler von einem halben Grad summiert sich sowohl im Aussehen als auch in der Passung beträchtlich, und je breiter das Material, desto schlechter passt die Verbindung und desto größer klaffen die Lücken. Genaues Schneiden minimiert den Nerv-Faktor.

Bei der Konstruktion von Korpussen aus breiten Platten, ja auch bei der Herstellung von Kästen aus kleineren Teilen, lassen sich Gehrungen am besten mit Elektrowerkzeugen schneiden. Genauigkeit ist bei der Anfertigung dieser Verbindung entscheidend, und elektrische Sägen können Schnitte mit hoher Genauigkeit ausführen, gegebenenfalls auch wiederholt.

Die Handkreissäge

Die Handkreissäge, mit der ich aufgewachsen bin, konnte nicht einmal gerade ablängen, geschweige denn eine genaue Gehrung schneiden. Heutige Handkreissägen können Winkelschnitte präzise schneiden, wenn man den Anschlag im entsprechenden Winkel arretiert und die entsprechende Geschwindigkeit wählt. Wenn man ein Führungssystem verwendet, kann der Schnitt auch auf seiner ganzen Länge geführt werden.

Bei diesem Gehrungsschnitt sieht man den Mischcharakter: halb Hirnholz, halb Längsholz.

Die Gehrungsschnitte an diesem kleinen Kasten zeigen, wie sich auch kleinste Fehler summieren.

Der auf Gehrung geschnittene Kasten im Hintergrund hat lose Federn als Verstärkung der Verbindung. Um mit der Handkreissäge genaue Gehrungsschnitte auszuführen, muss man einen Anschlag oder eine Führungsschiene verwenden.

Die Kapp- und Gehrungssäge ist Meisterin im Schneiden von Gehrungen. Man kann auch eine normale Gehrungssäge verwenden, ist dann jedoch in der Breite des bearbeitbaren Materials eingeschränkt.

Eine Tischkreissäge mit neigbarem Sägeblatt kann sehr präzise Gehrungsschnitte leisten, wenn das Blatt im richtigen Winkel geneigt wird.

Führen Sie Probeschnitte aus, und überprüfen Sie sie mit dem Gehrungswinkel auf einen Winkel von 45°, bevor Sie das Werkstück schneiden.

Für die Tischfräse und Handoberfräse gibt es verschiedene Fräser, mit denen man Gehrungen schneiden kann.

Kapp- und Gehrungssäge

Kapp- und Gehrungssägen unterliegen gewissen Einschränkungen in Bezug auf die Breite des Materials, das sie schneiden können, aber für die meisten Korpusse und Kästen sind sie vollkommen ausreichend. Kapp-Zugsägen ermöglichen auch breitere Schnitte. Achten Sie darauf, dass das Werkstück bei der Bearbeitung immer gut aufliegt. Bringen Sie einen Stoppklotz an, um Schnitte der gleichen Länge wiederholt ausführen zu können.

Tischkreissäge

Mit einer Tischkreissäge mit neigbarem Sägeblatt lassen sich Gehrungen relativ leicht schneiden. Allerdings muss das Material vollkommen eben und die Winkeleinstellung des Blattes genau richtig sein. Der Schnitt wird mit dem Gehrungsanschlag geführt, man sollte jedoch zusätzlich einen Hilfsanschlag verwenden, um das Werkstück zu stützen. Sie können auch Stoppklötze am Anschlag anbringen.

Stellen Sie den Gehrungsanschlag auf 90° ein, und überprüfen Sie die Rechtwinkligkeit des Schnittes mit genau senkrecht stehendem Sägeblatt. Neigen Sie dann das Blatt auf 45°. Ich ziehe es vor, den Schnitt so auszuführen, dass der Verschnitt auf der Außenseite des Sägeblattes abfällt. Überprüfen Sie die 45°-Einstellung des Sägeblattes mit einem Gehrungswinkel oder Kombiwinkel.

Handoberfräsentisch oder Tischfräse

Eine Gehrung lässt sich auch am Handoberfräsentisch mit einem Gehrungsfräser oder Profilfräser mit dem richtigen Winkel schneiden. Bei vollkommen ebenem und glattem Material ist dies eine sehr genaue Art, Gehrungen zu schneiden, vor allem wenn ein bestimmter Winkel eingehalten werden soll. Die Nut-und-Feder-Gehrung ist eine belastbarere Version der Gehrung, die man mit einem speziellen Fräser herstellen kann. Um die Verbindung mit der Handoberfräse zu schneiden, muss man einige Probeschnitte ausführen, um die richtige Fräserhöhe zu ermitteln.

Das Anpassen von Gehrungen

Nicht jede Säge schneidet einen perfekten Schnitt, und nicht jedes Sägeblatt hinterlässt eine Schnittfläche, die glatt genug zum Verleimen ist. Falls Sie einen gut eingestellten Hirnholzhobel oder einen Putzhobel mit flachem Schnittwinkel haben, können Sie eine Gehrung mit einigen leichten Schnitten vorsichtig nacharbeiten. Spannen Sie das Werkstück in der Hobelbank ein, und arbeiten Sie von beiden Seiten zur Mitte hin. Versuchen Sie nicht, den Winkel zu sehr zu korrigieren, falls er nicht richtig sein sollte, weil Sie durch das Abnehmen des Holzes auch die Länge des Brettes verändern.

Mit einer Gehrungsstoßlade, die im Englischen den schönen Namen „Eselsohr-Stoßlade" trägt, kann man auch bei breiteren Brettern Gehrungen nacharbeiten. Die Lade wird in der Zange an der Hobelbank eingespannt, und das Werkstück gegen ihren Anschlag gehalten. Die Gehrung wird nachgearbeitet, indem man mit einem Metallhobel in Richtung gegen den Anschlag arbeitet. Die ebenen und rechtwinklig zur Sohle stehenden Seiten des Hobels werden von der Arbeitsfläche der Lade geführt, so dass der Schnitt richtig liegt.

Mit der Scheibenschleifmaschine kann man Gehrungen schnell anpassen. Für diese Arbeit muss der Arbeitstisch der Schleifmaschine genau im rechten Winkel zur Schleifscheibe stehen. Verwenden Sie die linke Seite des Schleiftellers, so dass die Drehung das Werkstück nach unten auf den Arbeitstisch drückt. Die Vorrichtung wird in der Nut auf dem Arbeitstisch geführt. Ein Brett oder Anschlag mit einem perfekt angeschnittenen rechten Winkel wird an der Führungsleiste angeschraubt. So lange Sie die beiden Seiten des Anschlags dazu verwenden, die beiden gegenüberliegenden Seiten der Gehrung nachzuarbeiten, werden sie sich immer genau ergänzen. Bei breiteren Brettern benötigen Sie einen höheren Anschlag als Stütze.

Ein Gehrungsschnitt lässt sich mit dem Hirnhzolzhobel nacharbeiten und verputzen.

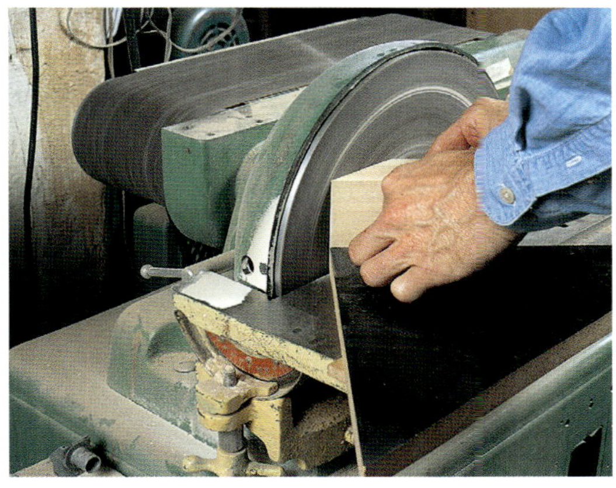

Mit der Scheibenschleifmaschine ist eine Gehrung schnell gesäubert. Verwenden Sie eine Anlage, um sicherzustellen, dass der Gehrungswinkel erhalten bleibt.

Gehrungsstoßlade

Wird in der Bankzange eingespannt.

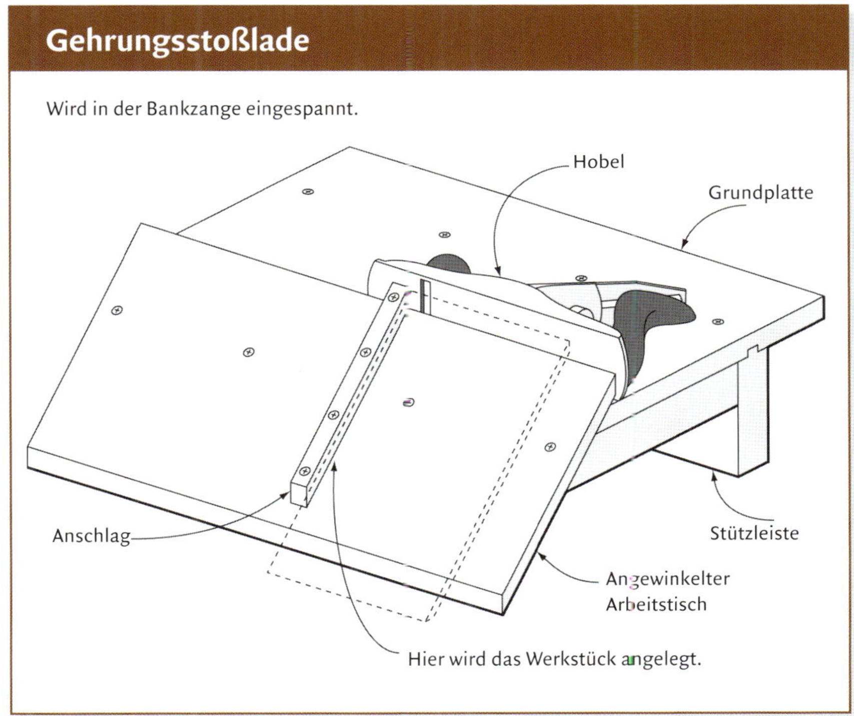

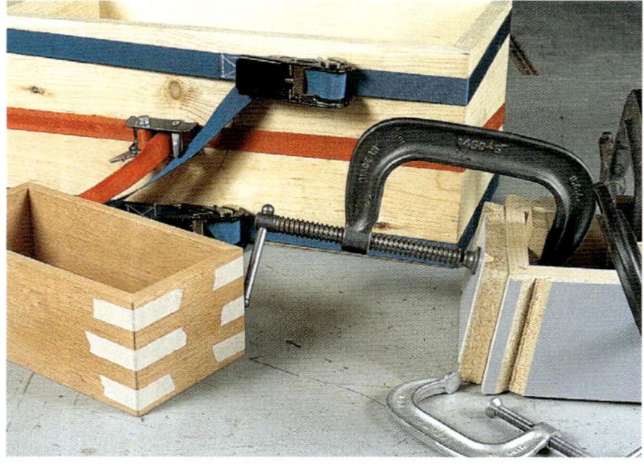

Beim Einspannen von Gehrungsverbindungen muss man erfindungsreich sein. Hier sind drei nützliche Methoden: Für kleine Kästen verwendet man Klebeband; für größere Korpusse Bandspanner und Verleimzulagen, die man am Korpus festzwingt.

Verleimzulagen kann man auch am Korpus anleimen, um die Montage zu erleichtern. Hinterher werden sie mit dem Stechbeitel und Hobel oder mit der Bandschleifmaschine spurlos wieder entfernt.

Das Verleimen von Gehrungen

Da nichts die Schnittflächen daran hindert, sich gegeneinander zu verschieben, kann das Einspannen einer Gehrungsverbindung zu einer Arbeit werden, für die man gut ein paar zusätzliche Hände gebrauchen könnte. Und wenn Sie Leimklötze oder Federn in der Verbindung anbringen, dann üben Schraubzwingen meist zuviel Druck zuerst auf der einen und dann auf der anderen Seite aus. So erweist es sich als fast unmöglich, normale Zwingen zum Einspannen einer Gehrungsverbindung einzusetzen. Nur bei einem quadratischen Kasten kann man Zwingen über die Diagonalen ansetzen. Also muss man beim Verleimen von Gehrungen auf sorgfältiges und zielgerichtetes Einspannen einer anderen Art zurückgreifen. Dafür bieten sich als Möglichkeiten einfaches Klebeband, Bandzwingen oder Zulagen an, die man mit Zwingen oder Leim am Werkstück befestigt.

Zusammengesetzte Gehrungswinkel

Die Winkel sind in Grad angegeben und gelten für die Gehrungen an einem vierseitigen Werkstück.

Seitenneigung	Sägeblattneigung	Winkeleinstellung des Gehrungsanschlags
5	44 %	85
10	44 %	80 1/2
15	43	75 1/2
20	41 1/2	71 1/2
25	39 3/4	67
30	37 3/4	63 1/2

Montieren Sie Ihre Verleimanordnung immer einmal probeweise trocken zusammen. Das hilft, die beste Einspannmethode zu ermitteln. Legen Sie dann alles für die Montage bereit, einschließlich des Leimes. Beachten Sie die unterschiedlichen Trockenzeiten der verschiedenen Leime – die meisten Kunstharzkleber trocknen schneller als der sogenannte Weiß- oder Tischlerleim, Sie müssen deshalb auch beim Einspannen schneller arbeiten. Allerdings ist bei den Kunstharzklebern die Leimfuge meist dünner.

Klebeband lässt sich am besten bei kleinen Kästen einsetzen. Bandzwingen sind umständlich, und man muss über die Geschicklichkeit eines Seemanns im Umgang mit Tauen verfügen, um ein schnelles und gleichmäßiges Einspannen zu garantieren. Es lässt sich schnell mit ihnen arbeiten, aber der Druck an der Verbindungsstelle ist nicht immer hoch genug. Mit Zulagen erreicht man die beste Druckverteilung an einer Gehrungsverbindung, aber ihre Herstellung und Anbringung ist ein zeitaufwändiges Geschäft.

Vor der Montage sollte man die Leimflächen der Gehrung am besten mit Leim einlassen. Dadurch werden die Poren der Schnittflächen vor der Verleimung schon mit Leim gefüllt, so dass die Verbindung nicht wegen Leimmangel „verhungert“. Geben Sie Leim an die Schnittflächen, nehmen Sie den Überstand wieder ab, warten Sie einen Augenblick, und geben Sie dann den Leim für die eigentliche Montage an.

Das Verstärken von Gehrungen

Um gute und lange haltende Gehrungsverbindungen zu erhalten, sollte man sie auf irgendeine Weise verstärken. Die Verbindung beruht auf einem Zwischending zwischen Längs- und Hirnholz, ist also zum Verleimen nicht ideal. Die meisten Verstärkungen erfolgen verdeckt.

Leimklötze, die auf der Innenseite eines kleinen Korpus' angebracht werden, verleihen einer einfachen Gehrung zusätzliche Haltbarkeit. Stellen Sie sicher, dass alle Flächen sauber und eben sind, bevor Sie Leim angeben. Halten Sie den Klotz so lange fest, bis der Leim angezogen hat und der Klotz sich nicht mehr bewegt. Oder befestigen Sie den Klotz mit Klebeband, bis der Leim getrocknet ist.

Möglich ist auch die Verwendung einer losen Feder. Dazu werden beide Seiten der Gehrungsverbindung genutet, und zwischen die beiden Teile wird eine lose Feder platziert. Legen Sie die beiden Nuten näher an der Innenecke der Verbindung an, dort können Sie tiefer schneiden. Der Faserverlauf in einer losen Feder in einem Korpus aus Vollholz folgt der Faserrichtung des Holzes. Bei Sperrholzkonstruktionen sollte man auch Federn aus Sperrholz verwenden.

Von außen sichtbar eingeleimte Federn können einem Kasten oder Korpus eine dekorative Note verleihen. Leimen Sie das Werkstück zuerst zusammen, wobei Sie sich auf die gute Passung Ihrer Gehrungen verlassen. Nachdem der Leim getrocknet ist, wird der Kasten oder Korpus mit der Schleifmaschine, Ziehklinge oder dem Hobel verputzt. Besonders dekorativ wirken Federn in Schwalbenschwanzform, die manchmal auch als „falsche Schwalbenschwänze" bezeichnet werden.

Eine traditonelle Verstärkung für Gehrungsverbindungen sind Leimklötze, die an Innenecken angebracht werden.

Verstärkte Gehrungen

Leimklötze

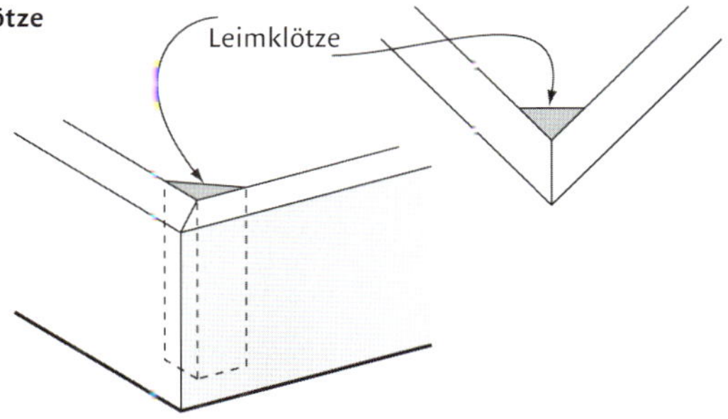

Leimklötze

Eckfedern

Die Federn werden etwa zwei Drittel in die Gehrung eingelassen.

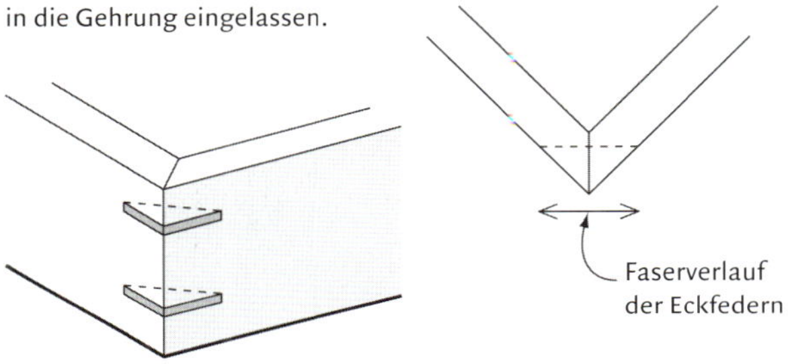

Faserverlauf der Eckfedern

Schwalbenschwanzförmige Eckfedern

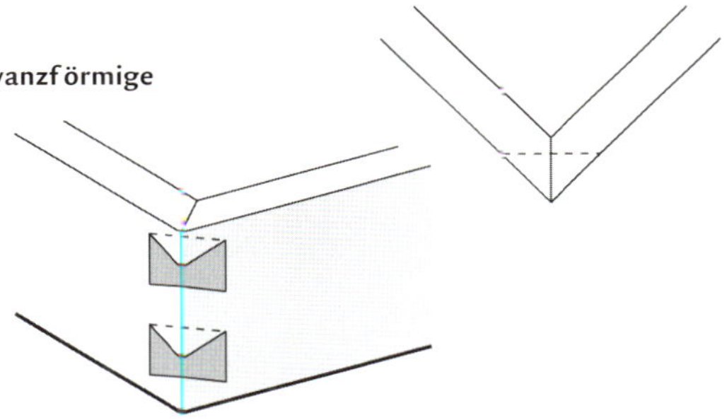

Lose Federn

Wenn der Schlitz für die Feder etwa ein Drittel der Strecke von der Innenecke entfernt geschnitten wird, kann man ihn tiefer schneiden, was die Belastbarkeit der Verbindung erhöht.

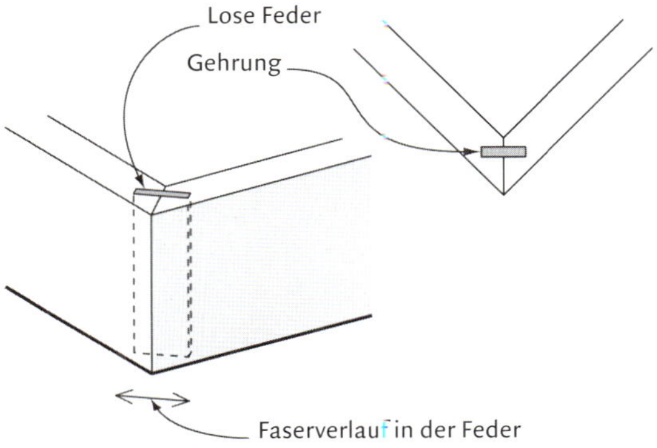

Lose Feder

Gehrung

Faserverlauf in der Feder

A

B

C

D

Zusammengesetzte Gehrungschnitte an der Tischkreissäge

Stellen Sie das Sägeblatt und den Gehrungsanschlag an der Tischkreissäge für die gewünschte Zahl der Seiten und den erforderlichen Winkel ein **(A)**. Die Werte sollten unabhängig voneinander eingestellt werden. Machen Sie einen Probeschnitt für die Winkeleinstellung des Gehrungsanschlags, und überprüfen Sie ihn mit einem Winkelmesser. Machen Sie dann einen Probeschnitt für die Neigung des Sägeblattes und überprüfen Sie den Wert ebenfalls. Machen Sie wiederholte Probeschnitte, um die Einrichtung auf Genauigkeit und Übereinstimmung zu überprüfen.

> Siehe Tabelle „Zusammengesetzte Gehrungswinkel" auf S. 102.

Längen Sie in einem Durchgang das eine Ende aller Bretter ab **(B)**. Drehen Sie den Gehrungsanschlag um, so dass er genau den gleichen Winkel aufweist, aber schneiden Sie jetzt auf der anderen Seite des Sägeblattes, und verwenden Sie einen Stoppklotz, um die Länge jedes Schnittes zu bestimmen. Führen Sie die entsprechenden Schnitte an den anderen Enden aus **(C)**.

Diese Verbindungen werden vermutlich lose Federn benötigen, um ihnen die notwendige Haltbarkeit zu verleihen. Schneiden Sie als nächstes die Kanten in dem Winkel zu, in dem die Seiten geneigt sein sollen. Für den hier gezeigten 10-Grad-Schnitt habe ich das Sägeblatt um 10 Grad geneigt und die obere und untere Kante beschnitten **(D)**.

Gehrungsverbindung mit losen Formfedern

Um eine mit losen Formfedern verstärkte Gehrungsverbindung herzustellen, schneiden Sie zuerst die Gehrungschnitte mit Ihrer bevorzugten Methode.

> Siehe „Das Schneiden von Gehrungen" auf S. 99.

Lose Federn, die in einer Gehrungsverbindung angebracht werden, verstärken diese recht gut und sind nicht sichtbar **(A).** Machen Sie zuerst einen Probeschnitt, um die richtige Schnitttiefe der Schlitzfräse zu überprüfen. Sie möchten schließlich nicht, dass der Schlitz für die lose Formfeder durch das Brett hindurch geht. Spannen Sie das Werkstück sicher ein, bevor Sie den Schlitz fräsen.

Präparieren Sie dann die Verbindungsflächen mit einer leichten Leimangabe. Geben Sie dann Leim in die Schlitze und an die Verbindungsflächen an, und fügen Sie dann die Bretter zusammen **(B).**

A

B

VARIATION Stellen Sie eine Winkelvorrichtung her, mit der ein auf Gehrung geschnittenes Werkstück gestützt werden kann, während es über den Handoberfräsentisch geschoben wird. Das hier gezeigte Exemplar besteht aus MDF und ist so groß, dass das Werkstück sicher daran festgespannt werden kann. Spannen Sie einen Nutfräser ein, und schieben Sie das Werkstück auf dem Handoberfräsentisch am Fräser vorbei. Tiefere Nuten werden nicht in einem Durchgang, sondern in mehreren geschnitten. Schieben Sie die Vorrichtung von rechts nach links in die Drehrichtung des Fräsers, der die Vorrichtung dadurch dicht an den Anschlag drückt.

Gehrungsverbindung mit loser Feder

Als erster Schritt bei dieser Verbindung werden die Gehrungsschnitte mit der Tischkreissäge geschnitten **(A).** Der Neigungswinkel für das Schneiden der Federn ist nach dem Gehrungsschnitt schon richtig eingestellt. Bringen Sie einen Anschlag dicht am Sägeblatt an, und führen Sie das Werkstück mit dem Gehrungsanschlag am Sägeblatt vorbei. Kontrollieren Sie die Sägeblatthöhe und die Einstellungen der Anschläge durch Probeschnitte in Restholz **(B).** Bei Sägen, deren Blatt in Richtung Anschlag geneigt wird, bringt man den Anschlag auf der anderen Seite des Sägeblattes an.

Zusammengesetzte Gehrungsverbindungen mit loser Feder erfordern, dass das Werkstück für Schnitt bei geneigtem Blatt senkrecht am Sägeblatt vorbei geführt wird **(C).**

Sperrholzfedern

Bei Gehrungsverbindungen in Holzwerkstoffen wie Sperrholz oder MDF (Mitteldichte Faserplatte) sollte man die losen Federn aus Sperrholz herstellen. Es ist sehr viel besser, wenn das Sperrholz von vornherein fast die richtige Stärke hat. Dann muss das Material nur noch etwas verdünnt werden, um in die Nut zu passen **(A).** Das Aussehen der Verbindung kann verbessert werden, indem man an den Enden der Nuten das Sperrholz der Federn mit einem Stück Vollholz verdeckt **(B).** Dabei sollten die Holzfasern des Vollholzes senkrecht zur Verbindungsfläche verlaufen.

Federn aus Vollholz

Für Kästen oder Korpusse aus Vollholz sollte man auch Federn aus Vollholz verwenden. Stellen Sie die Federn aus einem Stück Material mit geradem Faserverlauf her. Die Fasern müssen in der gleichen Richtung laufen wie in den Seitenteilen des Kastens, damit die Schwundrichtungen die gleichen sind. Das heißt, dass Sie mit kurzen, breiten Stücken arbeiten werden, die mit dem Abricht- und Dicktenhobel schwer zu bearbeiten sind und die dazu neigen, in der Breitenrichtung zu brechen. Allerdings können sie auch in der Länge, wo es auf ihre Stärke ankommt, um die Verbindung zusammenzuhalten, kaum gebrochen werden.

Schneiden Sie zuerst ein Brett auf die Breite Ihres Kastens zu oder sogar etwas breiter. Längen Sie dann ein Stück auf der Tischkreissäge ab. Bringen Sie dieses breite Stück an der Bandsäge auf annähernd die Stärke der Feder; verwenden Sie dazu einen Anschlag an der Bandsäge **(A)**. Als Schiebestock können Sie einen Bleistift verwenden. Mit einem Probeschnitt können Sie feststellen, ob die Stärke annähernd der erforderlichen entspricht.

Beenden Sie die Anpassungsarbeiten an der Feder mit einem Hobel und der Stoßlade **(B)**. Achten Sie darauf, die kurzen Fasern nicht zu zerbrechen; falls jedoch eine Feder zerbrechen sollte, kann sie ihre Aufgabe in der Verbindung dennoch erfüllen. Man kann die Bruchstelle nicht sehen, und die Festigkeit der Verbindung wird nicht beeinträchtigt.

Kontrollieren Sie die Länge der Feder, und kürzen Sie sie gegebenenfalls in der Verbindung ein **(C)**. Falls die Länge annähernd stimmt, sollten einige Schnitte mit dem Hirnholzhobel zum Anpassen reichen. Lassen Sie die Federn etwas breiter als notwendig, nach dem Verleimen können die Enden mit der Feile, dem Stechbeitel oder Hobel verputzt werden. Gehrungsverbindungen mit losen Federn lassen sich etwas leichter verleimen, da die Verbindungsteile sich nicht so leicht verschieben können **(D)**.

A

B

C

D

A

B

C

Gehrungsverbindung mit handgeschnittenen Federschlitzen

Furnierfedern können fast unsichtbar sein, wenn man ein zum Material des Kastens passendes Furnier verwendet. Schneiden Sie mit einer Fein- oder Rückensäge Schlitze in die Ecken des Kastens **(A)**. Versuchen Sie, jeweils zur gleichen Tiefe zu sägen, damit die Schlitze gleich aussehen. Sie können die Schlitze auch in einem Winkel sägen, um die Haltekraft etwas zu erhöhen.

Falls das Furnier zu stark für die Sägefugen ist, klopfen Sie es mit dem Hammer so lange flach, bis es gerade in den Schlitz passt **(B)**. Wenn Sie Leim angeben, schwillt das Furnier durch die Feuchtigkeit an, so dass es fest im Schlitz sitzt. Verputzen Sie das Furnier mit dem Stechbeitel bündig **(C)**. Wenn Furnierfedern gut auf das umgebende Holz abgestimmt sind, können sie fast unsichtbar werden.

A

Gefederte Gehrungsverbindung am Handoberfräsentisch

Sie können die Schlitze für lose Federn mit einem Nutfräser und einer entsprechenden Vorrichtung am Handoberfräsentisch schneiden. Diese Vorrichtung hält den Kasten während des Schnittes. Es besteht aus einem Brett, an dem im Winkel von 45° ein Anschlag angebracht ist.

TIPP Bringen Sie alle Verbindungsmittel, mit denen Sie den Anschlag befestigen, so hoch an, dass der Fräser sie auch bei der höchsten Einstellung nicht berührt.

VARIATION Das Werkstück wird noch besser in einer Vorrichtung gehalten, in der es in einer rechtwinkligen Aufnahme gelagert wird. Halten Sie die Vorrichtung dicht an den Anschlag, und schieben Sie sie am Fräser vorbei. Sie müssen die Maße vom Anschlag abnehmen, während die Vorrichtung an Ort und Stelle ist.

VARIATION

Markieren Sie die Lage der Federn am Kasten. Bringen Sie dann den Anschlag an die Vorrichtung heran, und messen Sie von der Vorrichtung aus **(A)**. Wenn Sie die Schnitte symmetrisch anordnen, können Sie einen Durchgang machen, den Kasten kopfüber drehen, und den Rest in einem zweiten Durchgang schneiden. Der Kasten muss dicht und fest an der Vorrichtung gehalten werden, während er über den Fräser geführt wird.

Gefederte Gehrungsverbindung mit einer Frässchablone

Es ist schwierig, in große Korpusse die Schlitze für lose Federn zu schneiden. Anstatt sich Gedanken über eine Methode zu machen, mit der man ein großes Werkstück sicher auf dem Handoberfräsentisch halten kann, kann man eine Handoberfräse, einen Nutfräser und eine Schablone verwenden, um die Schlitze zu schneiden **(A).**

Reißen Sie auf einem rechtwinklig zugeschnittenen Stück Sperrholz oder MDF (Mitteldichte Faserplatte), das genauso breit ist wie der Korpus, die End- und Mittenlinien der Schlitze für die Federn an **(B).** Spannen Sie einen Nutfräser mit der Breite der Schlitze in der Schablone im Handoberfräsentisch ein. Bringen Sie einen Anschlag an, und machen Sie einige Probeschnitte, um die Entfernung des Anschlags zu überprüfen.

Beginnen Sie den Schnitt in der Mitte eines Schlitzes, und senken Sie den Fräser allmählich ab, bis Sie durch das Sperrholz stoßen. Sie können auch ein Loch bohren, das als Ausgangspunkt für den Fräser dient. Wenn Sie die Schlitze symmetrisch anordnen, müssen Sie den Anschlag am Handoberfräsentisch nur für einen Schnitt einstellen, die Schablone wird für den gegenüberliegenden einfach umgedreht **(C).** Der Anlaufring sollte leicht in dem gefrästen Schlitz der Schablone zu bewegen sein. Reiben Sie ihn notfalls mit Wachs ein.

Schneiden Sie gerade durch die Gehrungsverbindung. Beachten Sie, dass die Länge des Schlitzes in der Schablone keine Rolle spielt. Die Länge des Schlitzes im Korpus hängt von der Schnitttiefe des Fräsers ab **(D).**

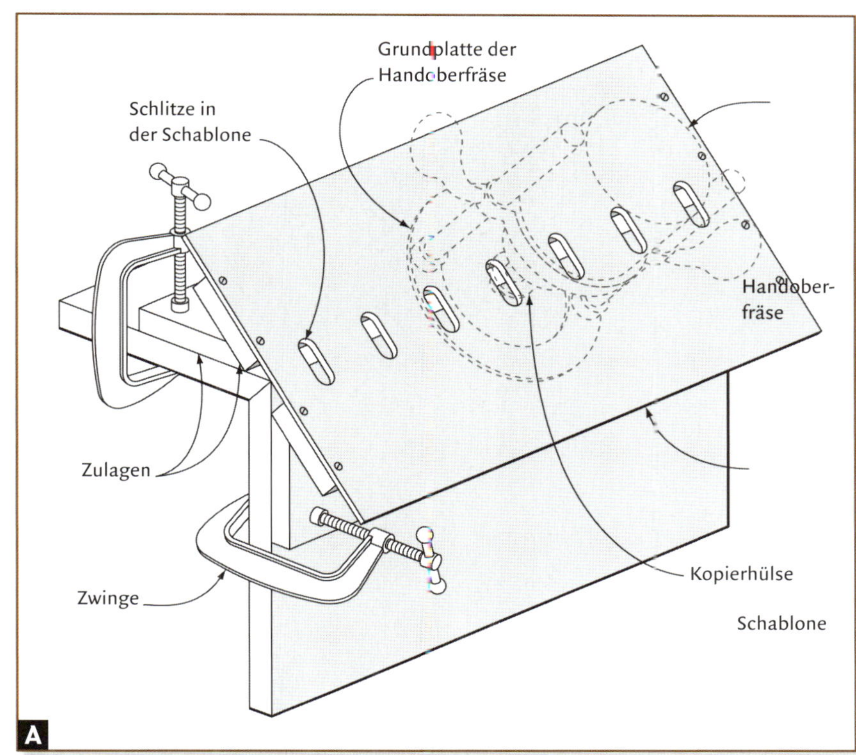

A

B

VARIATION

Gefederte Gehrungsverbindung an der Tischkreissäge

Um einen großen Korpus mit gefederten Gehrungsverbindungen an der Tischkreissäge herzustellen, bauen Sie ein großes Haltegestell. Zwingen Sie diese Vorrichtung direkt am Ablängschlitten fest. Die Streben zwischen den beiden Anlageflächen des Gestells dienen gleichzeitig als Stopps, um die Position des Korpus' im Gestell festzulegen **(A).** Eine Zulage verhindert Faserausrisse an der Sichtseite des Korpus. Die Zulage wird mit doppelseitigem Klebeband befestigt und das Werkstück mit Zwingen sicher an der Haltevorrichtung angebracht **(B).**

VARIATION Verwenden Sie bei kleinen Kästen eine kleine Vorrichtung für Eckfedern, die sie am Parallelanschlag der Tischkreissäge anlegen.

Einfache Federn herstellen und anbringen

Der erste Schritt bei der Herstellung von einfachen Federn ist der grobe Zuschnitt des Materials auf Breite und Stärke an der Bandsäge. Schneiden Sie es an der Tischkreissäge auf Größe. Verwenden Sie bei solch dünnem Material auf jeden Fall einen Schiebestock.

Die Fasern der Federn laufen in der gleichen Richtung wie das Längsholz im Kasten **(A).** Passen Sie die Federn stramm in die Schlitze ein, arbeiten Sie gegebenenfalls mit dem Hirnholzhobel nach. Die Federn können während des Hobelns in einer Stoßlade mit niedrigem Anschlag gehalten werden. Treiben Sie die Federn mit dem Klüpfel ein, und stellen Sie sicher, dass sie bis ganz an den Grund des Schlitzes reichen **(B).**

Nehmen Sie den Verschnitt von den Federn vorsichtig mit der Bandsäge ab. Beobachten Sie das Sägeblatt sorgfältig, wenn es über die Oberkante des Kastens kommt, damit Sie nicht in den Kasten hineinschneiden **(C).** Verputzen Sie die Federn noch einmal mit dem Hirnholzhobel, indem Sie von den Ecken abwärts schneiden. Beachten Sie, dass die Federn dunkler aussehen, nachdem Sie mit den Seiten des Kastens bündig verputzt worden sind. Das liegt daran, dass Sie hier eine Schnittfläche im 45°-Winkel freilegen, die teilweise aus Hirnholz besteht. Hirnholz sieht immer dunkler aus als Längsholz, vor allem nachdem man ein Oberflächenmittel aufgetragen hat.

A

B

C

A

B

C

D

Gehrungsverbindung mit schwalbenschwanzförmigen Federn

Schwalbenschwanzförmige Federn verleihen jedem Korpus eine dekorative Note. Zum Schneiden der Schlitze wird die gleiche Vorrichtung verwendet wie für einfache Federn **(A).**

> Siehe „Gefederte Gehrungsverbindung am Handoberfräsentisch« auf S. 108.

Bei dieser Verbindung wird ein Schwalbenschwanzfräser für den Schnitt verwendet. Um den Fräser vor unnötigem Verschleiß zu bewahren, wird ein Teil des Verschnitts zuvor mit einem Nutfräser entfernt. Danach kann man den Schlitz in einem Durchgang mit dem Schwalbenschwanzfräser schneiden.

Schneiden Sie das Material für die Federn etwas größer als den Durchmesser des Fräsers zu. Die Federn werden mit dem gleichen Fräser geschnitten, der Fräser sitzt dabei in einem Anschlag auf dem Oberfräsentisch **(B).** Stellen Sie den Fräser etwas höher als für den Schlitz-Schnitt ein, um das Einpassen zu erleichtern. Falls die Feder nicht passt, arbeiten Sie sie auf dem Handoberfräsentisch nach. Vergrößern Sie den Abstand zwischen Anschlag und Fräser, so dass die Schneide weiter freiliegt. Führen Sie einen Schnitt aus, überprüfen Sie die Passung, und wenden Sie gegebenenfalls das Material, um einen zweiten Schnitt vorzunehmen **(C).** Entfernen Sie den Anschlag immer weiter, bis Sie eine gute Passung erhalten. Sie können auch die Unterseite der Federn anpassen. Das Längsholz dort lässt sich gut hobeln, wodurch die Breite der Feder effektiv verringert wird.

Beschneiden Sie die Federn nach dem Verleimen an der Bandsäge, und verputzen Sie die Seiten des Kastens mit dem Hobel oder der Sch eifmaschine. Entfernen Sie zuvor getrockneten überschüssigen Leim mit dem Stechbeitel, der sonst das Hobeleisen beschädigen könnte **(D).** Arbeiten Sie immer von der Korpusecke weg, weil sonst das Risiko besteht, eine Ecke aus der Feder herauszureißen.

Gefälzte Gehrung

Um eine gefälzte Gehrung herzustellen, wird zuerst der Falz mit einem Nutsägeblatt geschnitten. Bitte beachten Sie dazu die Hinweise zur Gefährlichkeit dieses Werkzeugs auf S. 76! Die Breite des Falzes sollte der Stärke des Verbindungsgegenstücks entsprechen **(A).** Verwenden Sie einen Gehrungsanschlag mit Hilfsanschlag, und führen Sie das Material am Parallelanschlag entlang. Schneiden Sie die Gehrung an der Tischkreissäge, deren Blatt auf 45° geneigt ist. Benutzen Sie auch hier den Gehrungsanschlag, um das Werkstück zu führen **(B).**

Markieren Sie am Gegenstück die Stelle, an der die Gehrung enden soll **(C).** Schneiden Sie jetzt die korrespondierende Gehrung auf der linken Seite des Sägeblattes, so dass das Blatt zum Schnitt hin geneigt ist. Für diesen Schnitt müssen Sie die Schnitttiefe sorgfältig einstellen **(D).** Schneiden Sie dann mit dem Ablängschlitten die Brüstung rechtwinklig ab **(E).**

B

C

D

A

E

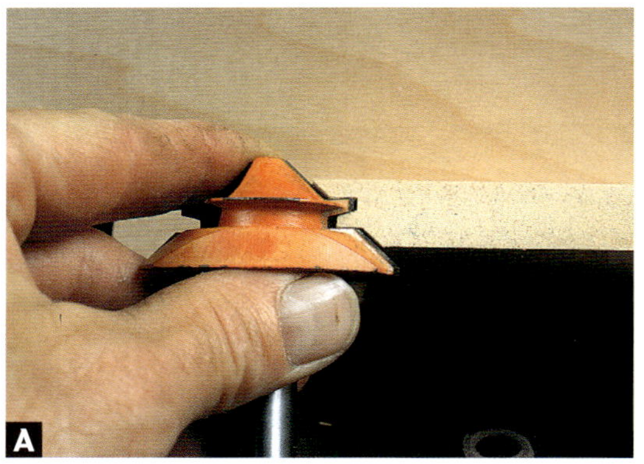
A

B

C

D

Gehrung mit Nut und Feder

Verwenden Sie den Spezialfräser für diese Verbindung nur im Handoberfräsentisch **(A).** Die Drehzahl der Handoberfräse darf höchstens 10.000 UpM betragen, damit die Schneidengeschwindigkeit dieses Fräsers mit seinem großen Durchmesser nicht zu hoch wird.

Legen Sie zuerst einen waagerechten Schnitt an **(B).** Verwenden Sie einen Anschlag, der den Fräser dicht umfasst, und schließen Sie die Staubabsaugung an. Der Schnitt am Gegenstück wird senkrecht ausgeführt **(C).** Es gibt nur eine einzige Schnitttiefeneinstellung, die zu einer guten Passung der Verbindung führt. Sie müssen mit mehreren Probeschnitten rechnen, bis Sie das gewünschte Ergebnis erhalten **(D).**

Fingerzinken

Fingerzinken

Blattungen

Fingerzinken haben ein unverkennbares Aussehen und ergeben eine sehr belastbare Verbindung. Sie bieten mit dem vielen Längsholz an jedem Finger eine große, gute Leimfläche. Da sie aber immer eine offene Verbindung ergeben, zeigt sich das Hirnholz. Das mag für die alten Karteikästen in der Bücherei ausreichen, es muss aber in anderen Situationen nicht angebracht sein. Sie müssen selbst entscheiden, ob das Aussehen für den Kasten oder Korpus angemessen ist, den Sie gerade entwerfen.

Ihre Entscheidung für oder gegen Fingerzinken hängt zum Teil davon ab, wie Sie sie schneiden. Wenn Sie es vorziehen, Ihre Verbindungen mit der Hand zu schneiden, sind Schwalbenschwanzzinken die bessere Wahl. Bei dieser Verbindung können die Schwalbenschwanzzinken nach Ihren Wünschen angeordnet werden; hinzu kommt der Vorteil der formschlüssigen Verbindung der Schwalben und Zinken. Fingerzinken sind ideal für größere Stückzahlen.

Breite Fingerzinken eignen sich für große Korpusse wie diese Wäschetruhe. Um die Verbindung zu verstärken, wurden Holznägel eingesetzt.

Fingerzinken bilden eine offene Verbindung, bei der das dunkelere Hirnholz deutlich zu sehen ist, nachdem die Oberfläche behandelt worden ist. Sie können bei kleinen Kästen als Schmuckelement dienen.

Das Schneiden von Fingerzinken

Die einfachste Methode, Fingerzinken zu schneiden, ist die auf dem Frästisch und mit einer entsprechenden Vorrichtung. In Nordamerika sind Nutsägeblätter an der Tischkreissäge zum Schneiden von Zinken weit verbreitet. Sie entsprechen aber nicht den bei uns geltenden Sicherheitsbestimmungen und sind in Deutschland nicht erhältlich. Die Fingerzinken bieten außerordentlich viel optimale Leimfläche und können sehr ansprechend aussehen.

Es gibt auch käufliche Vorrichtungen zum Schneiden von Schwalbenschwanzzinkungen mit der Handoberfräse, mit denen sich auch Fingerzinken schneiden lassen, wenn man die Vorrichtung entsprechend umrüstet. Wenn die Vorrichtung für die Tischkreissäge oder Handoberfräse richtig funktioniert, kann man Hunderte von Fingerzinkungen herstellen, die alle eine perfekte Passung aufweisen. Mit diesen Methoden erhält man regelmäßig angeordnete Fingerzinken, man kann jedoch auch mit eigenen Schablonen etwas Abwechslung bei der Gestaltung erreichen.

An den Fingern abzählen

Das Anreißen von Fingerzinkungen erfordert etwas Planung. Legen Sie zuerst die Breite der Fingerzinken fest. Schneiden Sie dann das Material auf eine Breite zu, die ein Vielfaches der Zinkenbreite ist. So erhalten Sie eine sehr gleichmäßige Zinkung. Bedenken Sie jedoch, dass die Verbindung immer eine ungerade Zahl

Fingerzinken lassen sich u. a. auf dem Frästisch schneiden. Ein Stift in derselben Größe wie die Fingerzinken wird verwendet, um die Aussparungen zu positionieren.

Es gibt kommerzielle Vorrichtungen, um Fingerzinken zu schneiden, man kann aber auch seine eigenen Schablonen herstellen, um Verbindungen mit unterschiedlichen Abständen zu schneiden.

von Zinken haben sollte, damit sie symmetrisch aussieht; mit anderen Worten: Oben und unten an jeder Ecke sollte sich jeweils entweder ein Zinken oder eine Lücke befinden. Bei einer geraden Anzahl von Zinken erhalten Sie an einem Ende der Verbindung einen Zinken und am anderen eine Lücke.

Zahl der Fingerzinken

Bei einer ungeraden Anzahl von Fingerzinken ergeben sich an beiden Kanten gleich Schnitte.

Bei einer geraden Anzahl von Zinken erhalten Sie an einem Ende der Verbindung einen Zinken und am anderen eine Lücke. Bei einer ungraden Anzahl von Zinken erhalten Sie an beiden Enden der Verbindung einen Zinken.

Falls die Fingerzinken über die Verbindung herausragen, müssen Sie Verleimzulagen verwenden, die um die Zinken passen.

Wenn Sie die Fingerzinken etwas schmaler als die Materialstärke schneiden, können Sie eine Zulage direkt über die Verbindung legen und so das Verleimen erleichtern. Das Verputzen ist auch recht einfach: Das Längsholz muß lediglich um etwa 0,5 mm abgetragen werden.

Anreißen und die Materialstärke

Wie alle offenen Verbindungen müssen auch Fingerzinken sorgfältig angerissen werden. Falls die Zinken überstehen sollen, reißen Sie ihre Länge so an, dass sie die Stärke des Materials um den gewünschten Überstand übertrifft. Solche Zinken ragen über die Ecken eines Korpus' hinaus, wie das am Beispiel der Deckentruhe auf S. 124 zu sehen ist.

Bündige Ecken kann man auf zwei Arten herstellen. Entweder man schneidet die Zinken etwa 0,5 mm länger als die Stärke des Materials, so dass sie um diese Länge überstehen. Nach der Montage wird der Überstand entfernt. Der Nachteil dieser Methode liegt darin, dass man beim Einspannen und Verleimen Zulagen verwenden muss, die um die überstehenden Zinken herumpassen, wenn man ausreichende Spannkraft erzielen möchte.

Oder man stellt die bündigen Ecken her, indem man mit dem Bleistift oder Streichmaß Zinken anreißt, die etwas kürzer sind als die Materialstärke. Ich finde diese Methode sehr viel einfacher, da ich so die Zwingen beim Verleimen über die Verbindung setzen kann. Vergessen Sie nicht, die Zwingen abzudecken oder einzuwachsen – Sie möchten die Zwingen schließlich nicht mit dem Werkstück verleimen. Zudem ist es einfacher, das überstehende Längsholz zu verputzen als mit dem Hobel oder der Schleifmaschine überstehende Zinken einzukürzen. Da kaum 0,5 mm entfernt werden müssen, ist die Arbeit mit dem Hobel oder der Schleifmaschine schnell ausgeführt. Ganz nebenbei entfernt man so auch die Dellen, die bei der Montage am Werkstück entstanden sein mögen.

Blattung

Die Blattung ist eine sehr einfache und ansprechende Verbindung, die eigentlich eine überdimensionierte Fingerzinkung ist. Bedenken Sie die Leimflächen, wenn Sie überlegen, ob diese Verbindung für Ihr Werkstück in Frage kommt. Hauptsächlich kommt hier Längsholz mit Hirnholz in Kontakt, die Menge von Längsholz-Längsholz-Flächen ist eher gering. Deshalb muss die Verbindung verstärkt werden. Mit Nägeln, Drahtstiften, Schrauben oder Dübeln kann man die Belastbarkeit erhöhen.

Das Schöne an der Blattung ist natürlich die Einfachheit, mit der sie sich abweichend formen lässt. Und eine solche Formgebung wirkt sich nicht sehr auf die Belastbarkeit aus. Man kann die Verbindung auch betonen, um die Aufmerksamkeit auf den Kontrast zwischen Längsholz und Hirnholz zu lenken.

Die Blattung wird mit der Hand oder an der Tischkreissäge geschnitten. Reißen Sie deutlich an, und sorgen Sie dafür, dass alle Schnitte gerade und im rechten Winkel verlaufen. Schneiden Sie eine Seite der Verbindung an, und verputzen und arbeiten Sie so nach, wie es nötig seine sollte. Übertragen Sie dann die Verbindung auf das Gegenstück.

Dieser kleine Kasten des Autors wirkt durch die elegante Schlichtheit der Blattung an den Ecken.

Kleine Kästen mit Blattungen lassen sich leicht mit Handwerkzeugen oder Maschinen formen, ohne die Belastbarkeit der Verbindung zu beeinträchtigen.

A

D

B

E

C

F

Fingerzinken am Handoberfräsentisch

Wenn Sie größere Fingerzinken schneiden wollen, oder wenn die Abstände unterschiedlich groß sein sollen, oder wenn Sie mit breiten Brettern arbeiten, dann schneiden Sie die Verbindung am Handoberfräsentisch. Verwenden Sie einen Schiebeschlitten, der über die Kanten des Handoberfräsentisches passt, oder einen Gehrungsanschlag, falls Ihr Tisch über eine Nut als Aufnahme verfügt **(A).** Reißen Sie die Fingerzinken an einem der Bretter an **(B),** und entfernen Sie den Großteil des Verschnitts zwischen den Zinken mit der Bandsäge **(C).** Spannen Sie einen großen Nutfräser in die Handoberfräse, und stellen Sie sie für die volle Schnitttiefe ein.

Legen Sie das Brett so in den Schlitten, dass der Schnitt für den ersten Fingerzinken genau an der richtigen Stelle liegt, und zwingen Sie einen Stoppklotz am Schlitten fest. Schneiden Sie dann den ersten Zinken. Wenn die Zinken symmetrisch angeordnet sind, drehen Sie das Brett um und machen den zweiten Schnitt **(D).** Mit einem Abstandshalter bewegen Sie das Werkstück um die richtige Entfernung für den zweiten Schnitt weg. Verwenden Sie eine Reihe von Abstandshaltern, die so breit sind wie die Lücken zwischen den Zinken, um das Brett für die jeweiligen Schnitte zu verschieben **(E).** Die Schnitte, die vom Stoppklotz als Bezugspunkt ausgehen, werden mit einem Abstandshalter verschoben, der genau so breit ist wie der Fräser. Verwenden Sie Zulagen aus Papier zwischen dem Stoppklotz und dem Abstandshalter, um die Passung der Fingerzinken zu justieren **(F).**

Fingerzinken mit einer selbst angefertigten Schablone

Mit einer an der Handoberfräse nach der üblichen Methode hergestellten Schablone können Sie Fingerzinken jeder beliebigen Größe und Anordnung herstellen.

> Siehe „Fingerzinken am Handoberfräsentisch" auf der linken Seite.

Da sie einen Bündigfräser verwenden werden, um die Fingerzinken zu schneiden, wird die Schablone genau in der Größe der Fingerzinken angefertigt, die sie erhalten möchten **(A).** Bei der Herstellung der Schablone für die hier gezeigten breiten Zinken muss das Werkstück über den Fräser hin und her geschoben werden, um die Zwischenräume freizuschneiden.

Reißen Sie die Fingerzinken mit Hilfe der Schablone an. Entfernen Sie den Verschnitt zuerst grob mit der elektrischen Stichsäge **(B).** Befestigen Sie dann die Schablone mit Zwingen oder doppelseitigem Klebeband am Werkstück. Stellen Sie sicher, dass die Kanten von Schablone und Werkstück genau bündig sind. Mit einem Bündigfräser mit schaftseitigem Anlaufring werden die Zinken ausgeschnitten. Führen Sie einen Schnitt aus, und senken Sie dann den Fräser ab. Der Anlaufring liegt dann an dem Material an, das Sie gerade geschnitten haben. Arbeiten Sie sich so mit einer Reihe von Schnitten bis zur vollen Schnitttiefe **(C).** Sie werden die runden Ecken mit einem scharfen Stechbeitel rechtwinklig nacharbeiten müssen **(D).** Schneiden Sie dabei von beiden Flächen zur Mitte hin.

A

C

B

D

Fingerzinken mit einer käuflichen Fräsvorrichtung

Die Fräsvorrichtung der US-Firma Keller, die hier zu sehen ist, verwendet einen Kantenfräser mit Anlaufring, um Fingerzinken zu schneiden. Für die hier gezeigte Verbindung wird die Seite der Zinkenschablone verwendet, die gerade Zinken hat. Der schaftseitige Anlaufring des 9/16"-Fräsers passt genau zwischen die Finger der Zinkenschablone. Legen Sie zwei Seitenteile so zusammen, dass ihre Längskanten genau um 9/16" versetzt sind. Verwenden Sie einen Abstandshalter mit 9/16" Stärke, um sich diese Arbeit zu erleichtern.

Markieren Sie die Mitte des einen Seitenteils, und platzieren Sie diese Markierung in der Mitte eines Zinkenschlitzes in der Schablone **(B).** Spannen Sie die Teile in der Vorrichtung ein, und befestigen Sie einen Stoppklotz an der Vorrichtung, um einen Referenzpunkt für die restlichen Schnitte zu haben **(C).**

Spannen Sie den Fräser in die Handoberfräse ein, und stellen Sie die Schnitttiefe auf eine Haaresbreite weniger als die kombinierte Stärke der Schablone und des Werkstücks ein. Reißen Sie auf einem Stück Restholz die richtige Länge an, um es als Lineal zu verwenden **(D).** Legen Sie die Grundplatte der Handoberfräse auf die Schablone, nachdem Sie die Fräse angeschaltet haben. Bewegen Sie dann den Fräser gerade in das Material, ohne die Handoberfräse zu kippen oder anzuheben **(E).**

Fingerzinken an der Bandsäge

Ignorieren Sie die Bandsäge nicht, wenn es darum geht, Fingerzinken zu schneiden. Wenn das Sägeblatt scharf ist und man einen guten verstellbaren Anschlag verwendet, können die Ergebnisse erstaunlich gut ausfallen.

Legen Sie die Breite der Zinken fest, und reißen Sie die Verbindungen an. Reißen Sie auch eine Grundlinie an **(A)**. Der Anschlag an der Bandsäge muss leicht und genau einzustellen sein, um diese Fingerzinken zu schneiden. Zwingen Sie einen Stoppklotz am Anschlag fest, um die Schnitttiefe zu beschränken **(B)**. Schneiden Sie den ersten Fingerzinken. Wenden Sie das Brett, und machen Sie den passenden Schnitt an der anderen Seite des Brettes. Führen Sie dann alle Schnitte an den beiden Seiten- oder Endstücken aus **(C)**.

Für das jeweilige Gegenstück legen Sie einen Abstandshalter zwischen Anschlag und Brett, der so breit ist wie das Sägeblatt der Bandsäge **(D)**. Schneiden Sie dann die Schnitte am Gegenstück. Verstellen Sie den Anschlag für die weiteren Fingerzinken. Schneiden Sie die Zinken und ihre jeweiligen Gegenstücke, bis Sie alle Schnitte ausgeführt haben.

Entfernen Sie dann grob den Verschnitt mit der Bandsäge. Verwenden Sie ein Schweifsägeblatt, um die engen Kurvenschnitte auszuführen **(E)**. Schneiden Sie so dicht an die angerissene Grundlinie wie Ihnen das freihändig möglich ist. Stellen Sie den Anschlag dann so ein, dass Sie bis ganz an die Grundlinie schneiden können. Das ist an dem Brett leichter, bei dem an den Kanten ein Ausschnitt liegt **(F)**. Schneiden Sie nicht in die Zinken. Die Lücken zwischen den Zinken schneiden Sie, indem Sie das Sägeblatt so dicht an die Grundlinie wie möglich führen und es dann zu schneiden beginnen lassen. Bei geringem Vorschub wird es schließlich bis an die Linie schneiden **(G)**.

A

B

C

D

Handgeschnittene Blattung

Um eine Blattung mit der Hand zu schneiden, reißen Sie zuerst mit dem Streichmaß alle Brüstungen an. Diese werden quer zur Faserrichtung verlaufen. Reißen Sie auf beiden Seiten jedes Brettes an, und vergessen Sie nicht, auch an der Kante anzureißen, die zwischen diesen Seiten liegt. Der Wangenschnitt, der in Faserrichtung verläuft, kann mit Bleistift auf der Seite markiert werden. Führen Sie diese Anrissarbeiten jeweils nur für eine Hälfte der Verbindung durch **(A).** Spannen Sie das Brett senkrecht so tief in der Bankzange ein, dass es sich beim Sägen nicht bewegt oder vibriert. Sägen Sie im Verschnitt an der Linie bis hinunter zum Riss des Streichmaßes **(B).**

Stechen Sie nach dem Sägen mit dem Stechbeitel am Streichmaßriss ab. Ziehen Sie den Stechbeitel vorsichtig über das Holz, bis Sie spüren, wie die Schneide in die Risslinie fällt. Stechen Sie leicht ein, und drehen Sie dann den Stechbeitel um, und verputzen Sie den Schnitt. Machen Sie mehrere weitere leichte Schnitte, und wenden Sie sich dann der anderen Seite zu. Die Schnitte müssen genau senkrecht verlaufen. Spannen Sie das Brett dann in der Bankzange ein, und stechen Sie am Riss an der Kante des Brettes ab. Dadurch werden alle drei Schnittlinien miteinander verbunden, und die Ebene wird gebildet, in der die Brüstung liegen soll **(C).**

Verwenden Sie dann wieder die Säge, um mit einem Schnitt dicht an den Rissen den Verschnitt zu entfernen. Verputzen Sie dann mit einem breiten Stecheisen die Brüstungsschnitte bis hinab zu den Streichmaßrissen. Sie können die Brüstung etwas hinterschneiden, sollten dies jedoch nicht in Richtung der Kanten und Flächen tun **(D).** Überprüfen Sie die Passung von Brüstung und Wange, um sie auf Rechtwinkligkeit und Ebenheit zu kontrollieren (E). Dann können Sie mit einem Anreißmesser die Verbindung am Gegenstück anreißen. Fixieren Sie ein Brett an einem Bankhaken oder

Stoppklotz, und halten Sie das Gegenstück so gegen die Hirnholzfläche, dass die beiden Innenflächen genau aneinander liegen. Markieren Sie die zusammengehörigen Teile jeder Ecke, damit Sie sie bei der Montage leicht wiederfinden können **(F)**.

E

F

Blattung an der Tischkreissäge

Reißen Sie als ersten Schritt bei der Herstellung einer Blattung an der Tischkreissäge mit dem Streichmaß alle Brüstungsschnitte an einem Brett an. Sie verlaufen quer zur Faserrichtung. Der Wangenschnitt, der in Faserrichtung verläuft, kann mit Bleistift auf der Seite markiert werden.

> Siehe „Handgeschnittene Blattung" auf S. 124.

A

Stellen Sie die Sägeschnitte für ein Brett ein, der Rest ist dann identisch. Befestigen Sie einen Stoppklotz am Ablängschlitten als Referenzpunkt für die Brüstungsschnitte. Ich reiße diese Schnitte mit etwas weniger als der Materialstärke an. Das macht das Verleimen leichter **(A)**. Der Stoppklotz sollte in der Nähe des Schnittes sein, nicht am anderen Ende des Brettes. Dadurch wird verhindert, dass Späne zwischen dem Brett und dem Stoppklotz zu einem Fehlschnitt führen.

B

Für den senkrechten Schnitt gehen Sie genau umgekehrt vor, so dass der Verschnitt nicht zwischen Stoppklotz und Sägeblatt eingeklemmt wird **(B)**. Widrigenfalls kann es zum Zurückschlagen kommen. Halten Sie das Brett während des Schnittes im rechten Winkel zum Stoppklotz und dicht an den Arbeitstisch und Anschlag des Ablängschlittens. Stellen Sie die Schnitttiefe etwas geringer als für den Brüstungsschnitt ein.

A

C

B

D

E

Verstärkte Blattung

Eine Blattung sollte mit Drahtstiften, Schrauben oder Dübeln verstärkt werden, da die Leimflächen gering sind. Reißen Sie die Blattung wie gewohnt an, und schneiden Sie sie.

> Siehe „Handgeschnittene Blattung“ auf S. 124.

Reißen Sie mit einer Ahle die Lage der Löcher an der Verbindung an **(A).** Das kann nach Augenmaß oder mit Messungen geschehen. Stellen Sie die Bohrtiefe ein, indem Sie den Bohrer nur so weit wie nötig aus dem Bohrfutter ragen lassen **(B).** Alternativ können Sie die Bohrtiefe auch durch ein Stück Klebeband am Bohrer markieren **(C).** Achten Sie darauf, die Bohrmaschine an der Kante des Kastens auszurichten, um genau senkrecht in das Holz zu bohren.

Verwenden Sie Dübel mit geringem Durchmesser, damit es nicht zu Problemen mit kurzem Holz am Ende der Verbindung kommt, wenn Sie den Dübel dort eintreiben. Achten Sie auch darauf, möglichst Dübel mit annähernd rundem Querschnitt zu verwenden. Dübel neigen dazu, sich beim Trocknen zu einem ovalen Querschnitt zu verformen.

Schneiden Sie Dübel von einer Dübelstange mit etwas Überlänge, und fasen Sie ihre Enden mit Schleifpapier an.

Geben Sie mit einem Zahnstocher Leim in die Bohrlöcher; wenn Sie den Leim an die Dübel geben, wird er beim Einstecken abgewischt. Treiben Sie die Dübel mit einem Metallhammer ein, so erkennen Sie, wenn der Dübel tief genug sitzt, weil sich der Klang der Hammerschläge von dumpf zu hell ändert **(D).**

Verputzen Sie die Enden der Dübel mit der Säge oder dem Stecheisen, wenn der Leim getrocknet ist. Machen Sie keine zu großen Schnitte mit dem Stecheisen, da dies zu Faserausrissen unterhalb der Oberfläche des umgebenden Holzes führen kann. Schälen Sie lediglich im Winkel kleine Späne ab. Wiederholen Sie dies von verschiedenen Seiten aus, bis der Dübel bündig mit der Oberfläche des Kastens abschließt **(E).**

Schlitz-und-Zapfenverbindungen

Blindzapfen

Vollzapfen

Leimflächen

Indem man mehrere kleine Zapfen schneidet, vergrößert man die Fläche, an der Längsholz mit Längsholz verleimt wird und mindert gleichzeitig die Auswirkungen des Schwindens.

Schlecht

Besser

Hirnholz an Längsholz

Längsholz an Längsholz

Mit einer Reihe von Blindzapfen über die Breite der Seitenteile kann man einen Korpus mit belastbaren, aber nicht sichtbaren Verbindungen herstellen. Diese Verbindung ist haltbarer als eine einfache genutete Verbindung, da die Leimfläche mit Längsholz an Längsholz größer ist. Um diesen Vorteil auszuspielen, müssen sich auf der Breite eines Seitenteils jedoch mehrere Zapfen befinden.

Falls die Zapfen durchgehen (sogenannte Vollzapfen), kann man sie auf der anderen Seite herausragen lassen und mit einem Keil sichern, einer Verbindung, die Ihren Möbeln nicht nur große Haltbarkeit verleiht, sondern auch eine besondere Note. Machen Sie die Zapfen lang genug für die Keile, um zu vermeiden, dass das kurze Holz, das am Ende des Zapfens stehen bleibt, abgeschert wird.

Faserverlauf

Schneiden Sie die Schlitze mit der Hand mit Klüpfel und Stechbeitel oder maschinell mit einer Handoberfräse, einer Stemmmaschine oder einer Ständerbohrmaschine. Beim Anreißen der Verbindungen müssen Sie die Richtung des Längsholzes in beiden Verbindungsteilen beachten, sowohl im Zapfen- als auch im Schlitzteil.

Das senkrechte Teil, das in den hier diskutierten Korpuskonstruktionen den Schlitz enthält, wird sogar mehr Hirnholz als Längsholz zeigen. Dieses Hirnholz ist als Leimfläche in der Verbindung fast nutzlos. Das Möbelstück wird durch Scherkräfte innerhalb kurzer Zeit stark beschädigt oder gar zerstört werden. Ihre Aufgabe ist es also, die Längsholzflächen zu vergrößern, indem Sie möglichst viele Schlitze und Zapfen anbringen, um die Leimfläche zu vergrößern.

Das Verstärken von Verbindungen mit Vollzapfen

Vollzapfen werden durch einen Keil bedeutend haltbarer gemacht. Bei dieser Methode kann die Passung lose sein, weil der eingetriebene Keil Bewegungen ebenso wenig zulässt wie die eingerostete Handbremse eines Uraltkäfers. Die verkeilte Verbindung übt an drei Stellen Druck aus. Der Rücken des Keils drückt gegen die Außenseite des Korpus, der wiederum gegen das Ende des Keilschlitzes drückt. Der Keil übt auch in seinem Schlitz Druck nach unten aus. Diese Kräfte ziehen die Brüstungen des Zapfen dicht an die Innenseite des Korpus'. Das Ergebnis ist eine Verbindung, die in sich sehr fest ist.

Nur auf eine Sache sollte man achten: Am Ende des Zapfens muss genügend Holz stehen bleiben, dass nicht ein Teil beim Eintreiben des Keils durch Scherkräfte ausbricht. Der Zapfen in der Abbildung rechts hielt zwar 25 kräftigen Hammerschlägen stand, bevor er brach, aber er brach dann doch. Der Keil wurde schließlich so weit in den Keilschlitz getrieben, dass das kurze Holz am Ende des Zapfens ausbrach. Wenn dieses kurze Holz noch kürzer ist als hier, ist auch die Gefahr, dass es ausbricht, sehr viel größer.

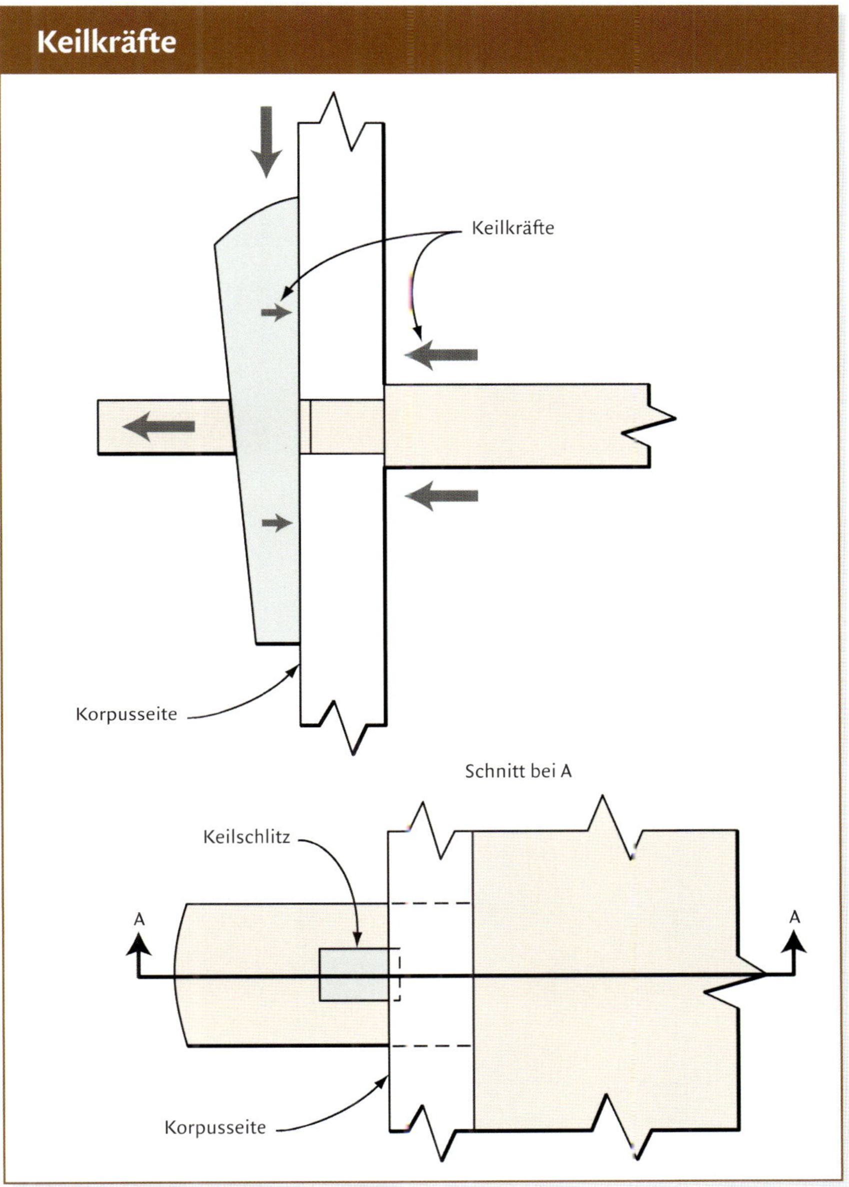

Achten Sie darauf, dass am Ende des Zapfens genügend Holz vorhanden ist, dass es nicht ausreißt.

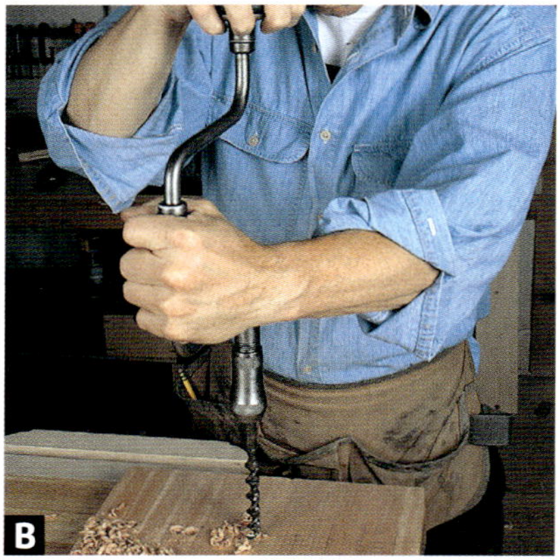

Handgeschnittene Blindzapfen

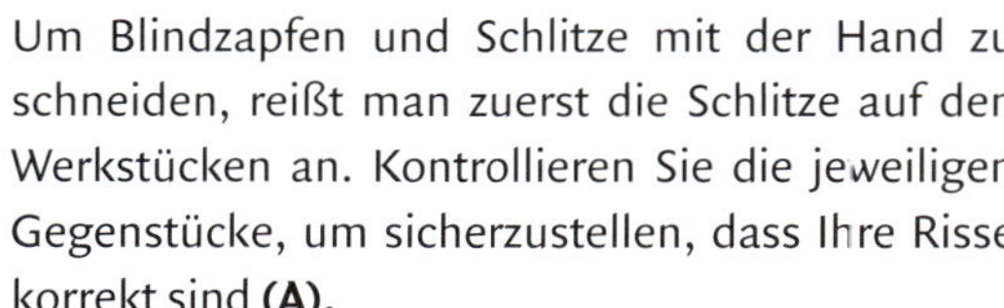

Um Blindzapfen und Schlitze mit der Hand zu schneiden, reißt man zuerst die Schlitze auf den Werkstücken an. Kontrollieren Sie die jeweiligen Gegenstücke, um sicherzustellen, dass Ihre Risse korrekt sind **(A).**

Entfernen Sie dann den Verschnitt mit der Bohrwinde und einem Bohrer. Vergessen Sie die Zentrierspitze des Bohrers nicht, Sie wollen nicht, dass diese auf der gegenüberliegenden Seite austritt. Bringen Sie eine Bohrtiefenmarkierung am Bohrer an, oder arbeiten Sie sich nur vorsichtig vor **(B).**

Stemmen Sie abschließend die Schlitze rechtwinklig mit einem Stechbeitel zu, der so breit ist wie der Schlitz **(C).** Hebeln Sie den Verschnitt heraus, wenn der Schlitz tiefer wird, aber achten Sie darauf, die Kanten des Schlitzes nicht abzurunden **(D).**

Blindzapfen mit der Handoberfräse

Als erster Schritt beim Schneiden von Blindzapfen mit der Handoberfräse werden die Schlitze angerissen. Zwingen Sie ein Richtscheit oder einen Anschlag mit rechtem Winkel am Werkstück fest. Vergessen Sie nicht, den Versatz von der Grundplattenkante bis zur Fräserschneide einzuplanen **(A).** Stellen Sie die Handoberfräse so über den Schlitz, dass eine Schneide sich genau am Schlitzende befindet, und reißen Sie dann die Position der Grundplatte der Handoberfräse am Werkstück an. Führen Sie jeden Schnitt bis zu dieser Markierung **(B).** Oder bringen Sie ein Stück Restholz mit Zwingen am Werkstück an, das als Stoppklotz fungiert und dem Schnitt ein Ende bereitet, wenn die Grundplatte dagegen stößt **(C).** Fräsen Sie im Gegenlauf.

Stechen Sie die Ecken der Schlitze rechteckig aus, und überprüfen Sie Ihre Arbeit mit einem Probestück, das so breit ist wie der Schlitz. Wenn das Probestück nicht oder nur mit Druck in den Schlitz passt, muss der Schlitz nachgearbeitet werden **(D).**

Blindzapfen mit der Handoberfräse und einer Schablone

Um mit einer Schablone zu arbeiten, muss der Versatz zwischen der Fräserschneide und der Kopierhülse bekannt sein. Berechnen oder messen Sie den Abstand, und planen Sie ihn bei der Schablone ein. Die Breite des Schlitzes wird durch den Durchmesser des Fräsers bestimmt **(A).**

Schneiden Sie ein Stück 10-mm-MDF (Mitteldichte Faserplatte) oder Sperrholz auf die Breite des Korpusseitenteils zu. Reißen Sie eine Mittellinie darauf an, und markieren Sie die Lage und Länge der Schlitze. Spannen Sie in der Handoberfräse am Handoberfräsentisch einen Nutfräser ein.

Arretieren Sie den Anschlag in der richtigen Entfernung vom Fräser, und bringen Sie Stoppklötze an, um die Schnittlänge zu beschränken **(B).** Fräsen Sie durch die Schablone hindurch die einzelnen Schlitze. Bei gleichmäßig angeordneten Schlitzen fräsen Sie zuerst einen Schlitz, drehen die Schablone und fräsen das Gegenstück. Sie können den Anfang einfacher gestalten, indem Sie an einem Ende des Schlitzes mit einem Bohrer, dessen Durchmesser geringer ist als die Breite des Schlitzes, ein Loch bohren. Stellen Sie sicher, dass die Kopierhülse sich leicht in der Schablone bewegt. Wachsen Sie sie nötigenfalls ein.

Befestigen Sie mit Leim und Schrauben einen Anschlag an der Schablone. Das erleichtert das Platzieren der Schnitte in den Werkstücken. Bohren Sie Führungslöcher für die Schrauben, vor allem in den Kanten von MDF **(C).**

Schneiden Sie die Schlitze mit der Kopierhülse in der Handoberfräse. Blasen Sie Späne, die sich in der Schablone ansammeln, mit Druckluft fort, oder saugen Sie sie mit einem Staubsauger ab **(D).**

A

Schlitze für Blindzapfen mit der Stemmmaschine

Die Aufnahmefähigkeit von Stemmmaschinen wird durch die Entfernung vom Hohlmeißel bis zur Führungssäule bestimmt. Vergewissern Sie sich, dass der Schlitz unter den Meißel passt. Richten Sie den Fräser in dem hohlen Meißel ein, so dicht, dass er schneidet, aber nicht so dicht, dass sich die beiden reiben. Die Grenze dazwischen ist schnell überschritten. Es bekommt allen solchen Fräsern gut, wenn Sie vor der Arbeit geschärft werden **(A).**

Reißen Sie die Schlitze an, und stellen Sie einen Anschlag als Bezugsebene für die Schnitte ein. Stellen Sie dann die Schnitttiefe ein. Verwenden Sie Zulagen, um das Werkstück niederzuhalten, falls die Klemme nicht gut auf der Holzoberfläche anzubringen ist. Die Klemme ist nützlich, vor allem wenn es darum geht, den Hohlmeißel aus dem Schlitz hochzuziehen.

B

Schneiden Sie zuerst die beiden äußeren Schnitte des Schlitzes **(B).** So liegt immer etwas Holz mittig unter dem Fräser. Widrigenfalls würde der Fräser dazu neigen abzuwandern, wenn man ihn in das Material absenkt. Das Austrittsloch des Hohlmeißels sollte immer zur Seite weisen, damit die heißen Späne nicht auf Ihre Hand fallen **(C).**

C

Blindzapfen am Handoberfräsentisch

Blindzapfen kann man am Handoberfräsentisch schneiden. Spannen Sie zuerst einen breiten Fräser ein, um die Wangen der Zapfen zu schneiden und die Brüstung der Verbindung zu definieren. Verwenden Sie eine Zulage hinter dem Werkstück, um Faserausrisse an der Austrittsstelle des Fräsers zu vermeiden **(A).** Da die äußere Ecke des Zapfens abgeschnitten werden wird, machen Sie einen kleinen Schnitt an der zweiten Wange, um die Passung im Schlitz zu überprüfen. Sie können das Maß mit dem Messschieber überprüfen oder den Zapfen zur Probe in den Schlitz stecken **(B).**

Übertragen Sie die Position der Zapfen von den Schlitzen, und schneiden Sie die Wangen mit einer Feinsäge frei. Schneiden Sie nicht tiefer als bis zur Brüstung **(C).** Verputzen Sie dann mit der Stichsäge zwischen den Zapfenschnitten **(D).** Schneiden Sie so dicht wie möglich an die Risse, aber überlassen Sie das Verputzen dem Stechbeitel. Die beiden mit der Handoberfräse geschnittenen Brüstungen ergeben dafür die Bezugsflächen.

A

B

C

D

A

B

C

Schlitz für Vollzapfen mit der Handoberfräse und Schablone

Um einen durchgehenden Schlitz für einen Vollzapfen mit einer Schablone zu schneiden, stellen Sie die Schnitttiefe des Fräsers so ein, dass der Schnitt die Außenseite des Werkstücks nicht ganz erreicht. Legen Sie ein dünnes Stück Pappe oder Restholz neben das Werkstück auf die Hobelbank. Vergessen Sie nicht, die Schablone auf das Werkstück zu legen. Stellen Sie die Handoberfräse auf die Schablone, und senken Sie den Fräser bis auf die Zulage aus Pappe ab. Arretieren Sie den Schnitttiefeneinsteller in dieser Position, und kontrollieren Sie die Einstellung noch einmal zur Sicherheit **(A)**.

Fräsen Sie von der Außenfläche, wenn Sie eine Schablone verwenden, um durchgehende Schlitze zu schneiden. Falls Sie versehentlich ganz durch das Material schneiden, treten allfällige Faserausrisse dann auf der Innenseite des Werkstücks auf. Schneiden Sie alle Schlitze, und verputzen Sie sie dann sorgfältig. Wenn Ihre Schnitttiefeneinstellung genau war, sollten Sie mit einem Bleistift durch das stehen gebliebene Holz brechen können **(B)**.

Stechen Sie die Ecken der Schlitze von beiden Seiten mit dem Stechbeitel aus. Stechen Sie erst von der Innenseite, um einige Übungsschnitte machen zu können, bevor Sie an der sichtbaren Außenseite arbeiten **(C)**.

Vollzapfen mit der Handoberfräse

Als erster Schritt bei der Herstellung von Vollzapfen mit der Handoberfräse wird diese mit einem breiten Fräser und einem Parallelanschlag versehen. Bringen Sie zusätzlich noch einen Hilfsanschlag an, um den Schnitt zu stützen. Schneiden Sie die erste lange Zapfenwange an allen Brettern des Korpus. Führen Sie den Anschlag dicht an der Kante des Werkstücks entlang, vor allem am Anfang und Ende des Schnitts. Üben Sie hinreichenden Druck auf die Handoberfräse aus, wobei Ihre Hand sich senkrecht über dem Werkstück befinden sollte **(A)**.

Schneiden Sie auf die gleiche Weise die andere lange Wange des Zapfens. Überprüfen Sie die Passung des Zapfens an einem Ende, bevor Sie den ganzen Schnitt ausführen. Wenn Sie den Zapfen mit etwas Übergröße schneiden, können Sie mit einem Simshobel nacharbeiten **(B)**. Wenn die Verbindung in der Höhe gut passt, haben Sie erst die halbe Ernte in der Scheune. Dieser Teil der Verbindung besteht aus Längs- und Hirnholz, er ist also als Leimfläche nicht so wichtig. Arbeiten Sie auf eine möglichst gute Passung, aber machen Sie sich deswegen keine übermäßigen Sorgen.

Übertragen Sie jetzt von den Schlitzen die wichtigeren schmalen Wangen auf die Zapfen. Halten Sie die Werkstücke dabei bündig Kante an Kante **(C)**. Schneiden Sie die Zapfen an der Bandsäge frei, ohne über die Brüstungslinie hinauszuschneiden **(D)**. Entfernen Sie auch bis kurz vor die Brüstungen den meisten Verschnitt zwischen den Zapfen.

A

D

B

E

C

Stellen Sie jetzt die Schnitttiefe der Handoberfräse so ein, dass Sie zwischen den Zapfen schneiden können, um die Brüstung fertig zu stellen **(E)**. Stellen Sie die Handoberfräse über einen Schlitz zwischen zwei Zapfen, drücken Sie den Anschlag fest an, und senken Sie den Fräser in das Material ab. Sie können auch mit herabgefahrenem Fräser von der Seite her schneiden und das Material nach und nach abtragen. Achten Sie darauf, nicht in die Zapfen zu schneiden. Sie werden feststellen, dass Ihnen der Fräser und das Holz deutlich sagen, welche Methode in einer bestimmten Situation vorzuziehen ist. Stechen Sie abschließend die runden Ecken neben den Zapfen mit dem Stechbeitel rechtwinklig ab.

Vollzapfen mit losem Keil

Eine Schlitz-und-Zapfen-Verbindung lässt sich mit einem losen Keil verstärken. Nachdem Sie die Vollzapfen in die Schlitze eingepasst haben, übertragen Sie die Kanten der Außenseite des Werkstücks auf einen der Zapfen. Die Passung der Zapfen kann verhältnismäßig locker sein. Diese Verbindung erhält ihre Stärke durch den Keil **(A).**

Reißen Sie dann den Schlitz für den Keil so an, dass er bis in den Korpus reicht. Dadurch wird verhindert, dass der Keil von der hinteren Kante seines eigenen Schlitzes daran gehindert wird, weiter nach unten getrieben zu werden.

> Siehe „Das Verstärken von Verbindungen mit Vollzapfen" auf S. 129.

Der Schlitz für den Keil muss im gleichen Winkel wie der Keil selbst geschnitten werden.

> Siehe „Lose Keile herstellen" auf S. 138.

Stellen Sie aus 5 mm starkem MDF oder Sperrholz eine Schablone her. Leimen Sie an der Unterseite der Schablone ein dünnes, winklig angeschnittenes Brett, um die Schablone im richtigen Winkel zu halten. Schneiden Sie dieses Brettchen an der Tischkreissäge in einem Winkel von etwa 7 Grad zu. Reißen Sie auf der Schablone eine Mittellinie für den Schlitz an **(B).** Schneiden Sie dann am Handoberfräsentisch den Schlitz in die Schablone, wobei Sie den Versatz zwischen Fräser und Kopierhülse einplanen müssen. Versuchen Sie, einen Fräser mit möglichst kleinem Durchmesser zu verwenden, damit die runden Ecken nicht zu groß sind.

Markieren Sie mit einem Bleistift die Mitte des Zapfens, richten Sie die Mittenmarkierung der Schablone daran aus, und zwingen Sie die Schablone fest. Fräsen Sie dann den angewinkelten Schlitz. Stechen Sie die Schlitze nach dem Fräsen rechtwinklig ab, vergessen Sie dabei aber nicht, den 7°-Winkel beizubehalten **(C)**. Da die hintere Kante des Schlitzes in den Korpus ragt, muss sie nicht auch angewinkelt sein, es spielt für die Verbindung keine Rolle. Stellen Sie eine Schmiege auf einen Winkel von 7° ein, und legen Sie sie in der Nähe des Schlitzes an. Richten Sie Ihre Stemmarbeit danach. Fasen Sie das Eintritts- und Austrittsloch des Schlitzes leicht an, um Faserausrisse beim Eintreiben des Keils zu verhindern.

C

Vollzapfenverbindungen können auch mit einem oder mehreren Keilen verstärkt werden, die in einen Schlitz im Zapfen eingetrieben und verleimt werden.

> Siehe Zeichnung „Spielarten der Schlitz- und-Zapfenverbindung“ auf S. 128.

VARIATION

VARIATION Um einen abgewinkelten Schlitz zu vermeiden, kann man ein Keilpaar in einem geraden Schlitz verwenden. Schneiden Sie den Schlitz mit der Handoberfräse mit Kopierhülse und Schablone gerade durch den Zapfen. Denken Sie daran, die Schablone nicht anzuwinkeln. Sie können den Schlitz aber auch auf beiden Seiten des Zapfens anreißen und mit der Hand ausstemmen. Setzen Sie dann zwei Keile ein, deren schräge Seiten zueinander weisen. Die geraden Rückseiten sitzen dann an den geraden Wandungen des Schlitzes und Korpus', aber die Keilwirkung gegeneinander hält die Verbindung zusammen.

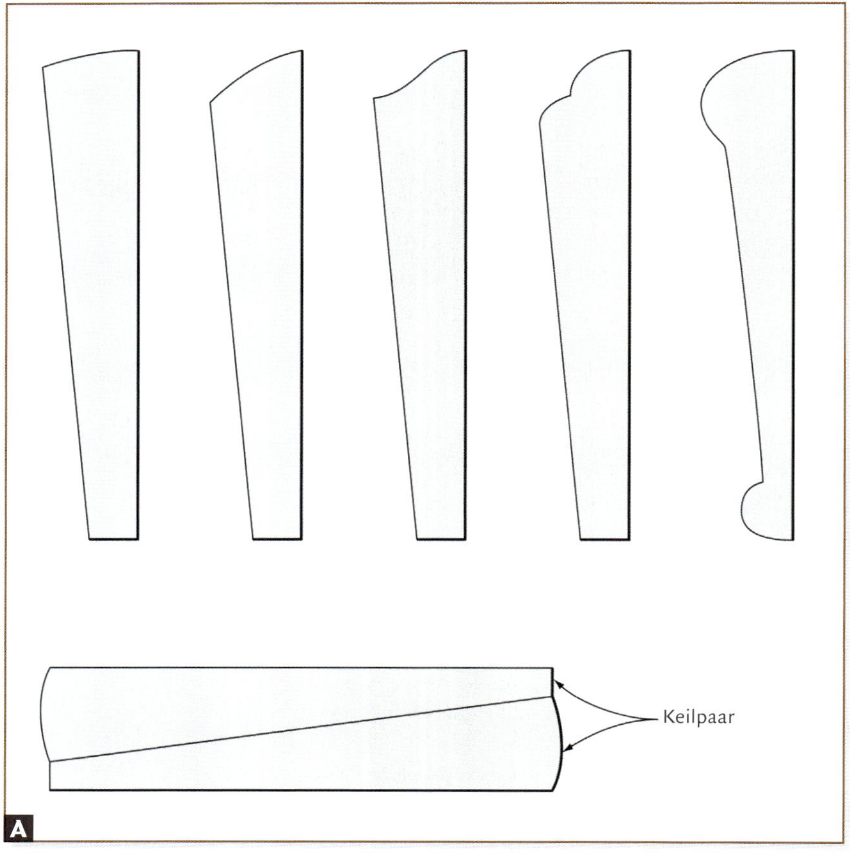

Lose Keile herstellen

Um effektive Arbeit zu gewährleisten, müssen die Keile und Schlitze im gleichen Winkel zugeschnitten werden. Beispiele für Keilformen sind in Abbildung **A** zu sehen.

Schneiden Sie zuerst das Material für die Keile auf die richtige Breite, so dass es bequem durch den Schlitz für den Keil passt. Stellen Sie dann eine einfache Vorrichtung her, um die Keile im richtigen Winkel zuzuschneiden. Die Vorrichtung wird am Anschlag der Bandsäge angelegt **(B).** Schneiden Sie im vorgesehenen Keilwinkel eine Kerbe in ein Stück Restholz. Die Tiefe der Kerbe entspricht der gewünschten Stärke des Keils. Stellen Sie das Keilmaterial hochkant in die Kerbe, und arretieren Sie den Anschlag in der richtigen Entfernung, um die Keile zu schneiden.

Spannen Sie einen Hobel in der Bankzange ein, und verputzen Sie daran die Keile. Verwenden Sie einen Schiebestock, um Ihre Finger zu schonen **(C).** Sie können die Keile auch vorsichtig mit einem Stechbeitel oder mit der Schleifbandmaschine verputzen.

Sie können diese Art von Schlitz-und-Zapfen-Verbindung zwar verleimen, es bietet sich aber an, sie trocken zusammenzustecken, damit man sie später bei Bedarf wieder lösen kann. Treiben Sie die Keile mit einem Metallhammer so weit ein, bis sich das Schlaggeräusch von hell zu dumpf ändert. Dann haben Sie die richtige Tiefe erreicht **(D).**

Schwalbenschwanzzinkungen

Offene Schwalbenschwanzzinkungen

Halbverdeckte Schwalbenschwanzzinkungen

Verdeckte Schwalbenschwanzzinkungen

Gratnutverbindungen

Einzelne Schwalbenschwänze

Die Schwalbenschwanzzinkung verleiht diesem kleinen Kasten eine elegante Note.

Derart kleine Zinken gelten in den USA als Zeichen handwerklichen Könnens.

Die Teile einer Schublade mit Schwalbenschwanzzinkungen sind hier so ausgelegt, wie sie zusammenmontiert würden. Beachten Sie, dass die Zinken am Vorder- und Hinterstück der Schublade liegen, während sich die Schwalbenschwänze an den Seitenteilen befinden.

Schwalbenschwanzzinkungen sind der Maßstab für hervorragende Holzverbindungen. Durch die Kombination der formschlüssigen Verbindung zwischen den Zinken und Schwalbenschwänzen und der Leimflächen zwischen Längsholz und Längsholz ist die Schwalbenschwanzzinkung eine der belastbarsten Verbindungen für Korpusarbeiten. Von zierlichen Schmuckkästen bis hin zu großen Schränken bietet diese Verbindung sowohl gutes Aussehen als auch hohe Belastbarkeit.

Als Verbindung für Schubladen kann keine andere Verbindung der Schwalbenschwanzzinkung das Wasser reichen – weder in Hinsicht auf die Belastbarkeit noch auf ansprechendes Aussehen. Das ist der Grund, warum man Schwalbenschwänzen nicht nur an jahrhundertealten Möbeln findet, sondern auch an den besten Stücken, die heutzutage hergestellt werden. Natürlich kann man Schubladen auch mit dem Druckluftnagler zusammenbauen oder sie ausfälzen und mit Drahtstiften sichern, wenn man jedoch eine Schublade haben möchte, die hält, dann greift man auf die Schwalbenschwanzzinkung zurück. Sie ist nicht nur belastbar, sie legt auch beredt Zeugnis von Ihren Fähigkeiten und von Ihrem Respekt vor handwerklichem Können ab.

Die Belastbarkeit der Schwalbenschwanzzinkung liegt in ihren ausgestellten Schwalbenschwänzen und den gewinkelten Zinken, die auch dann noch eine formschlüssige Verbindung ergeben, wenn ein Klebstoff keinen Halt mehr gibt. Je größer die Zahl der Schwalben und Zinken, desto höher ist die mechanische Belastbarkeit und die Verleimfläche.

Anordnung der Schwalben und Zinken

Von einer Seite einer Schwalbenschwanzzinkung sieht man die ausgestellten Schwalben und das Hirnholz der Zinken, wodurch die Verbindung ein unverwechselbares Aussehen erhält. Von der anderen Seite sind Schwalben und Zinken nur schwer zu unterscheiden. Bei einer Schublade ordnet man die Schwalben an den Seitenteilen und die Zinken am Vorder- und Hinterstück an. So wird den Kräften, die beim Öffnen der Schublade einwirken, der höchste Widerstand entgegengesetzt. Bei einem

Möbelkorpus werden die Schwalben in die senkrechten Teile geschnitten und die Zinken in den Boden und Deckel. So wirken die Schwalben der Schwerkraft entgegen.

Verschiedene Schwalbenschwanzzinkungen

Die offene Schwalbenschwanzzinkung ist das Kennzeichen eines guten Holzhandwerkers. Da diese Verbindung jedoch für eine große Vielfalt verschiedener Anwendungen genutzt wird, ist sie für unterschiedliche Zwecke modifiziert worden.

Die offene Zinkung ist zwar belastbar, man kann sie jedoch immer von beiden Seiten des Korpus' sehen. Das ist ein Vorteil, wenn man seine handwerklichen Fähigkeiten zur Schau stellen oder die Verbindung als Entwurfselement einsetzen will. Gelegentlich wird man jedoch die eine Seite der Verbindung verstecken wollen, etwa bei einem Schubladenvorderstück. In solchen Fällen zeigt die halbverdeckte Schwalbenschwanzzinkung ihre Stärken.

Schwalbenschwänze und Zinken anordnen

Die belastbarste Verbindung erreicht man mit Schwalben und Zinken gleicher Größe. Wenn hohe Belastbarkeit nicht erforderlich ist, werden in den USA oft Schwalbenschwänze geschnitten, die doppelt so breit sind wie die Zinken. Dies gilt dort als eleganter – in Deutschland sieht man das anders.

- Bei handgeschnittenen Verbindungen erleichtert es die Arbeit, wenn die Zinken etwas breiter sind als der verwendete Stechbeitel. Der Beitel passt dann gut zwischen die Schwalbenschwänze, um den Verschnitt zu entfernen.

- Um Probleme mit kurzem Holz an den Ecken der Schwalbenschwänze zu vermeiden, sollten die Schrägen der Zinken und Schwalben zwischen 1 : 8 und 1 : 5 betragen.

- Bei den meisten Verbindungen sollte man an den Ecken halbe Zinken schneiden. Auf diese Weise erreicht man die höchste Belastbarkeit.

Halbverdeckte Schwalbenschwanzzinkungen

Schubladenvorderstück
Halbverdeckte Schwalbenschwänze
Offene Schwalbenschwänze
Schubladenseitenteil
Schubladenboden

Anreißen der Schwalbenschwänze und Zinken

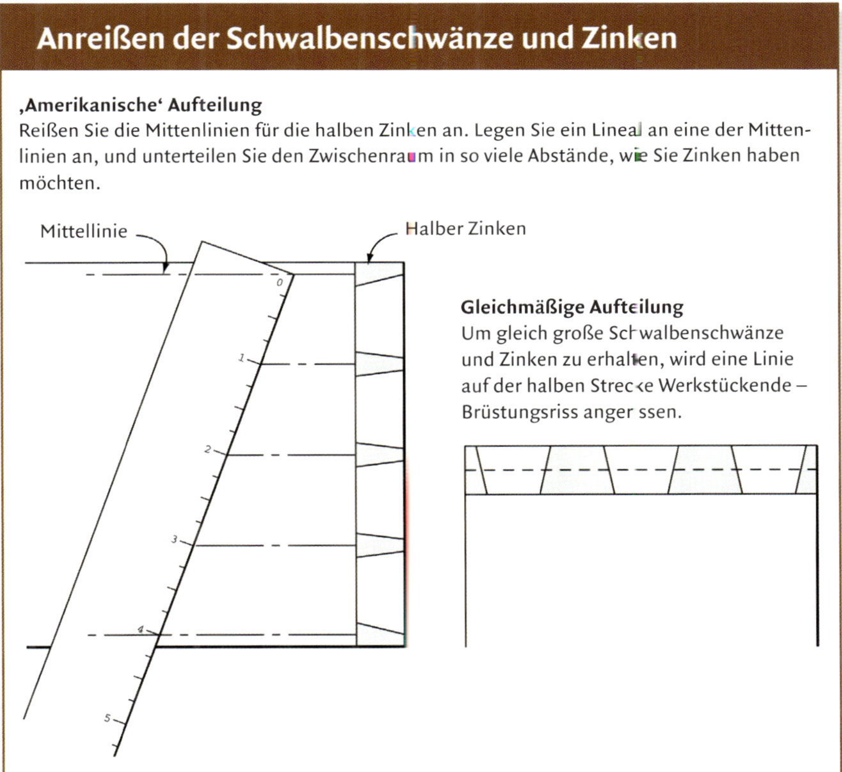

Verdeckte Zinkungen sind nicht sichtbar und werden in Situationen verwendet, in denen es auf die Belastbarkeit einer Verbindung ankommt, ohne dass man diese sieht. Verdeckte gefälzte Zinkungen wurden früher häufig bei Kästen- und Tablettkonstruktionen verwendet, da sie widerstandsfähig sind, aber den Grund nicht erkennen lassen. Man kann sie auch bei Korpussen einsetzen, bei denen nur die dünne Linie des Hirnholzes der Decke von der Seite oder von oben zu sehen ist. Die auf Gehrung gearbeitete verdeckte Schwalbenzinkung ist noch aufwändiger; sie wurde und wird bei sehr hochwertigen Möbeln wie Schreibtischen, Kästchen und Stand- und Wanduhren verwendet, aber auch bei den Sockeln und Kranzgesimsen von anderen Möbeln.

Die Gratnut ist eine Abwandlung der Schwalbenschwanzverbindung, die sowohl in der Korpus- als auch in der Schubladenkonstruktion Anwendung findet. Beim Korpus verhindert sie, dass sich die Seitenteile nach außen wölben.

Offene Schwalbenschwanzzinkungen

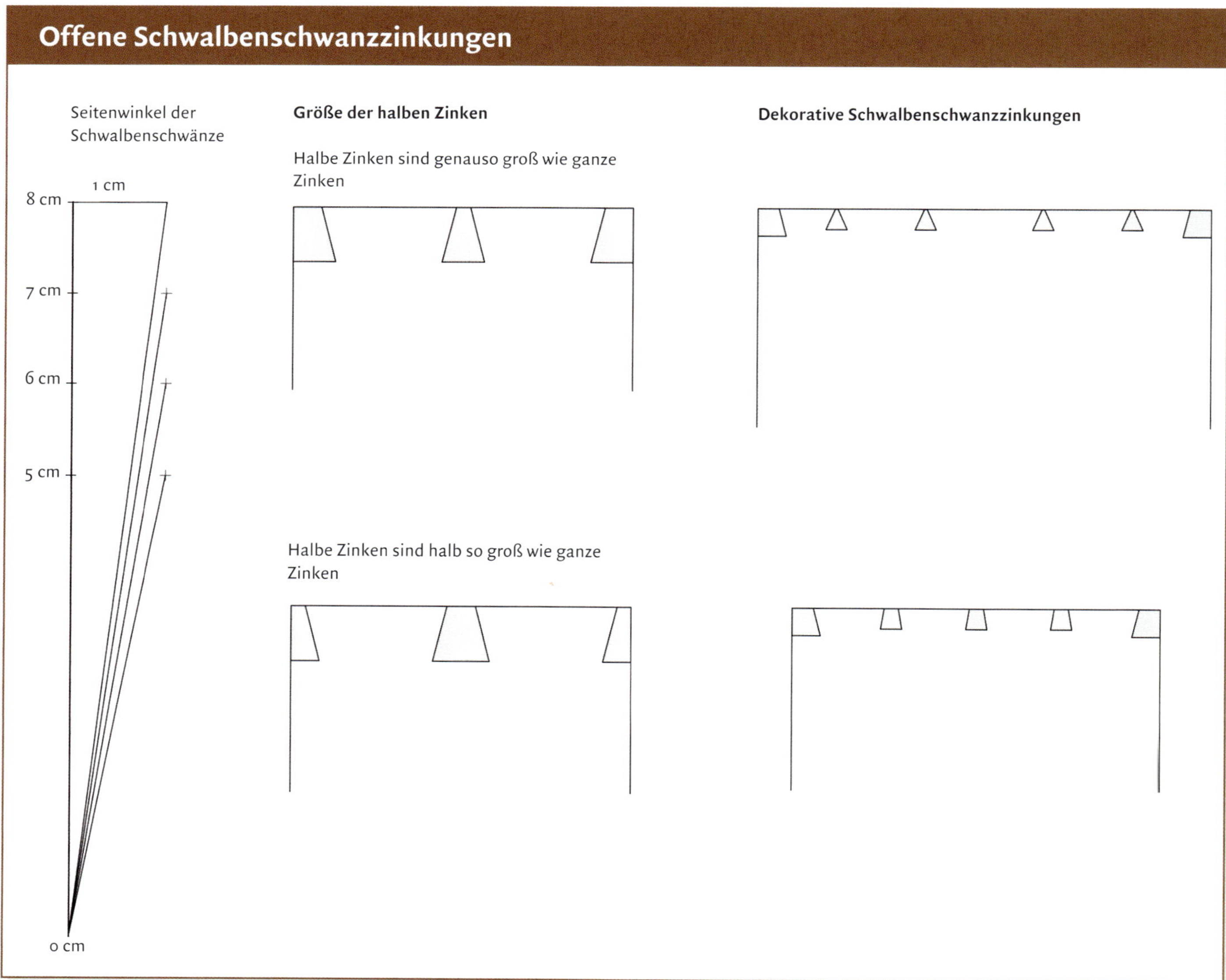

Verdeckte Schwalbenschwanzzinkungen

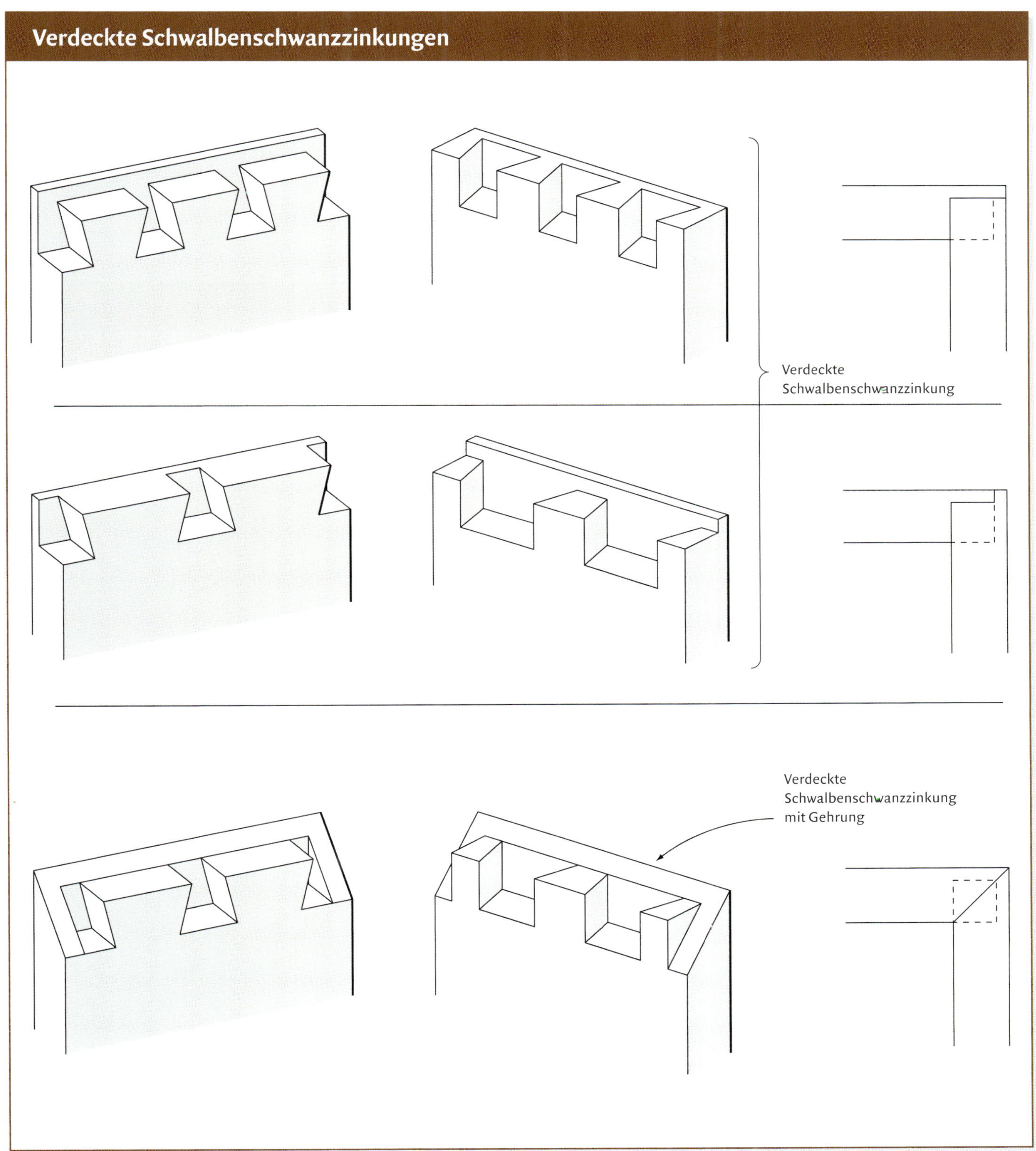

Bei Schubladen, deren Vorderstück auf den Korpus aufschlagen soll, kann man den Schubladenkasten mit Gratnuten herstellen. So erreicht man einen Überstand, um zum Beispiel die Schubladenführungen zu verstecken.

Einfache Schwalbenschwänze werden für Korpuskonstruktionen verwendet, bei denen kleinere Bauteile den Korpus zusammenhalten. Diese kurzen Schwalben werden oben an einem Bein oder an den Ecken eines Korpus' eingeschoben, um den Kasten zusammenzuhalten. An den so befestigten Zargen kann dann auch der Deckel des Korpus' befestigt werden.

Gratnutverbindungen und Einzinker

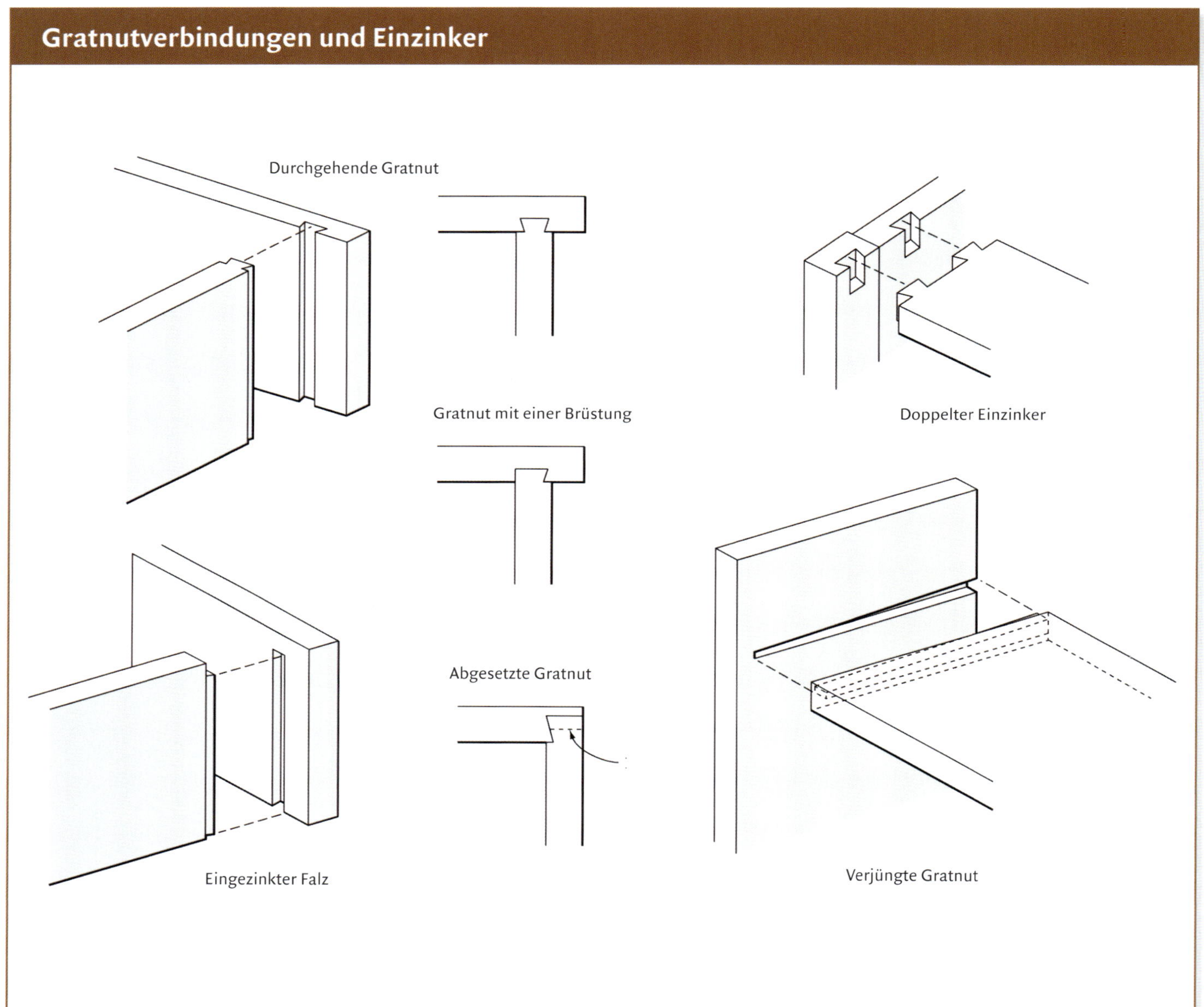

Tipps für das Schneiden von Schwalbenschwanzzinkungen in Handarbeit

Jeder, der mit einem Stechbeitel umgehen und an einer Linie entlang sägen kann, kann auch mit etwas Übung eine offene Schwalbenschwanzzinkung schneiden. Eine genaue Passung kann man durch einige Verfeinerungen während des Schneidens erreichen.

Manche Holzhandwerker spannen das Brett mit den Schwalben in der Bankzange so ein, dass die Schnittlinie im rechten Winkel zum Boden steht. Das ermöglicht zwar einen senkrechten Schnitt nach unten, aber ich empfehle, dass man lernt, im richtigen Winkel zu sägen, während das Brett mit den Schwalben parallel zur Hobelbank eingespannt ist. Es ist sehr wichtig, dass die Säge dabei im rechten Winkel zum Brett geführt wird, um Lücken in der fertigen Verbindung zu verhindern.

Schwalben oder Zinken zuerst

Ein Sturm im Wasserglas tobt wegen der Frage, ob man zuerst die Zinken oder die Schwalben schneiden soll. Wie immer lässt sich die Frage nur individuell beantworten – was für einen selbst besser funktioniert, ist richtig. Ich schneide meist die Schwalben zuerst. Das bietet den Vorteil, dass ich die Schwalben gleich an mehreren Werkstücken schneiden kann, die ich zusammen in der Bankzange eingespannt habe. Bei sehr kleinen, dekorativen Zinken und bei allen verdeckten Schwalbenschwanzzinkungen muss man jedoch die Zinken zuerst schneiden. Bei allen anderen Schwalbenschwanzzinkungen – offene und vor allem halbverdeckte – finde ich es leichter, die Schwalbenschwänze anzureißen und zu schneiden. Aber die Hälfte aller Holzwerker ist anderer Meinung! Experimentieren Sie, um die Methode zu finden, die Ihnen mehr liegt.

Schwalbenschwanzzinkungen schneiden

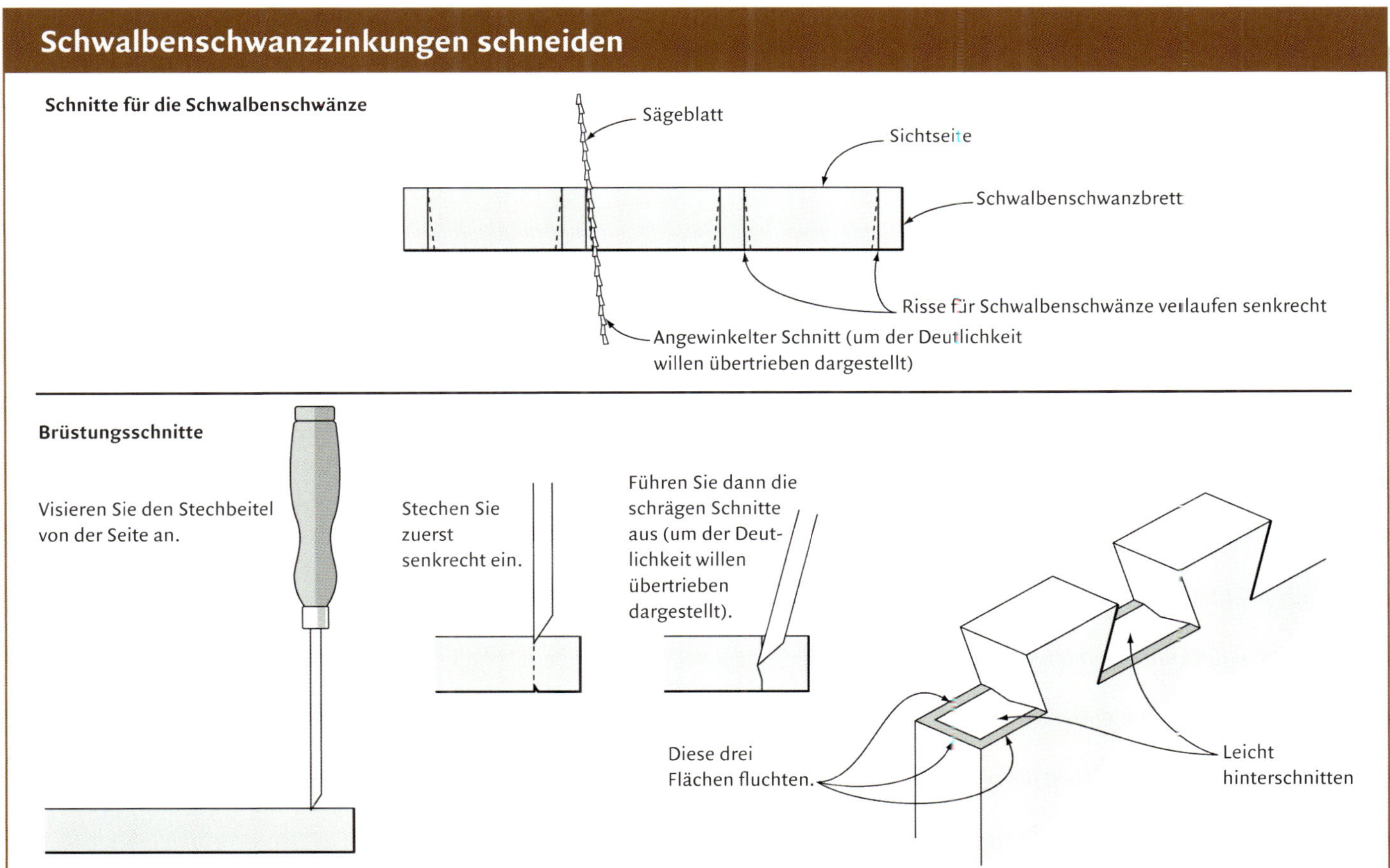

Schneiden Sie die Schwalben in einem leichten Winkel an, so dass die Flächen in zwei Richtungen angewinkel sind. Wenn die Verbindung zusammen gesteckt wird, werden die Holzfasern zusammengepresst, und es ergibt sich eine enge Passung.

Um einen zu klein geratenen Zinken zu korrigieren, leimen Sie ein Stück Restholz an, das sie mit Klebeband fixieren. Wenn der Leim trocken ist, können Sie den Zinken auf die richtigen Maße sägen.

Es ist wichtig, dass Sie genau bis zum Riss abstechen, damit die Stelle sauber aussieht, an der die Grundlinie der Zinken auf das Brett mit den Schwalben trifft. Das kann man sicherstellen, indem man zuerst einen leichten senkrechten Schnitt ausführt, bei dem die Spiegelseite des Stechbeitels am Riss geführt wird. Schneiden Sie dann im Winkel von der Verschnittseite zum Riss hin. Arbeiten Sie so weiter, bis Sie eine saubere Brüstung erreicht haben, und entfernen Sie dann den restlichen Verschnitt.

Wenn man den Verschnitt in Richtung Mitte etwas hinterschneidet, sitzt die Verbindung besser. Erhabene Stellen verhindern eine richtige Passung der Verbindung, und da es sich hier um Hirnholz handelt, ist der Verlust an Leimfläche durch das Hinterschneiden belanglos.

Fehler ausbügeln

Es kann eine Herausforderung sein, eine Schwalbenschwanzzinkung präzise zu schneiden, vor allem in Hölzern wie Kiefer oder Fichte. Nadelhölzer sind schwerer zu bearbeiten als Laubhölzer mit gleichmäßigem Faserverlauf, weil sie leichter zerdrückt werden. Man sollte bei der Handarbeit bedenken, dass jedem beim Sägen kleine Fehler unterlaufen können. Auch die sicherste Hand bedarf manchmal der nachträglichen Korrektur. Es folgen einige einfache Tricks.

Schneiden Sie die Schwalben in einem leichten Winkel an, so dass die Flächen in zwei Richtungen angewinkelt sind. Wenn die Verbindung dann zusammengesteckt wird, werden die Holzfasern zusammengedrückt, und es ergibt sich eine perfekte Passung. Diese Technik kann man natürlich auch für Laubhölzer verwenden; bei diesen gibt es jedoch Arten, die sich überhaupt nicht zusammendrücken lassen. Deshalb müssen Sie den „Fehlwinkel" sehr genau bestimmen. Indem Sie den Sägeschnitt um ein Geringes anwinkeln, schneiden Sie Schwalben, die an der Außenseite etwas breiter sind. Wenn Sie die Verbindung zusammenstecken, werden kleine Unsauberkeiten dadurch versteckt.

Es ist leicht, Fehler auszubügeln, wenn Sie das Restholz des Werkstücks aufheben. Entsorgen Sie den Verschnitt eines Projektes niemals, bevor es beendet ist. Vor allem sollten Sie die abgesägten Enden der Bretter mit den Schwalben aufbewahren, da sie in Faserverlauf und Farbe perfekt zu den Schwalben passen. Sie können dünne Holzstücke an Schwalben leimen, die Sie zu klein geschnitten haben. Einspannen kann man sie gut mit Klebeband oder einer kleinen Federzwinge. Wenn der Leim getrocknet ist, können Sie die Verbindung nachschneiden.

Schwalbenschwanzvorrichtungen für die Handoberfräse

Schwalbenschwanzzinkungen mit der Hand zu schneiden ist nur eine Möglichkeit unter mehreren. Es gibt eine Reihe von guten Hilfsvorrichtungen auf dem Markt, die auch die Verwendung einer Handoberfräse ermöglichen. Manche von ihnen können nur offene Zinkungen schneiden, andere wiederum nur halbverdeckte. Die vielseitigsten können beide Varianten bewältigen und noch einige andere Verbindungen dazu. Der größte Unterschied zwischen den verschiedenen Vorrichtungen liegt jedoch in der Weise, in der sie die Schnitte ausführen.

Bei der Arbeit mit einer Vorrichtung für offene Schwalbenschwanzzinkungen wird ein Werkstück nach dem anderen mit einem Schwalbenschwanzfräser mit endständigem Anlaufring und dann mit einem Nutfräser mit schaftseitigem Anlaufring geschnitten. Die Fräser folgen den „Fingern" der Schablone, so dass die Größe und Anordnung der Zinkung unabänderbar ist. Der wichtigste Teil der Arbeit ist in diesem Fall das genaue Ausrichten der Vorrichtung an der verwendeten Zulage. Dadurch wird die Breite der Zinken und damit auch deren Passung bestimmt. Die Schnitttiefe spielt keine so große Rolle mehr, wenn die Vorrichtung einmal eingerichtet worden ist.

Die Vorrichtung der Firma Leigh verwendet eine Schablone und verschiedene Fräser. Die Schablone kann bei dieser Vorrichtung senkrecht und waagerecht verschoben und aus der Vorrichtung heraus oder in sie hinein geschoben werden, um verschiedene Materialstärken aufzunehmen. Auch die Größe der Schwalben und Zinken lässt sich nach Ihren Wünschen einstellen, und die Vorrichtung lässt sich für jeden der Zinken- und Schwalbenschnitte um 180° schwenken Mit anderen Worten, die Vorrichtung ist unendlich vielseitig und komplex.

Schneiden Sie mit diesen Vorrichtungen zuerst die Schwalben, wenn man dann die Fingerschablone verstellt, wird der passende Zinken automatisch geschnitten. Der Vorteil dieser Hilfsmittel ist, dass man die Größe der Schwalben und die Abstände einstellen kann. Man kann auch die Passung zwischen Schwalbe und Zinken fein justieren. Das Einrichten der Vorrichtung kann etwas schwierig sein, hier kratzt man sich dann schon mal fragend am Kopf. Wenn man das System aber erst einmal beherrscht, sind die Vorrichtungen auf Grund ihrer Vielseitigkeit und der erzielbaren Ergebnisse kaum zu übertreffen. Bei einer Vorrichtung für halbverdeckte Schwalbenschwanzzinkungen werden beide Bretter so zusammen eingespannt, dass die Innenseiten zu sehen sind. Man spannt einen speziellen Schwalbenschwanzfräser in die Handoberfräse ein und arbeitet mit einer Kopierhülse, die bei den Schnitten von der Schablone geführt wird. Die Größe und Anordnung der Verbindung sind vorgegeben. Bei dieser Vorrichtung muss die Schnitttiefe sehr sorgfältig eingestellt werden, da die Schwalben und Zinken gleichzeitig geschnitten werden.

Die Keller-Vorrichtung schneidet Schwalbenschwanzzinkungen mit einer Schablone und Fräsern mit Anlaufring. Jeder Bestandteil der Verbindung wird extra geschnitten.

Schnitttiefe in einer Vorrichtung für halbverdeckte Schwalbenschwanzzinkungen

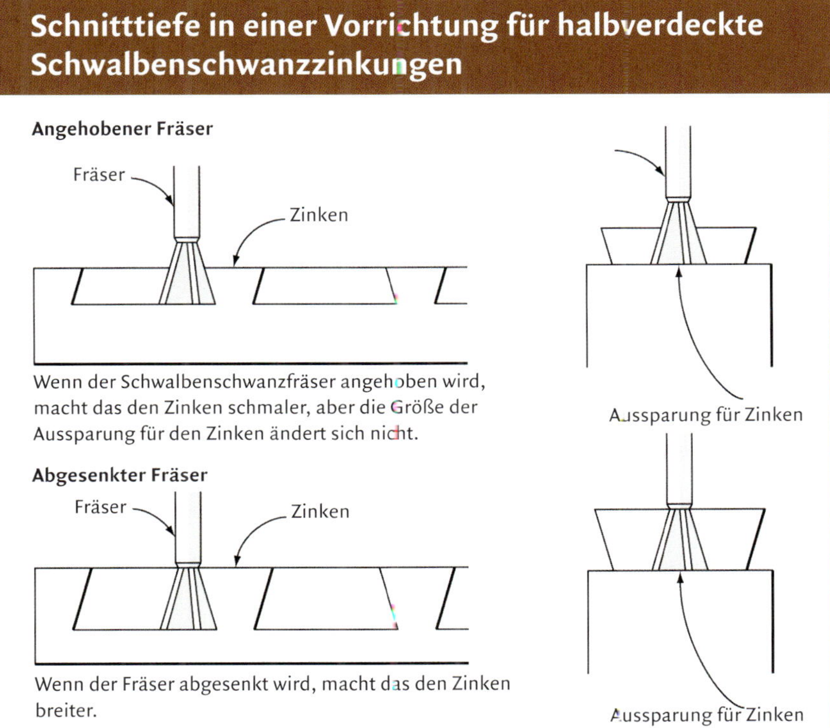

Wenn der Schwalbenschwanzfräser angehoben wird, macht das den Zinken schmaler, aber die Größe der Aussparung für den Zinken ändert sich nicht.

Wenn der Fräser abgesenkt wird, macht das den Zinken breiter.

Durch Verstellen der Stifte an der Leigh-Vorrichtung kann man Schwalbenschwanzzinkungen mit unterschiedlichen Anordnungen schneiden, die ansprechender aussehen.

Vorrichtungen für halbverdeckte Schwalbenschwanzzinkungen verwenden eine Schablone, eine Kopierhülse und einen Schwalbenschwanzfräser. Die Verbindungsteile werden in der Vorrichtung eingespannt und gleichzeitig geschnitten.

Die Sammlung von „5-Minuten-Zinkungen" des Autors. Sie stammen von seinen Schülern, die sie beim Üben der Grundlagen der handgefertigten Schwalbenschwanzzinkung herstellten.

Wenn der Fräser zu niedrig eingestellt wird, werden die Zinken zu groß geschnitten, und die Verbindung passt nicht zusammen. Wenn der Fräser zu hoch eingestellt wird, klafft die Verbindung auseinander. Die beste Arbeitsweise bei diesen Vorrichtungen lautet: Wenn sie einmal eingerichtet ist und perfekt schneidet, sollte man niemals den Fräser verstellen! Falls Sie jedoch nicht über eine Handoberfräse verfügen, die Sie mit eingespanntem Fräser für halbverdeckte Schwalbenschwanzzinkungen beiseite stellen können, sollten Sie wenigstens einen Holzklotz als Schnitttiefenlehre anfertigen, mit dem Sie den Fräser jedes Mal einstellen können, wenn Sie zu der Vorrichtung greifen.

Warmlaufen

Anscheinend gehören Holzwerker zu den seltenen Menschen, die eine wichtige Arbeit – wie das Schneiden von Schwalbenschwanzzinkungen in einem teuren Holz – angehen, ohne es vorher zu üben. Das Üben, das vorherige „Warmlaufen", ist jedoch eine fast universelle Technik, die wir für körperliche Tätigkeiten haben. Vor dem Laufen machen wir Dehnübungen, vor dem Zeichnen werfen wir einige große Kreise aufs Papier, vor dem großen Spiel machen wie ein paar Wurf- und Fangübungen. Jedermann läuft sich warm. Nur wir, die wir Schwalbenschwänze schneiden, wir tun es nicht.

Bevor Sie anfangen, Ihr teures Laubholz zu zersägen, nehmen Sie sich fünf Minuten Zeit, um zu üben. Ich habe eine kleine Übung angeführt, mit der Sie sich warm laufen können. Opfern Sie lediglich fünf Minuten dafür, bevor Sie mit der Arbeit anfangen, und Sie werden später dankbar sein.

> Siehe „Die 5-Minuten-Zinkung" auf S. 149.

Falls Sie eine Weile keine Schwalbenschwänze geschnitten haben, hilft sie Ihren Händen und Augen, sich wieder an den Vorgang zu erinnern. Falls Sie das erste Mal Schwalben und Zinken schneiden, hilft Ihnen die Übung, die notwendigen Schritte zu lernen, um diese Verbindung leicht herzustellen, und erhöht so Ihr Selbstvertrauen.

Die 5-Minuten-Zinkung

Laufen Sie sich mit dieser Übung warm, bevor Sie die eigentlichen Werkstücke bearbeiten. Sie benötigen eine Feinsäge, einen Bleistift, einen Stechbeitel und einen Klüpfel.

Schneiden Sie zuerst zwei kleine Bretter auf die Maße 15 x 50 x 75 mm zu. Verwenden Sie ein weiches Laubholz wie Zuckerahorn oder Erle. Reißen Sie die Stärke jedes Teiles mit dem Bleistift auf dem jeweiligen Gegenstück an **(A).** Spannen Sie dann ein Teil senkrecht in die Bankzange ein.

Schneiden Sie zuerst die Schwalbe. Sägen Sie bis hinunter zum Bleistiftriss, allerdings in einem leichten Winkel. Merken Sie sich: Senkrecht zur Fläche und in einem Winkel nach unten zum Riss. Schneiden Sie zuerst eine Seite und dann die andere. Machen Sie sich keine Gedanken über die Winkel der Schwalbenschwänze. Welche Form auch immer sie annehmen mögen, sie wird auf das Zinkenstück übertragen. Drehen Sie das Stück dann in der Bankzange, und schneiden Sie die geraden Brüstungen **(B).**

Übertragen Sie die Risse vom Schwalbenstück auf das Zinkenstück **(C).** Schraffieren Sie den Verschnitt, und markieren Sie die Sichtseite jedes Teils, um die Montage zu erleichtern. Vergessen Sie nicht, dass Sie hier eine rechtwinklige Eckverbindung herstellen. Spannen Sie dann das Zinkenstück senkrecht in die Bankzange ein.

Sägen Sie im Verschnitt an den Linien bis hinunter zur Bleistiftlinie. Der Schnitt wird in der Waagerechten in einem Winkel, aber senkrecht nach unten ausgeführt. Wenn Sie die Schnitte für die schwalbenschwanzförmige Aussparung geschnitten haben, haben Sie auch gleichzeitig zwei halbe Zinken hergestellt **(D).**

Stechen Sie mit einem Stechbeitel an der Bleistiftmarkierung ein, um den Verschnitt zu entfernen. Stechen Sie von beiden Seiten zu Mitte hin, und entfernen Sie hin und wieder den Verschnitt **(E).** Stecken Sie die Schwalben und Zinken zusammen.

A

B

C

D

E

A

B

C

Handgeschnittene offene Schwalbenschwanzzinkungen

Um Schwalbenschwanzzinkungen mit der Hand zu schneiden, stellen Sie zuerst das Streichmaß auf etwas weniger als die Stärke des Materials ein. Reißen Sie Linien an allen vier Seiten der Schwalbenstücke, aber nur an der Sichtseite der Zinkenstücke an. Für die halben Zinken an den Kanten werden keine Risse benötigt **(A)**.

Stellen Sie eine Schmiege mit dem Winkel für die Schwalben und Zinken ein. Die besten Ergebnisse erzielt man mit Steigungsverhältnissen zwischen 1 : 5 und 1 : 8. Zeichnen Sie diese Steigungen auf einem rechtwinkligen Brett an. Messen Sie 5 cm nach oben und 1 cm zur Seite (oder 10 cm / 2 cm), um eine Steigung von 1 : 5 zu erhalten **(B)**. Zeichnen Sie die Schwalben am Streichmaßriss an. Alle Schwalben werden auf der Sichtseite der Bretter angezeichnet. Winkeln Sie die Risse auf das Hirnholz über. Übertragen Sie diese Winkel mit der Schmiege auch auf die andere Seite des Brettes, um Ihr Sägen kontrollieren zu können.

TIPP Beim Sägen dünner Bretter spannt man zwei Stücke zusammen in die Bankzange, so dass ihre Enden und Längskanten fluchten.

Schneiden Sie die Schwalben mit einer Feinsäge aus. Spannen Sie das Brett gerade in der Bankzange ein, und lernen Sie, den Schnitt für die Schwalbe im Winkel zu führen. Setzen Sie den Schnitt an der entfernten Kante an, und schneiden Sie entgegen der Schnittrichtung der Säge, um den Schnitt zu etablieren. Senken Sie dann die Säge allmählich auf das Brettende ab, dabei darauf bedacht, dass sie im rechten Winkel zur Fläche steht. Neigen Sie dann die Säge, um den Winkel der Schwalben zu erreichen, und schneiden Sie bis gerade zum Streichmaßriss **(C)**.

Entfernen Sie den Verschnitt, indem Sie mit dem Stechbeitel genau an den Rissen einstechen. Sehen Sie beim Stechen auf die Seite des

Stechbeitels, um zu erkennen, ob Sie diesen auch genau senkrecht zum Anfang des Schnittes halten.

Achten Sie darauf, dass die Ecken der Schwalben sauber und die Brüstungen eben oder sogar etwas hinterschnitten sind. Nachdem Sie einige Schnitte ausgeführt haben, winkeln Sie das Stecheisen etwas an, um die Brüstungen zu hinterschneiden **(D).**

Stechen Sie die Aussparungen für die halben Zinken von beiden Seiten und der Kante her ein, um eine ebene Fläche zu erhalten. Sägen Sie dann den Verschnitt nahe an diesen Schnitten mit der Säge bis zur Schwalbe hin ab. Verputzen Sie schließlich das Hirnholz bis zu den Schnitten. Man kann die Brüstung ebenfalls bis knapp hinter die ersten Stechbeitelschnitte hinterschneiden **(E).** Stellen Sie alle Schwalben fertig, bevor Sie mit den Zinken beginnen.

Übertragen Sie die Risse vom Schwalbenstück auf das Zinkenstück. Spannen Sie das Zinkenbrett so hoch in die Bankzange ein, dass Sie seine Kanten mühelos an dem Schwalbenbrett und einem weiteren Brett bündig ausrichten können. Ich lege einen Hobel auf die Seite und stütze damit das Schwalbenbrett. Übertragen Sie mit einem scharfen Anreißmesser die Form der Schwalben auf das Hirnholz des Zinkenbrettes **(F).** Ziehen Sie von diesen Markierungen im rechten Winkel Linien bis zum Streichmaßriss.

Schneiden Sie die Zinken im Winkel zur Sichtseite, aber senkrecht nach unten bis zum Riss **(G).** Achten Sie darauf, mit der Säge auf der Verschnittseite der Linie zu bleiben.

Entfernen Sie mit dem Stechbeitel den Verschnitt am Zinkenbrett. Führen Sie die ersten Schnitte sehr vorsichtig aus; drehen Sie den Stechbeitel dann mit der Fase nach unten, und stechen Sie den Verschnitt ab. Vergewissern Sie sich, dass das Brett sicher mit einer Zwinge an

D

G

E

H

F

I

der Hobelbank befestigt ist oder von einer Stoßlade oder einem Bankhaken gehalten wird **(H).**

Eine gut geschnittene Schwalbenschwanzverbindung sollte sich mit der Hand zusammenstecken lassen und gerade noch genug Raum für den Leim lassen, durch den das Holz etwas aufquillt. Nachdem Sie die Passung überprüft haben, nehmen Sie die Verbindung mit einem Stück Restholz oder einem rückschlagfreien Hammer vorsichtig wieder auseinander **(I).**

Offene Schwalbenschwanzzinkung mit der Handoberfräse und der Keller-Vorrichtung

Wenn man mit der Vorrichtung der Firma Keller arbeitet, werden zuerst mit dem zugehörigen Fräser die Schwalben geschnitten. Er wird in der Schablone mit den geraden Fingern geführt. Der Schwalbenschwanzfräser schneidet die Aussparungen für die Zinken, während er die Schwalben herstellt. Größe und Winkel des Fräsers sind auf die Größe der angewinkelten Finger an der Zinkenschablone abgestimmt. Dünnere Zinkenbretter können zu einem Stapel zusammengelegt und gemeinsam gefräst werden. Bringen Sie einen Stoppklotz an der Kante des Brettes an, der als Bezugspunkt für folgende Schnitte dient.

Die Schnitttiefe ist zwar wichtig, aber nicht entscheidend für den erfolgreichen Einsatz dieser Vorrichtung. Stellen Sie sie auf etwas weniger als die Summe der Materialstärke und der Stärke der Vorrichtung (12 mm) ein.

Verwenden Sie einen Holzklotz, der mit der richtigen Schnitttiefe markiert ist, als Lineal, um die breite Öffnung in der Grundplatte der Handoberfräse zu überspannen **(B).** Reißen Sie die Mitte des Schwalbenbrettes am Hirnholz an, und spannen Sie es mittig zwischen zwei der Finger ein.

WARNUNG Kontrollieren Sie immer die Schnitttiefe, bevor Sie zu fräsen beginnen. Achten Sie darauf, dass der Anlaufring an der Schablone anliegt und dass der Fräser nicht den Stoppklotz oder die Zwingen berührt.

Spannen Sie das Zinkenbrett in der Bankzange ein, und legen Sie das Schwalbenbrett darauf, in das Sie zuvor die Schwalben geschnitten haben. Bringen Sie das Schwalbenbrett auf die Höhe des Zinkenbrettes, indem Sie einen Hobel auf die Seite legen oder ein Stück Restholz als Stütze verwenden. Übertragen Sie dann die Umrisse der Schwalben mit einem Anreißmesser auf das Zinkenbrett.

C

Die Zulage, auf der die Keller-Vorrichtung liegt, ist der wichtigste Teil der Einrichtung. Ihre Stellung bestimmt die Breite der Zinken. Man sollte die Einstellung vornehmen, wenn man die Vorrichtung zuerst erhält. Beachten Sie, wie die Form der Schwalben, die am Ende des Zinkenbrettes markiert sind, zu den Winkeln der Zinkenschablone passt **(D)**. Indem man die angewinkelten Finger näher oder weiter an die Zulage bringt, bestimmt man, wie eng oder lose die Passung der Schwalben wird.

D

Spannen Sie einen Nutfräser in der Handoberfräse ein, um die Zinken zu schneiden. Spannen Sie das Zinkenbrett mit der Sichtseite nach außen in die Vorrichtung ein. Wenn Sie einen Stoppklotz als Referenz für alle Zinkenschnitte verwenden, müssen Sie nur ein Brett anreißen **(E)**.

E

WARNUNG Setzen Sie die Handoberfräse zuerst auf die Kante der Vorrichtung auf, und bewegen Sie sie dann in das Werkstück hinein. Legen Sie sie nicht mit laufendem Motor auf die Vorrichtung auf. Stellen Sie sicher, dass die Handoberfräse während des Schnittes nicht kippt oder wackelt.

A

B

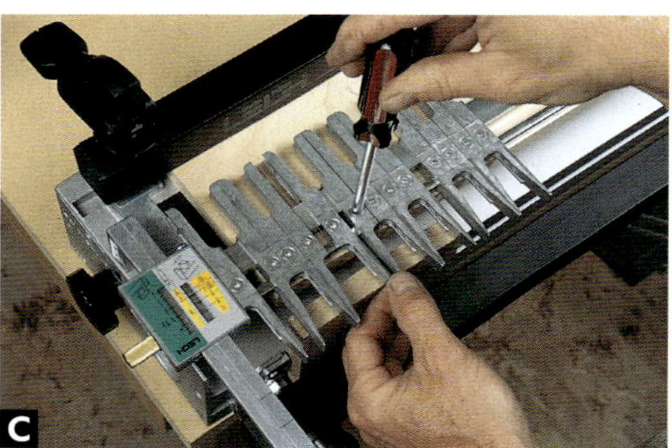
C

D

Offene Schwalbenschwanzzinkung mit der Handoberfräse und der Leigh-Vorrichtung

Bei der Vorrichtung der Firma Leigh werden für offene Schwalbenschwanzzinkungen die Bretter alle senkrecht geschnitten. Spannen Sie eine Zulage in der Stärke des Materials oben in die Vorrichtung ein **(A)**. Bringen Sie die Fingerschablone an, um die Verbindung anzureißen, und drehen Sie die Schablone in die Stellung für offene Zinken. In dieser Stellung sind sich verjüngende Finger an der Außenseite der Schablone zu sehen, die Ihnen am nächsten ist. Auf diese Weise fällt es einem leichter, sich die Verbindung vorzustellen und sie anzureißen, auch wenn man die Schwalben zuerst schneidet. Spannen Sie das Schwalbenbrett direkt unter der Fingerschablone und an den seitlichen Stoppklotz anstoßend ein **(B)**.

Stellen Sie die Finger für die gewünschte Zahl der Schwalben und die Abstände auf ein gefälliges Aussehen ein. Schieben Sie einige der überschüssigen Finger an das rechte Ende des Brettes, um die Handoberfräse während des Schnittes zu stützen **(C)**. Ziehen Sie alle Finger der Schablone an.

Drehen Sie dann die Schablone um 180 Grad, so dass sie sich in der Stellung für offene Schwalben befindet. Diese Stellung ist farblich markiert und mit einem Symbol für eine offene Schwalbe versehen **(D)**. Beachten Sie, dass diese Finger gerade sind und mit den Abständen übereinstimmen, die Sie für die Zinken festgelegt haben. Schieben Sie die Skala bis zur Markierung, und arretieren Sie die Fingerschablone. Rüsten Sie die Handoberfräse mit der richtigen Fräse und der passenden Kopierhülse aus, und stellen Sie die Schnitttiefe auf etwas weniger als die Summe der Stärke der Fingerschablone und die Materialstärke ein.

Die Grundplatte der Fräse muss während des gesamten Schnittes vollflächig auf der Fingerschablone aufliegen. Fräsen Sie jetzt alle Schwalben.

Drehen Sie die Fingerschablone wieder um 180 Grad zurück, so dass sie in der Zinkenstellung ist **(F).** Die Finger dürfen nicht gelockert oder verstellt werden. Die Passung der Verbindung lässt sich verändern, indem man die Fingerschablone in die Vorrichtung hinein oder aus ihr heraus schiebt. Da die Finger der Schablone sich verjüngen, werden die Zinken desto breiter, je weiter die Schablone aus der Vorrichtung herausragt. Stellen Sie die Schablone unter Berücksichtigung der Zinkenbreite, die an der Skala abgelesen wird, für eine enge Passung ein. Berücksichtigen Sie dabei auch Abweichungen in der Größe des Fräsers und der Kopierhülse. Spannen Sie einen Nutfräser in der Handoberfräse ein, und verwenden Sie die gleiche Kopierhülse wie zuvor **(G).** Schneiden Sie von links nach rechts, indem Sie den Fräser langsam zwischen den einzelnen Fingern bewegen.

Führen Sie einen Probeschnitt in einem Stück Restholz, und kontrollieren Sie die Passung. Notieren Sie sich die Einstellung der Skala, wenn Sie mit der Passung zufrieden sind **(H).**

E

F

G

H

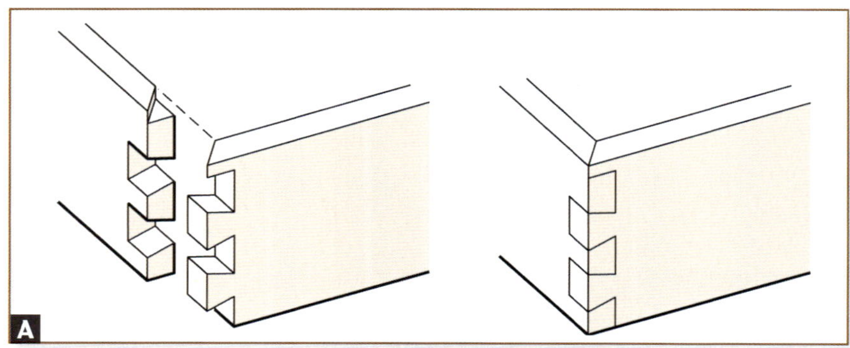

Offene Schwalbenschwanzzinkung mit Oberkante auf Gehrung

Eine offene Schwalbenschwanzzinkung sieht deutlich eleganter aus, wenn ihre obere Kante auf Gehrung gearbeitet wird. Obwohl an beiden Seiten noch Hirnholz zu sehen ist, weist die Oberkante doch eine saubere Gehrung auf, anstatt auf Stoß gearbeitet zu sein **(A).**

Reißen Sie Linien mit dem Streichmaß an beiden Seiten und einer Kante des Schwalbenbrettes an. Reißen Sie mit dem Bleistift und einem Gehrungsmaß an der Außenkante des Brettes die Gehrung an. Schneiden Sie dann die offenen Schwalben, aber schneiden Sie den letzten Schnitt nahe der Gehrung nicht im Winkel. Es ist ein gerader Schnitt **(B).** Schneiden Sie dann die Gehrung mit der Feinsäge. Übertragen Sie die Zinken vom Schwalbenbrett, und schneiden Sie sie dann **(C).**

Handgeschnittene halbverdeckte Schwalbenschwanzzinkungen

Halbverdeckte Schwalbenschwanzzinkungen werden häufig für Schubladen verwendet. Die Verbindung ist nur von der Seite zu sehen, wo sie in das Vorderstück eingefügt ist.

> Siehe „Halbverdeckte Schwalbenschwanzzinkungen« auf S. 141.

Man muss zwei unterschiedliche Risse für die Verbindung am Vorderstück der Verbindung anbringen, da es keine offene Verbindung ist. Der eine Riss markiert wie üblich die Stärke des Schwalbenmaterials. Reißen Sie eine Linie auf der Innenseite des Vorderstücks an, die etwas weniger als die Stärke des Seitenteils von der Kante entfernt liegt. Der zweite Riss markiert die Stärke der Decke. Bringen Sie ihn an der Kante des Vorderstücks in etwa Dreiviertel der Materialstärke an **(A).** Reißen Sie mit dieser letzten Einstellung des Streichmaßes die Schwalbenbretter an den Seiten und Kanten an **(B).**

Reißen Sie die Schwalben an den Seitenteilen der Schublade ein. Stellen Sie dazu eine Schmiege auf den gewünschten Winkel ein (meist zwischen 1:5 und 1:8). In Nordamerika werden die Schwalben oft zwei- bis dreimal so breit wie die Zinken geschnitten. In Deutschland zieht man gleiche Größen vor. Auf jeden Fall sollten die Zinken so groß sein, dass man den Verschnitt leicht mit dem Stechbeitel entfernen kann **(C).**

Spannen Sie das Brett genau senkrecht in der Bankzange ein, und schneiden Sie die Schwalben. Halten Sie die Säge im Winkel, um die Schnitte für die Schwalben genau quer über das Brett schneiden zu können. Mit Übung wird es Ihnen gelingen, diese Schnitte präzise auszuführen **(D).**

Stechen Sie mit dem Stechbeitel an den Rissen ein. Die ersten Schnitte sollten relativ leicht sein, da der Stechbeitel wie ein Keil wirkt und vom Riss weggetrieben werden kann, wenn man zu heftig

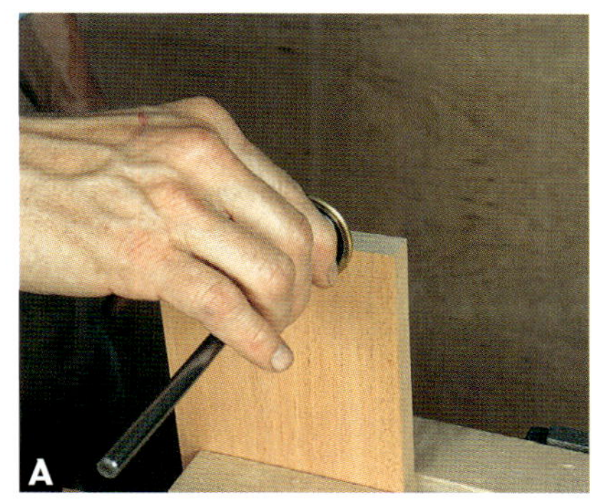
A

D

B

E

C

F

H

G

I

J

mit dem Klüpfel zuschlägt. Entfernen Sie den Verschnitt mit einigen geraden Schnitten **(E)**. Achten Sie darauf, dass die Ecken der Schwalben sauber und die Flächen der Aussparungen für die Zinken alle eben sind. Man kann die Passung etwas verbessern, indem man hier etwas hinterschneidet.

Spannen Sie das Vorderstück der Schublade in der Bankzange ein. Legen Sie das Schwalbenbrett (das Seitenteil der Schublade) darauf, und stützen Sie sein anderes Ende mit einem Hobel ab, den Sie auf die Seite gelegt haben. Indem Sie beide Bretter anheben, können Sie ihre Kanten mit einem Stück Restholz bündig aneinander ausrichten. Richten Sie das Ende der Schubladenseite an dem Riss am Ende des Vorderstücks aus. Übertragen Sie die Schwalben mit einem Anreißmesser auf das Zinkenbrett, während Sie das Schwalbenbrett fest andrücken **(F).** Unabhängig davon, wie die Schwalben ausgefallen sind, wird ihre Form jetzt auf das Gegenstück der Verbindung übertragen.

Drehen Sie dann das Zinkenstück in der Bankzange um. Halten Sie die Säge im Winkel, und schneiden Sie die Zinken. Schneiden Sie bis zu den beiden Rissen hinunter, aber nicht über sie hinaus **(G).**

Verputzen Sie dann mit dem Stechbeitel. Führen Sie die ersten Schnitte sehr vorsichtig aus; drehen Sie den Stechbeitel dann mit der Fase nach unten, und stechen Sie den Verschnitt ab **(H).** Entfernen Sie den Verschnitt weiter aus beiden Richtungen, bis Sie die Risse erreicht haben. Hinterschneiden Sie diese Flächen etwas, um eine gut aussehende Verbindung zu erhalten **(I).**

Passen Sie die Verbindung Schwalbe um Schwalbe an, üben Sie beim Zusammenstecken keine Gewalt aus. Achten Sie auf glänzende Stellen, die zeigen, wo die beiden Teile der Verbindung aneinander reiben. Arbeiten Sie diese Stellen zuerst nach. Gehen Sie beim Anpassen der Verbindung von einem Ende des Brettes zum anderen vor **(J).**

Halbverdeckte Schwalbenschwanzzinkung mit der Handoberfräse und der Leigh-Vorrichtung

Mit der Vorrichtung der Firma Leigh werden halbverdeckte Schwalbenschwanzzinkungen jeweils an ein Brett angeschnitten. Dabei wird ein Schwalbenschwanzfräser verwendet, der zu einer bestimmten Schnitttiefe eingestellt werden muss, um die besten Ergebnisse zu erzielen. Man kann die Fingerschablone für unterschiedliche Materialstärken, Schwalbengrößen und -abstände einstellen. Die Vorrichtung muss mit besonderen Schwalbenschwanzfräsern und Kopierhülsen verwendet werden.

Spannen Sie oben auf der Vorrichtung ein Brett als Abstandshalter ein **(A).** Verstellen Sie die Höhe der Fingerschablone entsprechend dem Abstandshalter. Drehen Sie die Fingerschablone in die Stellung für halbverdeckte Zinkungen, diese Stellung ist farblich markiert und durch ein Zeichen für halbverdeckte Zinkungen gekennzeichnet. Legen Sie die Schablone dann auf den Abstandshalter. Stellen Sie die Skala auf eine Haaresbreite weniger als die Materialstärke ein **(B).**

Spannen Sie das Schwalbenbrett direkt unter der Fingerschablone und an dem seitlichen Stoppklotz anstoßend ein. Heben Sie die Fingerschablone geringfügig an, um die Finger besser in die gewünschte Anordnung zu bringen **(C).** Verschieben Sie die Finger in die gewünschte Anordnung, und ziehen Sie alle Arretierungsschrauben an. Bringen Sie am Ende des Brettes ein oder zwei zusätzliche Finger an, um zu verhindern, dass die Handoberfräse kippt.

Senken Sie die Schablone wieder auf den Abstandshalter. Rüsten Sie die Handoberfräse mit einer 11-mm-Kopierhülse und einem 12-mm-Fräser auf. Stellen Sie die Schnitttiefe laut Bedienungsanleitung für den Fräserwinkel ein, den Sie ausgewählt haben. Die Schnitttiefe wirkt sich auf die Passung der Verbindung aus, da sie die Größe der Zinken bestimmt. Je tiefer

A

B

C

der Schnitt, desto größer der Zinken. Machen Sie einige Probeschnitte in Restholz, bis Sie die richtige Schnitttiefeneinstellung gefunden haben.

> Siehe „Schnitttiefe in einer Vorrichtung für halbverdeckte Schwalbenschwanzzinkungen“ auf S. 147.

D

E

F

G

Führen Sie von rechts nach links eine Fräsung im Gleichlauf an der Brettkante entlang aus. Dadurch wird die Sichtseite des Brettes eingeritzt und Faserausrisse werden vermieden **(D)**. Fräsen Sie dann von links nach rechts zwischen den Fingern der Schablone. Nachdem Sie alle Schwalben geschnitten haben, entnehmen Sie das Schwalbenbrett, und spannen Sie an seiner Stelle ein Stück Restholz senkrecht in die Vorrichtung, so dass es 3 mm über die Vorrichtung herausragt. Legen Sie das Restholz bündig an den seitlichen Stoppklotz an.

Legen Sie dann das Zinkenbrett waagerecht in die Vorrichtung, so dass seine Kante bündig an der Sichtseite des Abstandhalters aus Restholz anliegt **(E)**. Sie können sich diese Arbeit erleichtern, indem Sie die Fingerschablone etwas anheben. Drehen Sie die Fingerschablone um 180 Grad zur Stellung für halbverdeckte Zinken, und stellen Sie die Skala auf die Stärke des Schwalbenbrettes ein **(F)**. Senken Sie die Fingerschablone wieder auf das Zinkenbrett ab. Fräsen Sie mit einer Reihe von leichten Schnitten von links nach rechts die Zinken.

Wenn die Zinken geschnitten worden sind, entnehmen Sie das Zinkenbrett und überprüfen die Passung der Verbindung **(G)**. Wenn die Verbindung zu lose sein sollte, senken Sie der Fräser etwas weiter ab und machen Probeschnitte in zwei frischen Brettern. Wenn die Fräserstellung richtig ist, notieren Sie sich den Wert, oder stellen Sie eine Schnitttiefenlehre aus einem Holzblock her, den Sie verwenden können, um die Handoberfräse einzurichten, wenn Sie die Vorrichtung das nächste Mal für diese Verbindung verwenden.

WARNUNG Fräsen Sie nicht im Gleichlauf in das Zinkenbrett. Sie schneiden in Hirnholz, und Schnitte von rechts nach links führen zu heftigen Ausschlägen der Handoberfräse, wenn diese versucht, sich in das Holz hineinzuziehen.

A

B

C

D

Halbverdeckte Schwalbenschwanzzinkung mit unterschiedlichen Vorrichtungen

Eine Reihe von Vorrichtungen unterschiedlicher Firmen schneiden beide Verbindungsteile in einem Durchgang. Sie benötigen dafür einen Schwalbenschwanzfräser und eine für die Fingerschablone passende Kopierhülse. Führen Sie immer einige Probeschnitte in Restholz aus, bevor Sie Ihr gutes Material bearbeiten. Bei diesen Vorrichtungen hängt die gute Passung vor allem von der richtigen Schnitttiefeneinstellung ab.

> **Siehe „Schnitttiefe in einer Vorrichtung für halbverdeckte Schwalbenschwanzzinkungen" auf S. 147.**

Spannen Sie die Schubladenseite (das Schwalbenbrett) mit der Innenseite nach außen senkrecht in die Vorrichtung. Lassen Sie es etwas überragen, und legen Sie das Vorderstück der Schublade (das Zinkenbrett) mit der Innenseite nach oben daran an. Stellen Sie sicher, dass beide Bretter an den seitlichen Stoppklötzen anliegen **(A).** Verstellen Sie das senkrechte Brett, so dass sein Ende bündig mit der Sichtseite des waagerechten Brettes abschließt, und spannen Sie es dann fest ein **(B).**

Spannen Sie den Fräser in der Handoberfräse ein, und stellen Sie die Schnitttiefe ein. Dies ist entscheidend für die Passung der Verbindung. Wenn Sie also die richtige Schnitttiefeneinstellung gefunden haben, sollten Sie aus einem Holzblock eine Lehre dafür herstellen, um die Einstellung wiederholen zu können. Wahlweise können Sie auch eine Handoberfräse für die Arbeit mit dieser Vorrichtung reservieren und den Fräser in ihr nicht mehr auswechseln, wenn er richtig eingestellt ist **(C).**

Stellen Sie die Handoberfräse ein, legen Sie die Kante der Grundplatte auf die Fingerschablone auf, und schneiden Sie in das Material ein. Tauchen Sie nicht senkrecht in die Schablone ein, und kippen oder heben Sie die Handoberfräse während des Schnittes nicht **(D).** Machen Sie den ersten Schnitt an der Sichtseite des senkrechten Brettes von rechts nach links. Mit dieser Gleichlauffräsung können Sie Faserausrisse verhindern. Schneiden Sie dann bei jedem der Finger ein, indem Sie vorsichtig von links nach rechts arbeiten. Schließlich wird jeder Schnitt wiederholt, um sicherzustellen, dass Sie in jede Lücke so tief wie möglich eingeschnitten haben.

A

Gefälzte halbverdeckte Schwalbenschwanzzinkung mit der Handoberfräse und der Leigh-Vorrichtung

Mit der Leigh-Vorrichtung werden gefälzte Schwalbenschwanzzinkungen so geschnitten wie halbverdeckte Zinkungen. Die Bretter werden einzeln in die Vorrichtung eingelegt und dann entweder senkrecht oder waagerecht geschnitten. Um jedoch das Seitenteil für das gefälzte Vorderstück zurückzusetzen, wird zuerst um das Vorderstück ein Falz geschnitten. Schneiden Sie einen passenden Falz an das Ende eines Stückes Restholz an. Verwenden Sie einen 1-mm-Falzfräser im Handoberfräsentisch, um einen Falz an allen Kanten des Brettes anzuschneiden. Legen Sie eine Zulage hinter das Material, um Faserausrisse zu vermeiden **(A).**

Schneiden Sie einen Abstandshalter mit der Tiefe des Falzes zu. Befestigen Sie ihn mit doppelseitigem Klebeband am seitlichen Stoppklotz. Dadurch wird das Seitenteil der Schublade um die Tiefe des Falzes nach außen verschoben. Legen Sie das Seitenteil an den Abstandshalter und unter der Schablone mit den geraden Fingern an **(B).** Fräsen Sie das Seitenteil zuerst mit einem Schnitt im Gleichlauf von rechts nach links an der Sichtseite des Brettes. Fräsen Sie dann vorsichtig bis zur vollen Tiefe von links nach rechts zwischen den Fingern **(C).** Die Schnitte für die Schwalben werden alle mit dem Abstandshalter ausgeführt.

Entfernen Sie dann den Abstandshalter, stellen Sie das gefälzte Stück Restholz senkrecht in die Vorrichtung. Legen Sie das gefälzte Vorderstück der Schublade am Restholz an, so dass es um dessen Stärke aus der Vorrichtung herausragt **(D).** Führen Sie wie auch sonst Probeschnitte durch, bevor Sie beginnen, Ihr wertvolles Holz zu bearbeiten **(E).**

Schräge halbverdeckte Schwalbenschwanzzinkungen

Beim Anreißen einer schrägen halbverdeckten Schwalbenschwanzzinkung für ein Schubladenvorderstück muss man eine andere Technik verwenden als für normale halbverdeckte Zinkungen, weil durch das Beibehalten der normalen Schwalbenwinkel, die als Bezugslinie die Sichtseite des Vorderstücks haben, an den Spitzen der Schwalben kurzes Holz entstehen würde **(A)**.

Schneiden Sie das Vorderstück zuerst auf den gewünschten Winkel zu. Reißen Sie mit dem fest gegen das Ende des Seitenstücks gehaltenen Streichmaß die Materialstärke an **(B)**. Stellen Sie dann die Schmiege auf den Winkel ein, mit dem die eine Seite der Schmiegen angerissen wird. Danach wird die Schmiege auf den passenden Winkel für die andere Seite eingestellt, und man reißt diese an. Diese Winkel werden eingestellt, indem man die Schmiege fest gegen das Ende des Brettes hält, den Winkel aber entsprechend der Schrägstellung des Vorderstückes verändert. Mit anderen Worten: Die Schwalben werden entlang von Linien angerissen, die parallel zu den Längskanten verlaufen und nicht zum Brettende, als ob das Ende rechtwinklig und nicht schräg wäre **(C)**.

Wenn die Schnitte alle angerissen sind, werden sie mit der Hand geschnitten.

> Siehe „Handgeschnittene halbverdeckte Schwalbenschwanzzinkungen" auf S. 157.

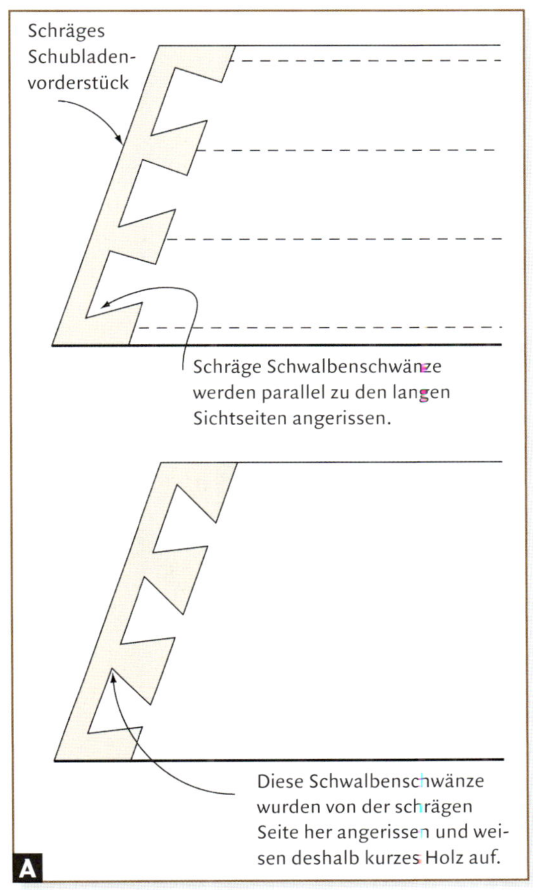

A

B

C

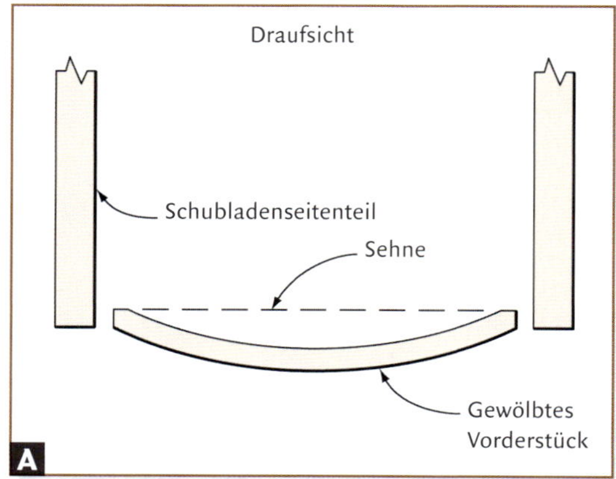

Schublade mit gewölbtem Vorderstück und halbverdeckten Schwalbenschwanzzinkungen

Schubladen mit gewölbten Vorderstücken erfordern Schwalbenschwänze, die senkrecht auf der Sehne der Wölbung stehen **(A).**

Stellen Sie eine Schablone für die Wölbung des Vorderstücks her. Sie können damit die äußere und innere Wölbung anreißen, bedenken Sie jedoch, dass die beiden Bögen nicht konzentrisch sind (bei einer so kurzen Entfernung ist dies nicht so wichtig). Lassen Sie beim Anreißen zwei kurze gerade Stücke an der Innenseite des Vorderstücks stehen. Alternativ können Sie auch nach dem Schneiden der Wölbung diese beiden geraden Flächen parallel zur Sehne des Bogens anhobeln. Die geraden Flächen sollten fast so breit wie die Materialstärke der Seitenteile sein, sie dienen als Auflage für die Brüstungen der Schubladenseiten **(B).**

> Siehe „Handgeschnittene halbverdeckte Schwalbenschwanzzinkungen" auf S. 157.

Schneiden Sie dann wie üblich die Schwalben an den Seitenteilen an.

Wenn die Schwalben geschnitten und verputzt sind, spannen Sie das Vorderstück in der Bankzange ein und legen das Brett mit den Schwalben darauf, um die Zinken anzureißen **(C).** Stützen Sie dabei das Brett mit den Schwalben mit einem Stück Restholz ab. Die Zinken werden wie bei halbverdeckten Schwalbenschwanzzinkungen gerade in das Vorderstück geschnitten.

Gefälzte verdeckte Schwalbenschwanzzinkung

Bei einer gefälzten verdeckten Schwalbenschwanzzinkung werden die Schwalben und Zinken so versteckt, dass die Verbindung wie eine einfache Fälzung aussieht. Das Hirnholz der Fälzung kann entweder von oben oder von der Seite aus zu sehen sein. Schneiden Sie bei dieser Verbindung zuerst die Zinken, weil es einfacher ist, die Schwalben von den Zinken ausgehend anzureißen.

Bei einer Verbindung mit gefälzten Zinken wird auf dem Zinkenbrett mit dem Streichmaß eine Linie angerissen, deren Abstand von der Kante etwas geringer ist als die Materialstärke des Schwalbenbrettes. Reißen Sie dann eine Linie für den Falzschnitt an, so dass ein ungefähr quadratischer Holzrest als Aufnahme für die Schwalben und Zinken stehen bleibt. Reißen Sie auf dem Schwalbenbrett Linien an, die dem Falzschnitt entsprechen **(A)**. Schneiden Sie den Falz an der Tischkreissäge oder mit einem Falzfräser am Handoberfräsentisch.

Stellen Sie aus Pappe oder dünnem Messing eine Zinkenschablone her. Verwenden Sie einen optisch ansprechenden Winkel, und schneiden Sie die Schablone mit der Schere aus. Reißen Sie mit dieser Schablone die Aussparungen für die Schwalben und Zinken auf dem gefälzten Zinkenbrett an. Sägen Sie die Zinken im Winkel mit der Feinsäge.

> Siehe „Handgeschnittene halbverdeckte Schwalbenschwanzzinkungen" auf S. 157.

Verwenden Sie die Handoberfräse mit einem kleinen Nutfräser, um die Aussparungen für die Schwalben schnell zu verputzen. Dazu wird im Gleichlauf – von rechts nach links – gefräst, wobei die Handoberfräse gut abgestützt werden muss, um sie leichter kontrollieren zu können. Stellen Sie die Schnitttiefe fast auf die Tiefe des Falzes ein **(C)**. Stechen Sie dann mit dem Beitel bis zu den Rissen, und verputzen Sie die Aussparungen für die Schwalben bis hinunter zum Falz **(D)**.

Übertragen Sie die Risse auf die Schwalbenbretter, indem Sie das Zinkenbrett jeweils senkrecht darauf stellen **(E)**. Schneiden Sie die Schwalben passend zu.

A

C

B

D

E

Verdeckte Schwalbenschwanzzinkung mit Gehrung

Verdeckte Schwalbenschwanzzinkungen mit Gehrung verbergen die Schwalben und Zinken vor der Welt, zu sehen ist nur die Gehrung. Damit die Gehrung gut passt, müssen die beiden Bretter die gleiche Stärke haben.

Stellen Sie ein Streichmaß genau auf die Stärke der Bretter ein **(A)**, und reißen Sie damit nur auf den Innenseiten der Bretter Linien an. Reißen Sie dann die Gehrung von der Außenecke eines Brettes bis zu diesem Riss an **(B)**. Spannen Sie dann einen Falzfräser ein, um an allen Brettern Fälze zu schneiden. Deren Tiefe sollte etwa zwei Drittel der Materialstärke betragen. Schneiden Sie nur bis zum Gehrungsriss, so dass ein dreieckiges Stück mit ungefähr gleich langen Seiten stehen bleibt. Reißen Sie mit dem Anreißmesser die Gehrungslinie an beiden Kanten der Bretter an.

Die Zinken werden mit einer Zinkenschablone angezeichnet.

> Siehe „Gefälzte verdeckte Schwalbenschwanzzinkung" auf S. 165.

Die halben Zinken an den Außenkanten sollten nach innen versetzt sein, um die Gehrung zu berücksichtigen. Schneiden Sie mit der Feinsäge die Gehrungen so sauber wie möglich bis zur Brüstung ein. Sie werden später dann angepasst und verputzt **(C)**. Winkeln Sie die Säge an, während Sie die Zinken schneiden. Machen Sie sich keine Sorgen, wenn die Säge oben am Schnitt in das Holz gerät, aber schneiden Sie nicht durch die spätere Gehrung.

Verputzen Sie die Zinken an den Rissen hinab bis zum Falz. Der Verschnitt lässt sich mit der Handoberfräse und einem Nutfräser schneller entfernen **(D)**. Entfernen Sie den quadratischen Falz noch nicht, da er hilft, die Bretter für das Anreißen zu halten **(E)**. Stellen Sie das Zinkenbrett auf das mit den Schwalbenschwänzen, und legen Sie beide Bretter an einer Anlage an. Richten Sie die

Kanten sorgfältig aneinander aus, und reißen Sie mit einem Anreißmesser die Schwalben an. Stechen Sie dann die Gehrungen grob mit einem Stechbeitel ab **(F).**

Verwenden Sie einen Hobel, dessen Eisen über die gesamte Sohlenbreite reicht, um die Gehrungen genau auf 45° zuzuschneiden **(G).** Schneiden Sie einen breiten Holzblock mit einem Winkel von 45° zu, und spannen Sie ihn an das Brett, um den Hobel während der Schnitte zu stützen.

Verdeckte Zinkungen mit Gehrung müssen sorgfältig angepasst werden, um sicherzustellen, dass sich die Gehrung vollständig schließt. Halten Sie die Säge geneigt und im Winkel zum Brett, während Sie die Schwalben schneiden **(H).**

Fräsen Sie bis auf ganze Tiefe, um den Verschnitt zu entfernen. Verwenden Sie dann einen Stechbeitel, um die Aussparungen für die Zinken und die halben Zinken genau bis zu den Rissen und der Gehrung zu verputzen **(I).**

F

G

H

I

A

B

C

Durchgehende Gratnut

Stellen Sie sicher, dass Ihr Material eben ist und keine Säge- oder Hobelspuren aufweist, bevor Sie beginnen, eine Gratnut zu schneiden. Falls Sie das Werkstück mit dem Hobel, Schleifpapier oder der Ziehklinge bearbeiten, nachdem Sie die Verbindung geschnitten haben, wird dadurch die Passung beeinflusst **(A).**

Schneiden Sie zuerst die Gratnut. Verwenden Sie für eine 10-mm-Gratnut einen 5-mm-Nutfräser am Handoberfräsentisch, um den Verschnitt grob zu entfernen. Diese Nut sollte nicht ganz die endgültige Schnitttiefe erreichen. Führen Sie das Ende des Brettes an einem Anschlag, der so eingestellt ist, dass der Nutfräser genau mittig in der späteren Gratnut schneidet **(B).**

Spannen Sie den Schwalbenschwanzfräser ein, und stellen Sie ihn auf volle Schnitttiefe ein. Mehr als einen Versuch haben Sie bei diesem Schnitt in voller Tiefe nicht. Machen Sie den Schnitt, wobei Sie die Handoberfräse fest auf das Brett drücken, um den Schnitt gleichmäßig tief anzulegen. Die Schnitttiefe können Sie durch einen zweiten Schnitt ausgleichen. Legen Sie eine Zulage hinter das Werkstück um Faserausrisse zu verhindern, oder schneiden Sie das Material mit 3 mm Übergröße zu, um die unausbleiblichen Faserrisse wegschneiden zu können. Verwenden Sie einen Einsatz im Handoberfräsentisch, der möglichst viel vom Fräser verdeckt **(C).**

Schneiden Sie die schwalbenschwanzförmige Feder am Handoberfräsentisch an das senkrecht gehaltene Werkstück. Verstellen Sie dafür die Schnitttiefe nicht. Sie ergibt eine perfekte Passung für den ersten Schnitt. Stellen Sie den Anschlag so über den Fräser, dass nur ein Teil von ihm zu sehen ist. Schneiden Sie die Flanken auf der einen Seite aller Verbindungen und dann alle anderen Flanken. Die Feineinstellung des Anschlages können Sie durch Probeschnitte in einem Stück Restholz mit der gleichen Stärke ermitteln. Falls Sie von der Feder mehr abschneiden müssen, markieren Sie die Position des Anschlages mit einem Bleistiftstrich auf dem Arbeitstisch, lockern Sie die Spannhebel, und klopfen Sie den Anschlag vorsichtig vom Bleistiftstrich weg, um mehr vom Fräser freizulegen. Mit jeder Bewegung erhalten Sie zwei Schnittmöglichkeiten, jeweils eine an jeder Flanke **(D).**

D

Falls Sie glauben, die Passung stimme schon fast, aber nichts riskieren möchten, können Sie sich rückversichern, indem Sie ein Stück Papier zwischen die Anlage und das Werkstück legen. Dadurch wird das Werkstück um Bruchteile eines Millimeters vom Anschlag entfernt. Mit einer Eurobanknote ist die Zulage etwa 0,1 Millimeter stark **(E).** Falls die Passung immer noch zu stramm ist, entfernen Sie die Papierzulage und führen einen weiteren Schnitt aus. Bei schmaleren Brettern kann man mit dem Hobel etwas von der Sichtseite abnehmen, wodurch die Entfernung vom Anschlag zum Fräser verringert wird und der Schwalbenschnitt schmaler wird.

E

Bevor Sie damit beginnen, die Verbindung anzupassen, machen Sie einen Hobelschnitt am Hirnholz der schwalbenförmigen Feder **(F).** Dadurch erhalten Sie etwas Raum für Bewegung und Leim. Als Alternative können Sie auch die Schnitttiefe für die Feder etwas geringer als für die Gratnut machen. Falls die Feder immer noch in der Nut klemmt, überprüfen Sie die Schnitttiefe mit einem Messschieber. Sie können auch einen Kombiwinkel als Tiefenlehre verwenden. Stellen Sie sicher, dass die Tiefe gleichmäßig ist **(G).**

F

WARNUNG Machen Sie sich immer den Austrittspunkt des Fräsers am Handoberfräsentisch bewusst. Bringen Sie Ihre Hände nie in die Nähe dieses Gefahrenpunktes.

G

Abgesetzte Gratnut

Eine abgesetzte Gratnut wird genauso wie die einfache Version geschnitten, nur dass man am Anschlag des Handoberfräsentisches einen Stoppklotz anbringt. Legen Sie eine Zulage unter den Stoppklotz, damit sich an ihm keine Holzreste ansammeln und die Genauigkeit beeinflussen **(A)**.

Stechen Sie das Ende der Gratnut rechteckig aus, oder lassen Sie es rund, und schneiden Sie die Feder weit genug zurück, dass sie nicht in den runden Ecken anstößt. Nachdem Sie die Feder angeschnitten und eingepasst haben, schneiden Sie einen Teil davon wieder ab, um an das abgesetzte Ende der Nut zu passen. Entfernen Sie den Verschnitt mit einer Rückensäge. Stechen Sie dann von den gefrästen Brüstungen aus ein, um die ebene Fläche zu schaffen **(B)**. Die Brüstung kann leicht hinterschnitten werden. Oder richten Sie die Tischkreissäge so ein, dass Sie die Brüstung präzise absägen können.

Eine Gratnutverbindung sollte sich mit der Hand ungefähr auf die Hälfte ihrer Länge zusammenschieben lassen, bevor Sie klemmt. Auseinandernehmen lässt sie sich allerdings nur mit dem Klüpfel. Spannen Sie ein Stück Restholz am Werkstück fest, das genau unter die Nut passt, und verwenden Sie es als Stoppklotz, gegen den Sie das Brett treiben. Achten Sie darauf, dass sich das Brett mit der Feder beim Losschlagen nicht verkantet. Bei einer einfachen Gratnutverbindung kann man die Passung von Nut und Feder von beiden Enden aus kontrollieren, bei einer abgesetzten Gratnut hingegen nur von einer. Sie müssen also sorgfältig und genau schneiden **(C)**.

Mit der Hand geschnittene einseitige Gratnut

Eine einseitige Gratnutverbindung ist relativ leicht einzupassen, da eine Seite senkrecht auf dem Grund steht.

> Siehe „Gratnutverbindungen und Einzinker" auf S. 144.

Legen Sie den Winkel der Schwalbenschwanzfeder fest, und stellen Sie eine Schmiege darauf ein **(A)**. Reißen Sie an einem Brett an beiden Enden diesen Winkel an, und hobeln Sie die Winkel an **(B)**. Spannen Sie diesen angeschrägten Anschlag als Sägeführung am Werkstück fest, und legen Sie die Säge daran an, um den Schnitt auszuführen **(C)**. Achten Sie darauf, die Säge dicht am Anschlag zu führen und nicht über die Tiefenmarkierungen hinab zu sägen.

Verwenden Sie dann die andere gerade Seite der Sägeführung, um den geraden Schnitt auszuführen. Achten Sie darauf, dass er im rechten Winkel zur Brettkante verläuft **(D)**. Sägen Sie dann die gerade Seite bis zur Endtiefe **(E)**.

Entfernen Sie den Verschnitt mit Stechbeitel und Klüpfel **(F)**. Schneiden Sie dann die Nut mit dem Grundhobel bis auf die Endtiefe **(G)**.

Reißen Sie mit der Schmiege die schwalbenschwanzförmige Feder am anderen Brett an. Markieren Sie die Brüstung der Feder. Spannen Sie die Sägeführung so in der Bankzange ein, dass sie mit den Markierungen für die Feder fluchtet, und schneiden Sie mit einem breiten Stechbeitel die Feder an **(H)**. Passen Sie die Verbindung an, indem Sie mit dem Hobel Holz von der hinteren Seite des gefederten Brettes abnehmen **(I)**.

A

B

C

D

E

F

G

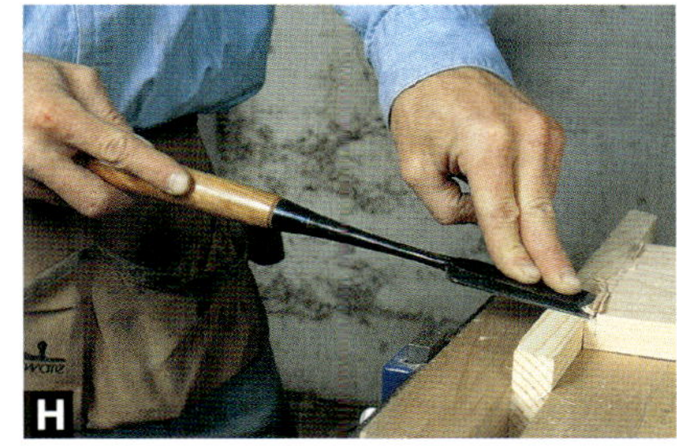
H

I

Mit der Handoberfräse geschnittene einseitige Gratnut

Wenn Sie eine einseitige Gratnut mit der Handoberfräse schneiden wollen, schneiden Sie das Material auf eine Stärke, die etwas mehr als die Breite des Schwalbenschwanzfräsers beträgt, damit Sie etwas Spielraum zum Anpassen der Verbindung haben. Verwenden Sie zuerst einen Nutfräser, aber richten Sie ihn nicht mittig in der vorgesehenen Gratnut aus. Stellen Sie den Anschlag so ein, dass Sie eine Seite der Gratnut mit dem Nutfräser schneiden. Schneiden Sie zuerst in mehreren Durchgängen grob vor, legen Sie dann eine Zulage hinter das Werkstück, um Faserausrisse zu verhindern, und schneiden Sie dann bis zur Endtiefe **(A)**.

Stellen Sie den Schwalbenschwanzfräser auf die Endtiefe ein, und schneiden Sie die gewinkelte Seite der Gratnut. Achten Sie darauf, immer im Gegenlauf zu fräsen **(B)**.

Schneiden Sie die Feder nur an einer Fläche an **(C)**. Passen Sie die Feder ein, indem Sie die gerade Fläche des Brettes abhobeln. Schraffieren Sie die Fläche des Brettes mit Bleistift, und entfernen Sie gleichmäßig Holz mit einem fein eingestellten Hobel oder sogar mit der Ziehklinge. Dadurch wird die Feder etwas kleiner. Überprüfen Sie die Passung, bis die Feder in die Gratnut passt **(D)**.

WARNUNG Wenn Sie einen mit der Handoberfräse geschnittenen Schlitz vergrößern, stellen Sie sicher, dass die Vorschubrichtung des zweiten Schnittes in die Drehung des Fräsers weist. Meist schneiden Sie nur mit einer Seite des Fräsers, und die normale Vorschubrichtung könnte sogar zu einem gefährlichen Gleichlauffräsen führen. Unter Umständen müssen Sie das Werkstück von links nach rechts führen, und nicht wie sonst meist von rechts nach links, um dies zu vermeiden.

Halber Schwalbenschwanzfalz

Ein Falz mit einem halben Schwalbenschwanz wird mit dem Handoberfräsentisch an ein Schubladenvorderstück genauso angeschnitten wie jeder andere Falz. Legen Sie das Werkstück flach auf den Arbeitstisch, und verwenden Sie einen Schwalbenschwanzfräser anstatt eines Falzfräsers. Legen Sie eine Zulage hinter das Werkstück, um Faserausrisse zu verhindern.

A

Stellen Sie den Anschlag so ein, dass die Schnitttiefe etwas geringer als die Materialstärke ist **(A).** Schneiden Sie mehrmals grob vor, bis das Brett für den letzten Schnitt am Anschlag entlang läuft, oder entfernen Sie zuerst den Verschnitt mit der Tischkreissäge, und führen Sie den letzten Versäuberungsschnitt dann am Handoberfräsentisch aus.

B

Verstellen Sie die Schnitttiefe für den Schwalbenschnitt nicht, die Einstellung passt schon genau. Verschieben Sie den Anschlag, so dass der Fräser zwischen seinen Backen liegt. Schneiden Sie die gewinkelte Brüstung an das Schubladenteil, während Sie das Werkstück senkrecht halten **(B).** Führen Sie einen leichten Schnitt aus, und entfernen Sie den Anschlag vom Fräser, bis die beiden Bretter genau zusammenpassen **(C).** Besonders belastbar wird die Verbindung, wenn Sie sie mit Dübeln verstärken.

C

A

B

C

D

Verjüngte Gratnut

Mit einer verjüngten Gratnut umgeht man die Probleme, die sich beim Einpassen einer normalen Gratnutverbindung ergeben. Die Verbindung besteht aus einer Gratnut und einer schwalbenschwanzförmigen Feder, die sich beide verjüngen und lose zusammenpassen, bis die Verbindung fast geschlossen ist, und sich dann ineinander verkeilen.

Befestigen Sie einen rechtwinkligen Anschlag und Hilfsanschlag mit Zwingen am Werkstück. Wenn Sie die Lage der Gratnut mit Bleistift markieren, können Sie den Anschlag leichter platzieren, indem Sie den Schwalbenschwanzfräser in der Handoberfräse als Hilfe benutzen. Arbeiten Sie die Nut zuerst grob mit einem Nutfräser vor **(A)**. Schneiden Sie mit einem Schwalbenschwanzfräser bis auf volle Tiefe, wobei die Grundplatte der Handoberfräse dicht am Hilfsanschlag anliegt **(B)**.

Legen Sie genau an der vorderen Kante des Werkstücks eine 1,5 mm starke Zulage zwischen den rechtwinkligen Anschlag und den Hilfsanschlag. Schneiden Sie dann die schräge Seite der Gratnut, um die Verjüngung zu erreichen. Achten Sie darauf, die Zulage an die Kante des Brettes zu legen, nicht an die Kante des Anschlags. Falls die Gratnut abgesetzt werden soll, stechen Sie ihr Ende mit dem Stechbeitel rechtwinklig zu. Verwenden Sie einen Abstandshalter, um den Schnitt am Gegenstück auszuführen, so dass er in der richtigen Position ist **(C)**.

> Siehe „Falz im Hirnholz mit der Handoberfräse und Anschlag" auf S. 70.

Fräsen Sie die sich verjüngende Feder am Handoberfräsentisch mit dem gleichen Fräser, der sich jetzt zwischen den Backen des Anschlags am Handoberfräsentisch befinden sollte. Befestigen Sie die 1,5 mm starke Zulage mit Klebeband genau an der Kante auf einer Fläche des Brettes. Dadurch wird das Werkstück vom Anschlag weggedrückt, um den Verjüngungsschnitt auszuführen. Schneiden Sie die andere Seite der Feder, indem Sie die Seite des Brettes flach an den Anschlag halten **(D)**.

Handgeschnittener einzelner Schwalbenschwanz

Bei einer Verbindung mit einem einzelnen Schwalbenschwanz wird zuerst die Schwalbe in die Korpuszarge geschnitten. Von der Schwalbe wird der Riss auf das Seitenteil des Korpus' übertragen. Stellen Sie ein Streichmaß ein, und reißen Sie die Brüstungen an. Achten Sie darauf, dass die Entfernung von Brüstung zu Brüstung richtig ist, überprüfen Sie die Distanz, indem Sie den Korpus trocken zusammenstecken. Reißen Sie die Schräge der Schwalbe mit der Schmiege oder nach Augenmaß an. Spannen Sie die Zarge in der Bankzange ein, und schneiden Sie den Schwalbenschwanz mit der Feinsäge **(A).**

Übertragen Sie die Form der Schwalbe mit dem Anreißmesser auf die Korpusseite. Stützen Sie das Ende der Zarge mit einem Stück Restholz oder einem auf die Seite gelegten Hobel ab. Richten Sie die Zarge mit dem Tischlerwinkel am Korpusseitenteil aus **(B).** Reißen Sie dann die Stärke der Zarge mit dem Streichmaß am Seitenteil an. Winkeln Sie die Linien von den Messerrissen der Schwalbenform bis hinunter zu diesem Streichmaßriss. Sägen Sie im Winkel, um die Aussparung für die Schwalbe herzustellen **(C).**

Verputzen Sie die Aussparung mit dem Stechbeitel. Sie können diese Flächen ein wenig hinterschneiden, um das Anpassen zu erleichtern **(D).**

Die einseitig angeschrägte Version dieser Verbindung wird auf die gleiche Weise geschnitten, nur dass man eine Brüstung gerade schneidet. Reißen Sie den Schwalbenschwanz an, und schneiden Sie ihn aus. Übertragen Sie die Form auf das Seitenteil, und schneiden Sie wie in Foto C gezeigt aus.

Um die Verbindung einzupassen, muss man jetzt lediglich mit dem Hobel die flache Seite der Zarge nacharbeiten, bis sie passt **(E).** Wie bei jeder geschlitzten Verbindung sollte man immer eine kleine Brüstung anschneiden, um eventuelle Dellen oder Beschädigungen an den Kanten des Schlitzes zu verdecken **(F).**

A

D

B

E

C

F

A

B

Einzelner Schwalbenschwanz an der Tischkreissäge

Man kann den Schwalbenschwanz an der Zarge auch an der Tischkreissäge schneiden. Schneiden Sie zuerst die Brüstungen mit einem Ablängschlitten und einem Stoppklotz an. Stellen Sie das Sägeblatt so hoch, dass es gerade bis zur angerissenen Verbindung reicht **(A).**

Stellen Sie das Sägeblatt dann auf den richtigen Winkel ein, und führen Sie die Zarge mit dem Gehrungsanschlag am Blatt vorbei. Befestigen Sie einen Stoppklotz am Gehrungsanschlag, um die Schnitte gleich auszuführen. Stellen Sie sicher, dass die Sägeblatthöhe etwas niedriger als der Brüstungsschnitt ist **(B).** Verputzen Sie die Ecken der Brüstungen mit dem Stechbeitel.

A

B

Zargenverbindung mit doppeltem Schwalbenschwanz

Um das Verziehen der Korpusseiten zu verhindern, müssen Zargen oft etwas breiter sein. In diesem Fall sollten Sie eine Verbindung mit zwei Schwalbenschwänzen wählen. Falls die Aussparungen sehr nahe an die Außenseite eines der Korpusteile heranreichen, verkürzen Sie eine der beiden Schwalben mit der Handsäge. Schon 3 mm können einen Unterschied ausmachen **(A).** Übertragen Sie dann die Form der beiden Schwalben auf das Seitenteil, und passen Sie die Zarge sorgfältig an den Korpus an **(B).**

TEIL DREI

Rahmenbauweise

Verbindungen auf Stoß
Seite 179

Gehrungsverbindungen
Seite 191

Überblattungen und Bügelzapfenverbindungen
Seite 212

Schäftungen und Blattungen
Seite 234

Breitenverbindungen
Seite 243

Schlitz-und-Zapfenverbindungen
Seite 264

Die Rahmenbauweise ist das zweite wichtige Verfahren, das wir im Möbelbau anwenden. Aus Rahmen werden verschiedene Stücke hergestellt, die aus kleineren, leichteren Teilen bestehen als die breiten Platten der Möbelkorpusse. Rahmen können Spiegel, Kopfteile von Betten oder Bilder aufnehmen, sie können aber auch an den Ecken zusammengefügt werden und zu Gestellen für Tische, Stühle und Hockern werden. Schließlich kann man einen Rahmen auch mit einer Füllung ausstatten und so größere Stück wie Schränke oder Schreibtische konstruieren. Die kleineren Abmessungen der Rahmenfriese erlauben den Einsatz verschiedener Verbindungen, unter anderem auf Stoß, auf Gehrung, Schlitz und Zapfen, und Überlappungen.

Manche von diesen Verbindungen gleichen denen, die beim Korpusbau eingesetzt werden, hier werden sie aber so gestaltet, dass sie auch bei kleineren Bauteilen die größtmögliche Leimfläche ergeben, ohne die Belastbarkeit des Werkstücks zu beeinträchtigen.

Verbindungen auf Stoß

Geschraubte Verbindung

- Mit Schrauben verstärkte Verbindung auf Stoß (S. 183)

Sacklochverbindung

- Verbindung auf Stoß mit schrägen Sacklöchern (S. 184)

Gedübelte Verbindung

- Gedübelte Verbindung auf Stoß (S. 185)
- Verbindung auf Stoß mit durchgehenden Dübeln (S. 187)
- Verbindung auf Stoß mit verkeilten durchgehenden Dübeln (S. 188)

Verbindungen mit losen Formfedern

- Verbindung auf Stoß mit losen Formfedern (S. 189)
- Verbindung auf Stoß mit mehreren losen Formfedern (S. 190)

Mit Blendrahmen werden die Kanten von Sperrholzplatten verdeckt.

Die langen Schrauben, mit denen die Ecken eines Blendrahmens verstärkt werden, sollten versenkt werden.

Mit einem Richtscheit wird der Blendrahmen ausgerichtet, während Schrauben in die schrägen Sacklöcher eingetrieben werden.

Blendrahmen lassen sich auch mit Dübeln verstärken, deren Ausrichtung ist jedoch schwieriger als bei anderen Verbindungsmitteln.

Verbindungen auf Stoß können in verschiedenen Situationen verwendet werden, am häufigsten werden sie allerdings bei Blendrahmen im Möbelbau eingesetzt. Blendrahmen verdecken die Sperrholz- oder Spanplattenkanten eines Möbelstückes und ermöglichen das Anbringen von Beschlägen sowie die rückwärtige Anpassung von Möbeln an unregelmäßige Wände. Blendrahmen werden normalerweise mit Leim und Nägeln oder Schrauben angebracht, um die Beschränkungen der gestoßenen Verbindungen auszugleichen. Das bietet zwei Vorteile: Die Vorderseite des Möbelstücks wird verstärkt, und der Blendrahmen wird sicherer befestigt.

Verstärken von gestoßenen Verbindungen

Wir haben alle schon mal einen Rahmen mit gestoßenen Verbindungen mit Hammer und Nägeln zusammengefügt. Die besten Ergebnisse erhält man jedoch, wenn man Blendrahmen auf Stoß so verstärkt, dass sie Spannungen und Scherkräften widerstehen können.

Montieren Sie Blendrahmen zusammen, indem Sie Schrauben durch die senkrechten Friese in die waagerechten Friese drehen. Falls man eine Schraube mit relativ langem Gewindeteil verwendet, dringt sie tief genug in das Hirnholz ein, um zu halten. Sie müssen sich allerdings daran erinnern, wo diese Schrauben sitzen, wenn Sie den Blendrahmen am Möbelstück befestigen. Setzen Sie Holzzapfen in die versenkten Schraubenlöcher ein, wenn man diese sehen kann.

Schräge Bohrlöcher wurden entwickelt, um die Herstellung von Blendrahmen zu beschleunigen. Sie ziehen eine gestoßene Verbindung zusammen und wirken beim Verleimen wie Zwingen. Wie bei allen Blendrahmen sollten Sie auch hier sicherstellen, dass der Rahmen eben ist.

Man kann einen Blendrahmen auch mit Dübeln verstärken. In diesem Fall muss man sich keine Sorgen machen, wenn man den Rahmen mit Nägeln oder Schrauben am Korpus befestigt. Beim Bohren der Dübellöcher muss man konzentriert arbeiten, da es leicht ist, bei der Platzierung Fehler zu machen. Achten Sie darauf, dass Ihre Rahmen eben sind und dass die Dübellöcher (ob durchgehend oder nicht) genau gebohrt sind.

Die lose Formfeder ist vielleicht die leichteste und belastbarste Methode, Verbindungen auf Stoß zu verstärken. Da die Formfeder in beiden Teilen des Rahmens in das Längsholz geleimt wird, ist die Verbindung sehr belastbar. Bei besonders starken Rahmen kann man die Formfedern auch doppelt setzen. Wie bei Dübeln ist es unproblematisch, durch eine Formfeder zu schrauben oder zu nageln, wenn man den Blendrahmen anbringt. Man kann lose Formfedern sogar in kleinen Rahmen verwenden, indem man sie an eine Kante versetzt, wo sie nicht sichtbar sind. Allerdings sind Schlitzfräsen keine Garantie für einfaches und genaues Arbeiten. Es gibt einige Dinge zu beachten.

Präzise Schlitze für lose Formfedern schneiden

Präzise Schlitze für lose Formfedern schneidet man auf folgende Weise mit der Schlitzfräse. Stellen Sie sicher, dass der Anschlag parallel zum Fräser steht. Jede Abweichung von der parallelen Anordnung wird verdoppelt, wenn Sie zwei Schlitze in den beiden Teilen der Verbindung schneiden. Achten Sie darauf, den Schlitz genau mittig in der Stärke des Materials anzuordnen, damit sich die Formfedern nicht an der Holzoberfläche abzeichnen. Aber auch wenn Sie nicht genau mittig angerissen haben, werden die Teile der Verbindung doch bündig abschließen, wenn Sie bei beiden Teilen den Anschlag an der Sichtseite anlegen.

Versuchen Sie nicht, das Werkstück in der einen und die Fräse in der anderen Hand zu halten. Legen Sie das Werkstück an einem Anschlag an, oder spannen Sie es an der Hobelbank fest.

Die lose Formfeder wird mittig in einem der Verbindungsteile ausgerichtet.

Überprüfen Sie die genaue Einstellung des Anschlags an einer Schlitzfräse mit einem Holzklotz. Er sollte auf beiden Seiten des Anschlags eng anliegen. Falls der Anschlag nicht richtig steht, gleichen Sie die Differenz mit einem Stück Klebeband aus.

Richten Sie die Mittellinie der Schlitzfräse an der Mitte des Werkstücks aus.

Legen Sie das Werkstück an den Bankhaken oder einem an der Bank festgespannten Brett an, um Bewegungen zu verhindern.

Schneiden Sie Verbindungen auf Stoß so, dass die Schnittkanten eben sind und im rechten Winkel zur Fläche verlaufen. Wenn Sie zwei Bretter zusammenspannen und gemeinsam durchschneiden, die Schnittfuge aber im Winkel zur Fläche steht, sind die Bretter hinterher nicht gleich lang.

Verwenden Sie Stoppklötze für Schnitte mit der gleichen Länge.

Überprüfen Sie den Ablängschlitten der Tischkreissäge auf Rechtwinkligkeit, vor allem wenn sie mehrere Stunden in Betriebe gewesen ist. Kontrollieren Sie auch, ob das Sägeblatt im rechten Winkel zum Arbeitstisch steht.

Verbindungen auf Stoß schneiden

Verbindungen auf Stoß werden immer in zwei Richtungen geschnitten. In den meisten Fällen handelt es sich um rechtwinklige Schnitte, bei denen man quer über das Werkstück und senkrecht nach unten schneidet. Beim Sägen mit der Hand sollte man immer für einen deutlich sichtbaren Bleistiftriss sorgen und dann auf der Verschnittseite sägen. Halten Sie den Riss beim Sägen von Holzspänen und -resten frei.

Sie können die Kapp- und Gehrungssäge für diese Schnitte verwenden, aber stützen Sie dabei lange Friese immer ab. Verwenden Sie Stoppklötze, um die Schnitte wiederholbar zu machen. Auch wenn Sie nur zwei Bretter schneiden, lohnt sich die Zeit, die man braucht, um einen Stoppklotz zu setzen, da die beiden Bretter nach dem Schnitt identisch sind.

Tischkreissägen sind natürlich ideal für Ablängschnitte geeignet. Falls Sie keinen Schiebetisch an der Tischkreissäge haben, verwenden Sie einen Ablängschlitten oder einen Gehrungsanschlag. Kontrollieren Sie in diesem Fall aber die Einstellung regelmäßig, um zu sehen, ob Sie noch im rechten Winkel schneiden.

> Siehe „Verbindungen auf Stoß" ab S. 38 für weitere Informationen zum Ablängen.

Mit Schrauben verstärkte Verbindung auf Stoß

Gestoßene Verbindungen haben nur einfache Voraussetzungen, deren Erfüllung ist jedoch für gute Ergebnisse recht wichtig. Stellen Sie sicher, dass das Material eben ist und nicht verzogen oder windschief. Schneiden Sie alle Ablängschnitte rechtwinklig zur Kante und Fläche des Brettes. Achten Sie auch darauf, dass die Kante rechtwinklig abgerichtet ist, vor allem dort, wo sie auf das Ende eines anderen Brettes stößt **(A).**

Bohren Sie mit einem Bohrer durch das Längsfries, der groß genug ist, dass der Schraubenkopf gut hinein passt. Messen Sie vorher den Schraubenkopf aus, damit Sie das Loch nicht beschädigen. Bohren Sie die Löcher ausreichend und gleichmäßig tief, so dass die Schrauben greifen können **(B).**

Bohren Sie Führungslöcher, wenn das Material für die Rahmen sehr dünn ist oder aus sehr hartem Holz besteht. Manche Schrauben mit selbstschneidendem Gewinde lassen sich eindrehen, ohne dass das Holz reißt, aber man sollte das vorher an einem Stück Restholz ausprobieren. Achten Sie darauf, das Führungsloch etwas kleiner als den Gewindekern der Schraube zu machen. Der Gewindekern ist der Teil der Schraube, der innerhalb des Gewindes liegt **(C).**

Geben Sie Leim an das Hirnholz des Querfrieses, um der Verbindung etwas mehr Halt zu gehen. Legen Sie dann den Rahmen flach auf die Hobelbank, und drehen Sie die Schrauben ein. Legen Sie den Rahmen an den Bankhaken oder einem an der Bank festgespannten Brett an, um Bewegungen zu verhindern. Geben Sie etwas Wachs an die Schrauben, um das Eindrehen zu erleichtern **(D).** Alternativ können Sie auch den Rahmen verleimen und nach dem Trocknen die Schrauben eindrehen. Setzen Sie Holzzapfen in die Schraubenlöcher, falls die Kanten des Rahmens sichtbar sein werden.

A

B

C

D

E

A

B

C

D

Verbindung auf Stoß mit schrägen Sacklöchern

Mit schrägen Sacklöchern kann man dem Problem entgehen, dass das versenkte Loch für eine Schraube sichtbar sein könnte, da sie an der Innenseite des Rahmens angebracht werden. Sie lassen sich schnell anbringen, da die verwendeten Schrauben sich ihr Gewinde selbst schneiden. Man benötigt nur einen Bohrer, um das Sackloch und das kurze Führungsloch zu bohren. Zudem entfällt die Notwendigkeit, den Rahmen für das Verleimen einzuspannen.

Spannen Sie das Holz in die Vorrichtung ein, und bohren Sie das Sackloch mit dem mitgelieferten Bohrer **(A).** Stellen Sie vor dem ersten Loch den Tiefeneinsteller am Bohrer auf die erwünschte Tiefe ein. Legen Sie eine Zulage auf die Vorrichtung, und senken Sie die Spitze des Bohrers darauf ab. Arretieren Sie dann den Tiefeneinsteller. Dadurch verhindern Sie, dass Sie versehentlich in die Vorrichtung bohren oder den Bohrer abstumpfen **(B).**

Bohren Sie dann bis zur Endtiefe, und entfernen Sie die Späne aus dem Bohrer und dem Bohrloch **(C).** Der Bohrer ist mit einem kurzen Vorbohrer versehen, der ein kleines Führungsloch für die Schraube bohrt. Setzen Sie in diesem Führungsloch die Schraube an, und drehen Sie sie ein. Vergessen Sie nicht, Leim an das Hirnholz des Querfrieses zu geben.

Gedübelte Verbindung auf Stoß

Um einen Rahmen mit gedübelten Verbindungen herzustellen, sollten Sie eine Dübellehre verwenden, um die Dübellöcher zu platzieren. Kontrollieren Sie die Einstellungen sorgfältig, und bohren Sie so gerade in das Holz wie möglich. Falls die Dübel schief im Holz sitzen, kann das dazu führen, dass sich der Rahmen verzieht. Reißen Sie die Position der Dübel am flach liegenden Blendrahmen an **(A)**.

Spannen Sie das Querfries in der Bankzange ein, und bringen Sie die Dübellehre an seinem Ende an **(B)**.

Richten Sie die Markierungen an der Lehre für Ihre Dübelgröße an den Bleistiftstrichen am Rahmen aus **(C)**. In diesem Fall verwende ich 5 mm starke Dübel für einen Rahmen mit 20 mm Stärke. Bohren Sie die Dübellöcher mit einem Bohrer mit Zentrierspitze. Rechnen Sie diese Zentrierspitze bei der Einstellung der Bohrtiefe auf jeden Fall mit ein. Bei Bohrern mit größerem Durchmesser kann die Länge der Spitze recht beträchtlich sein. Der Rahmen lässt sich nicht zusammenstecken, falls die Dübel zu lang für ihre Löcher sind **(D)**. Markieren Sie die Bohrtiefe mit einem Stück Klebeband **(E)**.

A

B

C

D

E

F

G

H

I

J

Bohren Sei die Löcher im Querfries auf Endtiefe, achten Sie dabei darauf, die Bleistiftmarkierung immer genau an der Markierung der Lehre auszurichten **(F).** Spannen Sie dann das Längsfries in der Bankzange ein, und bohren Sie mit der gleichen Tiefeneinstellung die Löcher darin **(G).**

Vergleichen Sie die Größe der Dübel mit jener des Bohrers. Falls sich die Dübel beim Trocknen zu einem ovalen Querschnitt verzogen haben, wie das oft vorkommt, kann es sein, dass sie nicht in das Bohrloch passen. Das lässt sich schnell beheben, indem man sie in einem improvisierten Ofen erhitzt. Dabei schwinden sie genug, um sich leicht einstecken zu lassen. Wenn Sie dann mit Leim in Berührung kommen, quellen sie wieder auf und bleiben an Ort und Stelle **(H).**

Verwenden Sie Dübel mit geraden oder spiralförmigen Leimnuten. Diese erlauben es überschüssigem Leim beim Einstecken auszutreten. Geben Sie Leim an die Öffnung des Dübelloches. Beim Einstecken des Dübels wird der Leim in das Loch hineingedrückt **(I).** Legen Sie Zwingen zurecht, wenn Sie einen gedübelten Rahmen verleimen. Man muss einen gewissen Druck ausüben, um die Friese ohne Spalten zusammen zufügen **(J).**

Verbindung auf Stoß mit durchgehenden Dübeln

Je länger ein Dübel ist, desto belastbarer ist er. Verwenden Sie durchgehende Dübel, wenn Sie eine haltbare und dekorative Verbindung erzielen möchten. Verwenden Sie die folgende Methode, falls Sie nicht über eine Dübellehre verfügen.

Reißen Sie die Lage der Dübel am Rahmen an **(A).** Bohren Sie Löcher im Längsfries an der Ständerbohrmaschine. Stellen Sie den Einschlag so ein, dass die Löcher mittig in der Stärke des Rahmens liegen. Mit einigen Bleistiftstrichen auf dem Arbeitstisch kann man die Lage des Werkstücks für den Bohrvorgang festhalten. Legen Sie eine Zulage aus Restholz unter das Werkstück, um den Arbeitstisch der Ständerbohrmaschine zu schützen. Bohren Sie ganz durch jedes Fries, säubern Sie dabei den Bohrer häufiger von Spänen **(B).**

Richten Sie die Teile des Rahmens aneinander aus, und spannen Sie ihn trocken zusammen. Bohren Sie dann durch das Längsfries in das Querfries. Markieren Sie die Bohrtiefe am Bohrer. Halten Sie die Bohrmaschine gerade und senkrecht, damit Sie das Bohrloch im Längsfries nicht vergrößern. Bohren Sie die Dübellöcher alle auf Endtiefe **(C).**

Schneiden Sie die Dübel mit etwas Überlänge zu, um ein Aufpilzen des Endes beim Eintreiben zu berücksichtigen. Stecken Sie die Dübel in das Hirnholz des Querfrieses, kontrollieren Sie, ob sie weit genug herausragen, und bereiten Sie dann das Verleimen des Längsfrieses vor. Legen Sie einen großen Hammer und einige Zwingen bereit. Geben Sie nur an ein Ende des Querfrieses und an die Dübellöcher Leim an. Leim, den Sie an die Dübel angeben, wird beim Einstecken abgestreift **(D).**

A

B

C

D

A

B

C

D

E

F

G

Verbindung auf Stoß mit verkeilten durchgehenden Dübeln

Die belastbarste – und ansprechendste – Dübelverbindung ist der durchgehende Dübel mit einem eingesetzten Keil. Indem Sie den Dübel verkeilen, wird er dort, wo die Leimflächen am ungünstigsten sind, sicher an Ort und Stelle gehalten. Achten Sie darauf, den Schlitz für den Keil so anzuordnen, dass der Keil auf das Hirnholz des Dübellochs Druck ausübt und nicht auf das Längsholz. Dadurch wird verhindert, dass das Holz entlang der Fasern reißt, wenn Sie den Keil eintreiben. Schneiden Sie die Friese mit Überlänge, damit dort kein kurzes Holz entsteht, das ausbrechen könnte **(A).**

> Siehe „Verbindungen auf Stoß mit durchgehenden Dübeln" auf S. 187 für Hinweise zum Bohren.

Schneiden Sie die Schlitze für die Keile mit der Handsäge, nachdem Sie die Dübel in die Querfriese eingeleimt haben. Wenn Sie eine Feinsäge verwenden, müssen Sie mit dünnen Keilen arbeiten **(B).** Sie können die Schlitze aber auch mit der Bandsäge schneiden, indem Sie einen Anschlag verwenden, um die Schnitte zu platzieren. Der Schlitz für den Keil sollte nur etwa ein Drittel der Dübellänge betragen **(C).**

> Siehe „Keile herstellen" auf S. 342.

Der Keil soll in ein rundes Loch passen, nehmen Sie sich also etwas Zeit, bevor Sie ihn einleimen, und formen Sie seine Kanten etwas. Mit einigen Schnitten eines Hirnholzhobels kann man die Kanten schon hinreichend abrunden **(D).** Geben Sie an das Ende des Querfrieses und an die Dübellöcher Leim. Legen Sie Zwingen und Zulagen zurecht, falls Sie die Verbindung mit Druck zusammenbringen müssen. Treiben Sie die Keile mit einem Metallhammer ein, nachdem Sie die Zwingen abgenommen haben **(E).** Sägen Sie die Keile mit der Säge dicht an der Kante des Längsfrieses ab, ohne in dieses hineinzuschneiden **(F).** Verputzen Sie dann die Dübel mit einem scharfen Hirnholzhobel **(G).**

Verbindung auf Stoß mit losen Formfedern

Eine belastbare und unsichtbare Rahmenverbindung erhält man mit losen Formfedern. Legen Sie den Schlitz für die losen Formfedern mittig in der Stärke des Rahmens an. Verwenden Sie auch immer die Sichtseiten aller Friese als Bezugsflächen, damit Sie einen ebenen Rahmen erhalten. Die Formfeder sollte so klein sein, dass der Schlitz nicht an den Brettenden zu sehen ist. Eventuell kann man den Schlitz auch zu einer Seite hin versetzen, falls diese später nicht zu sehen ist. Machen Sie einen Probeschnitt, um zu sehen, wie groß der Schlitzdurchmesser sein wird.

Reißen Sie die Lage der Formfedern am Rahmen an **(A)**. Legen Sie die Bretter an einer am Tisch festgespannten Zulage oder an Bankhaken an, so dass sie nicht verrutschen können. Schneiden Sie die Schlitze für die losen Formfedern in die Kanten der Längsfriese **(B)**. Danach werden die Schlitze in die Enden der Querfriese geschnitten. Die Schlitzfräse muss immer flach auf dem Werkstück aufgelegt werden, damit die Schlitze gerade geschnitten werden **(C)**.

Geben Sie den Leim mit einem Pinsel in die Schlitze, damit genug davon hineingelangt **(D)**. Legen Sie vorher Zwingen zurecht, um den Rahmen zusammenzuziehen, da die losen Formfedern beginnen anzuschwellen, sobald sie mit Leim in Berührung kommen **(E)**.

A

B

C

D

E

Verbindung auf Stoß mit mehreren losen Formfedern

Bei stärkeren Rahmen verwendet man mehrere lose Formfedern für jede Verbindung. Die Schlitze werden nahe an den beiden Seiten der Friese geschnitten. Reißen Sie die Lage der losen Formfedern an den Rahmenteilen an **(A)**, und markieren Sie dann die Schnitttiefe an der Seite des Frieses an **(B)**.

Stellen Sie die Schlitzfräse für den ersten Schnitt ein, und schneiden Sie alle Friese **(C)**. Verstellen Sie dann den Einschlag für den zweiten Schnitt **(D)**, und schneiden Sie diesen Schnitt an allen Brettern **(E)**. Anstatt die Einstellung des Anschlags zu verändern, können Sie auch eine dünne Zulage unter den Anschlag legen, um die Schlitzfräse nach dem ersten Schnitt anzuheben. Die Zulage muss genau die richtige Stärke haben, damit der obere Schnitt in der richtigen Position ausgeführt wird.

TIPP Wenn Sie das Material maßgenau zuschneiden, können Sie den ersten Schlitz für die Formfeder schneiden und dann das Brett für den zweiten Schnitt einfach umdrehen. Sie werden zwei Sätze von Bleistiftmarkierungen benötigen, einen auf jeder Seite des Werkstücks.

Legen Sie Zwingen zurecht, um den Rahmen zusammenzuziehen, bevor Sie die losen Formfedern in die Friese einleimen **(F)**.

Gehrungsverbindungen

Gehrungsverbindung auf Stoß

Gehrungsverbindungen mit Federn

Gehrungsverbindungen mit losen Federn

Schlitz-Zapfenverbindung auf Gehrung

Gehrungsverbindungen mit Eckfedern

Rahmenverbindungen auf Gehrung sind immer dann besonders nützlich, wenn es darum geht, die Maserung ohne Unterbrechung um einen Rahmen herum laufen zu lassen. Da sich bei dieser Verbindung kein Hirnholz zeigt, kann man an der Innen- oder Außenkante des Rahmens ein ununterbrochenes Profil anfräsen. Sie werden feststellen, dass Gehrungsverbindungen das Mittel der Wahl sind, wenn es darum geht, Bilder- oder Spiegelrahmen herzustellen. Sie werden auch bei Tür- und Blendrahmen eingesetzt, wenn eine profilierte Kante gewünscht oder sichtbares Hirnholz unerwünscht sind.

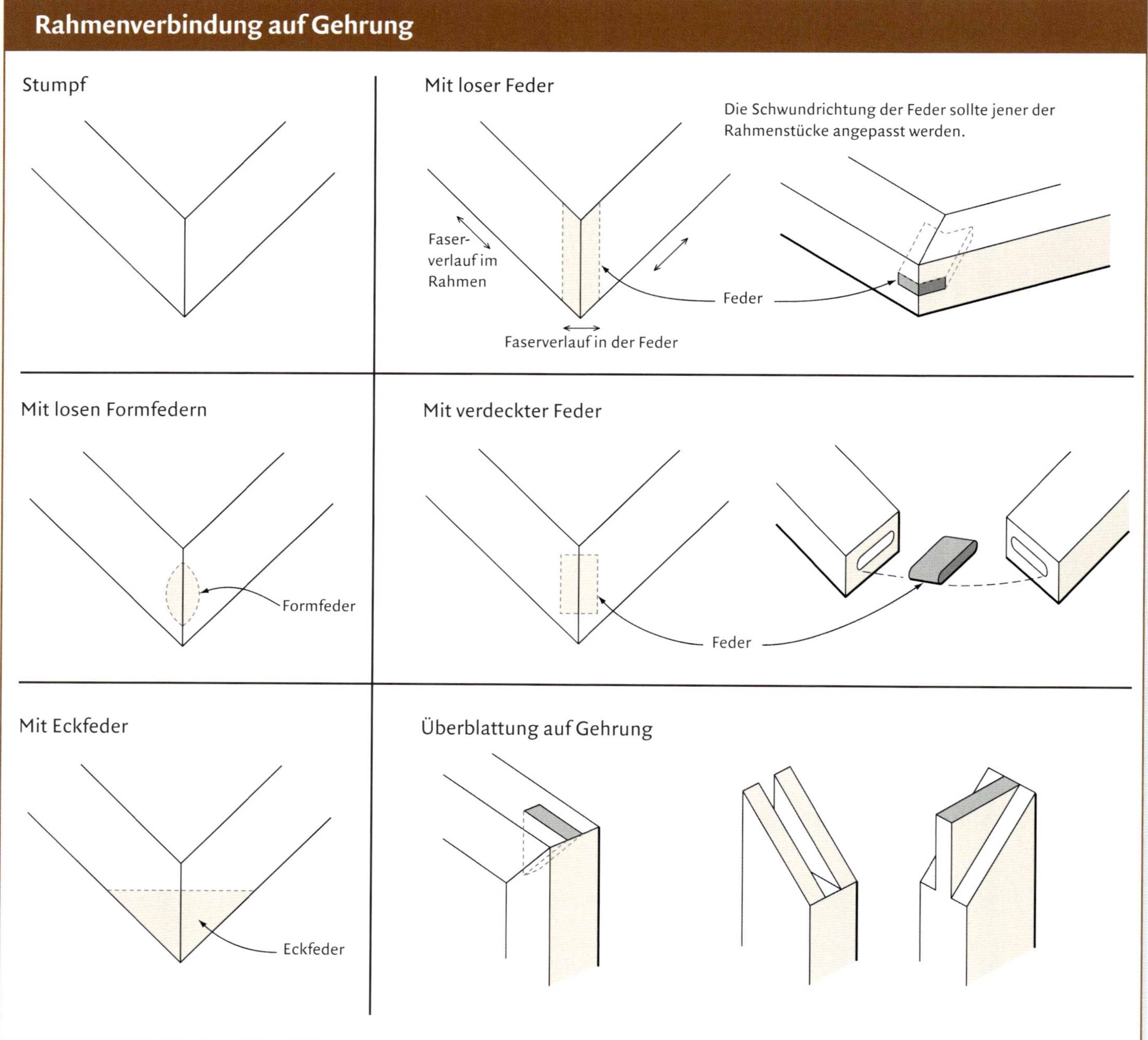

Gehrungsschnitte

Gehrungsschnitte erfordern Genauigkeit. Die kleinste Abweichung vom erforderlichen Winkel zeigt sich sofort als Lücke in der Verbindung. Die meisten Gehrungen halbieren einen rechten Winkel, so dass jeder der Gehrungsschnitte 45° beträgt. Bei anderen Winkeln sind natürlich auch andere Halbierungswinkel notwendig; um sich die Sache aber nicht unnötig zu erschweren, sollte man immer den Winkel der Verbindung halbieren, die man herstellt.

Man kann Gehrungen mit der Hand und nach Augenmaß schneiden und dabei eine Rückensäge oder eine Gehrungslade verwenden. Es ist jedoch schwierig, Gehrungen mit der Hand so zu schneiden, dass sie nicht noch nachgearbeitet werden müssen. Wenn man Profilleisten in der Gehrungslade schneidet, sollte der Schnitt immer in das Profil und nicht aus ihm heraus führen, damit es nicht zu Faserausrissen kommt. Die Schnittrichtung hängt auch von dem Sägentyp ab, den Sie verwenden: Europäische Sägen schneiden auf Stoß, japanische auf Zug.

Gehrungs- oder Kapp- und Gehrungssägen sind besser geeignet, wiederholte Schnitte in einem bestimmten Winkel auszuführen. Bei längeren Rahmenfriesen sollte man darauf achten, diese gut abzustützen. Wiederholte Schnitte gleicher Länge erreicht man mit einem Stoppklotz an der Säge.

Um Faserausrisse zu vermeiden, schneiden Sie Profilleisten so, dass die Schnittbewegung der Säge in die Leiste weist, nicht aus ihr heraus.

Eine perfekte Gehrung mit der Handsäge zu schneiden ist Übungssache.

Einen Winkel halbieren

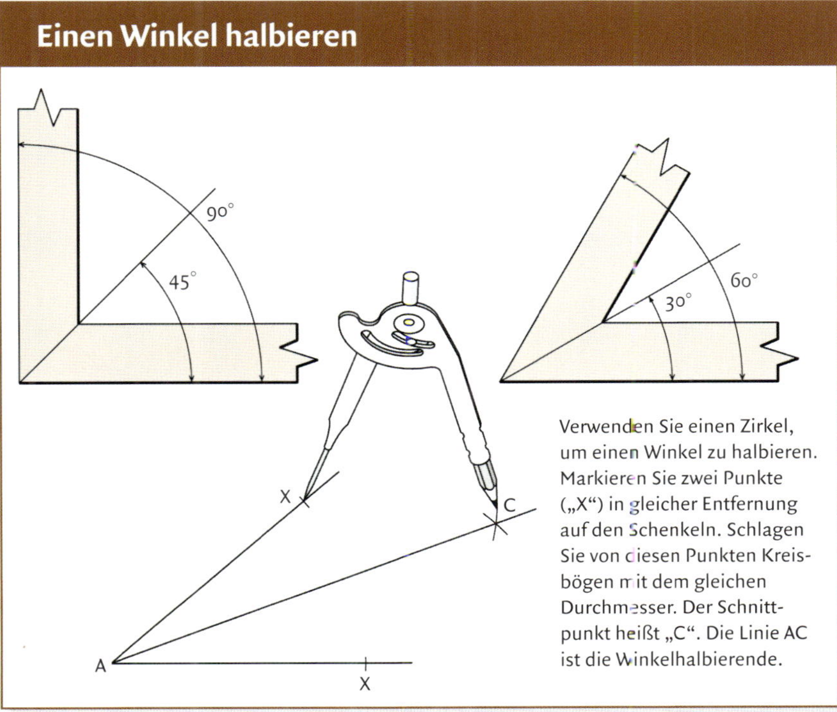

Verwenden Sie einen Zirkel, um einen Winkel zu halbieren. Markieren Sie zwei Punkte („X") in gleicher Entfernung auf den Schenkeln. Schlagen Sie von diesen Punkten Kreisbögen mit dem gleichen Durchmesser. Der Schnittpunkt heißt „C". Die Linie AC ist die Winkelhalbierende.

Für den Möbeltischler ist die Tischkreissäge die letzte Möglichkeit, eine Gehrung zu schneiden. Der Gehrungsanschlag wird meist nicht präzise in der Tischnut geführt. Dem kann man abhelfen, indem man den Gehrungsanschlag mit genau passenden Führungsleisten ausstattet. Stellen Sie den Gehrungsanschlag so ein, dass die Säge das Werkstück gegen den Anschlag drückt. Der Schnitt wird dadurch zwar nicht ganz so sauber, aber sehr viel sicherer. Da Sie bei dem Gehrungsschnitt gegen die Faserrichtung sägen, zeigen sich vielleicht aufgestellte Holzfasern. Wenn man den Schnitt mit der Faser ausführt, wird er vielleicht sauberer, aber es besteht das Risiko, dass das Werkstück in das Sägeblatt hineingezogen wird, falls es beim Schneiden verrutscht.

TIPP Befestigen Sie ein Stück Schleifpapier mit doppelseitigem Klebeband am Gehrungsanschlag, um Verschieben des Materials zu verhindern.

Kapp- und Gehrungssägen können präzise Gehrungsschnitte in Serie schneiden.

Eine Vorrichtung zum Schneiden von Bilderrahmen ist die beste Art, Rahmengehrungen an der Tischkreissäge zu schneiden. Die Vorrichtung basiert auf einem sehr einfachen geometrischen Konzept: dem rechten Winkel. Wenn Sie ein Stück Sperrholz rechtwinklig zuschneiden und es dann auf einem anderen, mit Führungsleisten versehenem, so befestigen, dass es im Winkel von 45° zum Sägeblatt steht, dann können Sie damit jeweils zwei Teile einer Verbindung schneiden, die zusammen einen rechten Winkel bilden. Sogar falls der Anschlag nicht genau auf 45° eingestellt ist, ergänzen sich die beiden geschnittenen Winkel doch zu einem rechten. Sie müssen nur daran denken, die zwei Seiten der Gehrung jeweils auf den gegenüberliegenden Seiten der Vorrichtung zu schneiden.

Das Material darf nicht zu stark sein oder hochkant gelegt werden, da das Sägeblatt nur eine eingeschränkte Schnitthöhe besitzt. Durch die Ver-

Stellen Sie den Anschlag so ein, dass das Werkstück dagegen gedrückt wird.

Die Anschläge an dieser Vorrichtung stehen genau im rechten Winkel zueinander, so dass Schnitte, die an den beiden Seiten ausgeführt werden, sich genau ergänzen.

wendung dieser präzisen Vorrichtung, deren Führungsleisten in den Tischnuten der Tischkreissäge laufen, kann man jedoch die Fähigkeiten im Gehrungsschneiden deutlich verbessern. Schneiden Sie die Führungsleisten aus Material mit stehenden Jahresringen, um das Arbeiten des Holzes zu minimieren.

> Siehe „Das Schneiden von Gehrungen" auf S. 99 – 100 für weitere Schnitttechniken.

Verwenden Sie Stoppklötze an der Vorrichtung, um gleich lange Schnitte zu erhalten.

Der Gehrungsschnitt an einem Rahmenfries wird mit sehr leichten Schnitten des Hirnholzhobels angepasst.

Gehrungsschnitte nacharbeiten

Die meisten Gehrungsschnitte müssen etwas nachgearbeitet werden, um eine wirklich makellose Passung zu erreichen. Wenn Ihr Hirnholzhobel gut eingestellt und richtig geschärft ist, können Sie einen Gehrungsschnitt mit einigen gezielten Schnitten verputzen. Man kann auch eine Raubank und eine Gehrungsstoßlade einsetzen. Schneiden Sie immer in Faserrichtung, und stellen Sie sicher, dass das Hobeleisen genau eingerichtet ist.

Eine weitere Option ist eine Gehrungsstanze. Diese Schneidgeräte erinnern entfernt an eine Guillotine und können auf Grund ihrer enormen Hebelkraft auch die härtesten Hölzer schneiden. Gute Ergebnisse erfordern eine genaue Einstellung der Gehrungsstanze, aber dann kann man spiegelglatte Schnittflächen erreichen, die das Nacharbeiten von Gehrungen zu einem Vergnügen machen.

Handgeschnittene Gehrungen arbeitet man an der Gehrungsstoßlade nach.

Auch mit der Scheibenschleifmaschine lassen sich Gehrungen effektiv nacharbeiten. Verwenden Sie eine Gehrungsschnittvorrichtung mit nur einer Führungsleiste, um das Werkstück an der Schleifscheibe zu führen. Die Gegenseite der Verbindung wird mit der anderen Seite der Vorrichtung geschliffen. Verwenden Sie die linke Seite des Schleiftellers, so dass die Drehung das Werkstück nach unten auf den Arbeitstisch drückt. Außerdem müssen Sie darauf achten, dass der Arbeitstisch im rechten Winkel zur Schleifscheibe steht.

Gehrungen verstärken

Gehrungen gewinnen sehr dadurch, dass sie auf irgendeine Weise verstärkt werden. Die Gehrungsverbindung ist in sich nicht sehr belastbar, da es sich im Grunde um eine leicht verbesserte Verbindung auf Stoß handelt.

Die Holzfasern einer Gehrung sind ein Mittelding zwischen Längs- und Hirnholz, so dass die Verleimbarkeit nicht ideal ist. Indem man Verbindungselemente wie Nägel oder Drahtstifte hinzufügt, kann man die Verbindung leicht zusammenziehen und sie dauerhafter machen.

Versteckte Verbinder oder Maschinenschrauben mit Muttern können auf der Rückseite einer großen Gehrung eingelassen werden. Es gibt jedoch auch einfachere und belastbarere Alternativen. Lose Formfedern zwischen den Teilen einer Gehrungsverbindung bieten sehr gute Leimflächen. Man kann auch Dübel verwenden, allerdings ist deren genaue Platzierung sehr viel schwieriger.

Der Anschlag der Gehrungsstanze muß genau auf 45° eingestellt sein. Das Werkstück darf sich beim Schneiden nicht bewegen.

Mit einem Drahtstift lässt sich die Gehrung an einem Bilderrahmen absichern.

Verwenden Sie die linke Seite des Schleiftellers, damit das Werkstück nach unten auf den Arbeitstisch gedrückt wird.

Lose Formfedern, die in Gehrungen eingesetzt werden, führen zu Verleimungen von Längsholz mit Längsholz.

Lose Federn, die in die Gehrung eingefügt werden, bieten gute Leimflächen und dienen als dekorative Note. Sie werden vor dem Verleimen in die Verbindungsteile geschnitten. Man kann die Existenz der losen Feder noch dadurch betonen, dass man ein Holz kontrastierender Farbe verwendet oder die Verbindung sogar zusätzlich mit Holzstiften sichert. Die losen Federn sind auch beim Verleimen hilfreich, da sie die Verbindungsteile am Verrutschen hindern. Um effektive und gut aussehende Federn zu erhalten, müssen sie in Stärke und Länge präzise zugeschnitten werden.

Eckfedern überbrücken die Gehrungsverbindung und fügen ein dekoratives Element hinzu.

Lose Federn erstrecken sich über die Verbindungsfuge und verbinden Längsholz mit Längsholz. Die Belastbarkeit ist am höchsten, wenn die Fasern in der Feder in die gleiche Richtung verlaufen wie in den Rahmenfriesen.

Diese sichtbare Eckfeder ist recht auffallend und erhöht die Belastbarkeit.

Gedübelte Gehrungen mit losen Federn sind belastbar und sehen gut aus.

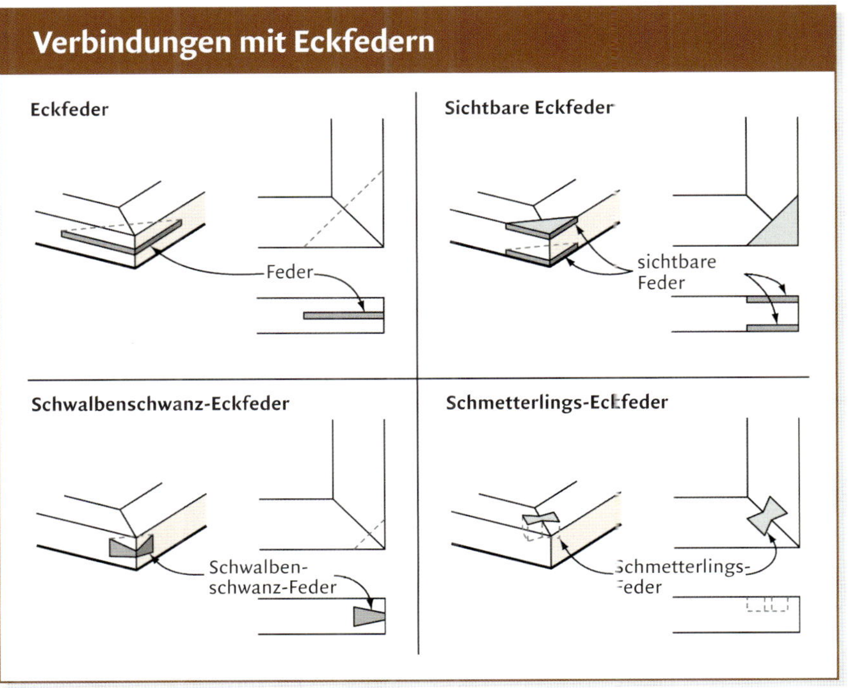

Das Grundieren einer Gehrung mit Leim erhöht die Klebekraft der Verleimung.

Mit Bandspannern kann man bei Bilderrahmen gleichmäßigen Druck ausüben.

Verwenden Sie Verleimzulagen, um direkt über der Verbindung Druck auszuüben.

Die Schlitze für Furnierfedern werden nach dem Verleimen in die Gehrung geschnitten. Man führt die fertige Verbindung über das Sägeblatt der Tischkreissäge oder über einen Fräser, um einen Schlitz zu schneiden, der mit einem Stück Holz gefüllt wird. Dadurch, dass man quer durch die Verbindung schneidet, wird Längsholz freigelegt, das sich gut zum Verleimen mit der Furnierfeder eignet. Man kann die Federn auch als Einlegearbeiten gestalten, die nicht nur die Verbindung verstärken, sondern auch als Schmuck dienen.

Gehrungen verleimen

Beim Verleimen von Gehrungsverbindungen muss man beachten, dass diese dazu neigen, Leim aufzusaugen. Die Poren des Hirnholzes mögen zwar in einem Winkel angeschnitten sein, aber sie saugen dennoch Leim auf, was dazu führen kann, dass die Gehrungsverbindung „verhungert“. Man könnte einfach zusätzlich Leim angeben, aber das ist eine schmutzträchtige Angelegenheit und zudem nicht notwendig. Besser ist es, vor dem Verleimen die Flächen mit verdünntem Leim zu grundieren, um die Hirnholzporen zu füllen, damit beim Verleimen der Leim nicht verschwindet.

Machen Sie sich Gedanken über das Einspannen, bevor Sie Leim angeben. Mit Bandspannern kann man Bilderrahmen recht gut einspannen. Sie können sich auch Zulagen herstellen, um direkt über der Verbindung Druck auszuüben. Schneiden Sie in Restholzstücke dreieckige Aussparungen, und befestigen Sie sie mit Zwingen an den Rahmenfriesen. Achten Sie darauf, dass die Griffe der Zwingen sich nicht gegenseitig behindern und dass die Zulagen sich nicht verschieben, wenn Sie Druck auf die Verbindung ausüben. Der Druck, der von den Zwingen ausgeübt wird, sollte ausreichen, aber man kann auch Schleifpapier auf die Zulagen leimen, um ein Verrutschen zu verhindern.

> Siehe „Das Verleimen von Gehrungen“ auf S. 102 zu verschiedenen Einspannmethoden.

Einfache Gehrungsverbindung

Reißen Sie den 45°-Winkel für die Gehrung mit einem Kombiwinkel oder einem Gehrungsmaß an. Halten Sie den Winkel dabei dicht an die Kante. Falls Sie noch eine zusätzliche Hilfe beim Sägen haben möchten, können Sie den Riss auf die Kanten des Frieses überwinkeln **(A).**

Schneiden Sie die Gehrung mit der Handsäge. Bedenken Sie dabei, dass Sie immer in zwei Richtungen schneiden: quer über das Brett und senkrecht in ihm hinab. In diesem Fall macht Übung wirklich den Meister **(B).** Gehrungsladen sind ein althergebrachtes Mittel, um Gehrungsschnitte grob vorzuschneiden. Vor allem bei Arbeiten in einer Baustelle sind sie sehr nützlich. Führen Sie die Säge beim Schnitt dicht in dem 45°-Schlitz **(C).**

Verputzen Sie die Gehrung mit sehr leichten Schnitten mit einem Hirnholzhobel. Wenn Sie vorsichtig arbeiten und der Hobel gut eingestellt und scharf ist, wird die Gehrung durch dieses Nacharbeiten innerhalb von Sekunden deutlich verbessert. Achten Sie darauf, den Hobel senkrecht zur Sichtseite des Frieses zu führen **(D).**

A

B

C

D

A

C

B

D

Mit Nägeln verstärkte Gehrungsverbindung

Einfache Rahmen kann man verstärken, indem man Nägel oder Drahtstifte durch die Gehrung treibt. Schneiden Sie die Gehrung mit der Handsäge oder einer Kapp- und Gehrungssäge **(A).** Verleimen Sie den Rahmen mit Hilfe eines Bandspanners oder von Gehrungszwingen. Wenn der Leim über Nacht getrocknet ist, können Sie die Verbindungen nageln.

Sehr harte Hölzer sollten vorgebohrt werden, um Risse im Holz zu vermeiden. Legen Sie den Rahmen dabei auf die Hobelbank, so dass er über einem Bein der Bank ruht, das die Vibrationen der Hammerschläge aufnimmt **(B).** Auch ein Druckluftnagler kann gut eingesetzt werden, um eine Gehrung zu nageln. Treiben Sie damit mehrere Drahtstifte von der gleichen Seite in den Rahmen, damit sie nicht aufeinander treffen. Achten Sie auch darauf, genau in der Mitte der Friese zu nageln. Meiden Sie Aststellen, und halten Sie Ihre Finger von der Verbindung entfernt, wenn Sie mit einem Druckluftnagler arbeiten **(C).**

Treiben Sie die Nägel oder Drahtstifte abschließend mit einem Nageltreiber ein, und füllen Sie die entstehenden Löcher mit Holzkitt, bevor Sie die Oberfläche behandeln **(D).**

Gehrungsverbindung mit losen Formfedern

Auch mit einer losen Formfeder lässt sich die Haltbarkeit einer Gehrungsverbindung verbessern. Damit die Formfeder nicht sichtbar wird, sollte sie kürzer als der Gehrungsschnitt sein. Da der Schlitz für die Feder in Längsholz geschnitten wird, ergibt sich eine gute Leimverbindung.

Markieren Sie die Lage der losen Formfeder auf der Sichtseite der Gehrungsverbindung **(A).** Schneiden Sie mittig in die Materialstärke der Rahmenfriese die Schlitze für die Formfedern. Denken Sie daran, dass die Schlitze auch dann fluchten, wenn Sie nicht ganz die Mitte des Materials getroffen haben, vorausgesetzt, Sie haben jeweils die Sichtseiten der Friese als Bezugsflächen verwendet. Halten Sie die Schlitzfräse flach und ruhig auf die Sichtseite des Rahmens, während Sie fräsen **(B).**

Geben Sie genug Leim in den Schlitz, damit die Formfeder nach dem Einsetzen anschwillt und die Verbindung hält. Vergessen Sie nicht, die Schnittflächen der Gehrung vor dem Verleimen mit verdünntem Leim zu grundieren **(C).** Legen Sie Zwingen bereit, um den Rahmen zusammenzuziehen **(D).**

A

B

A

B

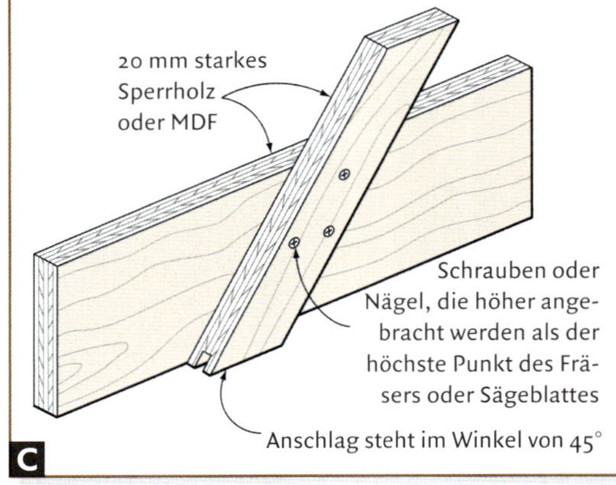

VARIATION Sie können auch einen Schlitzfräser im Handoberfräsentisch verwenden, um die Nut für die lose Feder zu schneiden. Bringen Sie die Backen des Anschlags so nahe an den Fräser, dass dieser nur soweit herausragt wie nötig. Legen Sie mehrere Friese hintereinander, um sie zu schneiden, und fügen Sie hinter dem letzten Fries noch eine Zulage hinzu. Denken Sie daran, die Sichtseiten auf gegenüberliegenden Werkstücken als Bezugsfläche zu verwenden.

Gehrungsverbindung mit loser Feder am Handoberfräsentisch

Schneiden Sie in die Gehrungsflächen Nuten, um die losen Federn einsetzen zu können. Schneiden Sie die Federn so, dass ihr Faserverlauf dem des Rahmens gleicht, damit das Holz in der gleichen Richtung arbeitet. Die Feder kann aus einem Kontrastholz oder dem gleichen Holz hergestellt werden. Bedenken Sie jedoch, dass sie immer auffallen wird, da das sichtbare Holz teilweise Hirnholz ist.

Nuten, die nicht zu tief sind, können mit der Handoberfräse geschnitten werden. Verwenden Sie einen Nutfräser in der erforderlichen Größe **(A).** Messen Sie die Lage der Feder an einem Fries aus, und zentrieren Sie sie dabei so gut wie möglich. Bei stärkeren Rahmen kann man auch doppelte Federn verwenden. Messen Sie die Lage in diesem Fall entsprechend aus **(B).**

Die Nut für die lose Feder wird mit einer besonderen Vorrichtung geschnitten **(C).** Bringen Sie die Vorrichtung an, und stellen Sie den Anschlag auf die Entfernung von der Bleistiftmarkierung am Fries ein. Arretieren Sie den Anschlag des Handoberfräsentisches **(D).** Tiefere Nuten werden nicht in einem Durchgang, sondern in mehreren geschnitten. Bei diesen wiederholten Schnitten können Sie den Rahmenfries an der Vorrichtung festzwingen oder mit den Händen daran festhalten **(E).** Der zweite Schnitt wird mit einem zweiten Anschlag an der Vorrichtung ausgeführt. Verwenden Sie diesen Anschlag für Friese, die von der gleichen Bezugsfläche aus geschnitten werden müssen. Auf diese Weise passen die Schnitte zusammen, auch wenn sie nicht genau in der Mitte der Friese liegen **(F).**

Gehrungsverbindung mit loser Feder an der Tischkreissäge

Die Nuten für lose Federn werden an der Tischkreissäge mit voll hochgefahrenem Sägeblatt geschnitten. Stellen Sie die Entfernung des Anschlags anhand eines angerissenen Frieses ein. Halten Sie dabei die Nutschneidevorrichtung an Ort und Stelle. Der hier gezeigte Schnitt ergibt mit einem normalen Sägeblatt eine 2 mm breite einfache Nut **(A).**

Stellen Sie die Sägeblatthöhe auf die volle Tiefe der Nut ein **(B).** Führen Sie den ersten Nutschnitt mit mäßiger Vorschubgeschwindigkeit aus. Bei zu geringer Geschwindigkeit kann es zu Brandspuren am Holz kommen **(C).** Der zweite Schnitt wird mit der Vorrichtung und einem anderen Anschlag ausgeführt. Zwingen Sie den Fries an der Vorrichtung fest, oder drücken Sie ihn mit der Hand dagegen, während Sie ihn über das Sägeblatt führen **(D).**

Die Haltbarkeit und das gute Aussehen der Verbindung können noch erhöht werden, wenn man die Federn mit Dübeln absichert. Bohren Sie an der Ständerbohrmaschine mit einem Bohrer mit Zentrierspitze Löcher durch die Gehrung, nachdem Sie diese verleimt haben. Geben Sie Leim an die Dübel, und treiben Sie sie in die Bohrlöcher. Verputzen Sie sie abschließend mit dem Stechbeitel, so dass sie bündig mit den Friesen abschließen **(E).**

> Siehe „Dekorative Holzzapfen herstellen" auf S. 53.

A

D

B

E

C

A

B

C

Die Herstellung von losen Federn

Lose Federn können aus dem gleichen Material wie der Rahmen oder aus einem Kontrastholz hergestellt werden. Achten Sie darauf, dass der Faserverlauf der Feder der gleiche ist wie im Rahmen. Auf diese Weise arbeitet das Holz in allen Teilen in die gleiche Richtung.

Schneiden Sie das Material, das so breit wie die späteren Federn sein sollte, zuerst grob an der Bandsäge zu **(A).** Arbeiten Sie dann auf die richtige Stärke oder etwas darüber an der Tischkreissäge nach. Verwenden Sie einen Schiebestock, um das Holz am Sägeblatt vorbei zu bewegen. Das Material der Federn sollte etwas stärker sein als die entsprechende Nut, damit man die unvermeidlichen Sägespuren abhobeln kann **(B).** Schneiden Sie die Federn mit der Handsäge oder an der Tischkreissäge genau auf die passende Länge zu **(C).**

WARNUNG Wenn man ein kleines Stück wie dieses am Ablängschlitten sägt, verfängt es sich zwischen dem Stoppklotz und dem Sägeblatt. Halten Sie es fest, damit es nicht zurückschlägt und Ihnen ins Gesicht fliegt. Halten Sie es jedoch mit einem Bleistift, nicht mit Ihren Fingern.

Schlitz-und-Zapfen-Verbindung auf Gehrung

Diese Schlitz-und-Zapfenverbindung wirkt nach außen hin wie eine einfache Gehrungsverbindung. Die beiden Teile werden unterschiedlich geschnitten: Das Ende des einen Brettes wird mit einer Gehrung versehen, das Ende des anderen wird rechtwinklig abgelängt. In der Abbildung **A** ist der Verschnitt an beiden Brettern mit Bleistift schraffiert. In das auf Gehrung geschnittene Brettende wird ein Schlitz geschnitten, während das rechtwinklig zugeschnittene Brett durch zwei Gehrungsschnitte einen Zapfen erhält.

Schneiden Sie mit der Kreissäge und einer entsprechenden Hilfsvorrichtung den Schlitz in das Brettende mit der Gehrung. Spannen Sie dazu das Brett senkrecht in die Vorrichtung ein, und stellen Sie die Blatthöhe so ein, dass der Grund des Schnittes auf Höhe des tiefsten Punktes der Gehrung liegt. Schneiden Sie alle Schlitze **(B).**

Sägen Sie die Zapfen mit dem Gehrungsanschlag. Stellen Sie die Blatthöhe so ein, dass der Schnitt genau an der Ecke des Frieses beginnt **(C).** Schneiden Sie die erste Wange mit dem Gehrungsanschlag frei. Wiederholen Sie den Schnitt an allen rechtwinklig abgelängten Friesen **(D).**

Verstellen Sie den Parallelanschlag, und führen Sie den zweiten Schnitt aus. Da dieser Schnitt bis zur Sichtseite des Brettes reicht, verwenden Sie eine Zulage, um das Brett etwas von der Vorrichtung abzuhalten. Dadurch wird verhindert, dass die Vorrichtung durch das Sägeblatt beschädigt wird **(E).**

Stecken Sie die Verbindung zusammen. Dies sollte durch leichten Druck mit den Händen möglich sein. Nach Angabe von Leim können Zwingen an den Außenseiten angesetzt werden **(F).**

A

D

B

E

C

F

A

B

C

D

VARIATION

Gehrung mit Eckfeder

Bei einer Gehrungsverbindung mit Eckfeder werden die Schlitze für die Federn geschnitten, nachdem der Rahmen verleimt worden ist **(A).** Verputzen Sie die Vorderseite des Rahmens mit dem Hobel, der Ziehklinge oder Schleifmaschine, und reißen Sie dann die Lage der Eckfedern an. Spannen Sie das Werkstück in der Bankzange ein, während Sie anreißen **(B).**

Der Schlitz wird mit einem Nutfräser in der Handoberfräse geschnitten. Dadurch entsteht ein Schnitt mit einem schönen ebenen Grund. Verwenden Sie die Gehrungsvorrichtung, um den Rahmen zu halten, während Sie ihn über den Fräser führen. Stellen Sie den Fräser auf volle Schnitttiefe ein, aber versuchen Sie nicht, in einem Durchgang bis zu dieser Tiefe zu schneiden. Machen Sie mehrere Schnitte. Zwingen Sie dafür entweder den Rahmen an der Vorrichtung fest, oder halten Sie ihn in gewisser Höhe an der Vorrichtung, um den ersten Schnitt auszuführen. Senken Sie ihn nach jedem Schnitt etwas ab. Drehen Sie den Rahmen um 90°, wenn Sie einen Schlitz geschnitten haben, und schneiden Sie an der nächsten Ecke den folgenden **(C).**

Schneiden Sie das Material für die Eckfedern an der Bandsäge zu. Sägen Sie eine lange Leiste grob auf Stärke und Breite. Verwenden Sie ein kontrastierendes Holz, um ein ansprechendes Schmuckelement für den Rahmen zu erhalten **(D).**

VARIATION Bei breiteren Rahmen ist ein tieferer Schnitt notwendig. Führen Sie ihn an der Tischkreissäge aus, und führen Sie dabei die Gehrungsvorrichtung dicht am Parallelanschlag entlang.

Schneiden Sie das Material für die Eckfedern an der Tischkreissäge auf Stärke. Schieben Sie das Holz mit einem Schiebestock am Sägeblatt vorbei **(E).** Belassen Sie die Federn sowohl in Länge als auch in Breite etwas auf Übermaß. Die Abmessungen sind nicht so wichtig, da Sie die Federn nach dem Einleimen sowieso bündig verputzen werden.

E

Bringen Sie die Federn in der Stoßlade mit einem Hirnholzhobel auf die richtige Stärke. Der Hirnholzhobel ist klein genug, um die Federn gut bearbeiten zu können. Legen Sie die Federn hintereinander an, um die Hobelsohle zu stützen **(F).** Wenn die Federn sich mit der Hand in die Schlitze drücken lassen, können sie eingeleimt werden. Stellen Sie sicher, dass die Feder bis hinunter zum Grund des Schlitzes reicht. Verlassen Sie sich nicht auf herausgedrückten Leim als Beweis für den richtigen Sitz. Kontrollieren Sie, ob die Feder auf der ganzen Länge des Schlitzes gut sitzt **(G).** Wenn der Leim getrocknet ist, wird der Überstand der Federn mit der Bandsäge abgeschnitten. Danach verputzt man die Federn mit dem Hobel oder Schleifpapier bündig mit den Rahmenkanten **(H).**

F

G

H

TIPP Hobeln Sie beim Verputzen auf beiden Seiten nach unten. Andernfalls schneiden Sie an der Eckfeder gegen die Faser, was zu Faserausrissen an der Ecke führen kann.

A

B

C

Gehrung mit Schwalbenschwanzeckfeder

Der Schlitz für eine Gehrung mit Schwalbenschwanzeckfeder wird auf die gleiche Weise geschnitten wie für eine einfache Eckfeder. Um den Verschleiß des Schwalbenschwanzfräsers in Grenzen zu halten, wird mit einem Nutfräser zuerst ein Großteil des Verschnitts entfernt. Diese Vorarbeit lässt sich auch mit der Tischkreissäge ausführen **(A).** Falls Sie mit dem Nutfräser mittig in der Materialstärke geschnitten haben, können Sie ihn einfach durch den Schwalbenschwanzfräser ersetzen, ohne den Anschlag zu verstellen. Falls nicht, spannen Sie den Schwalbenschwanzfräser ein, legen die Gehrungsvorrichtung am Anschlag an und richten den Anschlag ein. Schneiden Sie dann die Gratnut **(B).**

Die Feder wird mit dem gleichen Schwalbenschwanzfräser geschnitten. Schneiden Sie das Material mit etwas Übergröße im Vergleich zu der Breite und Höhe des Fräsers zu. Die Übergröße in der Höhe ist notwendig, damit genügend Holz stehen bleibt, um am Anschlag entlang geführt zu werden. Führen Sie die Backen des Anschlags am Handoberfräsentisch nahe an den Fräser heran, und führen Sie den ersten Schnitt aus. Kontrollieren Sie nach einem Probeschnitt für den zweiten Schnitt die Passung, und fräsen Sie den zweiten Schnitt, wenn die Feder stramm in die Gratnut passt **(C).**

Gehrung mit sichtbarer Eckfeder

Die Gehrung mit sichtbarer Eckfeder beruht vermutlich auf einem glücklichen Zufall: Ein Schnitt wurde mit falsch eingestelltem Anschlag ausgeführt, aber das Ergebnis sah gut aus, und so entstand eine neue Methode, um Gehrungsverbindungen zu verstärken. Die sichtbare Eckfeder wird wie die normale Eckfeder geschnitten, jedoch wird sie soweit zur Sichtseite des Rahmens verschoben, dass man sie dort sehen kann.

Schneiden Sie beide Seiten einer Ecke an. Stellen Sie die Schnitttiefe auf die gewünschte Endtiefe ein **(A)**. Drehen Sie nach dem ersten Schnitt den Rahmen um, und führen Sie an der Rückseite der gleichen Ecke einen zweiten Schnitt aus. Führen Sie den Rahmen bei beiden Schnitten in der Gehrungsvorrichtung **(B)**.

Schneiden Sie das Material für die Federn zuerst an der Bandsäge und dann an der Tischkreissäge zu. Die Federn sollten stärker sein als die Aufnahmen im Rahmen, damit man die Zwingen direkt an ihnen ansetzen kann **(C)**.

Leimen Sie beide Federn gleichzeitig ein, und stellen Sie dabei sicher, dass sie bis in den Grund der Aufnahme reichen. Setzen Sie beim Einleimen Zwingen an ihnen an **(D)**. Verputzen Sie zum Schluss die Federn bündig mit den Flächen und Kanten des Rahmens **(E)**.

Gehrung mit Schwalbenschwanzfedern

Durch schwalbenschwanzförmige Federn, die man in einen verleimten Rahmen einfügt, kann man sowohl die Belastbarkeit als auch das Aussehen verbessern. Zusätzlich wird die Gehrung innen noch mit einer versteckten losen Feder oder Formfeder verstärkt. Schneiden Sie die Schwalbenschwanzfedern aus einem Kontrastholz zu. Das Material sollte breiter und stärker als die Endgröße der Federn sein. Schneiden Sie eine Schablone für die Federn aus Pappe oder Holz zu, und reißen Sie damit den Umriss der Federn auf dem Material an **(A).**

Schneiden Sie die Form grob an der Bandsäge aus, indem Sie so dicht wie möglich an den Bleistiftrissen entlang sägen. Schneiden Sie die Federn auch auf Länge. Falls Sie den Arbeitstisch Ihrer Bandsäge in beide Richtungen neigen können, führen Sie die Schnitte in einem Winkel von etwa 5° aus **(B).** Schneiden Sie die Federn mit dem Stechbeitel zu ihrer endgültigen Form. Legen Sie die Feder in einer Stoßlade an, oder spannen Sie sie in der Bankzange ein. Achten Sie darauf, mit den Fingern hinter der Schneide des Beitels zu bleiben. Fasen Sie die Kanten der Feder um etwa 5° an, nachdem Sie die Form herausgearbeitet haben. Fasen Sie auch die Enden an. Dadurch wird die Feder an der einen Seite etwas kleiner als an der anderen **(C).**

Reißen Sie die Lage der Federn jeweils von der Ecke an. Legen Sie dann die Feder an der vorgesehenen Stelle mit der kleineren Seite nach unten fest auf den Rahmen, und übertragen Sie den Umriss mit dem Anreißmesser auf den Rahmen. Auf diese Weise verdeckt die größere Seite der Feder, die beim Einlegen nach oben kommt, kleinere Ungenauigkeiten der Stemmarbeiten. Versehen Sie die Federn und die Risse mit korrespondierenden Nummern **(D).**

Füllen Sie die Risse mit Bleistiftgraphit, um sie deutlicher sichtbarer zu machen. Spannen Sie dann einen Fräser mit geringem Durchmesser in die Handoberfräse ein. Stellen Sie die Schnitttiefe auf etwas weniger als die Stärke der Federn ein. Fräsen Sie dann freihändig bis an die Risse, um den Verschnitt zu entfernen. Fräsen Sie entgegen dem Uhrzeigersinn. Dadurch schneidet der Fräser im Gleichlauf und wird vom Schnitt weggedrückt. So lässt sich der Schnitt leichter kontrollieren. Denken Sie dennoch daran, nur leichte Schnitte auszuführen **(E).**

Verputzen Sie Kanten mit dem Stechbeitel. Stechen Sie senkrecht an den Rissen nach unten in den Rahmen. Seien Sie jedoch bei den Ecken der Aussparungen vorsichtig. Während er tiefer nach unten ins Holz schneidet, beschädigt die Fase des Stechbeitels die benachbarte Kante. Stechen Sie deshalb an den Ecken im Winkel ein, um Sie zu verputzen.

Setzen Sie jede Schwalbenschwanzfeder zur Probe ein, bis sie fast in der Tiefe passt. Geben Sie dann Leim auf den Grund und die Wandungen der Aussparung im Rahmen, und treiben Sie die Feder mit dem Hammer ein, bis sie sitzt **(G).** Sie können eine Zwinge ansetzen, um sicher zu stellen, dass die Feder ganz in der Aussparung sitzt. Verputzen Sie die Feder mit dem Hobel bündig zum umgebenden Holz, nachdem der Leim getrocknet ist **(H).**

E

G

F

H

Überblattungen und Bügelzapfenverbindungen

Ecküberblattungen

- Handgeschnittene Ecküberblattung (S. 218)
- Ecküberblattung am Handoberfräsentisch (S. 219)
- Ecküberblattung an der Tischkreissäge (S. 220)

T- oder Kreuz-Überblattungen

- Handgeschnittene T-Überblattung (S. 221)
- T- oder Kreuzüberblattung an der Tischkreissäge (S. 222)

Einzinker

- Einzinker (S. 223)

Ecküberblattungen auf Gehrung

- Ecküberblattung auf Gehrung mit der Handoberfräse (S. 224)
- Ecküberblattung auf Gehrung an der Tischkreissäge (S. 225)

Bügelzapfeneckverbindungen

- Handgeschnittene Bügelzapfeneckverbindung (S. 226)
- Bügelzapfeneckverbindung an der Tischkreissäge (S. 227)
- Handgeschnittene Bügelzapfeneckverbindung mit Schwalbenschwanz (S. 228)

Bügelzapfen T-Verbindungen

- Bügelzapfen T-Verbindung (S. 229)

Kreuzüberblattungen

- Kreuzüberblattung an der Tischkreissäge (S. 230)
- Sprossenüberblattung (S. 231)

Kerbenverbindungen

- Einklinkung (S. 232)
- Kerve (S. 233)

Überblattungen werden bei der Herstellung von Rahmen eingesetzt, wenn eine einfache Verbindung mittlerer Belastbarkeit ausreichend ist. Da eine Überblattung meist nur aus einer ebenen Wange und einer senkrecht darauf stehenden Brüstung besteht, die die halbe Materialstärke einnimmt, kann man sie mit verschiedenen Werkzeugen schneiden. Das Anpassen der Verbindung ist genauso leicht, da beide Teile der Verbindung leicht zugänglich sind. Die notwendigen Nacharbeiten beschränken sich darauf, zwei Flächen aneinander anzupassen.

Die Verbindung weist eine große Leimfläche auf, an der Längsholz an Längsholz liegt, und die Brüstungen bieten in einem gewissen Maß Schutz gegen Verziehen. Allerdings ist der Widerstand gegen Verdrehen eher gering, mit einer Schraube oder einem Dübel lässt sich hier Abhilfe schaffen. Überblattungen werden vor allem bei schmalen Bauteilen verwendet, um Probleme durch das Arbeiten des Holzes zu vermeiden. Man kann sie für Bilder- und Spiegelrahmen ebenso verwenden wie für einfache Rahmenkonstruktionen. Falls man sie bei breiteren Brettern einsetzt, muss die Überblattung unbedingt mit einem Dübel oder einer Schraube abgesichert werden. Ihre Belastbarkeit wird jedoch auf eine Probe gestellt, wenn diese breiteren Bretter schwinden und quellen. In diesem Fall ist es eine gute Idee, einen Leim zu verwenden, der etwas elastisch ist - PVAC (Tischlerleim, Weißleim) ist eine gute Lösung.

Da bei Überblattungen viel Hirnholz und die Verbindungsfuge der Witterung ausgesetzt sind, ist die Verbindung nur bedingt für den Außeneinsatz geeignet. In diesem Fall sollte man auf einen Epoxidkleber zurückgreifen.

Ein entschiedener Vorteil der Überblattung ist die Tatsache, dass man sie in einem gebogenen oder unregelmäßigen Rahmen entsprechend formen oder profilieren kann.

Bügelzapfenverbindungen entstehen durch die beidseitige Überblattung eines Bauteils. Insofern erinnern sie eher an eine offene Schlitz-und-Zapfen-Verbindung. Bei Eckverbindungen werden sie teilweise auch als solche bezeichnet. Sie bieten eine gute Leimfläche, aber der Widerstand gegen

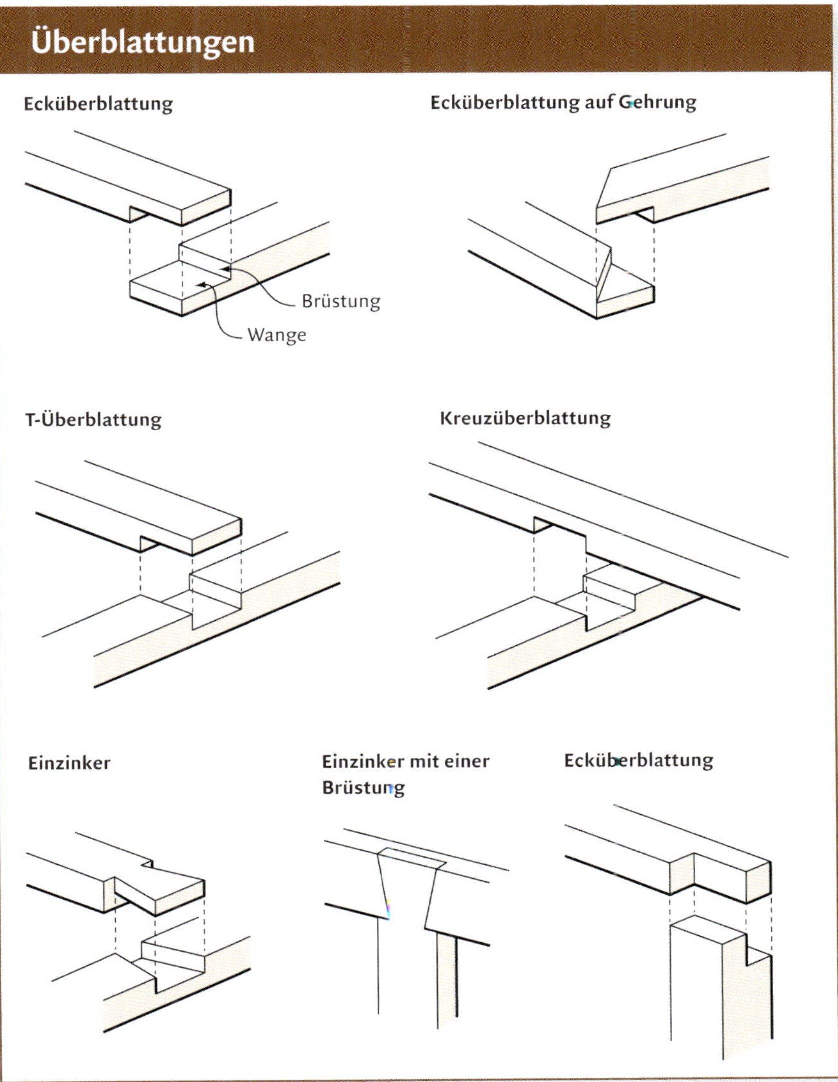

Überblattungen sind schnell herzustellen und recht belastbar. Die Verbindung kann gut profiliert oder geformt werden, wie man an diesem Spiegelrahmen sehen kann.

Bügelzapfenverbindungen

Einfache Bügelzapfeneckverbindung

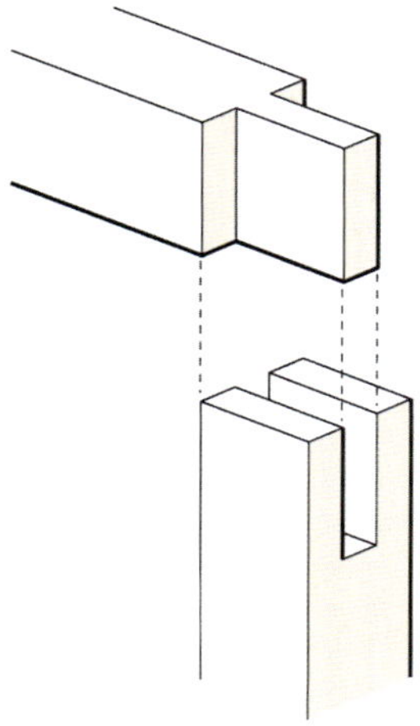

Doppelte Bügelzapfeneckverbindung

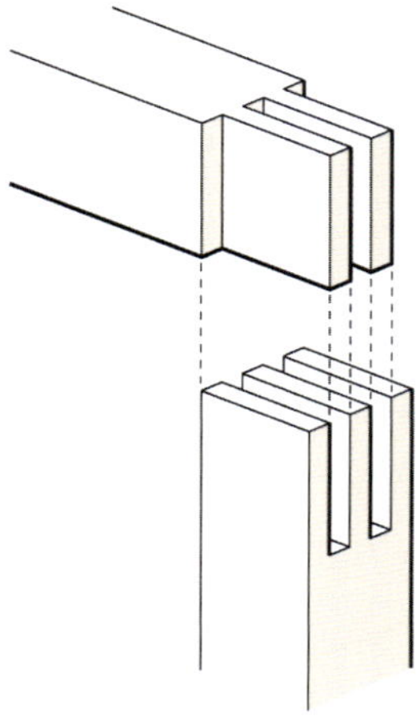

Schwalbenschwanzförmige Bügelzapfeneckverbindung

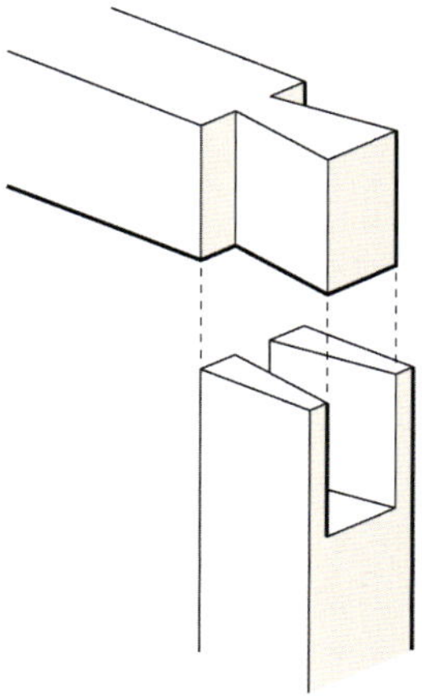

Bügelzapfeneckverbindung auf Gehrung

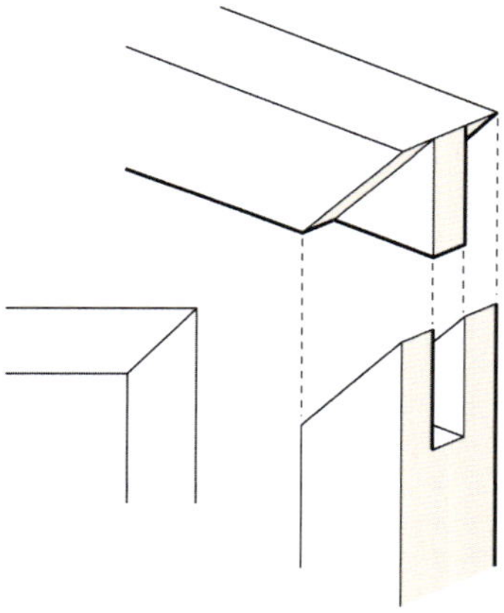

Bügelzapfen T-Verbindung

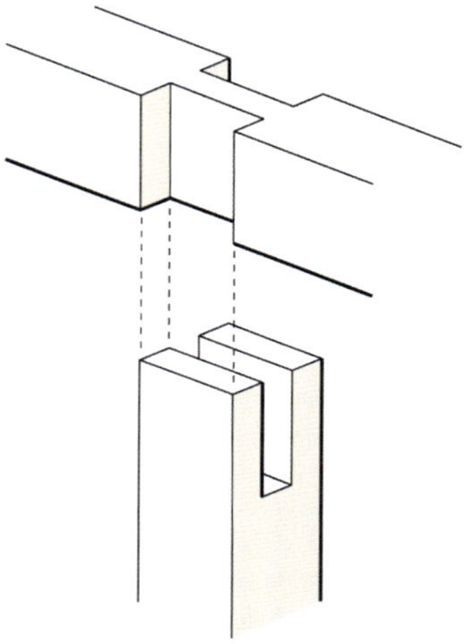

Bei der Bügelzapfeneckverbindung ist auf beiden Seiten Hirnholz zu sehen.

Verziehen ist eher gering. Da auch sehr viel Hirnholz offen liegt, wird die Feuchtigkeitsaufnahme und -abgabe verstärkt. Wenn man jedoch einen Dübel hinzufügt, ist die Bügelzapfenverbindung durchaus belastbar.

Darüber hinaus wirkt der Gegensatz zwischen Hirn- und Längsholz durchaus ansprechend.

Und schließlich kann die Verbindung auch profiliert werden. Sie lassen sich leicht anpassen, indem man sie an den Längsholzkanten mit dem Hobel bearbeitet. Setzen Sie diese Verbindungen

Kreuzüberblattungen

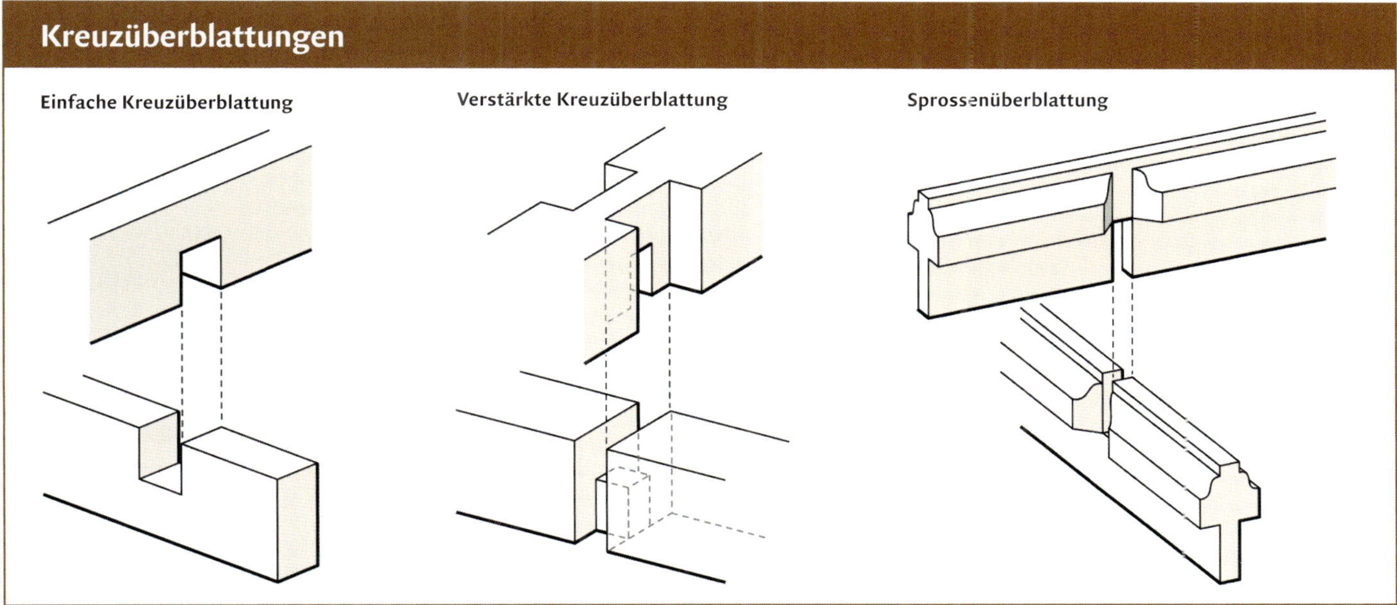

bei Korpusarbeiten ein, wenn ein langer Querfries von unten gestützt werden muss.

Kreuzüberblattungen werden in die Breite der Bauteile geschnitten. Einfache Kreuzüberblattungen sind bei Facheinteilungen in Kästen oder Schubladen nützlich, sie können auch als Sprossenüberblattung in Fensterrahmen eingesetzt werden. Bei der Herstellung von selbsttragenden Kästen wird das Innere des Kastens mit Kreuzüberblattungen hergestellt. Da die Kreuzüberblattung jedoch nicht durch Brüstungen gegen Verdrehen geschützt ist, reißt das geschwächte Holz schnell, wenn man die Verbindung in breiten Bauteilen verwendet. Man sollte verstärkte Fassungen der Verbindung verwenden, wenn es um eine beständige Passung in Situationen geht, in denen die Verbindung vielleicht Stößen oder Schlägen ausgesetzt ist.

Schnittverfahren

Da die meisten Überblattungen einfache senkrechte Brüstungen haben, lassen sie sich mit verschiedenen Sägen oder Fräsern oder Kombinationen aus beiden Möglichkeiten schneiden.

Verwenden Sie eine Methode, die Ihren Ansprüchen in Bezug auf Geschwindigkeit, Genauigkeit, Wiederholbarkeit und Lärmentwicklung genügt. Die Wange und Brüstung kann man mit jeder beliebigen Handsäge schneiden. Die besten Ergebnisse erhält man jedoch, wenn man eine Rückensäge für Ablängschnitte für die Brüstung und eine Schlitzsäge (eine Handsäge mit Schlitzsägeblatt) für die Wangen verwendet. Die Zahnung dieser Sägen ist genau auf diese Aufgaben abgestimmt. Die Tischkreissäge ist die naheliegende Wahl, um die Wangen und Brüstungen zu schneiden. Man kann aber auch verschiedene andere elektrische Sägen für diese Schnitte verwenden: die Bandsäge, die Kapp- und Gehrungssäge, die Radialarmsäge und sogar eine Handkreissäge. Stellen Sie lediglich sicher, dass die Sägetiefe stimmt, indem Sie Probeschnitte ausführen und die Ergebnisse überprüfen.

Kreuzüberblattungen haben keine Brüstungen, die als Verstärkung dienen, und brechen deshalb leicht.

Bei anspruchsvolleren Arbeiten, bei denen es auf das Aussehen der Verbindung ankommt, sollte man eine Handoberfräse verwenden, um genau zueinander passende Brüstungen für die Gegenstücke der Verbindung zu schneiden.

Bei allen genannten Methoden gibt es einen Schritt, mit dem Sie die Geschwindigkeit beim Schneiden und Zusammenfügen der Verbindung erhöhen können.

Wann immer möglich, sollten Sie die Verbindung an der Bandsäge mit zwei schnellen Schnitten grob vorschneiden. Dadurch erreichen Sie mehrere Dinge. Indem Sie den Verschnitt entfernen, lassen sich die folgenden Schnitte mit der Säge oder Handoberfräse schneller ausführen. Es ist sicherer, da der Verschnitt nicht durch Rückschlag zur Gefahr werden kann. Und vor allem: Sie können die Reste als Zulagen verwenden, um die Verbindung einzuspannen. Dadurch vermeiden Sie es, die Oberflächen der Bretter mit den Backen der Zwingen zu beschädigen.

Verwenden Sie eine Kapp- und Gehrungssäge, um Bügelzapfenverbindungen oder Überblattungen zu schneiden. Mit einer Reihe von Schnitten lässt sich nach und nach alles Holz entfernen, um eine Wange zu schneiden. Mit einem Stoppklotz wird die Länge des Schnittes begrenzt.

Die Wange schneidet man am besten mit der Schlitzsäge, während die Brüstung – die im Hirnholz liegt – besser mit eine Rückensäge geschnitten wird, die für das Ablängen ausgerichtet ist.

Schneiden Sie an der Bandsäge mit einem Anschlag die Wangen und Brüstung grob vor.

Mit diesem Bündigfräser und einer Schablone kann man eine Überblattung auf Gehrung schneiden.

Um der Einfachheit halber werden die Brüstungen für eine einfache Überblattung gleich geschnitten.

Achten Sie jedoch darauf, beim Anreißen der Verbindungen das Längsholz um ein Geringes überstehen zu lassen, wenn die Verbindung zusammengesteckt wird. Dadurch wird es – besonders bei Bügelzapfenverbindungen – leichter, die Zwingen anzusetzen, da man direkt über der Verbindung Druck ausüben kann, ohne extra zugeschnittene Zulagen verwenden zu müssen. Das Verputzen des Längsholzes ist sehr viel einfacher, als das schwer zu schneidende Hirnholz nachzuarbeiten. Zudem wird die Gesamthöhe des Werkstücks nicht verändert, wie das der Fall wäre, wenn man das obere Ende eines Beines nacharbeitet – im Gegensatz zur Oberkante eines Querfrieses oder einer Zarge etwa.

Da die Eckbüberblattung so einfach zu schneiden ist, wirkt es etwas überraschend, wenn man sieht, wie viele Zwingen man dann zum Verleimen benötigt. Das liegt daran, dass die Verbindung in drei verschiedenen Richtungen zusammengezogen werden muss. Die Bügelzapfenverbindung muss auf die gleiche Weise eingespannt werden, um eine gut aussehende und gut passende Verbindung zu erhalten.

Wenn nur etwas Längsholz über die Oberfläche hinaussteht, sind das Einspannen und Verputzen leicht.

Jede dieser Zwingen ist notwendig, um eine Ecküberblattung zusammenzuziehen.

A

C

B

D

E

Handgeschnittene Ecküberblattung

Der erste Schritt bei der Herstellung einer Ecküberblattung in Handarbeit ist das Anreißen von Schnittlinien auf den Kanten und Flächen der Bretter. Sie können die Risse mit Bleistift nachziehen, um sie besser sichtbar zu machen. Stellen Sie das Streichmaß auf etwas weniger als die halbe Materialstärke ein **(A).** Verwenden Sie einen Winkel als Tiefenmaß, um einen geraden Holzanschlag für den Brüstungsschnitt anzubringen. Stellen Sie den Winkel dabei auf etwas weniger als die volle Breite des Materials ein, damit das Festspannen leichter ist. Kontrollieren Sie beide Seiten des Anschlags, um sicher zu stellen, dass er richtig angebracht ist **(B).**

Legen Sie eine Ablängsäge dicht an den Anschlag, und schneiden Sie die Brüstung an beiden Kanten bis hinab zum Streichmaßriss. Bringen Sie etwas Klebeband an der Säge an, und markieren Sie darauf die Schnitttiefe. Achten Sie darauf, die Säge gerade und dicht am Anschlag zu führen **(C).** Spannen Sie das Brett in der Bankzange ein, und schneiden Sie die Wange der Überblattung. Die besten Ergebnisse erzielen Sie mit einer Schlitzsäge (d. h. einer Säge für Schnitte im Längsholz). Man kann natürlich auch eine Ablängsäge verwenden, allerdings dauert das Sägen dann länger. Bei breiten Brettern ist eine Rückensäge vielleicht zu schmal, um den Schnitt zu Ende zu führen. Verwenden Sie in diesem Fall eine normale Ablängsäge, um den Schnitt zu beenden **(D).**

Verputzen Sie die Wange der Überblattung mit dem Hobel oder einem breiten Stechbeitel. Stellen Sie sicher, dass die Wange eben und nicht windschief ist **(E).**

Ecküberblattung am Handoberfräsentisch

Mit einem breiten Nutfräser kann man am Handoberfräsentisch eine Überblattung recht schnell schneiden. Stellen Sie die Schnitttiefe des Fräsers auf etwas weniger als die halbe Materialstärke ein. Schneiden Sie die Verbindung zuerst grob an der Bandsäge vor, damit Sie die Schnitttiefe des Fräsers auf die Endtiefe einstellen können **(A)**. Verwenden Sie eines der Bretter als Lehre, um den Anschlag für den Brüstungsschnitt einzustellen. Spannen Sie den Anschlag bei etwas weniger als der Materialbreite fest. Drehen Sie den Fräser so, dass eine seiner Schneiden am weitesten vom Anschlag entfernten Punkt steht, und legen Sie das Brett nicht ganz an diese Schneide an **(B)**.

Legen Sie zwei oder mehr Bretter zusammen, um die Schnitte auszuführen. Sie können auch eine Zulage hinter das letzte Brett legen, um Faserausrisse am Austrittspunkt zu vermeiden. Beginnen Sie am Ende der Bretter, und führen Sie vollständige Schnitte quer darüber aus. Je nach Durchmesser des Fräsers müssen Sie vielleicht mehrere Schnitte machen (C). Stellen Sie den Schnitt für die Überblattung fertig, indem Sie die Bretter am Anschlag entlang führen **(D)**.

Ecküberblattung an der Tischkreissäge

Um eine Ecküberblattung an der Tischkreissäge herzustellen, werden zuerst die Lage der Brüstung und die Schnitttiefe am Brett angerissen. Das sollte bei etwas weniger als der vollen Breite und der halben Stärke des Materials geschehen, um das Einspannen und Verputzen zu erleichtern. Stellen Sie die Schnitttiefe ein, und spannen Sie einen Stoppklotz am Ablängschlitten für die Brüstungsschnitte fest **(A).**

Schneiden Sie die Wange und schließlich die Brüstung in mehreren Durchgängen **(B).** Die meisten Sägeblätter mit Wechselbezahnung hinterlassen am Grund der Sägefuge einen kleinen Grat. Sie können diesen versäubern, indem Sie das Brett vorsichtig etwas seitlich verschieben, so dass an einer anderen Stelle geschnitten wird. Schieben Sie das Brett dann vorwärts, um den nächsten Schnitt auszuführen. Wiederholen Sie den Vorgang, bis Sie die gesamte Wange geschnitten haben **(C).**

Handgeschnittene T-Überblattung

Für eine T-Überblattung wird das eine Brett wie für eine Ecküberblattung geschnitten.

> Siehe „Handgeschnittene Ecküberblattung“ auf S. 218.

Legen Sie dieses Brett dann so auf das zweite, dass die Brüstung dicht anschließt, und reißen Sie die Verbindung mit einem Anreißmesser an **(A)**. Markieren Sie mit dem Bleistift die Schnitttiefe auf etwas weniger als der Hälfte der Materialstärke.

Bei einer Kreuzüberblattung werden die beiden Bretter übereinander gelegt und mit einem Tischlerwinkel rechtwinklig aneinander ausgerichtet, bevor man anreißt.

Schneiden Sie am Riss eine Kerbe mit dem Stechbeitel, die als Hilfe beim Ansetzen der Säge dienen kann **(B)**. Schneiden Sie die Brüstung bis auf volle Tiefe. Die Schnitttiefe können Sie mit Bleistift auf einem Stück Klebeband markieren, das Sie am Sägeblatt anbringen. Sägen Sie bis zu dieser Linie hinab. Achten Sie darauf, die Brüstungen senkrecht zu schneiden. Wenn Sie mögen, können Sie den Schnitt mit einem Anschlag führen, den Sie mit Zwingen befestigen **(C)**.

Schneiden Sie mit der Säge quer über die Verbindung in mehreren Durchgängen bis fast zur Endtiefe. Entfernen Sie dann den Verschnitt mit dem Stechbeitel. Arbeiten Sie von beiden Seiten zur Mitte hin, um Faserausrisse zu vermeiden **(D)**.

Säubern Sie den Grund der Verbindung mit dem Grundhobel. Achten Sie darauf, eine gleichmäßig ebene Fläche herzustellen **(E)**.

Passen Sie die Verbindung abschließend mit dem Hobel ein. Nehmen Sie an den Kanten des Brettes Material ab, bis es in die Überblattung hineingleitet. Das ist leichter als das Hirnholz zu bestoßen. Kontrollieren Sie die seitliche Passung, indem Sie das Brett umdrehen und in die Aussparung legen **(F)**.

A

D

B

E

C

F

T- oder Kreuzüberblattung an der Tischkreissäge

Diese Methode, um eine T-Überblattung oder Kreuzüberblattung herzustellen, kann man bei Brettern der gleichen Breite anwenden. Reißen Sie die Kreuzüberblattung auf einem der Bretter mit etwas weniger als der halben Breite des Materials an. Markieren Sie auch die Schnitttiefe auf etwas weniger als der Hälfte der Materialstärke. Bringen Sie zwei Stoppklötze für die beiden Brüstungen am Ablängschlitten an **(A).**

Schneiden Sie die Verbindung in mehreren Durchgängen, und bringen Sie das Werkstück dann genau über das Sägeblatt. Schieben Sie es zwischen den beiden Stoppklötzen hin und her, um die Wange der Verbindung zu versäubern **(B).**

> Siehe „Ecküberblattung an der Tischkreissäge“ auf S. 220.

Passen Sie die Breite der Kreuzüberblattung an, indem Sie mit dem Hobel seitlich vom Brett Material abnehmen. Kontrollieren Sie die Passung, indem Sie das Brett umdrehen und in die Aussparung legen **(C).**

Einzinker

Bei der Herstellung eines Einzinkers wird zuerst an der Tischkreissäge die Brüstung fast bis auf Endtiefe geschnitten. Schneiden Sie danach die Wange an der Bandsäge mit Anschlag **(A)**.

VARIATION 1: Schneiden Sie die Wange am Handoberfräsentisch. Schneiden Sie immer mit der Bandsäge grob vor. Auf diese Weise können Sie den Fräser auf volle Schnitttiefe einstellen.

Reißen Sie den Schwalbenschwanz an, und schneiden Sie ihn an der Bandsäge aus. Schneiden Sie die Brüstung grob bis zum Schwalbenschwanzriss vor, und fräsen Sie dann bis genau zum Riss. Verputzen Sie die Brüstung mit dem Stechbeitel **(B)**.

VARIATION 2: Schneiden Sie die Wange und Brüstung des Schwalbenschwanzes mit der Hand mit einer Feinsäge.

Reißen Sie das Gegenteil der Verbindung an, indem Sie das Brett mit dem Schwalbenschwanz darauf legen. Legen Sie die Brüstung dicht an die Kante des Gegenstücks an. Legen Sie eine Zulage unter das hintere Ende des Schwalbenschwanz-Bretts, um es zu stützen **(C)**. Schneiden Sie das Innere der Verbindung grob an der Tischkreissäge vor **(D)**. Sägen Sie dann mit der Hand die Brüstungen. Dadurch wird sichergestellt, dass Sie den gleichen Winkel wie beim Schwalbenschwanz schneiden **(E)**.

Entfernen Sie mit dem Stechbeitel den Verschnitt bis auf Endtiefe **(F)**.

VARIATION 3: Sie können auch einen Nutfräser in der Handoberfräse verwenden, um die Aussparung bis zur vollen Tiefe zu schneiden. Schneiden Sie freihändig, achten Sie aber darauf, den Brüstungen nicht zu nahe zu kommen. Wenn die Aussparung tief genug ist, können Sie einen Bündigfräser mit oben liegendem Anlaufring verwenden, den Sie an den Brüstungen entlangführen, um den Schnitt auszuführen.

A

B

C

D

VARIATION 1

E

F

VARIATION 2

VARIATION 3

A

C

D

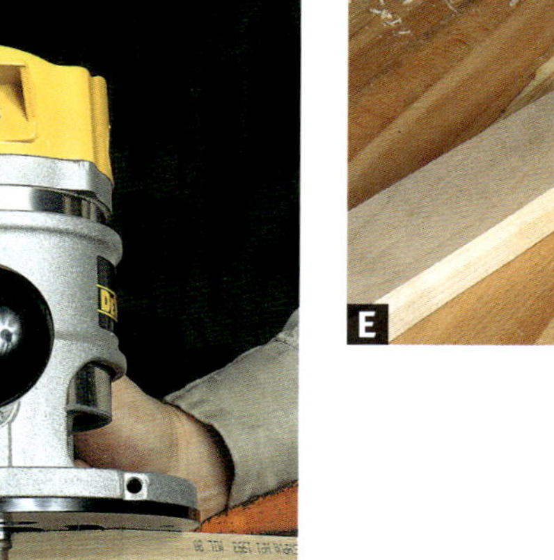
B

E

Ecküberblattung auf Gehrung mit der Handoberfräse

Um eine Überblattung mit Gehrung mit der Handoberfräse zu schneiden, wird zuerst eines der Bretter mit einem Gehrungsschnitt und das andere mit einem rechtwinkligen Schnitt abgelängt. Fräsen Sie die Verbindung am rechtwinklig zugeschnittenen Brett mit einer Gehrungsvorrichtung und einem Bündigfräser an. Spannen Sie die Vorrichtung am Brett fest, und stellen Sie die Schnitttiefe für den ersten Schnitt ein **(A).** Achten Sie darauf, dass der oben sitzende Anlaufring des Fräsers am Anschlag der Vorrichtung anliegt **(B).** Verringern Sie die Schnitttiefe für den zweiten Durchgang. Dadurch liegt der Anlaufring am ersten Schnitt an, den Sie gemacht haben. Schneiden Sie auf etwas weniger als die halbe Verbindungsstärke ein **(C).** Schneiden Sie das Gegenstück der Verbindung mit einem rechtwinkligen Anschlag, den Sie an das Ende mit dem Gehrungsschnitt festspannen.

Schneiden Sie in mehreren Durchgängen mit dem gleichen Fräser wie zuvor bis zur Endtiefe **(D).**

Diese Verbindung bietet nicht nur den Vorteil der großen Leimfläche einer Überblattung, man kann bei ihr auch eine profilierte Kante um die Sichtseite herum laufen lassen **(E).**

Ecküberblattung auf Gehrung an der Tischkreissäge

Ecküberblattungen auf Gehrung werden an der Tischkreissäge paarweise geschnitten. Eine Seite der Verbindung hat ein rechtwinkliges Ende mit einer Brüstung auf Gehrung an der Überblattung. Das Gegenstück hat ein auf Gehrung geschnittenes Ende mit einer rechtwinkligen Brüstung. Schneiden Sie die Gehrungsschnitte an den Enden von zwei gegenüberliegenden Rahmenfriesen.

> Siehe „Gehrungsschnitte" auf S. 193.

A

Längen Sie das Gegenstück rechtwinklig ab **(A)**. Die rechtwinkligen Brüstungen werden mit dem Gehrungsanschlag an der Tischkreissäge geschnitten. Das sollte bei etwas weniger als der vollen Breite und der halben Stärke des Materials geschehen **(B)**. Schneiden Sie die Brüstung auf Gehrung am rechtwinklig abgelängten Brett an. Dazu müssen Sie die Sägeblatthöhe nicht verstellen. Bringen Sie einen Stoppklotz so an, dass der Schnitt genau an der Spitze des Bretts beginnt **(C)**.

B

C

Schneiden Sie dann die Wangen. Die Wange am rechtwinklig abgelängten Brett wird mit einer Zapfenschneidevorrichtung geschnitten, die mit einem Anschlag im Winkel von 45° ausgerüstet ist. Die Wange am auf Gehrung abgelängten Brett wird mit einer normalen Zapfenschneidevorrichtung geschnitten; halten Sie das Werkstück dabei senkrecht.

D

Handgeschnittene Bügelzapfeneckverbindung

Bügelzapfenverbindungen kann man auch als offene Schlitz-und-Zapfen-Verbindungen betrachten. Sie werden oft mit einem Schlitz von einem Drittel der Materialstärke angerissen. Ich ziehe es vor, den Zapfen etwas kleiner zu schneiden, eher bei einem Viertel der Materialstärke.

A

D

B

E

C

F

G

Auf jeden Fall sollte der Schlitz etwa die Breite eines Ihrer Stechbeitel haben, damit das Ausstemmen des Verschnittes leichter fällt.

Reißen Sie mit dem Streichmaß auf beiden Seiten der Bretter die Tiefe des Schlitzes an. Markieren Sie mit Bleistift die Brüstungen an einem Ende des Stückes, und winkeln Sie diese Linien zum Streichmaßriss über.

Schneiden Sie mit einer Rückensäge bis auf Tiefe. Die Sägefuge sollte im Verschnitt neben dem Riss liegen **(B).** Halten Sie den Stechbeitel senkrecht, und entfernen Sie den Verschnitt am Grund des Schlitzes. Kontrollieren Sie von der Seite des Brettes, wie Sie den Stechbeitel halten. Führen Sie die ersten Schnitte sehr leicht aus, und entfernen Sie nach jedem Schnitt den Verschnitt. Schneiden Sie von beiden Seiten zur Mitte hin. Wenn der Schnitt angelegt ist, können Sie den Schlitz leicht hinterschneiden **(C).**

Nehmen Sie für den entsprechenden Brüstungsschnitt die Breite des Gegenstücks mit einem Kombiwinkel ab. Arretieren Sie den Anschlag des Kombiwinkels bei etwas weniger als der Breite des Materials (D). Stellen Sie dann den Abstand des Anschlags für die Brüstungsschnitte am Zapfenstück mit dem Kombiwinkel ein. Achten Sie darauf, dass der Anschlag rechtwinklig über dem Brett liegt **(E).**

Schneiden Sie mit der Ablängsäge die erste Wange des Zapfenbretts bis hinunter zu den Brüstungslinien **(F).** Wenn die beiden Teile der Bügelzapfenverbindung bündig sein sollen, überprüfen Sie die Passung anhand des ersten Brüstungsschnittes. Drehen Sie das Werkstück um, und legen Sie den Brüstungsschnitt gegen die äußere Fläche des geschlitzten Brettes. Wenn die Risse für den Schlitz mit der äußeren Seite des Zapfenstücks übereinstimmen, liegt der Schnitt an der richtigen Stelle. Falls er nicht tief genug ist, bringen Sie ihn mit dem Hobel auf die richtige Größe **(G).**

Bügelzapfeneckverbindung an der Tischkreissäge

Reißen Sie die Bügelzapfenverbindung so an, dass der Schlitz etwas weniger als ein Drittel der Materialstärke beträgt. Reißen Sie die Schnitttiefe mit dem Streichmaß an, um das Risiko von Faserausrissen zu mindern. Stützen Sie das Brett mit einer Zapfenschneidevorrichtung, und schneiden Sie bis fast zur vollen Tiefe **(A)**.

TIPP Der Grund der Sägenut, den ein Sägeblatt mit Wechselbezahnung hinterlässt, ist nicht eben genug. Verwenden Sie stattdessen ein Flachzahn-Sägeblatt.

Schneiden Sie den Schlitz in mehreren Durchgängen. Besonders gut sieht die Verbindung aus, wenn Sie den Grund mit dem Stechbeitel verputzen **(B)**.

Schneiden Sie zuerst die Brüstungen für den Zapfen. Bringen Sie einen Stoppklotz am Ablängschlitten an, und stellen Sie die Schnitttiefe auf ein Geringes weniger als die erforderliche Tiefe ein **(C)**.

Verputzen Sie die Wangen mit der Zapfenschneidevorrichtung **(D)**. Überprüfen Sie die Passung des ersten Wangenschnitts, indem Sie das Brett mit dem Zapfen im Schlitz umdrehen. Wenn die Risse für den Schlitz mit der Seite des Zapfenstücks übereinstimmen, liegt der Schnitt an der richtigen Stelle **(E)**.

A

D

B

E

C

F

G

Mit der Hand geschnittene Bügelzapfenverbindung mit Schwalbenschwanz

Reißen Sie für diese Verbindung zuerst mit dem Streichmaß Risse mit etwas weniger als der Breite der Bretter an **(A).** Stellen Sie eine Schmiege mit dem Winkel für die Schwalben und Zinken ein – zwischen 1 : 5 und 1: 8 –, und reißen Sie die Schwalbe bis hinunter zu den Brüstungsrissen an **(B).**

Spannen Sie das Werkstück in der Bankzange ein, und schneiden Sie zuerst die Brüstungen mit der Ablängsäge. Schneiden Sie dann den Schwalbenschwanz mit einer Schlitzsäge, falls Sie eine besitzen **(D).**

Verputzen Sie die Ecken des Schwalbenschwanzstückes, und arbeiten Sie die Wangen des Schwalbenschwanzes gegebenenfalls nach. Sie können die Brüstungen leicht in Richtung Unterseite der Schwalbe hinterschneiden, bevor Sie anreißen.

Richten Sie mit Hilfe eines Stückes Restholz das Brett mit dem Schwalbenschwanz an seinem Gegenstück aus, und übertragen Sie den Umriss des Schwalbenschwanzes mit einem Anreißmesser **(E).** Schneiden Sie mit der Feinsäge die Aussparung für den Schwalbenschwanz bis hinunter zu den Rissen **(F).** Entfernen Sie den Verschnitt, indem Sie mit dem Stechbeitel genau an den Rissen einstechen. Arbeiten Sie dabei von der Außenseite der Verbindung nach innen **(G).**

> Siehe die Zeichnung „Bügelzapfenverbindungen" auf S. 214.

Bügelzapfen T-Verbindung

Halten Sie das Werkstück senkrecht in einer Zapfenschneidevorrichtung, und schneiden Sie den Schlitz.

> Siehe „Bügelzapfeneckverbindung an der Tischkreissäge“ auf S. 227.

Reißen Sie mit dem Streichmaß an, um das Risiko von Faserausrissen zu verringern **(A)**. Schneiden Sie dann die Bügelzapfenverbindung passend für diesen Schnitt.

> Siehe „Ecküberblattung auf Gehrung an der Tischkreissäge“ auf S. 225.

Bringen Sie am Ablängschlitten einen Stoppklotz an, um den einen Brüstungsschnitt zu platzieren, und heben Sie das Sägeblatt bis fast zu der angerissenen Höhe an. Machen Sie mehrere Schnitte **(B)**. Legen Sie einen Abstandshalter zwischen das Ende des Frieses und den Stoppklotz, um den zweiten Brüstungsschnitt zu schneiden. Schneiden Sie den Schnitt an der ersten Seite zu Ende **(C)**.

Wenden Sie das Brett, und führen Sie die Schnitte an der anderen Seite aus. Verwenden Sie für den zweiten Brüstungsschnitt wiederum den Abstandshalter. Überprüfen Sie die Passung des Zapfens im Schlitz, bevor Sie weitermachen **(C)**. Heben Sie gegebenenfalls das Sägeblatt an.

Passen Sie die Teile der Verbindung einzeln an. Wenden Sie das Brett, und kontrollieren Sie die Breite des Schlitzes am Brett. Arbeiten Sie die Passung des Brettes mit dem Hobel nach **(E)**.

A

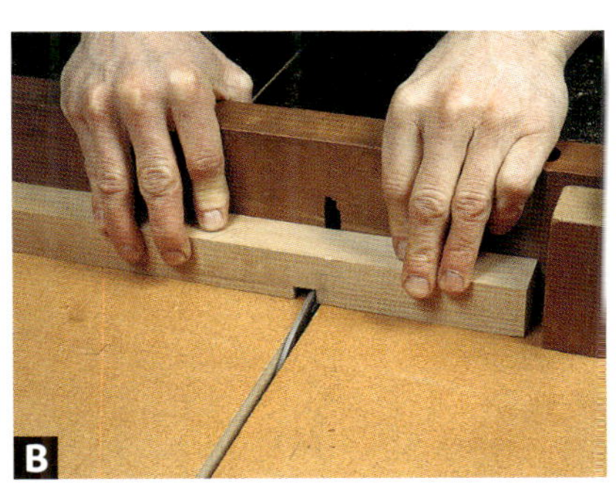
B

C

VARIATION

D

E

VARIATION

VARIATION Entfernen Sie den Verschnitt mit einem von oben geführten Schnitt der Handoberfräse genau bis auf Endtiefe. Spannen Sie ein weiteres Brett der gleichen Stärke dicht daneben, um die Handoberfräse zu stützen. Verwenden Sie einen Nutfräser, um freihändig zu fräsen. Falls der Schnitt tief genug ist, können Sie auch einen Bündigfräser mit oben liegendem Anlaufring einsetzen. Verputzen Sie eventuell stehen gebliebenes Holz mit einem breiten Stechbeitel.

A

C

B

D

E

Kreuzüberblattung an der Tischkreissäge

Der erste Schritt bei der Herstellung einer Kreuzüberblattung an der Tischkreissäge ist das Anreißen der Verbindung mit etwas weniger als der Materialbreite und -höhe. Die Verbindung wird später eingepasst, indem das Längsholz der Bretter abgehobelt wird, das durch diese Risse überstehend gelassen wird.

Befestigen Sie einen Stoppklotz am Ablängschlitten, so dass am Riss geschnitten wird **(A).** Schneiden Sie in mehreren Durchgängen, und kontrollieren Sie die Passung anhand des anderen Brettes. Die Verbindung sollte sich fast, aber nicht ganz zusammenstecken lassen **(B).** Befestigen Sie einen zweiten Stoppklotz für die andere Seite des Schnittes. Achten Sie auf seine genaue Platzierung. Führen Sie dann den Schnitt aus **(C).**

Schneiden Sie dann den entsprechenden Schnitt am anderen Brett. Falls Sie nicht sicher sind, ob sich der Stoppklotz in der richtigen Position befindet, legen Sie eine Zulage an das Ende des Brettes. Dadurch wird das Brett um Bruchteile eines Millimeters vom Stoppklotz fortgeschoben. Falls der erste Schnitt zu klein ausfällt, entfernen Sie die Zulage und machen einen weiteren Schnitt **(D).**

Passen Sie die Verbindung an, indem Sie mit dem Hobel Holz von den Flächen der Bretter abnehmen. Dadurch werden nicht nur Säge- und Hobelspuren des Zurichtens entfernt, sondern auch die Passung der Kreuzüberblattung verbessert. Arbeiten Sie die Bretter getrennt nach, damit Sie wissen, wann Sie eine gute Passung erreicht haben. Stecken Sie dann die Bretter zusammen **(E).**

> Siehe Zeichnung „Kreuzüberblattungen" auf S. 215.

Sprossenüberblattung

Bei Fenstersprossen werden Kreuzüberblattungen verwendet. Um das Profil der Sprossen anzupassen, müssen jedoch entweder beide Profile auf Gehrung geschnitten werden, oder der Umriss muss von einem Profil auf das andere übertragen und entsprechend ausgeschnitten werden. Falls Sie nicht über einen Hohlbeitel mit der richtigen Krümmung verfügen, fertigen Sie eine Gehrungslehre an, um die Gehrungen genau schneiden zu können. Stellen Sie die Lehre aus zwei Holzstücken her, die Sie in Längsrichtung senkrecht aufeinander leimen. Schneiden Sie dann beide Enden mit der Säge auf 45° zu.

A

C

B

D

E

Schneiden Sie die Überblattung mit einer Ablängsäge **(A).**

Schneiden Sie das Profil mit einem breiten Stechbeitel und der Gehrungslehre auf 45°. Richten Sie die Gehrungslehre an der Kante des Überblattungsschnittes oder an Rissen aus, die Sie von dem Überblattungsschnitt an der Unterkante des Materials überwinkelt haben **(B).**

Schneiden Sie die Kreuzüberblattung auf der Unterseite der Sprosse an. Führen Sie den Schnitt dann auf beiden Seiten mit der Säge bis zum Profil herum. Achten Sie darauf, nicht über die Details des Profils hinauszuschneiden, wenn Sie mit der Säge die Markierungen anlegen. Schneiden Sie auf beiden Sichtseiten dann weiter bis zur Oberseite des Profils **(D),** und entfernen Sie dann den Verschnitt zwischen den Sägenschnitten.

Verputzen Sie wie zuvor das Profil mit der Gehrungslehre.

Passen Sie die Verbindung dann an, indem Sie soviel Material abnehmen, dass sie sich leicht zusammenstecken lässt.

> Siehe Zeichnung „Kreuzüberblattungen" auf S. 215.

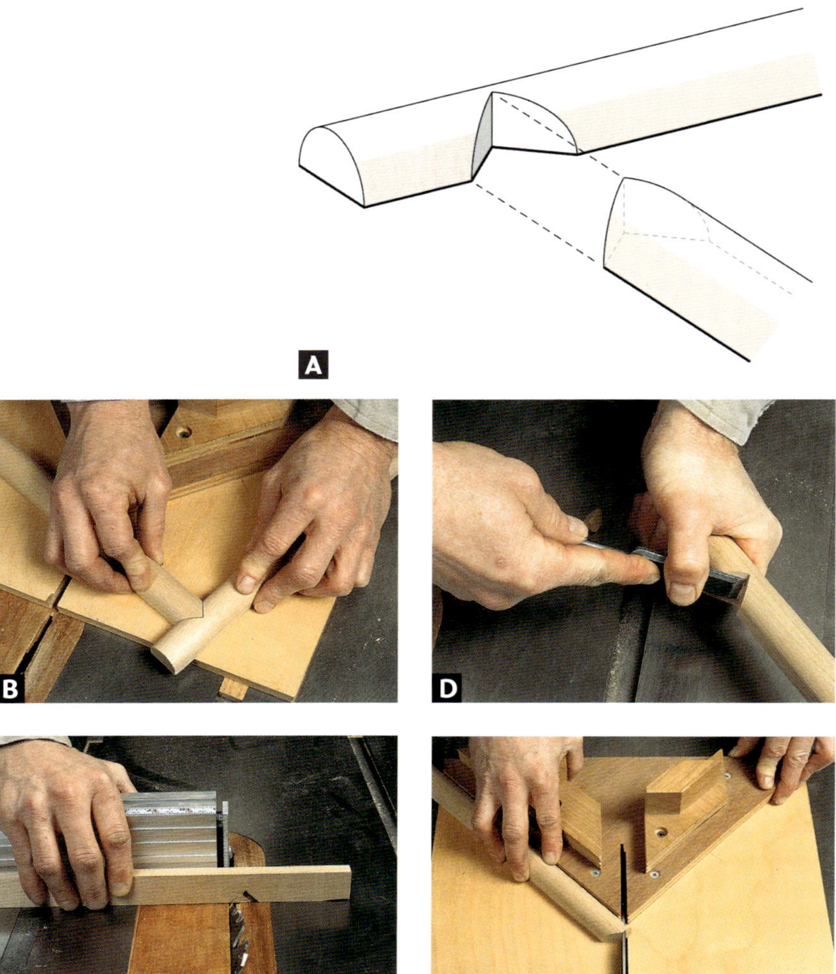

Einklinkung

Eine Einklinkung ist eine einfache V-förmige Kerbe, die in die Kante eines Werkstücks eingeschnitten wird **(A).** Ein Gegenstück passt genau in die Kerbe. Man kann eine solche Einklinkung in eine Profilleiste schneiden, die an einem Werkstück angebracht werden soll **(B).**

Stellen Sie das Sägeblatt der Tischkreissäge auf 45° ein, und führen Sie die Profilleiste mit dem Gehrungsanschlag.

Schneiden Sie die Einklinkung, und stellen Sie dabei sicher, dass das Sägeblatt nicht auf die volle Höhe der Kerbe eingestellt ist, damit es nicht auf ihrer anderen Seite einschneidet **(C).** Schneiden Sie beide Seiten der Einklinkung, und verputzen Sie dann die Spitze der Kerbe mit dem Stechbeitel **(D).**

Schneiden Sie beide Enden des Gegenstücks mit einer entsprechenden Vorrichtung auf Gehrung. Reißen Sie auf dem Werkstück die Mittellinie an, und lassen Sie beide Schnitte genau an dieser Linie beginnen **(E).**

> Siehe „Hilfsvorrichtungen“ ab S. 32.

Die Kerve

Die Kerve wird vor allem bei Zimmermannsarbeiten und im Innenausbau verwendet **(A)**. Reißen Sie die Verbindung mit der Schmiege an, und schneiden Sie sie dann mit der Hand **(B)**.

Sie können für den Ablängschnitt auch das Blatt der Tischkreissäge auf den benötigten Winkel einstellen. Schneiden Sie die V-förmige Kerbe mit der Bandsäge in das Ende des Brettes.

Passen Sie die Verbindung an, und verstärken Sie sie mit einem Verbindungsmittel **(C)**.

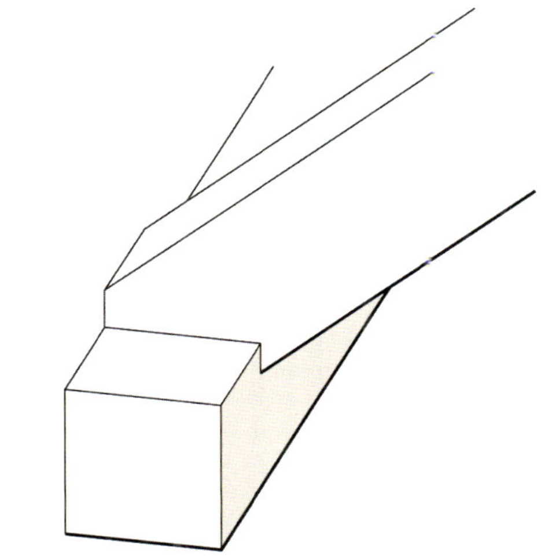

A

B

C

Schäftungen und Blattungen

Einfache Schäftungen

> Handgeschnittene Schäftung (S. 237)

> Schäftung mit der Handoberfräse (S. 237)

Längsüberblattungen

> Längsüberblattungen (S. 238)

Schräge Blattungen

> Schräges Blatt (S. 239)

> Längsüberblattung mit Haken (S. 239)

Schwalbenschwanzförmiges Blatt

> Verbindung mit schwalbenschwanzförmigem Blatt (S. 240)

Keilzinkung

> Keilzinkung (S. 241)

Französischer Keilverschluss

> Französischer Keilverschluss (S. 242)

Die Belastbarkeit von einfachen Schäftungen hängt von langen Schnitten in flachen Winkeln und von der Verleimung ab. Diese Verbindungen erinnern sehr an eine Gehrung mit extrem flachem Winkel, die so geschnitten ist, dass möglichst viel Längsholz freigelegt wird. Bei Neigungen von 1 : 8 bis 1 : 10 sieht man der Schäftung kaum an, dass es sich überhaupt um eine Verbindung handelt; hier wird das Konzept der Verbindung auf Stoß so weit gedehnt, bis es fast verschwindet.Dadurch wird nicht nur die Belastbarkeit der Verbindung erhöht und die Größe der Längsholz-Leimfläche vergrößert, sondern es entsteht auch eine nahezu unsichtbare Verbindung. Eine Schäftung passt sich dem umgebenden Holz sehr viel besser an als eine einfache Verbindung auf Stoß, die sich immer als dunkle Leimfuge zeigt, wie gekonnt sie auch geschnitten worden sein mag.

Dieses nahtlose Aussehen wird dann wichtig, wenn eine Schäftung dort verwendet wird, wo sie gut zu sehen ist, zum Beispiel in einer langen Profilleiste oder profilierten Kante, die fast immer eine Verbindung irgendeiner Art erfordern. Wenn man die Einzelteile schäftet, erhält man längere Strecken, kann aber die Maserung des Längsholzes beibehalten. Treppengeländer und der Bootsbau sind zwei Gebiete, auf denen Schäftungen eingesetzt werden.

Es gibt auch eine Vielzahl von Schäftungen, die so angelegt sind, dass sie potenziellen Belastungen gewachsen sind. Einige sind schlicht gehalten, wie die Längsüberblattung. Andere werden von den Zimmerleuten beim Bau japanischer Tempel verwendet. Diese Verbindungen schaffen sehr lange Balken, die den unterschiedlichen Kräften widerstehen können, die bei einem Erdbeben auftreten. Schäftungen im Hirnholz sind gegenüber Zug-, Druck- und Scherkräften sehr widerstandsfähig.

Das Schneiden der Verbindungen

Eine einfache Schäftung lässt sich in Handarbeit mit einer guten Ablängsäge schneiden. Bei Innenausbauarbeiten kann man eine Handkreissäge oder Kapp- und Gehrungssäge einsetzen, um Schäftungen zu schneiden.

Die einfache Schäftung vergrößert im Vergleich zum stumpfen Stoß die Leimfläche zwischen Längsholz und Längsholz und ist zudem nicht so auffällig wie der Stoß.

Schäftungen können so einfach sein wie eine Längsüberblattung oder ein Hakenblatt, aber auch komplizierter wie der französische Keilverschluss.

Bei Profilleisten schneidet man eine Schäftung mit einem guten Sägeblatt an einer Kapp- und Gehrungssäge.

Um präziser zu arbeiten und längere Schäftungen mit größerer Leimfläche schneiden zu können, werden eine selbst gebaute Vorrichtung und die Handoberfräse verwendet.

Falls Sie breitere Bretter schneiden müssen oder größere Genauigkeit erforderlich ist, können Sie die Vorteile einer Vorrichtung für die Handoberfräse nützen, um den Fräser zu führen, mit dem die Schäftung geschnitten wird.

Verstärkung der Verbindung

Die Belastbarkeit von einfachen Schäftungen hängt von der Verleimung ab. Diese Belastbarkeit kann wie bei jeder anderen Schlitz-und-Zapfen-Verbindung durch Brüstungen und Wangen verstärkt werden. Mit Keilen können diese Verbindungen zusätzlich gesichert werden.

Die Widerstandskraft von Schäftungen gegenüber Zug- und Scherkräften kann wie bei jeder anderen Schlitz-und-Zapfen-Verbindung durch Brüstungen und Wangen verstärkt werden.

Handgeschnittene Schäftung

Als erster Schritt bei der Herstellung einer Schäftung mit der Hand wird die Schmiege auf eine Neigung zwischen 1 : 8 und 1 : 10 eingestellt, um dann die Bretter anzureißen **(A, B)**.

Spannen Sie die Bretter sicher ein, wenn Sie die Schnitte ausführen **(C)**. Wenn Sie die Bretter während des Sägens aneinanderlegen, richten sie sich fast automatisch aneinander aus **(D)**.

Verputzen Sie die Schnitte abschließend mit dem Hobel **(E)**.

VARIATION Man kann die Schäftungen auch an der Kapp- und Gehrungssäge schneiden.

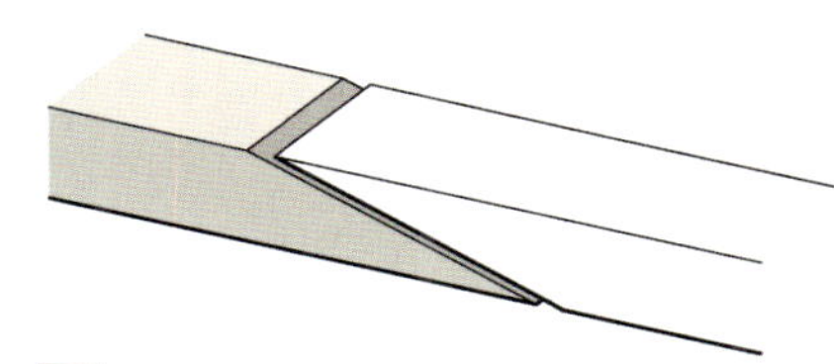
A

D

B

E

C

VARIATION

Schäftung mit der Handoberfräse

Schäftungen lassen sich mit einer handgeführten Handoberfräse schneiden. Spannen Sie das Brett, das geschnitten werden soll, in der Schäftungsvorrichtung ein **(A)**. Die Seiten der Vorrichtung sind im richtigen Winkel für Schäftungen zugeschnitten. Die Handoberfräse wird in einem Schlitten geführt, der auf den schrägen Seitenteilen gleitet.

Fräsen Sie die Schräge in mehreren Durchgängen bis auf ihre Endtiefe. Beginnen Sie am Anfang der Verbindung, und arbeiten Sie sich allmählich die Vorrichtung hinab **(B)**. Wenn Sie einen guten, großen Nutfräser verwenden, sollten nur geringe Nacharbeiten notwendig sein **(C)**.

A

C

B

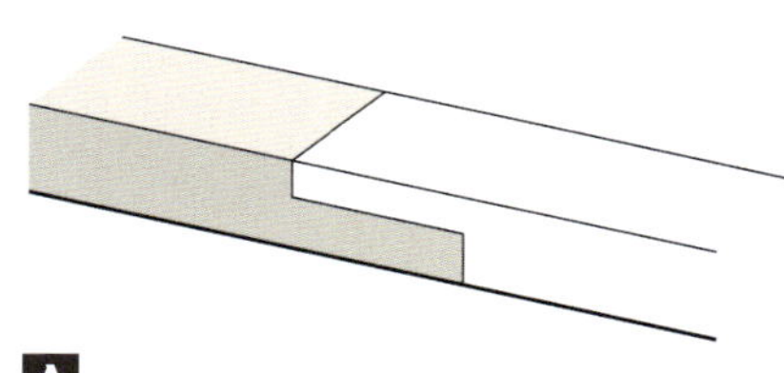

Längsüberblattung

Die Längsüberblattung wird wie die Ecküberblattung angerissen und geschnitten **(A).** Der einzige Unterschied liegt darin, dass die Längsüberblattung Ende an Ende zusammengefügt wird, anstatt im rechten Winkel.

> Siehe "Ecküberblattung" auf S. 218 – 220.

Die Längsüberblattung ist an der Stelle, wo die Brüstung auf die Wange trifft, etwas schwach, vor allem wenn die Verbindung durch Gewicht belastet wird. Diese Verbindung ist auf Leim oder Verbindungselemente angewiesen, um zusammengehalten zu werden. Es gibt mehrere Methoden, um die Verbindung zu schneiden.

Mit der Hand

Um die Verbindung mit der Hand zu schneiden, werden zuerst mit dem Streichmaß Risse auf der Sichtseite und den Kanten des Brettes angerissen, die bei etwas weniger als der halben Materialstärke liegen **(C).** Führen Sie den Schnitt an einem Anschlag. Verwenden Sie einen Kombiwinkel als Tiefenanschlag, und spannen Sie einen Anschlag am Werkstück fest. Mit einem Stück Klebeband an der Säge können Sie die erwünschte Schnitttiefe markieren. Schneiden Sie bis zu den Rissen hinab **(D).**

Mit der Tischkreissäge

Die Längsüberblattung kann an der Tischkreissäge geschnitten werden. Schneiden Sie die Brüstung und Wange der Verbindung, und verputzen Sie die Verbindung, indem Sie das Werkstück über den höchsten Punkt des Sägeblattes hin und zurück führen, um eine glatte Fläche zu erhalten **(E).**

Schräges Blatt

Die schräge Blattung unterscheidet sich nur wenig von der Längsüberblattung **(A).** Wegen der schrägen Wangen ist sie etwas besser auf Zug belastbar. Sie muss dennoch mit Verbindungselementen und Leim abgesichert werden.

Stellen Sie ein Streichmaß auf eine Neigung von 1 : 8 ein, und reißen Sie die Verbindung an **(B).** Die Brüstungen werden im rechten Winkel zur Fläche des Brettes an der Tischkreissäge geschnitten. Bringen Sie einen Stoppklotz an, um diese Schnitte an der gleichen Stelle auszuführen, und schneiden Sie nicht tiefer als die Bleistiftrisse aus dem vorhergegangenen Schritt **(C).**

Schneiden Sie die Wange mit der Bandsäge. Schneiden Sie dicht am Riss, aber in der Verschnittseite **(D).** Verputzen Sie die Verbindung mit dem Hobel oder einem breiten Stechbeitel **(E).**

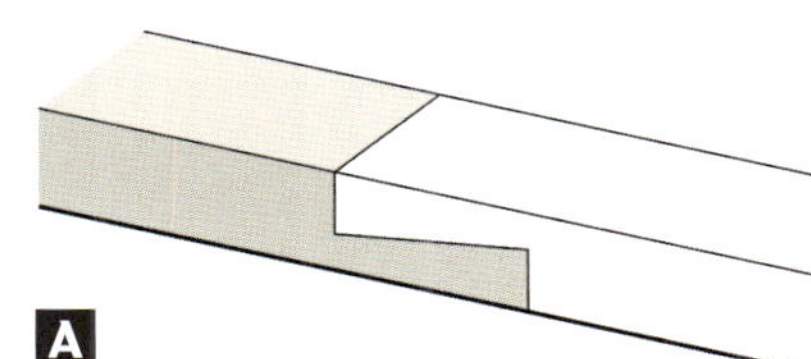
A

B

C

D

E

Längsüberblattung mit Haken

Die Längsüberblattung ist etwas belastbarer als die einfache Längsüberblattung, da an der Brüstung weniger Holz entfernt wird **(A).**

Die Enden der Bretter werden in einem Winkel von 5° bis 10° angeschnitten. Stellen Sie das Sägeblatt der Tischkreissäge auf diesen Winkel ein, und führen Sie die Schnitte aus **(B).** Entfernen Sie zuerst grob den Verschnitt mit der Bandsäge. Schneiden Sie dann die Wange. Dabei ist das Sägeblatt der Tischkreissäge geneigt, und das Werkstück wird in der Zapfenschneidevorrichtung gehalten **(C).**

Passen Sie die Verbindung an, indem Sie die Enden der Bretter und die Brüstungen bestoßen, bis die Bretter zusammenpassen **(D).**

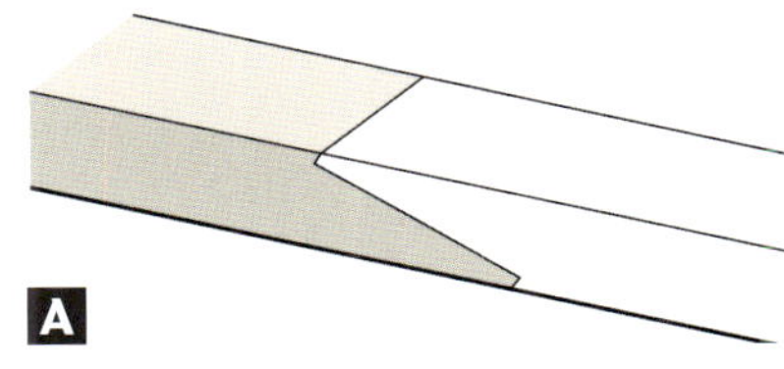
A

B

C

D

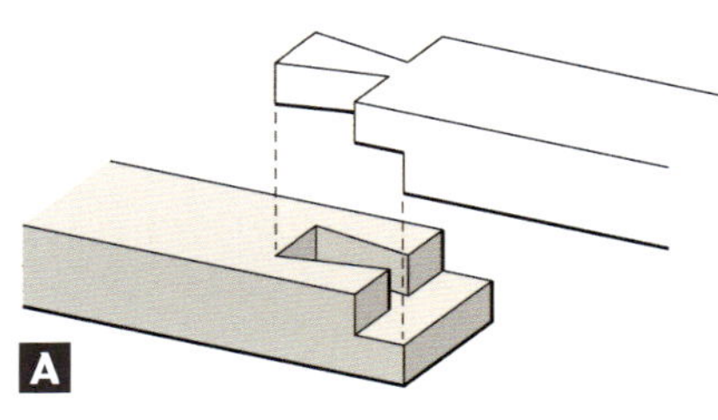
A

B

C

D

E

F

G

H

I

J

K

Schwalbenschwanzförmiges Blatt

Überblattungen können auch mit einem Schwalbenschwanz geschnitten werden. Reißen Sie den Schwalbenschwanz mit der Schmiege an. Der Winkel sollte nicht zu steil sein, da sonst am Ende des Schwalbenschwanzes kurzes Holz entsteht, das die Verbindung schwächt. Wählen Sie eine Neigung zwischen 1 : 5 und 1 : 8 **(B).** Reißen Sie die Brüstungen mit dem Streichmaß an.

Spannen Sie das Werkstück in der Bankzange ein, und schneiden Sie die Brüstungen bis zu den Schwalbenschwanzrissen hinab **(C).** Spannen Sie das Werkstück senkrecht in der Bankzange ein, und schneiden Sie die Seiten des Schwalbenschwanzes. Verputzen Sie die Schnitte mit dem Stechbeitel **(D).**

Der Schwalbenschwanz kann auch mit der Tischkreissäge geschnitten werden. Stellen Sie das Sägeblatt auf den richtigen Neigungswinkel ein, und fixieren Sie das Werkstück mit der Zapfenschneidevorrichtung. Die Seiten des Schwalbenschwanzes werden mit zwei Schnitten hergestellt **(E).**

Reißen Sie die Schwalbe für den Überblattungsschnitt an, und schneiden Sie dann die Brüstung mit der Ablängsäge. Schneiden Sie die Wange der Überblattung bis hinab zur Brüstung **(F).** Verputzen Sie die Überblattungsschnitte mit einem breiten Stechbeitel. Achten Sie darauf, dass die Schnitte eben sind und senkrecht aufeinander stehen **(G).**

Übertragen Sie die Risse vom Schwalbenstück auf das Zinkenstück. Legen Sie eine Zulage unter das Ende des Schwalbenschwanzstückes, während Sie anreißen **(H).** Schneiden Sie die Brüstung und Wange der Überblattung am Gegenstück. Verputzen Sie die Schnitte **(I).**

Sägen Sie den Zinken im Winkel. Sägen Sie dabei so tief wie möglich, ohne über die Risse hinaus zu schneiden. Sie können am Ende der Aussparung für den Schwalbenschwanz einen Stopp ausstemmen und die Säge vorsichtig dagegen stoßen lassen **(J).** Stechen Sie abschließend die Aussparung für den Schwalbenschwanz aus, und passen Sie die Verbindung ein **(K).**

Keilzinkung

Keilzinkungen begegnen einem heutzutage immer häufiger, da sie die Nutzung von Holz auch kleinerer Abmessungen ermöglichen. Die Verbindung bietet eine große Leimfläche und ist mechanisch recht belastbar.

Spannen Sie den Fräser in der Handoberfräse am Handoberfräsentisch ein. Die Geschwindigkeit sollte auf etwa 10 000 UpM eingestellt sein. Richten Sie die Schneiden an der Materialstärke aus. Die Schnitte an den beiden Teilen der Verbindung werden mit der gleichen Einstellung vorgenommen **(B).**

Schneiden Sie zuerst ein Brett mit der Sichtseite nach oben **(C).** Das Gegenstück wird mit der Sichtseite nach unten geschnitten. Stellen Sie die Höhe des Fräsers und die Schnitttiefe so ein, dass die Sichtseiten der Bretter genau bündig abschließen und die Verbindung sich vollständig schließen lässt **(D).**

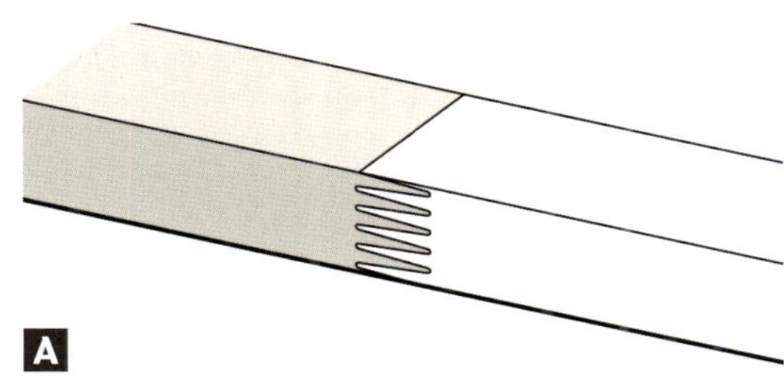
A

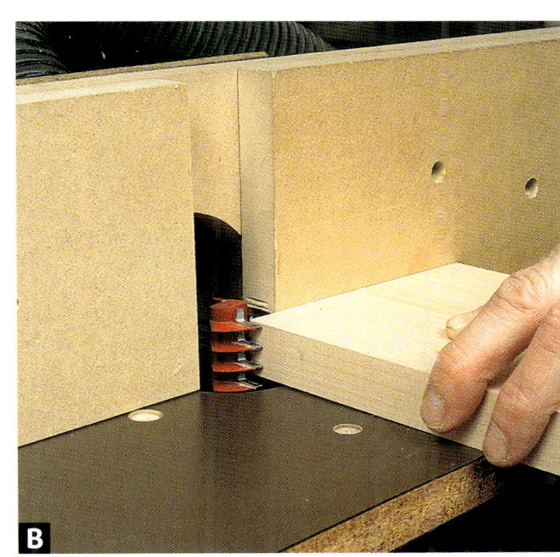
B

C

D

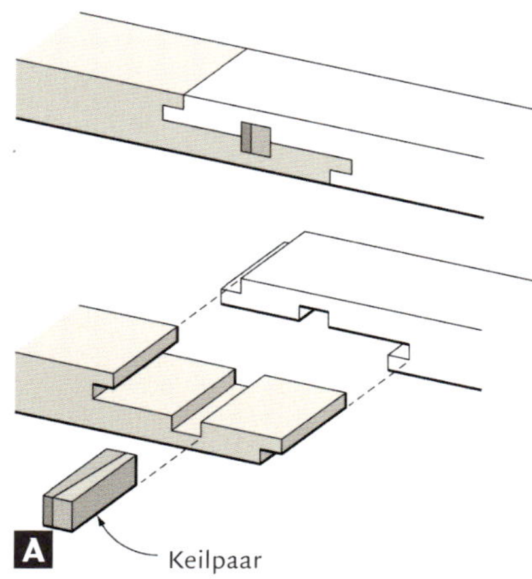

Französischer Keilverschluss

Um einen französischen Keilverschluss herzustellen, wird die Verbindung zuerst auf den Brettern so angerissen, dass die Länge der Überblattung mindestens der Materialbreite entspricht **(A, B)**. Schneiden Sie die inneren Brüstungen an beiden Brettern mit dem Ablängschlitten auf der Tischkreissäge an. Verwenden Sie einen Stoppklotz, um beide Schnitte einheitliche auszuführen **(C)**.

Schneiden Sie dann mit der Bandsäge die Wangen grob vor. Stellen Sie die Schnitttiefe so ein, dass sowohl die Endnut als auch die Wange geschnitten werden können, während das Werkstück in der Zapfenschneidevorrichtung gehalten wird. Falls Sie ein Sägeblatt mit Wechselbezahnung verwenden, säubern Sie den Grund der Nut mit einem schmalen Stechbeitel **(D)**.

Schneiden Sie den Falz im Hirnholz, so dass er in die Nut passt. Verputzen Sie ihn mit dem Stechbeitel oder Simshobel **(E)**.

Die Keilnut wird mit mehreren Schnitten auf der Kreissäge geschnitten. Sie erleichtern sich die Arbeit, wenn Sie die Keilnuten von der Mitte der angeschnittenen Verbindungen her anreißen, damit sie miteinander fluchten **(F)**.

Schneiden Sie die Keile für das Keilpaar her **(G)**. Treiben Sie die Keile mit dem Hammer ein, um die Verbindung zu schließen **(H)**. Mit Leim lässt sich eine dauerhafte Verbindung herstellen.

> Siehe „Lose Keile herstellen" auf S. 138.

Breitenverbindungen

Breitenverbindungen

Umleimer

Kantenverleimung von Dauben

Verstärkte Breitenverbindungen

Gespundete Verbindungen

Falls die Kanten der beiden Bretter glatt und eben sind, können Sie sie einfach bündig ausrichten, aneinander reiben und so verleimen.

Holz mit Brennspuren lässt sich nicht gut verleimen. Achten Sie darauf, dass die Leimflächen immer sauber, gerade und nicht verzogen sind.

Die Kanten von Holzwerkstoffplatten werden mit einem Umleimer bedeckt.

Wenn die verschiedenen Schlitz-und-Zapfen-Verbindungen den Großteil der Verbindungen in der Tischlerei stellen, dann besteht fast der ganze Rest aus Breitenverbindungen. Diese Verbindungen beruhen vor allem auf der Belastbarkeit der Verleimung, obwohl es davon auch Ausnahmen gibt. Die Rückwand eines Möbelstücks kann aus unverleimten gespundeten oder gefälzten Brettern bestehen, und die unverleimten Dauben eines Fasses können von einem eisernen Reifen an Ort und Stelle gehalten werden. Einige Breitenverbindungen werden auch durch lose Formfedern, Dübel oder Nut-und-Feder-Verbindungen verstärkt. Allerdings werden diese Verbindungsmittel ebenso sehr zur Ausrichtung der Teile aneinander wie zur Verstärkung der Verbindung eingesetzt. Vor allem hängen Breitenverbindungen von zwei ebenen und geraden Verbindungsflächen ab, die von einem guten Kleber zusammengehalten werden.

Kantenverleimungen, die mit einem guten Kleber ausgeführt werden, sind so belastbar, dass sie oft stärker als das umgebende Holz sind. Aber diese Belastbarkeit hängt stark davon ab, dass die Verbindungsflächen eben, sauber und nicht verzogen sind, damit das Arbeiten des Holzes die Verbindung nicht zusätzlich belastet. Man kann jede Verbindung zusammenziehen, wenn beim Einspannen hinreichend Druck ausgeübt wird, aber die Verbindungen, die halten, sind jene, die nur mäßigen Druck benötigen, um zusammengeführt zu werden.

Verwendung von Breitenverbindungen

Man kann Breitenverbindungen verwenden, um einfache Laminierungen herzustellen, gewölbte Türen in Daubenbauweise zu konstruieren oder breite Platten aus schmaleren Brettern zu verleimen. Sie können auf diese Weise auch Tischplatten, Korpusseitenteile und Füllungen für Rahmen herstellen. Kantenverleimungen dienen dazu, die Kanten von Sperrholz- oder anderen Holzwerkstoffplatten mit Umleimern zu versehen.

Federnde Breitenverleimung

Bei der Breitenverleimung wird versucht, eine sehr grundlegende, aber dennoch manchmal schwierige Aufgabe zu erfüllen: zwei Kanten auf ihrer gesamten Länge vollständig miteinander zu verbinden. Die meisten Bretter sind sogar in der Breite noch biegsam genug, dass man eventuell an den Enden auftretende Lücken durch den Druck der Zwingen schließen kann. Bedenken Sie jedoch, dass an den Enden eines Brettes durch das Hirnholz doppelt soviel Flüssigkeit aufgenommen und abgenommen wird wie durch das Längsholz.

Wenn eine Breitenverbindung versagt, geschieht dies meist zuerst am Ende eines Brettes. Deshalb ist die federnde Breitenverleimung sehr zu empfehlen. Wenn man die Längskanten der Bretter leicht konkav hobelt, muss man Druck ausüben, um die Verbindung in der Mitte zu schließen. Dadurch wird der Druck an den Enden erhöht, und die Brettenden, wo zuerst Flüssigkeit abgegeben wird, federn etwas zurück. Hobeln Sie die konkave Form an beiden Kanten an, bis sich im Gegenlicht ein schmaler Lichtstreifen zwischen den beiden Verbindungsteilen zeigt.

Kantenverleimung

Bevor Sie mit der Kantenverleimung beginnen, sollten Sie sich angewöhnen, einige Dinge zu kontrollieren, um zu guten Ergebnissen zu gelangen. Arrangieren Sie die Bretter nach Faserverlauf, bevor Sie die Kanten verleimen. Manche Holzwerker legen abwechselnd Kern- und Splintholz aneinander, um das Werfen des Holzes gering zu halten. Andere legen die Bretter absichtlich alle mit der Kernholzseite nach oben, um ein gleichmäßiges Schüsseln zu erreichen. Schließlich gibt es auch diejenigen, die sich einfach nach dem ansprechendsten Aussehen richten.

Falls Sie die Sichtseiten nach dem Verleimen mit dem Handhobel bearbeiten werden, sollten Sie darauf achten, dass die Fasern alle in die gleiche Richtung verlaufen. Bedenken Sie, dass es acht Möglichkeiten gibt, um zwei Bretter für eine Breitenverbindung anzuordnen. Es gibt also hinreichend viele Optionen.

Federnde Breitenverbindung

Beachten Sie, dass die Fuge hier um der Deutlichkeit willen übertrieben dargestellt ist. Sie sollte etwa 0,5 mm betragen.

Hobeln Sie eine schmale Fuge zwischen den beiden Verbindungsteilen an.

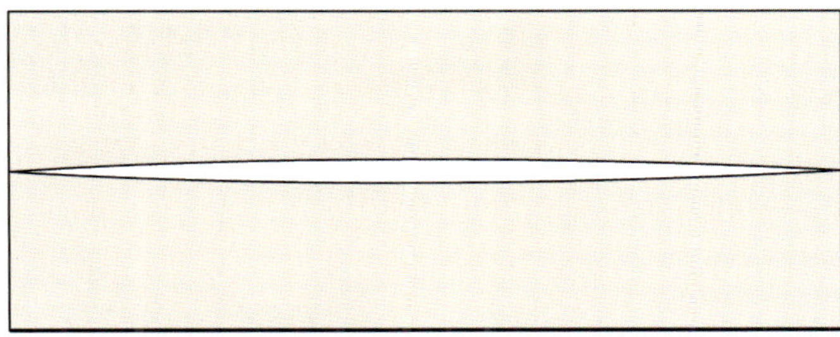

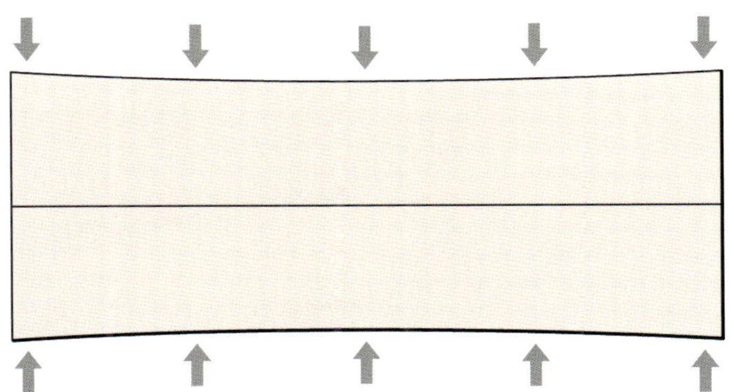

Beim Verleimen ist höherer Druck in der Mitte notwendig, um die Verbindung zu schließen.

Der zusätzliche Druck, der an den Enden der Bretter entsteht, erlaubt ein gewisses Nachgeben, wenn das Holz zuerst Feuchtigkeit abgibt.

Eine federnde Breitenverbindung wird auf den richtigen Schnitt überprüft, indem man kontrolliert, ob in der Mitte im Gegenlicht ein leichter Spalt zu erkennen ist. Außerdem sollte sich an den Enden der Bretter ein gewisser Widerstand bemerkbar machen, wenn man sie gegeneinander verdreht.

Markieren Sie die Sichtseiten, und richten Sie die Bretter nach dem Aussehen oder Faserverlauf oder beidem aus, bevor Sie die Kanten abrichten.

Spannen Sie die Bretter nach dem Abrichten trocken zusammen, und kontrollieren Sie, ob sich die Fuge auf beiden Seiten schließt.

Überprüfen Sie beide Seiten auf ausgetretenen Leim, und setzen Sie eine zusätzliche Zwinge an, falls das nötig sein sollte. Kontrollieren Sie auch, ob die Bretter miteinander fluchten.

Kennzeichnen Sie die Sichtseiten und die Kanten, die miteinander verleimt werden sollen. Verwenden Sie gerade Schraubzwingen oder Spannelemente, in denen Sie die Bretter bündig anordnen können. Legen Sie die Arbeit auf einer ebenen Fläche aus. Wenn Zwingen und die Arbeitsfläche gerade und eben sind, und Sie die Bretter in den Zwingen gerade einlegen, ist die Wahrscheinlichkeit sehr viel höher, dass auch die verleimte Platte gerade und eben gerät.

Richten Sie die Kanten ab, und spannen Sie die Bretter dann trocken zusammen. Dadurch ist sichergestellt, dass Sie alle Zwingen und Werkzeuge bereit liegen haben, bevor der Leim beginnt anzuziehen. Kontrollieren Sie von beiden Seiten, ob sich die Verbindung vollständig schließt. Achten Sie darauf, dass der Druck gleichmäßig über die Breite und Länge der Verbindung verteilt ist. Die Bretter neigen dazu, sich an den Enden anzuheben, treiben Sie sie hier mit dem Klüpfel auf die Zwingen hinunter.

Geben Sie genug Leim an, dass eine gewisse Menge aus der Fuge austritt, wenn Sie die Zwingen anziehen. Spannen Sie die Enden mit Zwingen ein, damit sie bündig bleiben, oder bringen Sie sie mit einem rückschlagfreien Hammer in die richtige Stellung. Kontrollieren Sie beide Seiten auf gleichmäßigen Druck durch die Zwingen. Bringen Sie gegebenenfalls noch weitere Zwingen an. Bringen Sie die Zwingen alternierend an, damit sich der Druck gleichmäßig verteilt.

Verstärkte Breitenverbindungen

Bei einer Breitenverbindung wird Längsholz mit Längsholz verleimt – eine ideale Kombination. Eine verleimte Breitenverbindung ist deshalb auch ohne Verstärkungen schon sehr belastbar. Eine fachgerecht ausgeführte Breitenverbindung, die mit modernen Klebstoffen verleimt wird, ist belastbarer als das Vollholz, das sie verbindet.

Warum sollte man eine solche Verbindung also überhaupt verstärken? Verbindungsmittel wie lose Formfedern, Dübel, lose Federn oder Nuten und Spünde machen das Ausrichten der Verbindungsteile sehr viel einfacher. Darüber hinaus entsteht durch diese Verbindungsmittel eine formschlüssige Verbindung, durch welche die Leimverbindung verstärkt wird. Ohne diese Verbindungsmittel muss man sich einzig auf den Leim verlassen, um die Verbindung zusammenzuhalten.

Lose Federn helfen dabei, die Verbindungsteile bündig auszurichten und können auch dekorative Funktionen erfüllen. Die Federn sollten aus Sperrholz oder aus Vollholz bestehen, dessen Fasern quer über die Nut in der Verbindung laufen, um belastbar zu sein. Es ist zwar leichter, eine lose Feder zu schneiden, deren Fasern in der gleichen Richtung verlaufen wie in den zu verbindenden Brettern, aber solche Federn brechen auch leichter entlang der langen Holzfasern.

Eine gespundete Verbindung ist eine weitere effektive Methode, Kanten miteinander zu verbinden. Der Schlüssel zur Herstellung einer belastbaren Verbindung liegt darin, die Proportionen richtig zu wählen und zu schneiden.

Umleimer

Holzwerkstoffe in Plattenform sind in der Möbeltischlerei unschätzbar, aber die Kanten von Sperrholz sind kein schöner Anblick. Man kann zwar mit gekauften Umleimern auf eine schnelle Lösung zurückgreifen, aber selbst hergestellte Umleimer sind haltbarer und meist auch ansprechender. Durch die Herstellung Ihrer eigenen Umleimer werden Sie in die Lage versetzt, die Farbe dem Plattenmaterial anzupassen, vor allem wenn Sie mit seltenen Holzarten arbeiten. Selbst hergestellte Umleimer bieten auch vielfältigere Entwurfsmöglichkeiten, unter anderem auch die des Profilierens.

Optionen für Umleimer

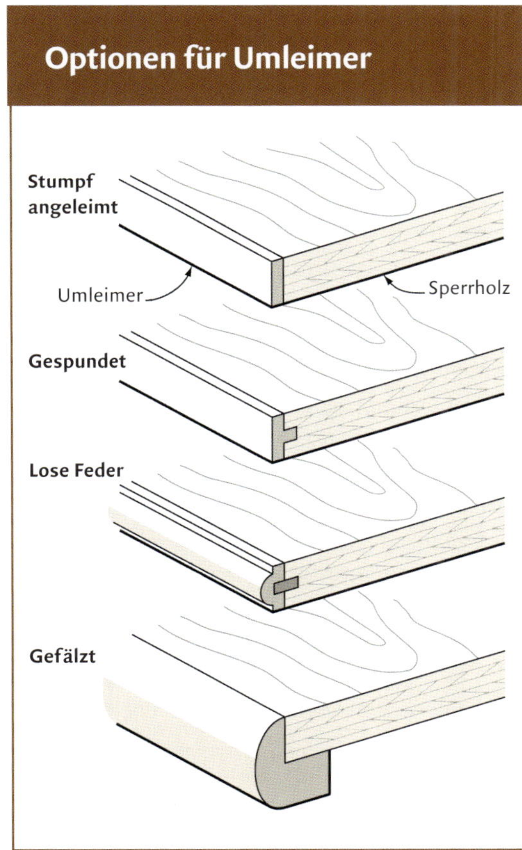

Breitenverbindung mit loser Feder

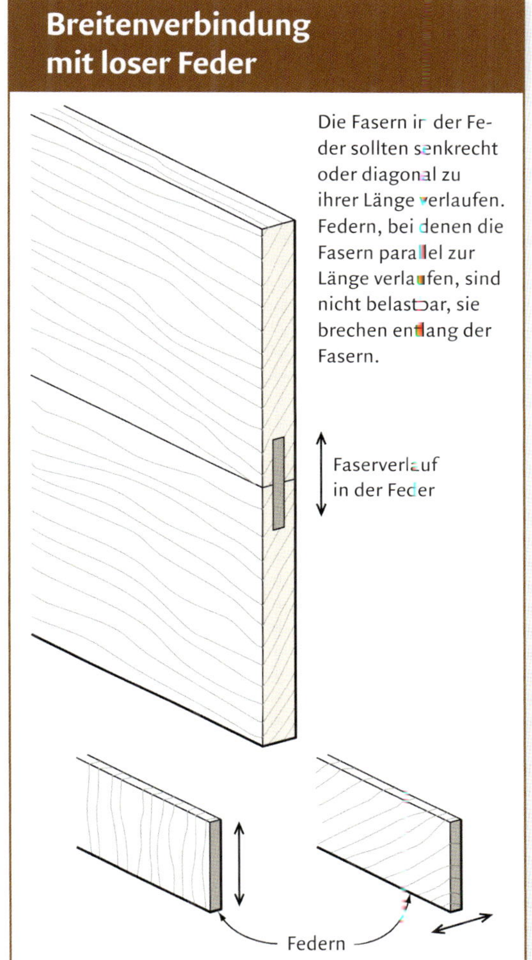

Probleme bei gespundeten Breitenverbindungen

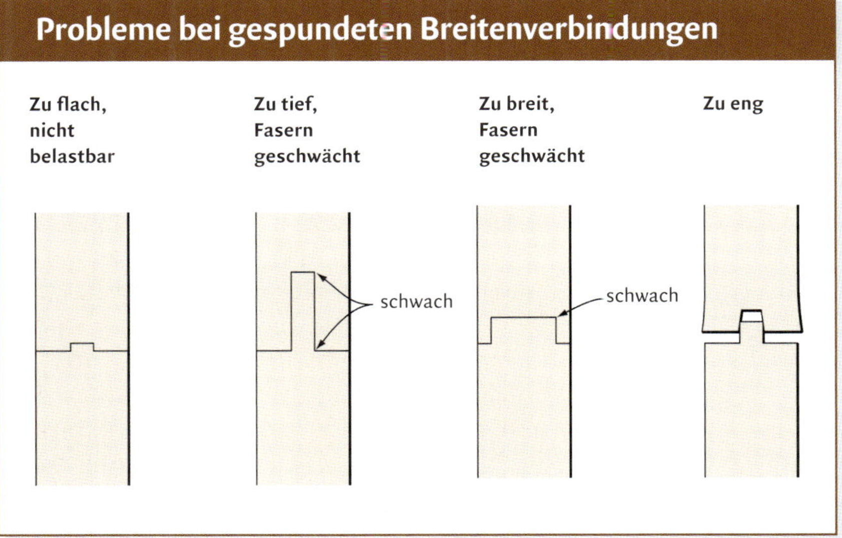

Handgeschnittene Breitenverbindung

Falls Sie Ihre Breitenverbindung mit der Hand anfertigen, können Sie die zusammengehörigen Kanten gleichzeitig hobeln, was es Ihnen ermöglicht, nicht vollkommen rechtwinklig abgerichtete Kanten auszugleichen. Nach dem Zusammenfügen ergänzen sich die Winkel der Kanten **(A)**.

Hobel
Sichtseite
Sichtseite
Sichtseite
Winkel der Deutlichkeit halber übertrieben dargestellt
A Bankzange
Gegenstücke

Legen Sie die beiden Bretter, die verbunden werden sollen, zuerst auf der Hobelbank nach Faserverlauf und Aussehen aus.

Legen Sie sie dann mit den Sichtseiten aneinander, und richten Sie die Kanten bündig aneinander aus. Zwingen Sie sie an den Enden zusammen, damit sie nicht verrutschen, und spannen Sie sie dann in der Bankzange ein **(B)**. Hobeln Sie beide Kanten gleichzeitig. Eine Raubank ist ideal für diese Arbeit, weil ihre lange Sohle nicht dazu neigt, jeder Erhebung oder Vertiefung in den Kanten der Bretter zu folgen. Führen Sie lange, aber leichte und genaue Schnitte aus. Versuchen Sie, die Raubank im rechten Winkel zu den Sichtseiten der Bretter zu führen. Falls Ihnen das jedoch nicht genau gelingt, schneidet der Hobel sich ergänzende Winkel an die Kanten an, so dass diese stets genau zueinander passen **(C)**.

Legen Sie die beiden Bretter zusammen, und reiben Sie die Kanten aneinander, um Ihre Arbeit zu überprüfen. Falls die Bretter sich leicht, ohne Druck gegeneinander verdrehen lassen, sind die Kanten in der Mitte leicht erhoben und müssen dort nachgehobelt werden. Was Sie anstreben müssen, ist ein gewisser Widerstand an beiden Enden der Bretter, wodurch angezeigt wird, dass die Kanten eben sind. Kontrollieren Sie die gesamte Verbindung auf Lücken, Faserausrisse und Windschiefe. Falls Sie eine federnde Breitenverbindung wünschen, hobeln Sie mit einem kürzeren Hobel eine leichte Senke in die Kanten **(D)**.

Mit einer Stoßlade können Sie genauer hobeln. Legen Sie die Bretter einzeln in die Lade, und richten Sie Ihren längsten Hobel so ein, dass er genau rechtwinklig zu einer Seite des Hobelkörpers schneidet (am besten eignen sich dafür Metallhobel nach englischem Vorbild). Legen Sie diese Seite auf die Platte der Hobelbank, und richten Sie die Kanten der Bretter rechtwinklig ab.

B

C

D

TIPP

TIPP Legen Sie einen kleinen Keil unter das Brett, damit mehr als ein Teil des Hobeleisens verwendet wird.

Breitenverbindung mit der Handoberfräse

Lange oder sehr breite Platten können an der Abrichthobelmaschine Probleme bereiten. Die meisten Abrichthobelmaschinen haben Arbeitstische, die zu kurz sind, um solche Platten bewältigen zu können. Zudem kann das Gewicht einer Platte so hoch sein, dass es schwierig ist, sie über die Hobelwelle zu führen. Fertigen Sie eine Lehre für die Handoberfräse an, mit der Sie den Kantenschnitt genau platzieren und die Handoberfräse sicher führen können.

A

Schneiden Sie aus einem Rest 5 mm starkem Sperrholz oder MDF (Mitteldichter Faserplatte) einen Streifen zu, der so lang wie die Kante und 125 bis 150 mm breit ist. Leimen Sie daran ein Stück MDF in den Maßen 12 x 50 mm als Anschlag für die Handoberfräse fest. Stellen Sie sicher, dass die Kante dieses Anschlags gerade und eben ist, er wird nämlich die Handoberfräse während des Schnittes führen. Spannen Sie einen Fräser mit großem Durchmesser in der Handoberfräse ein. Fräsen Sie an der Kante der 5 mm starken Grundplatte der Vorrichtung entlang **(A).**

B

Legen Sie die Lehre genau dort an, wo die Kante geschnitten werden soll, und spannen Sie sie fest. Fräsen Sie an der Kante von links nach rechts und mit der Faser entlang. Die Grundplatte der Handoberfräse muss dabei gerade am 12 mm starken Anschlag entlang geführt werden. Verwenden Sie eine Zusatzgrundplatte für die Handoberfräse mit gerader Kante, falls Sie über eine verfügen **(B).**

C

Verputzen Sie die Schnitte nach dem Fräsen mit dem Hobel. Hobeln Sie in der Mitte des Brettes ein- oder zweimal mehr, um eine federnde Breitenverbindung zu erhalten **(C).**

> Siehe Zeichnung „Federnde Breitenverbindung" auf S. 245.

A

C

B

Breitenverbindung am Handoberfräsentisch

Um eine Kante für eine Breitenverbindung am Handoberfräsentisch zu schneiden, verwenden Sie einen Nutfräser mit großem Durchmesser und verstellen die Anschläge des Tisches so, dass er als Abrichthobel fungiert **(A).** Richten Sie den Anschlag des Handoberfräsentisches mit einer Zulage an der Abnahmeseite so ein, dass er den Höhenversatz zwischen Angabe- und Abnahmetisch einer Abrichthobelmaschine nachahmt. Bringen Sie die Zulage oder den Laminatrest mit einer Zwinge am Anschlag an. Stellen Sie die beiden Backen des Anschlags dann so ein, dass sie dicht am Fräser stehen und dieser zwischen ihnen so weit herausragt, wie die Zulage stark ist **(B).**

Führen Sie das Material von rechts nach links mit mäßiger Vorschubgeschwindigkeit vorbei. Legen Sie das Werkstück so an, dass der Faserverlauf an der Kante es Ihnen erlaubt, mit der Faser zu schneiden. Achten Sie darauf, dass das Werkstück glatt auf der Zulage an der Abnahmeseite anliegt **(C).**

A

C

B

VARIATION

Breitenverbindung am Handoberfräsentisch mit einem Keilzinkenfräser

Um einen Keilzinkenfräser mit der Handoberfräse im Handoberfräsentisch zu verwenden, wird an der Abnahmeseite des Anschlags eine 3 mm starke Zulage befestigt. Richten Sie die Schneide des Fräsers an dieser Zulage aus **(A).** Machen Sie einen Probeschnitt, und stellen Sie den Anschlag so ein, dass der Fräser nur so weit herausragt, wie es für die Verbindung notwendig ist **(B).** Stellen Sie die Höhe des Fräsers so ein, dass die Bretter richtig zusammenpassen **(C).**

VARIATION Ein Fräser für Fingerzinkungen kann auch für Breitenverbindungen verwendet werden. Stellen Sie die Fräserhöhe und die Position des Anschlags so ein, dass Sie das erwünschte Ergebnis erhalten. Denken Sie daran, die gegenüberliegenden Seiten auf den Arbeitstisch aufzulegen.

Breitenverbindung an der Abrichthobelmaschine

Wenn die Kanten für eine Breitenverbindung am Abrichthobel geschnitten werden sollen, legt man die Bretter zuerst nach Faserverlauf und Sichtseiten sortiert zurecht. Markieren Sie die Schnittkantenpaare. Kontrollieren Sie, ob der Anschlag an der Abrichthobelmaschine senkrecht zur Hobelwelle steht. Stellen Sie bei dieser Kontrolle eine Lichtquelle hinter den Winkel, um die Einstellung besser überprüfen zu können. Beachten Sie, dass jede Maschine ihre Eigenheiten hat, wenn es darum geht, einen Anschlag einzustellen. Machen Sie einen Probeschnitt, nachdem Sie den Anschlag eingestellt haben **(A)**.

A

B

Die Holzfasern auf der Sichtseite des Brettes sollten abwärts und vom Schnitt weg weisen. Führen Sie das Brett über die Hobelwelle, während Sie seine Kante kurz hinter den Hobelmessern dicht an den Anschlag drücken. Achten Sie darauf, dass das Brett richtig auf dem Abnahmetisch aufliegt, bevor Sie dort Druck ausüben. Die Rotationsgeschwindigkeit der Hobelwelle sollte Faserausrisse verhindern, wenn Sie die Vorschubgeschwindigkeit hinreichend gering halten. Falls es immer noch Probleme gibt, können Sie bei manchen Abrichthobelmaschinen den Anschlag so einstellen, dass sich ein gewinkelter, ziehender Schnitt ergibt **(B)**, oder Sie können das Brett umdrehen und vom anderen Ende her einen zweiten Schnitt ausführen.

TIPP Wenn Sie die gegenüberliegenden Seiten der Werkstücke am Anschlag anlegen, spielt es keine Rolle, falls dieser nicht genau senkrecht steht. Die beiden Schnitte ergänzen sich dann gegenseitig.

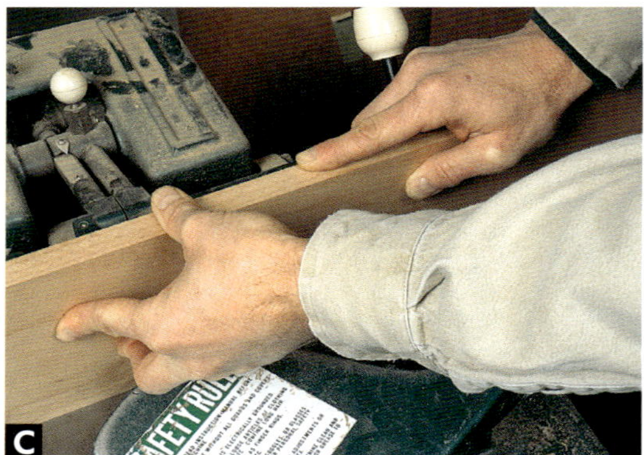

Federnde Breitenverbindung an der Abrichthobelmaschine

Um gleichmäßige federnde Verbindung an der Abrichthobelmaschine zu erhalten, müssen Sie in der Mitte des Brettes mehr und zu den Enden hin allmählich weniger Holz entfernen.

Richten Sie zuerst die Kante des Brettes mit einem durchgehenden Schnitt ab. Machen Sie dann einen zweiten Schnitt, der etwa bei einem Viertel der Brettlänge einsetzt. Senken Sie das Brett vorsichtig auf die Hobelwelle ab **(A).** Hobeln Sie bis zum letzten Viertel des Brettes, und heben Sie dann das Brett vorsichtig wieder hoch **(B).**

Führen Sie dann noch einen vollen Schnitt zum Versäubern aus, bei dem Sie jedoch Druck nach unten ausüben, wenn Sie das Ende des ersten Viertels erreichen **(C).** Üben Sie gleichmäßig Druck aus, und verringern Sie ihn im letzten Viertel allmählich, aber führen Sie den Schnitt bis zum Ende des Brettes. Verfahren Sie so mit beiden Kanten der Verbindung.

Legen Sie dann die Bretter zusammen, und kontrollieren Sie, ob die Fuge auf der ganzen Länge eine geringe Öffnung zeigt. Sie sollten auch einen gewissen Widerstand an den Brettenden verspüren, wenn Sie die Bretter gegeneinander verdrehen.

> Siehe Zeichnung „Federnde Breitenverbindung" auf S. 245.

Umleimer an Sperrholz anbringen

Sperrholz oder Spanplatten mit Umleimern zu versehen gehört zu den Aufgaben im Möbelbau, mit denen man schnell vertraut wird. Vergewissern Sie sich, dass die Kante des Sperrholzes glatt zugeschnitten ist. In manchen Werkstätten werden die Kanten von Holzwerkstoffen auf der Abrichthobelmaschine abgerichtet. Das lässt sich machen, wenn man Hartmetallhobelmesser verwendet. Andernfalls werden die Messer schnell stumpf. Falls Sie Ihre Hobelmesser nicht riskieren wollen, schneiden Sie eine Kante des Sperrholzes an der Tischkreissäge gerade zu **(A)**. Drehen Sie das Werkstück, und führen Sie einen zweiten Schnitt aus. Falls die Kante am Anfang sehr ungerade war, drehen Sie das Sperrholz ein drittes Mal und führen einen letzten begradigenden Schnitt aus **(B)**.

Bereiten Sie das Material für die Umleimer an der Dicktenhobelmaschine vor. Schneiden Sie es auf Überlänge, und hobeln Sie es auf etwa 2 mm mehr Stärke als das Sperrholz aus. Falls Sie am Dickenhobel am Brettende tiefer einschneiden, verwenden Sie Material, das Sie mit noch mehr Überlänge vorbereitet haben **(C)**. Säubern Sie die Kante des Brettes auf dem Abrichthobel **(D)**.

Sägen Sie einen Streifen Umleimer an der Tischkreissäge ab, und richten Sie die Kante wieder an der Abrichthobelmaschine ab, bevor Sie einen weiteren Streifen absägen. Schieben Sie das Holz mit einem Schiebestock am Sägeblatt vorbei. Die Stärke der Umleimer hängt von Ihren Vorlieben ab. Manche Holzwerker arbeiten gerne mit Umleimern, die nur 3 mm stark sind, so dass sie gegenüber dem Furnier des Sperrholzes fast nicht zu sehen sind. Ich ziehe 5 mm starke Kanten vor, die den Belastungen des Gebrauchs besser standhalten **(E)**.

A

B

C

D

E

F

H

G

I

VARIATION

Fixieren Sie die Umleimer während des Verleimens mit Klebeband **(F)**. Geben Sie soviel Leim an das Sperrholz und den Umleimer, dass etwas Überschuss beim Einspannen aus der Leimfuge austritt. Entfernen Sie diesen Überschuss, bevor der Leim trocknet. Achten Sie auch darauf, dass der Druck durch die Zwingen oben und unten auf das Sperrholz gleichmäßig ist. Setzen Sie die Zwingen abwechseln an, oder heben Sie das Sperrholz in den Zwingen an, um sicherzustellen, dass der Druck gleichmäßig ist. Mit einer Zulage lässt sich der Druck gleichmäßig verteilen **(G)**.

Verputzen Sie die überstehenden Kanten des Umleimers mit einem Bündigfräser am Handoberfräsentisch. Stellen Sie die Höhe des Fräsers so ein, dass der Anlaufring am Sperrholz anliegt, wenn Sie es senkrecht am Fräser entlang führen **(H)**. Verwenden Sie einen Anschlag, um das Werkstück zusätzlich zu stützen. Verputzen Sie den Umleimer mit der Ziehklinge bündig mit dem Furnier des Sperrholzes. Achten Sie dabei darauf, dass Sie nicht in das Deckfurnier des Sperrholzes schneiden **(I)**.

VARIATION Umleimer können auch gut mit dem Hobel abschließend verputzt werden. Üben Sie Druck über dem Umleimer aus, damit Sie nicht in das Furnier hobeln, und kontrollieren Sie den Faserverlauf im Umleimer genau, bevor Sie anfangen zu hobeln.

Kantenverleimung von Dauben

Der erste Schritt bei der Herstellung einer Breitenverbindung aus Dauben ist das Zeichnen der Krümmung, um die Zahl und den Kantenwinkel der Dauben zu ermitteln. Reißen Sie den Kreisbogen mit einem Stangenzirkel an. Messen Sie den Gesamtwinkel des Kreisbogens aus, und unterteilen Sie ihn in so viele Dauben, wie Sie haben möchten. Reißen Sie dann den Kantenwinkel vom Kreismittelpunkt aus an. Jedes Brett wird dann mit der Hälfte des Gesamtwinkels geschnitten **(A).**

Schneiden Sie das Material auf Stärke und Breite. Wenn das fertige Werkstück abgerundet werden soll, muss die Stärke etwas auf Übermaß belassen werden. Die Bretter sollten alle in der Länge etwas Übermaß aufweisen.

Stellen Sie die Tischkreissäge auf den erforderlichen Winkel ein, und schneiden Sie die Bretter auf Breite **(B).** Stellen Sie den Anschlag der Abrichthobelmaschine mit der Schmiege auf den gleichen Winkel ein **(C).** Richten Sie die Bretter ab. Drücken Sie sie dabei fest an den angewinkelten Anschlag. Überprüfen Sie die einzelnen Verbindungen auf eine gute enge Passung **(D).**

Verleimen Sie die Dauben in kleinen Abschnitten, um den Problemen zu begegnen, die auftauchen, wenn man auf winklig verleimte Bretter Druck ausübt. Eine einfache Verleimung von zwei Brettern mit winkligen Kanten lässt sich am besten mit Verleimzulagen durchführen, deren Kanten mit doppelt so großen Winkeln beschnitten sind **(E).**

VARIATION Sie können Dauben mit losen Federn verbinden. Lassen Sie das Sägeblatt auf den Winkel für die Dauben eingestellt, und halten Sie das Brett dicht an den Anschlag. Dadurch erhalten Sie ein Nut, die senkrecht in der gewinkelten Kante steht. Richten Sie dann die Kante ab, bevor Sie eine lose Feder einpassen und -leimen.

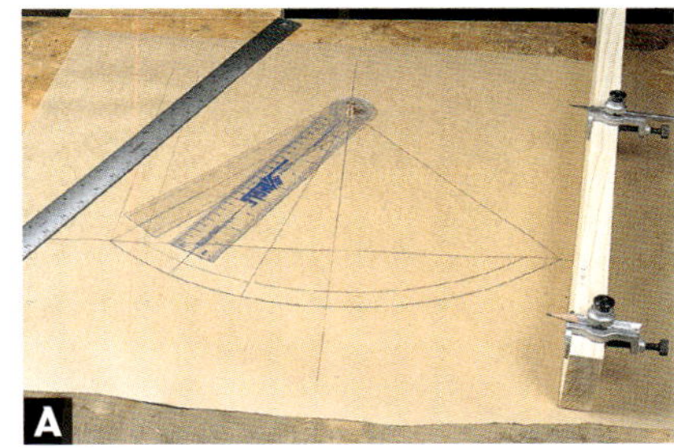
A

D

B

E

C

VARIATION

A

B

C

Breitenverbindung mit losen Formfedern

Lose Formfedern können zur Belastbarkeit einer Kantenverleimung beitragen, wichtiger ist jedoch die Hilfe, die sie beim bündigen Ausrichten der Sichtseiten während des Verleimens darstellen. Das macht sich besonders dann bemerkbar, wenn es darum geht, mehrere Bretter auf einmal zu verleimen oder lange Bretter zu verleimen, die sich vielleicht nicht so gut bündig legen lassen.

Hobeln Sie die Kanten der Bretter eben. Reißen Sie dann die Lage der losen Formfedern an. Die Formfedern sollten nicht an Stellen platziert werden, wo einer späterer Schnitt sie zum Vorschein kommen lassen würde **(A).**

Stellen Sie die Schlitzfräse so ein, dass sie einen mittigen Schnitt in das Brett schneidet. Wenn Sie allerdings alle Schlitze von der gleichen Bezugsfläche aus schneiden, dann stehen sich auch nicht-mittige Schlitze genau gegenüber **(B).** Achten Sie darauf, dass die Schnitttiefe der Größe der Formfeder entspricht. Stecken Sie die Verbindung probeweise trocken zusammen, um sich zu vergewissern, dass beim Verleimen alles problemlos von der Hand geht.

Geben Sie reichlich Leim an die Schlitze und das umgebende Holz, wenn Sie die Bretter verleimen **(C).**

Breitenverbindung mit Dübeln

Dübel machen Kantenverleimungen belastbarer, sie müssen aber sorgfältig eingesetzt werden, damit sie gerade in der Verbindung sitzen und dafür sorgen, dass die verleimte Platte eben bleibt. Reißen Sie die Lage der Dübel an den Brettern an **(A)**.

A

Spannen Sie das Brett im Bankhaken ein, und richten Sie die Dübellehre an der Bleistiftmarkierung aus **(B)**. Bringen Sie ein Stück Klebeband als Bohrtiefenmarkierung an einem Bohrer mit Zentrierspitze an. Bohren Sie dann auf Tiefe, wobei Sie zwischendurch die Bohrspäne entfernen. Halten Sie den Bohrer genau senkrecht über dem Werkstück **(C)**.

B

C

Verwenden Sie Dübel mit Leimnuten, so dass beim Verleimen Luft und Leim entweichen können, wenn Sie die Bretter zusammenspannen. Da die meisten Dübel während des Trocknens einen ovalen Querschnitt annehmen, sollten Sie sie in einem kleinen selbst hergestellten Ofen trocknen, damit sie etwas schwinden, bevor Sie sie verwenden. Dadurch lassen sie sich leichter in die Bohrlöcher stecken, und wenn die Feuchtigkeit aus dem Leim auf die Dübel trifft, schwellen diese an und füllen so die Bohrlöcher vollständig **(D)**.

D

Kontrollieren Sie, ob die Länge der Dübel derjenigen der Bohrlöcher entspricht, bevor Sie Leim angeben. Legen Sie rechtzeitig die Zwingen zurecht, mit denen die Verbindung zusammengezogen werden soll **(E)**.

E

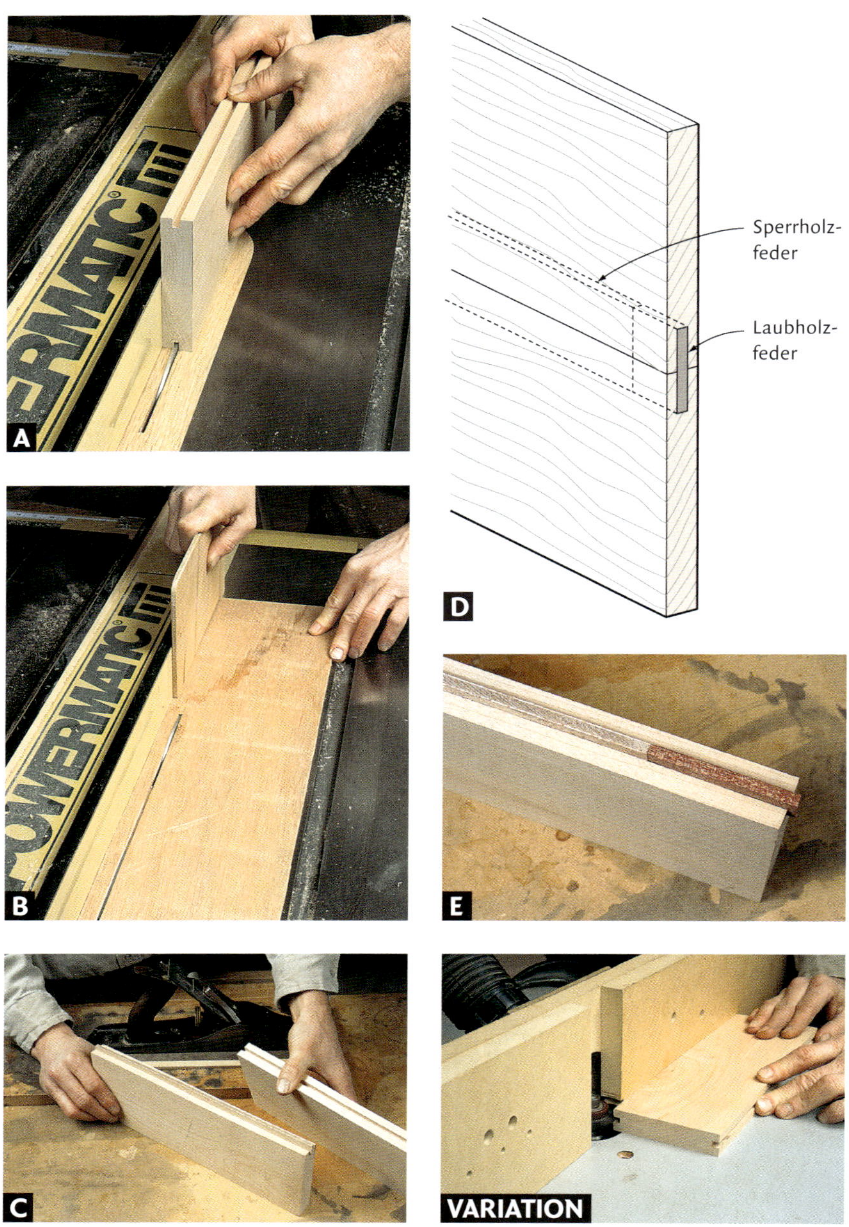

VARIATION Sie können auch einen Schlitzfräser im Handoberfräsentisch verwenden, um die Nut für die lose Feder zu schneiden. Führen Sie im Interesse der Sicherheit und um einen flacheren Schnitt machen zu können, die beiden Backen des Anschlags dicht an den Fräser heran. Die Nut muss nicht sehr tief sein. Führen Sie das Werkstück von rechts nach links am Fräser vorbei.

Breitenverbindung mit loser Feder

Um eine Breitenverbindung mit verstärkender loser Feder herzustellen, werden zuerst die Nuten an der Tischkreissäge geschnitten, indem man das Brett senkrecht hält und dicht am Anschlag entlang führt. Drehen Sie dann das Brett um, legen Sie die andere Seite am Anschlag an, und schneiden Sie nochmals, um sicherzustellen, dass die Nut mittig liegt (A).

> Siehe „Breitenverbindung mit loser Feder" auf S. 247.

Schneiden Sie aus Sperrholz, dessen Stärke der Breite der Nuten entspricht oder diese etwas übertrifft, Federn zu. Schieben Sie das Holz mit einem Schiebestock am Sägeblatt vorbei **(B).** Sie können die Außenseiten des Sperrholzes mit der Ziehklinge nacharbeiten, bis die Federn in die Nuten passen. Die Breite der Federn sollte der Gesamttiefe der beiden Nuten entsprechen, damit die Verbindung sich schließen lässt, wenn die Feder eingesetzt ist **(C).**

TIPP Die losen Federn sollten stramm passen, aber nicht zu eng oder zu lose. Sonst riskiert man ein wackelnde oder eine gerissene Verbindung.

Federn aus Laubholz sind schwierig einzupassen, da die kurzen Fasern dazu führen, dass die Federn beim Einstecken oder Herausziehen brechen. Verwenden Sie stattdessen Sperrholzfedern für den Großteil der Nut, und setzen Sie nur am Ende eine aus Laubholz ein, um einen dekorativen Effekt zu erzielen **(D).** Dabei müssen Sie nicht zu streng auf den Faserverlauf achten, die Sperrholzfeder ist es, welche die Verbindung zusammenhält **(E).**

Breitenverbindung mit Schwalbenschwanzverbindern

Mit Schwalbenschwanzverbindern können Sie eine Breitenverbindung verstärken und ihr zusätzlich ein unverkennbares Aussehen verleihen.

Schneiden Sie das Material für die Schwalbenschwänze zuerst auf etwas mehr als die Endbreite und -stärke zu. Verwenden Sie Material mit geradem Faserverlauf, und schneiden Sie die Schwalbenschwänze 1,5 bis 3 mm stark **(A).** Schneiden Sie aus Pappe oder 3 mm starker Hartfaserplatte oder MDF eine Schablone für die Schwalbenschwänze. Reißen Sie die Verbinder auf dem Material an, und schneiden Sie die Formen an der Bandsäge aus. Falls Sie den Arbeitstisch der Bandsäge zu beiden Seiten neigen können, schneiden Sie die Seiten der Schwalbenschwänze mit etwa 5° aus **(B)**. Formen Sie die Verbinder abschließend mit dem Stechbeitel **(C).**

Schleifen Sie die Enden mit einer Trommelschleifmaschine.

Legen Sie den Verbinder auf die verleimte Breitenverbindung. Übertragen Sie den Umriss des Schwalbenschwanzes mit dem Anreißmesser auf das Werkstück, wobei die durch den angewinkelten Schnitt kleinere Seite nach unten auf das Holz zu liegen kommen sollte. Füllen Sie die Risse mit Bleistiftgraphit, um sie deutlicher sichtbar zu machen **(D).**

> Siehe „Gehrung mit Schwalbenschwanzfedern" auf S. 210.

A

B

C

D

E

F

G

H

Spannen Sie einen kleinen Nutfräser in die Handoberfräse ein, und fräsen Sie den Grund der Aussparung auf Endtiefe. Schneiden Sie so dicht wie möglich an die übertragenen Umrisse. Schneiden Sie im Gegenlauf, damit der Fräser aus dem Schnitt herausgeführt wird. Dadurch wird es leichter, bis fast an die Linien zu schneiden, weil Sie den kleinen Fräser leicht kontrollieren können **(E)**.

Verputzen Sie mit dem Stechbeitel bis an die Risse. Diese Schnitte sollten alle senkrecht ins Holz ausgeführt werden. Die hier gezeigten Schwalbenschwänze haben abgerundete Enden, deshalb habe ich die Enden der Aussparungen mit dem Hohlbeitel eingestochen. Verputzen Sie die Ecken mit einem Schrägbeitel oder einem schrägen Hohlbeitel **(F)**.

Überprüfen Sie die Passung der Schwalbenschwänze, bevor Sie sie mit dem Hammer eintreiben. Drücken Sie die Schwalbe in die Aussparung. Nehmen Sie sie dann wieder heraus und suchen Sie glänzende Stellen, die anzeigen, wo sie am umgebenden Holz anstößt. Die Schwalbe sollte sich fast bis zum Grund der Aussparung hinab drücken lassen. Der Schwalbenschwanz aus Ebenholz, der hier zu sehen ist, hinterließ an den Kanten der Aussparung etwas Farbe, so dass ich sehen konnte, wo noch Holz entfernt werden musste. Verwenden Sie den Schrägmeißel, um den Schwalbenschwanz wieder aus der Aussparung herauszuhebeln. Legen Sie ein Stück Laminat auf das Holz, um es während des Heraushebelns zu schützen **(G)**.

Geben Sie Leim auf den Grund und die Brüstungen der Aussparung. An die Unterseite des Schwalbenschwanzes wird ebenfalls ein Tropfen Leim gegeben. Treiben Sie den Verbinder in die Aussparung, und üben Sie mit einer Zwinge Druck darauf aus, falls Sie ihn erreichen können. Verputzen Sie die Schwalbe mit dem Hobel bündig mit dem umgebenden Holz. Achten Sie auf den Faserverlauf in der Schwalbe, damit es beim Hobeln nicht zu Faserausrissen kommt **(H)**.

Handgeschnittene gespundete Breitenverbindung

Gespundete Verbindungen lassen sich mit der Hand schneiden. Schneiden Sie mit einem Kombinationshobel eine Nut in die Kante des Brettes. Achten Sie darauf, dass die Schienen des Hobels das Eisen stützen und nicht weiter eingestellt sind, als dieses breit ist. Die besten Ergebnisse erzielen Sie, wenn Sie mit der Faser schneiden.

A

Schneiden Sie den Spund mit einem Falzhobel. Sie können entweder einen Hobel mit integriertem Anschlag verwenden oder eine Führung am Brett festspannen. Verwenden Sie den Tiefenanschlag am Hobel, oder markieren Sie die Schnitttiefe am Werkstück. Das Hobeleisen muss bis an die Kanten der Sohle reichen, damit Sie nicht eine Stufe anschneiden **(B)**.

B

Schneiden Sie mit einem Falzhobel Fälze an die Kanten eines Brettes. Aus Brettern mit einem solchen Wechselfalz lassen sich Möbelrückwände bauen, die dem Holz erlauben zu arbeiten, ohne dass sich Lücken zwischen den Brettern zeigen.

C

TIPP Spannen Sie das Werkstück in der Bankzange ein, oder zwingen Sie Bretter an der Hobelbank fest, die Sie als Anlage verwenden können.

Gespundete Verbindung am Handoberfräsentisch mit einem Nutfräser

Mit einem Nutfräser kann man am Handoberfräsentisch präzise gespundete Verbindungen schneiden. Die Nut sollte nicht breiter als ein Drittel der Materialstärke sein. Spannen Sie den Fräser ein, und stellen Sie die Schnitttiefe auf 3 mm ein. Richten Sie den Anschlag so ein, dass die Nut in der Mitte der Brettkante geschnitten wird. Sie können aber auch abwechselnd beide Flächen des Brettes am Anschlag anlegen und mit zwei Schnitten sicherstellen, dass die Nut zentriert ist **(A)**.

Führen Sie das Werkstück dicht am Anschlag entlang, und schneiden Sie die Nut. Schneiden Sie zweimal, um Späne aus der Nut zu entfernen, oder verwenden Sie einen Spiralfräser, der sie automatisch auswirft **(B)**.

Sie können den Spund mit dem gleichen Fräser anschneiden. Legen Sie dazu das Brett flach auf den Arbeitstisch, um einfacher mit Bezugsflächen arbeiten zu können. Außerdem tritt so allfälliger Faserausriss an der Kante des Spundes und nicht an der Kante des Brettes auf. Verstecken Sie den Fräser so weit im Anschlag, dass nur so viel von ihm wie nötig herausragt **(C)**.

Führen Sie den ersten Schnitt aus. Falls dabei starke Faserausrisse auftreten, schneiden Sie im Gleichlauf vor, damit die Fasern an der Außenkante des Brettes durchtrennt werden. Führen Sie abschließend einen Schnitt in der richtigen Richtung durch: Das Brett wird von rechts nach links am Fräser vorbei geschoben. Drehen Sie das Brett um, und führen Sie den zweiten Schnitt aus **(D)**.

> Siehe Zeichnung „Gleichlauffräsern“ auf S. 20.

Kontrollieren Sie, ob der Spund die Nut fast vollkommen ausfüllt. Kleine Korrekturen können Sie mit dem Hobel ausführen, indem Sie den Spund oder die Kante der Nut nacharbeiten. Oder Sie verwenden einen Simshobel, um die Brüstungen nachzuschneiden.

Gespundete Verbindung am Handoberfräsentisch mit einem Schlitzfräser

Mit einem Schlitzfräser lassen sich am Handoberfräsentisch die Schnitte für einen Spund und für die Nut ausführen. Stellen Sie zuerst die Schnitttiefe für die Nut ein. Richten Sie den Fräser mittig am Werkstück aus **(A).** Führen Sie im Interesse der Sicherheit und um einen flacheren Schnitt machen zu können die beiden Backen des Anschlags dicht an den Fräser heran. Diese Nut muss nicht sehr tief geschnitten werden. Drehen Sie das Brett, und führen Sie zwei Schnitte aus, bei denen die Brettseiten jeweils flach auf dem Arbeitstisch aufliegen, damit die Nut mittig in der Kante sitzt.

Stellen Sie die Schnitttiefe dann so ein, dass Sie die Schnitte ausführen können, mit denen der Spund angeschnitten wird. Der Anschlag wird dafür nicht verstellt. Richten Sie die Oberkante des Fräsers an der Unterkante der Nut aus. Schneiden Sie den ersten Schnitt, indem Sie das Werkstück von rechts nach links am Fräser vorbei führen. Falls es zu Faserausrissen kommt, machen Sie zuerst einen Schnitt im Gleichlauf **(C).** Drehen Sie das Brett um, und führen Sie den zweiten Schnitt aus, um den Spund fertig zu stellen **(D).**

A

B

C

D

Schlitz-und-Zapfenverbindungen

Einfache Schlitze

Einfache Zapfen

Runde Zapfenlöcher

Rundzapfen

Lose Zapfen

Nutzapfen-Verbindungen

Mehrfache Schlitz- und Zapfen-Verbindungen

Abgewinkelte Zapfen

Zapfen mit Gegenstücken

Rahmen und Füllungen

Verstärkte Schlitz-und Zapfen-Verbindungen

Seltene Verbindungen

Durchgehende Schlitze

Durchgestemmte Zapfen

Wenn man Holzverbindungen stark vereinfachend darstellen wollte, könnte man davon sprechen, dass sie alle entweder Breitenverbindungen oder eine Form der Schlitz-und-Zapfenverbindung sind. Die Schlitz-und-Zapfenverbindung wird so universell eingesetzt, dass man sie in Möbelkorpussen wie in Rahmenkonstruktionen findet, aber auch in Stühlen, Tischen und Hockern. Im Grunde kommt die Verbindung in jeder Art von Möbeln vor, die wir herstellen.

Das Grundprinzip ist recht einfach: Ein Teil eines Holzstückes passt in ein Loch in einem anderen Holzstück. Die Form des Schlitzes und des Zapfens hängen jedoch vom Zweck der Verbindung ab, von der Herstellungsmethode, die Geschwindigkeit, mit der Sie sie herstellen wollen, und dem Einfluss, den die Verbindung auf das Aussehen des Werkstücks hat.

Die Vorteile der Schlitz-und-Zapfenverbindung

Die Schlitz-und-Zapfenverbindung bietet dem Holzwerker viele Vorteile. Es ist eine tragfähige Verbindung, die Druckkräfte problemlos aushält. Wenn sie verkeilt, gedübelt oder verleimt wird, hält sie auch Zug- und Scherkräften stand. Die Verbindung lässt deutlich im Vorhinein erkennen, wenn die Gefahr besteht, dass sie versagt - anders als Verbindungen mit losen Formfedern. Und sie hält auch noch, nachdem sie jahrelang misshandelt worden ist, nachdem der Zapfen im Schlitz geschwunden ist und sogar nachdem das Holz, aus dem sie besteht, gerissen ist.

Die Konstruktion mit Schlitz und Zapfen erlaubt es dem Möbelbauer, leichtere Rahmenhölzer zu verwenden, da er kleinere, dünnere Friese einsetzen kann, um Füllung in Rahmen aufzunehmen. Die Verbindung hält jedoch auch große Korpusteile sicher zusammen. Die Schlitz-und-Zapfenverbindung findet sich in gerader oder abgewinkelter Form in fast jedem Tisch und Stuhl und erlaubt es relativ kleinen und leichten Zargen und Beinen, große Lasten zu tragen. Zapfen können vor einer Werkteilfläche abgesetzt oder durchgehend und verkeilt sein, um die Verbindung belastbarer und ansprechender zu machen.

Abgesetzte Schlitz- und Zapfenverbindung

Zapfen

Schlitz

Brüstung

Wange

Abgesetzter Schlitz

Dieser 20 Jahre alte Hocker aus Nussbaum des Autors erhält seine Stabilität durch die Schlitz-und-Zapfenverbindungen.

Die Gestaltung der Schlitz-und-Zapfenverbindung

Lassen Sie uns einige grundlegende Faktoren bei der Gestaltung einer Schlitz-und-Zapfenverbindung betrachten. Schlitz und Zapfen sollten nach den vorhandenen Werkzeugen bemessen werden. Achten Sie nicht zu streng darauf, ein Brett in Drittel zu unterteilen. Stimmen Sie die Größe des Schlitzes auf die Breite Ihres Stechbeitels, den Durchmesser Ihres Bohrers oder die Größe Ihres Fräsers ab.

Versuchen Sie, beim Schneiden des Schlitzes nicht zu viel Holz abzunehmen, da das lediglich zu dünnem, geschwächten Holz führt. Als Faustregel habe ich mir angewöhnt, mindestens 5 mm Holz an allen Seiten eines Schlitzes stehen zu lassen. So kann 15 mm starkes Material einen 5 mm breiten Schlitz aufnehmen, wenn ich jedoch 25 mm starke Bretter verwende, dann kann der Schlitz auch 7 mm oder mehr breit sein.

Machen Sie sich die Kräfte bewusst, die auf die Verbindung wirken werden. Falls Scherkräfte auftauchen, lassen Sie mehr Holz um den Schlitz stehen, um die Verbindung widerstandsfähiger zu machen. Man kann die Belastbarkeit einer Schlitz-und-Zapfenverbindung erhöhen, indem man die Leimfläche vergrößert. Für einen Fensterladen kann eine Gruppe von kurzen Zapfen vollkommen ausreichend sein, aber ein Esstisch benötigt einen längeren Zapfen mit Nutzapfen, um größeren Belastungen gewachsen zu sein.

Nicht abgesetzte Zapfen werden dort verwendet, wo die Bauteile zu schmal sind, um an beiden Flächen Brüstungen anzuschneiden. Man kann Sie in Situationen einsetzen, wo die Belastung auf eine Vielzahl von Zapfen verteilt wird. Seitliche Brüstungen an einem Zapfen vergrößern den Widerstand gegen Scherkräfte. Breitere Brüstungen

Zapfenmaße (in mm)

25
9
7
9

Lassen Sie eine 2 mm hohe Brüstung stehen, um die Unterkante des Schlitzes zu verdecken.

Legen Sie die Maße des Schlitzes nicht nach einer feststehenden Formel fest, sondern nach den vorhandenen Werkzeugen.

Tiefere Schlitze bieten größere Leimflächen und erhöhen so die Belastbarkeit.

an der Zarge eines Werkstücks verteilen die Haltekraft der Verbindung auf die Umgebung und machen sie so sicherer.

Schneiden Sie Brüstungen an der Ober- oder Unterseite eines Zapfens an, um den Schlitz und kleine Fehler an seinen Kanten zu verbergen, die beim Stemmen oder Einpassen geschehen sein

Nicht abgesetzte Zapfen

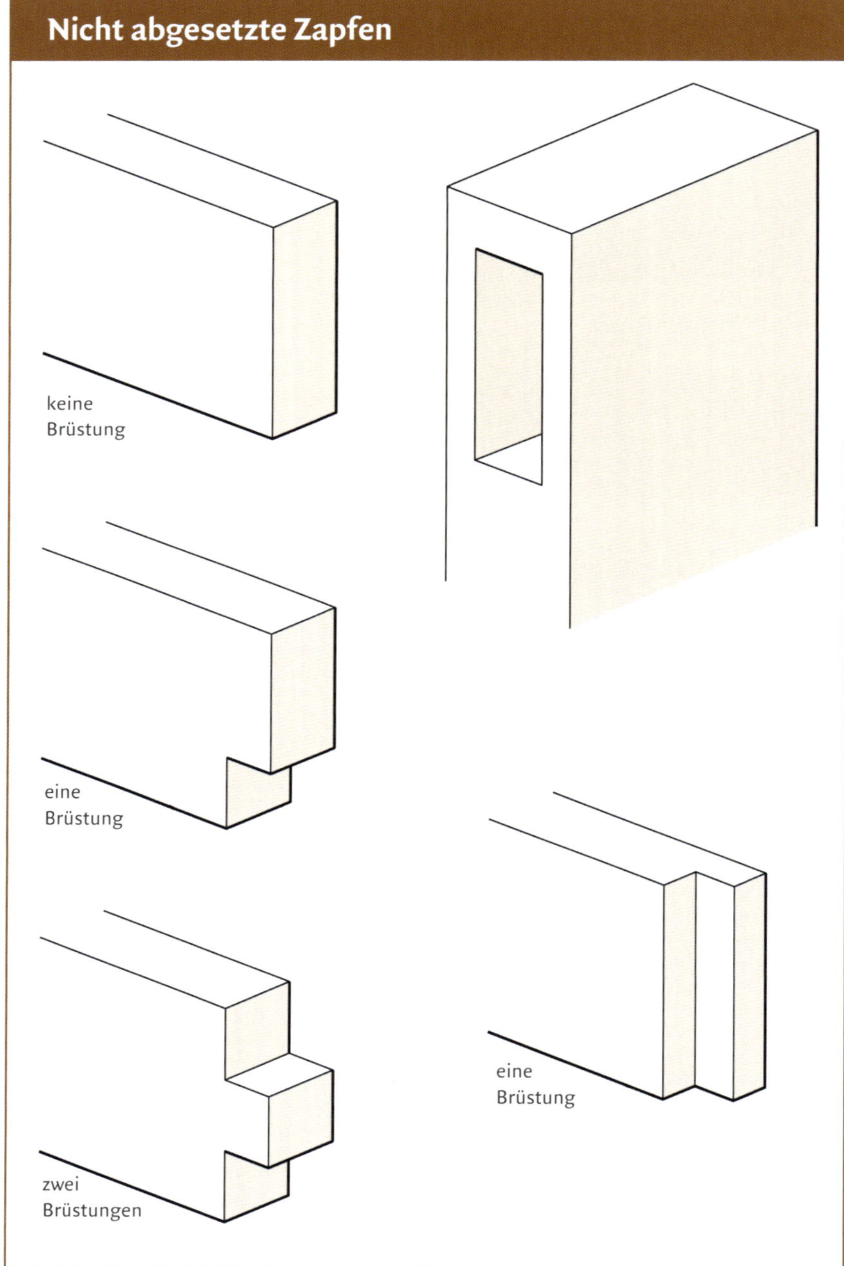

Zapfenlänge

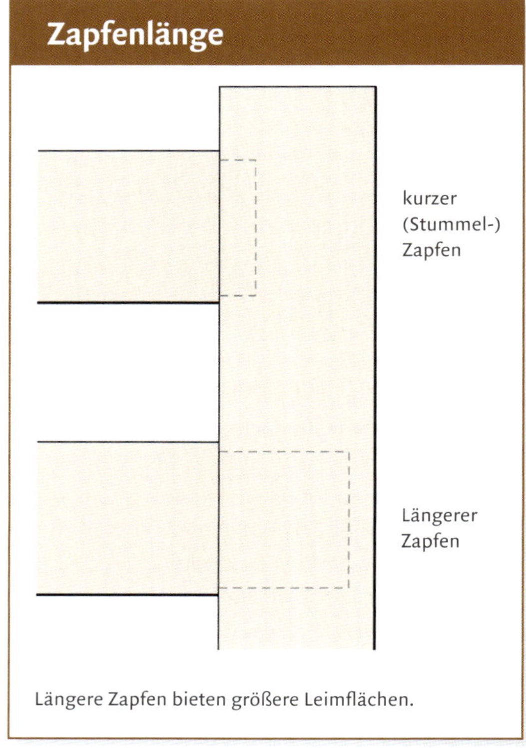

Längere Zapfen bieten größere Leimflächen.

Die breiten Zargen dieses geschnitzten Stuhls aus Nussbaum von Lonnie Bird widerstehen den Scherkräften, die bei einem Sitzmöbel auftreten.

Schneiden Sie unten am Zapfen eine kleine Brüstung an, um den Schlitz zu verdecken.

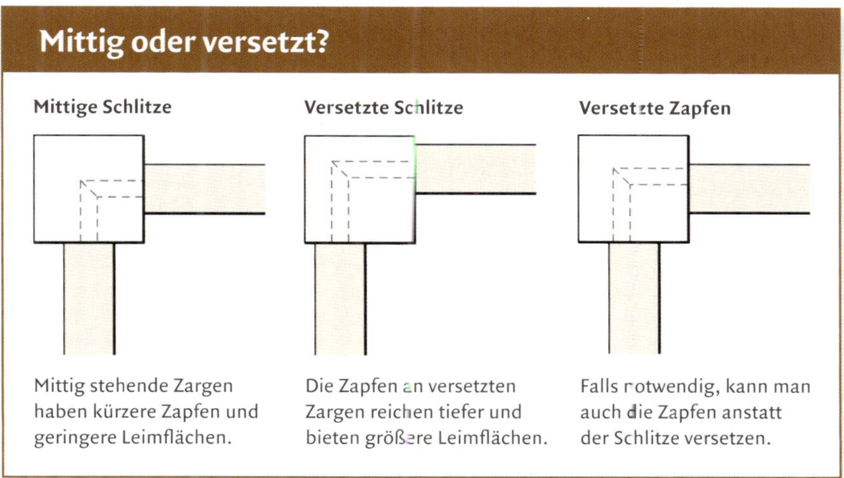

mögen. Sogar eine Brüstung von 1 bis 2 mm kann schon viel dazu beitragen, solche Spuren zu verbergen und Feuchtigkeit und Schmutz daran zu hindern, in den Schlitz einzudringen.

Dort, wo Zapfen aufeinander treffen, wie in Stuhl- oder Tischbeinen, sollte man die Zapfen zur Außenseite des Beines hin versetzen, um ihre Länge und damit auch die Belastbarkeit zu erhöhen. Je weiter sie nach außen versetzt werden, desto tiefer können sie reichen, bevor sie aufeinander treffen. Schneiden Sie die Enden der Zapfen, die im Schlitz aufeinander treffen, auf Gehrung. Falls die Zarge nicht am Bein nach außen versetzt werden kann, kann man den Zapfen selbst an der Zarge weiter außen anbringen.

Mit zusätzlichen Nutzapfen kann man dafür sorgen, dass sich die Verbindung nicht verzieht. Sie werden meist oben an einer Verbindung verwendet, wo man den Zapfen nicht offen zeigen will, können bei breiteren Zapfen aber auch in der Mitte oder unten angeschnitten werden.

Die Zapfen zu verbreitern trägt zu ihrer Belastbarkeit bei, diese Lösung funktioniert aber nur bis zu dem Punkt, an dem das Arbeiten des Holzes in der Verbindung zu einem Problem wird. Zapfen mit mehr als 75 mm Breite sollte man in zwei oder mehr Zapfen unterteilen, um die Auswirkungen des Schwindens zu reduzieren. Anstelle eines einzelnen großen Zapfens, der insgesamt im Schlitz schwindet, erhält man so kleinere Zapfen, die alle einzeln schwinden.

Diese Draufsicht eines Tischbeins mit Zarge zeigt, um wieviel ein Zapfen länger sein kann, wenn er im Bein nach außen versetzt wird. Die Bleistiftmarkierungen zeigen, wie weit der Zapfen im Schlitz sitzt.

Falls die Zarge nicht am Bein nach außen versetzt werden kann, kann man den Zapfen selbst an der Zarge weiter außen anbringen.

Einen breiten Zapfen kann man in zwei unterteilen, um die Auswirkungen des Arbeitens des Holzes zu minimieren.

Achten Sie auf die Ausrichtung des Zapfens, wenn Sie Ihre Verbindung entwerfen. Das Hauptziel ist die Vergrößerung der Leimflächen, wo Längsholz auf Längsholz trifft. Denken Sie daran, dass Hirnholz nicht gut zu verleimen ist. Falls möglich sollte der Faserverlauf des Holzes im Schlitz der gleiche sein wie im Zapfen.

Das ist natürlich im Möbelbau nicht immer möglich. In solchen Fällen sollte man sich Gedanken darüber machen, wie sich der Faserverlauf auf das Schwinden auswirken wird.

Mehrfachzapfen mit Nutzapfen

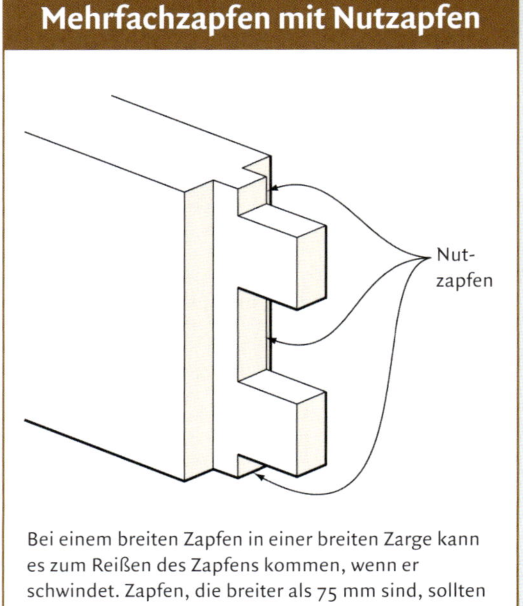

Bei einem breiten Zapfen in einer breiten Zarge kann es zum Reißen des Zapfens kommen, wenn er schwindet. Zapfen, die breiter als 75 mm sind, sollten in zwei oder drei kleinere Zapfen unterteilt werden.

Nutzapfen

Wenn man zu viel Holz durch einen Schlitz entfernt, schwächt man das Werkstück. Fügen Sie einen Nutzapfen hinzu, um den Widerstand gegen Verdrehen bis oben in das Bein zu verlängern.

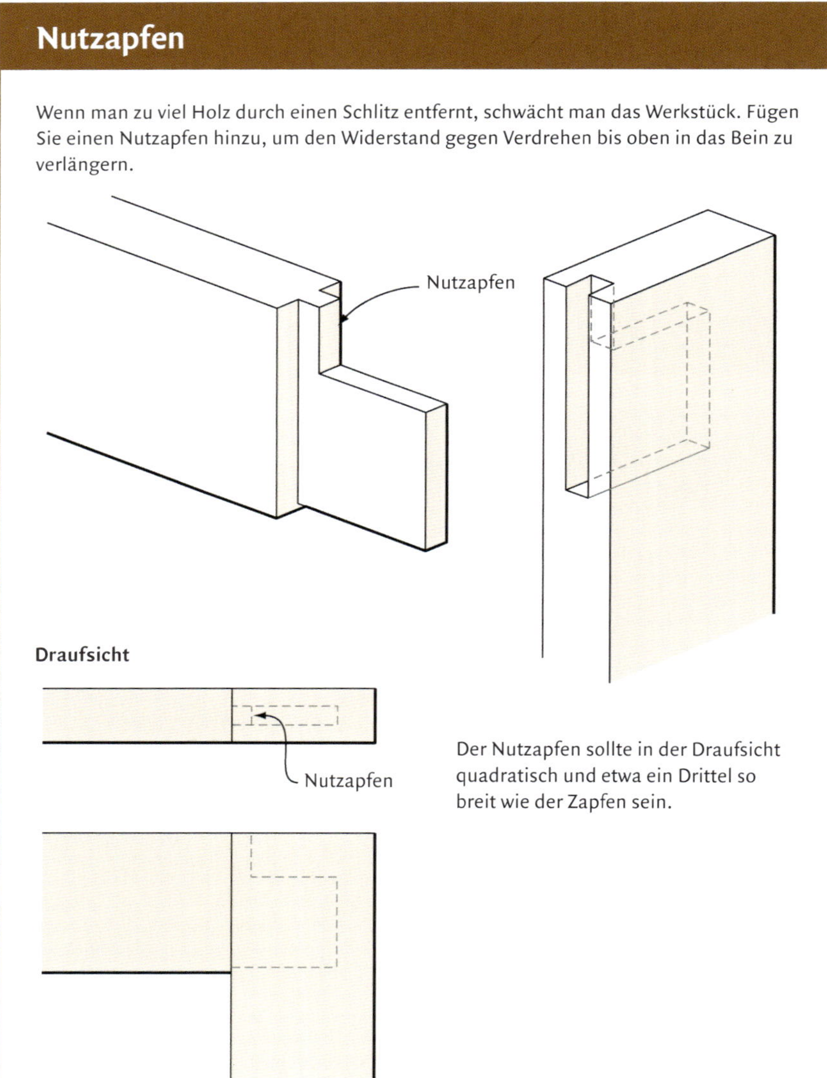

Der Nutzapfen sollte in der Draufsicht quadratisch und etwa ein Drittel so breit wie der Zapfen sein.

Ausrichtung der Zapfen

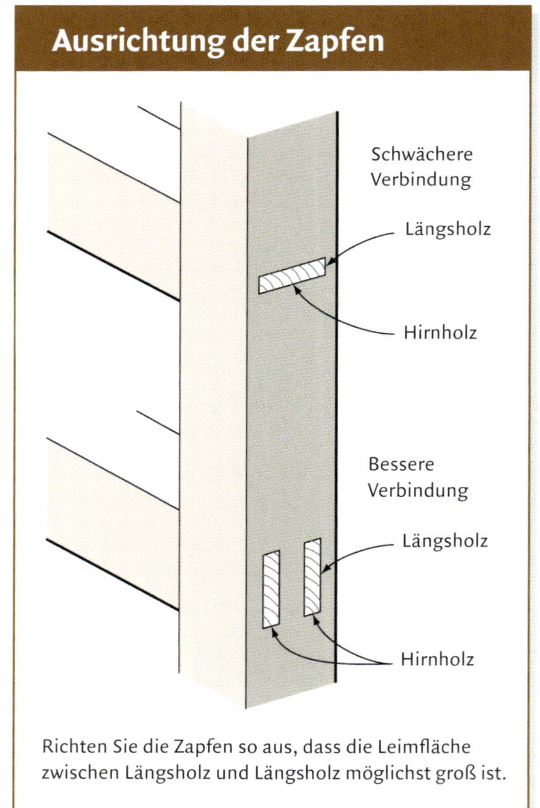

Richten Sie die Zapfen so aus, dass die Leimfläche zwischen Längsholz und Längsholz möglichst groß ist.

Durchgestemmte Zapfen

Wenn man einen Schlitz ganz durch ein Werkstück führt, ergibt das neue Möglichkeiten und neue Probleme. Der Zapfen ist länger und deshalb belastbarer. Die Leimfläche wird ebenfalls vergrößert. Da jedoch jetzt das Hirnholz des Zapfens freiliegt, ist die Verbindung anfälliger für die Probleme, die durch Feuchtigkeitsaufnahme und -abgabe entstehen. Der Zapfen kann im Schlitz schwinden und quellen und so zu Druckkräften führen, durch welche die Verleimung an die Grenzen ihrer Belastbarkeit geführt wird. Durch das Verkeilen der Verbindung wird dieses Arbeiten des Holzes minimiert und die Verbindung gestärkt.

Die Keile werden entweder in Schlitze im Zapfen getrieben oder in Schlitze eingesetzt, die in den herausragenden Teil eines Zapfens geschnitten werden. Man kann sie einleimen oder als lose Keile belassen.

Das Verstärken der Verbindung

Die Langlebigkeit einer Schlitz-und-Zapfenverbindung kann auf verschiedene Weise erhöht werden. Bohren Sie Löcher in die Verbindung und setzen Sie Dübel ein – entweder einfache Dübel oder solche, die auf Zug eingesetzt sind. Bei solchen Dübeln werden die Bohrlöcher im Zapfen gegenüber dem umgebenden Holz versetzt, so dass der Zapfen beim Eintreiben der Dübel in den Schlitz hineingezogen wird. Versteckte Keile werden im Schlitz in das Hirnholz des Zapfens eingetrieben. Die Verbindung wird dadurch verstärkt, aber das Anreißen erfordert Sorgfalt. Falls der Keil zu lang ist, lässt sich die Verbindung nicht schließen; falls er jedoch zu kurz ist, bleibt der beabsichtigte Effekt aus. Der Schlitz muss auch so weit aufgestemmt werden, dass die Stärke des Keils hineinpasst.

Die Verbindung kann auch von außen verkeilt werden. Schneiden Sie mittig in den Zapfen einen Schlitz, in den ein Keil eingetrieben werden kann. Bohren Sie ein Entlastungsloch unten in den Schlitz, so dass sich der Druck verteilen kann. Schneiden Sie den Schlitz mit der Hand oder mit der Bandsäge. Dekorative Effekte können Sie erzielen, indem Sie die Keile schräg einsetzen oder paarweise verwenden.

Ein durchgehender Zapfen mit Keil dient nicht nur als stabile Verbindung, sondern auch als Schmuckelement.

Loser senkrechter Keil

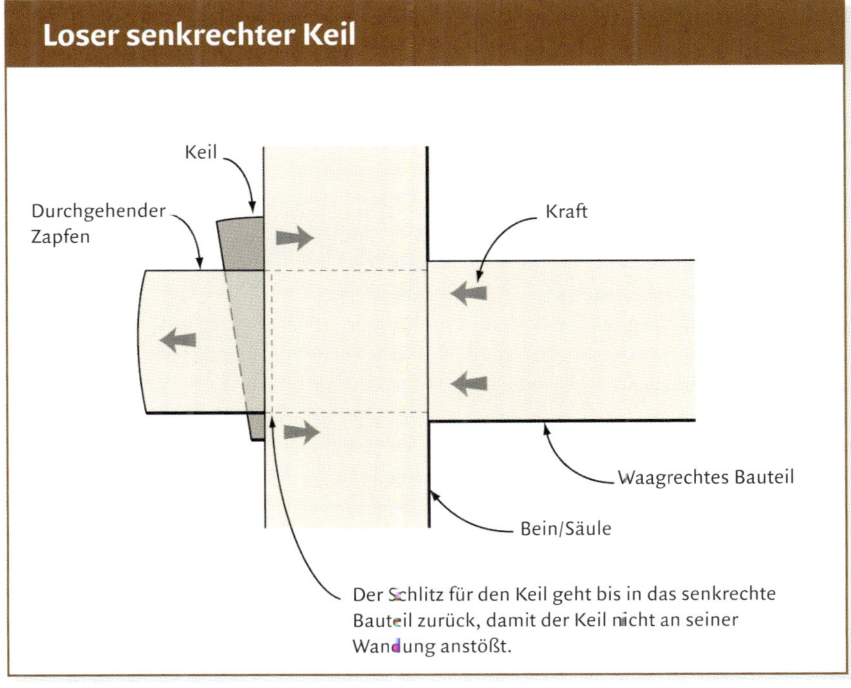

Gute Ergebnisse erzielt man mit der versteckten Verkeilung nur, wenn die Keile die richtige Länge und Breite haben.

Das Entlastungsloch unten im Schlitz verteilt den Druck, der durch den Keil ausgeübt wird.

Rund oder rechteckig

Bei durchgehenden Zapfen stellt sich eine allgemeine Frage, die auch für fast alle Schlitz-und-Zapfenverbindungen beantwortet werden muss: Wird der Zapfen abgerundet oder der Schlitz rechteckig abgestochen? Handgeschnittener Schlitze sind rechteckig, hier ist es also naheliegend, die Zapfen rechtwinklig zu schneiden. Zapfen, die an der Drechselbank gedreht werden, sind rund, um in gebohrte Zapfenlöcher zu passen. Schlitze, die man mit der Handoberfräse gefräst hat, haben jedoch runde Enden. Hier muß man entweder den Zapfen mit Feile und Stechbeitel abrunden oder den Schlitz mit einem Stechbeitel rechteckig abstechen. Durchgehende Zapfen müssen sorgfältig rechteckig abgestochen werden, da die Schnitte sichtbar sind.

Ob der Schlitz rechtwinklig gemacht oder der Zapfen abgerundet wird, ist eine Entscheidung, die man bei jeder maschinell hergestellten Schlitz-und-Zapfenverbindung treffen muss.

Eingeleimte Keile

Einfacher eingeleimter Keil

Entlastungsloch mit 4 mm Durchmesser, zwei Drittel der Zapfenlänge vom Ende entfernt.

Keil

Der Keil ist so breit wie der Zapfenschlitz, aber kürzer als dieser. Er verjüngt sich von 4 mm bis auf 2 mm.

Seitlich verkeilter Zapfen

Doppelt verkeilter Zapfen

Schräger Keil

Achten Sie darauf, den Keil im umgebenden Holz des Schlitzes richtig auszurichten. Meiden Sie Verkeilungen, die Druck auf das Längsholz ausüben. Längsholz ist leicht zu spalten, wie Ihnen jeder Waldarbeiter bestätigen wird. Ein Keil, der am Ende eines Brettes Druck ausübt, kann auch dazu führen, dass hier das kurze Holz ausreißt.

Bringen Sie Zapfen, die sich in einem Werkstück treffen, so an, dass sie sich gegenseitig an Ort und Stelle halten. Meiden Sie Situationen, in denen kurzes Holz entsteht, das unter Belastung ausbrechen kann.

Das Schneiden des Schlitzes

Es gibt annähernd ein Dutzend Arten, einen Schlitz zu schneiden. Die entscheidenden Faktoren sind Ihr Budget für Werkzeug, Ihre Lärmempfindlichkeit, die erforderliche Geschwindigkeit und Genauigkeit. Falls Sie gerne mit Handwerkzeug arbeiten, kann keine Handoberfräse beim Schneiden eines Schlitzes leise genug sein. Aber falls Sie für ein Projekt Hunderte von Schlitzen schneiden müssen, dann ist Handarbeit plötzlich nicht mehr so romantisch. Arbeitsergebnisse mit den gleichen Abmessungen beschleunigen die Arbeit und machen sie so entweder lukrativer oder erträglicher. Aber unabhängig von der Wahl des Werkzeugs sollte immer der Schlitz zuerst geschnitten und der Zapfen dann in ihn eingepasst werden.

Verwenden Sie Stechbeitel, die mit dem Klüpfel oder Hammer getrieben werden, wenn Sie Schlitze mit der Hand stemmen. Lochbeitel oder Stemmeisen haben Klingen, die aus genügend Metall bestehen, um den dauernden Schlägen zu widerstehen. Die meisten haben entweder große Hefte oder solche mit Zwingen am Ende, um das „Aufpilzen" des Heftes zu verhindern. Meist haben sie auch Lederscheiben, mit denen die Schlagkräfte gedämpft werden.

Einer Handoberfräse muss man nur den Weg weisen, auf dem sie schneiden soll, und schon fräst sie sehr genau den gewünschten Schlitz. Verwenden Sie dazu entweder Spiralfräser oder speziell für das Schneiden von Schlitzen entworfene Fräser. Fräsemaschinen, die waagerecht arbeiten, sind sehr gut für das Schneiden von Schlitzen geeignet, da sie das Werkzeug in drei Achsen bewegen können.

Das Anpassen des Zapfens an den Schlitz

Ein Zapfen sollte in den zugehörigen Schlitz passen wie der Fuß in einen guten Schuh – nicht wie in einen ausgelatschten Turnschuh oder einen viel zu engen Cowboystiefel. Die Verbindung lässt sich dann mit mäßigem Druck trocken, mit der Hand zusammenstecken und verlangt unter Umständen nach einem Hammer, um sie wieder

Bei verschränkten Zapfen hält der eine Zapfen den anderen an Ort und Stelle

Platzierung von Keilen

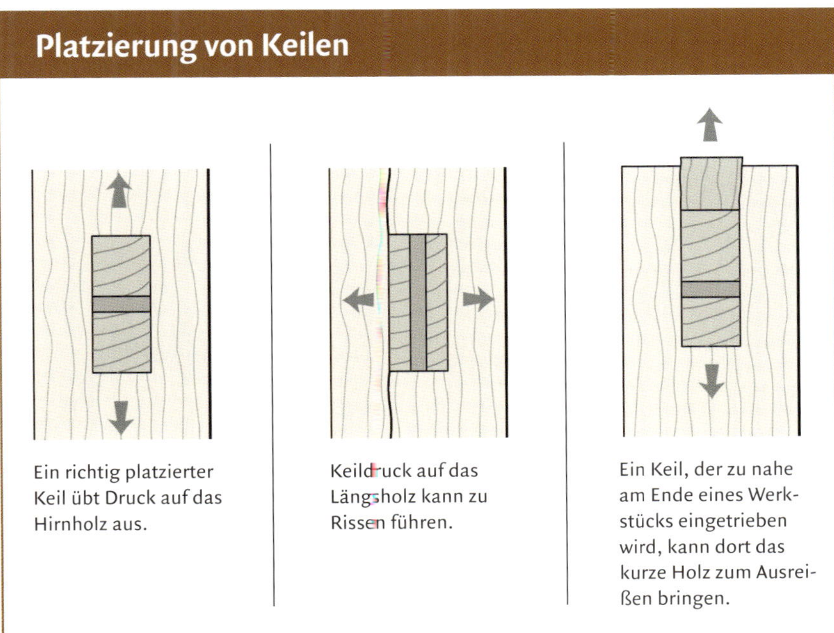

Ein richtig platzierter Keil übt Druck auf das Hirnholz aus.

Keildruck auf das Längsholz kann zu Rissen führen.

Ein Keil, der zu nahe am Ende eines Werkstücks eingetrieben wird, kann dort das kurze Holz zum Ausreißen bringen.

Lochbeitel sind besonders gut für das Ausstechen von Schlitzen geeignet.

Das Fräsen fällt mit Spiral- oder Schlitzfräsern leichter.

Achten Sie beim Einpassen des Zapfens in den Schlitz auf glänzende Stellen am Zapfen. Markieren Sie diese Stellen mit Bleistift, und nehmen Sie dann nur dort Holz ab.

zu lösen. Wenn man eine Verbindung überprüft, die einfach nicht passen will, sollte man den Zapfen gegen das Licht halten, um hochstehendes Holz zu erkennen. Die glänzenden Stellen zeigen, wo der Zapfen gegen anderes Holz reibt und wo man deshalb Holz abnehmen sollte.

Zapfen werden mit einem breiten, scharfen Stechbeitel oder mit dem Hobel nachgearbeitet. Die für den Möbelbau verwendeten Hobel eignen sich alle mehr oder weniger für das Nacharbeiten der Zapfenbrüstungen und -wangen. Versuchen Sie nicht, überflüssiges Holz an einem Zapfen mit Schleifpapier oder einer Feile zu entfernen, da man so den Zapfen meist abrundet. Man kann einen Zapfen mit der Tischkreissäge nacharbeiten, wenn man Zulagen aus Papier verwendet, um sich langsam dem richtigen Maß zu nähern.

Wenn Sie eine Verbindung mit bündigen Flächen einpassen, schneiden Sie zuerst die eine Wange, und überprüfen Sie die Lage im Verhältnis zum Schlitz, bevor Sie weitermachen. Drehen Sie das Brett mit dem Zapfen um, und kontrollieren Sie, ob die Fläche genau mit der Wandung des Schlitzes fluchtet. Wenn die erste Wange fluchtet, kann man weitermachen und die zweite schneiden.

Rundzapfen werden bei „Grünholz"-Arbeiten immer aus schon getrocknetem Holz gearbeitet, während die Schlitze in das frische, „grüne" Holz geschnitten werden. Das Grünholz mit dem Schlitz schwindet dann während des Trocknens um den Zapfen und fixiert ihn so. Ein etwas zu

Mit einem Hobel, dessen Eisen so breit ist wie seine Sohle, kann man bis an die Brüstung hobeln.

Bei dieser Methode, einen Zapfen zu schneiden, kann man eine Zulage aus Papier verwenden, um den Zapfen nur um eine Haaresbreite schmaler zu machen.

Wenn nur eine Brüstung geschnitten worden ist, kann man die Passung des Zapfens überprüfen, indem man ihn an die Wand des Schlitzes hält, um zu sehen, ob noch mehr Holz abgenommen werden muss oder ob es schon zu viel war.

Geben Sie Leim in den Schlitz, so dass alle seine Seiten befeuchtet sind, und geben Sie dann noch etwas an die Öffnung. Ein Tropfen Leim auf dem Zapfen ist ausreichend.

großer Zapfen kann in den Schlitz eingepasst werden, indem man ihn im Ofen oder in einer Pfanne mit heißem Sand erhitzt.

Im Inneren der Verbindung sollte sowohl an den Wangen als auch am Grund, wo sich überschüssiger Leim ansammelt, Raum für Leim sein. Geben Sie immer Leim an die Wandungen des Schlitzes, um sie anzufeuchten. Mehr Leim sollte jedoch an die Öffnung des Schlitzes gegeben werden, von wo es beim Zusammenstecken der Verbindung nach innen geschoben wird. Ein Tropfen Leim auf den Zapfenwangen ist ausreichend. Überschüssiger Leim am Zapfen wird einfach auf das Brett abgerieben oder sammelt sich in einer Ecke an, um dort zu trocknen.

Rettung für zu kleine Zapfen

Verlieren Sie nicht den Mut, wenn Sie einen Zapfen zu klein geschnitten haben. Sie sind nicht der erste, dem das passiert ist. Leimen Sie den Verschnitt von den Wangen wieder an. Das Holz und die Faserrichtung passen perfekt. Schneiden Sie dann den Zapfen erneut, diesmal zu den richtigem Maßen. Sie können auch zusätzlich noch ein Stück Furnier auf den Zapfen leimen, damit dieser noch strammer im Schlitz sitzt. Ein Rundzapfen kann verstärkt werden, indem man einen dicken Hobelspan vom Handhobel um ihn herumklebt.

Leimen Sie den Verschnitt am Zapfen fest, und schneiden Sie ihn dann auf Maß.

A

B

C

D

E

F

Mit dem Lochbeitel handgeschnittener Schlitz

Um einen Schlitz mit der Hand zu stemmen, reißen Sie zuerst seine Lage im Brett an, indem Sie die Entfernung vom Brettende mit dem Lineal oder Bandmaß messen. Überwinkeln Sie die Risse auf die anderen Seiten des Brettes, um die Enden des Schlitzes zu markieren **(A).**

Stellen Sie als nächstes ein Zapfenstreichmaß auf die Breite des Schlitzes ein. Verwenden Sie dafür Ihren Lochbeitel als Lehre. Legen Sie die Schneide des Beitels zwischen die beiden Spitzen des Streichmaßes **(B).** Der Anschlag des Streichmaßes wird dann so eingestellt, dass der Schlitz an der gewünschten Stelle angerissen wird. Führen Sie das Streichmaß dicht an der Kante des Brettes entlang, und reißen Sie den Schlitz an. Die Risse sollten nicht über die Bleistiftstriche unten am Schlitz hinausreichen **(C).**

Setzen Sie den Lochbeitel in der Mitte des Schlitzes zwischen den Rissen an, und führen Sie den ersten Schnitt aus. Lassen Sie die Breite des Beitels die Seitenwände des Schlitzes bestimmen, aber denken Sie daran, senkrecht zur Fläche des Brettes hinab zu stechen **(D).** Stechen Sie weiter im Winkel auf die Mitte des Schlitzes zu, bis Sie die volle Tiefe des Schlitzes erreicht haben. Hebeln Sie den Verschnitt aus dem Schlitz, bis Sie nahe an die Enden des Schlitzes kommen. An den Enden stechen Sie senkrecht an den Rissen nach unten. Sie können die Schmalseiten des Schlitzes etwas hinterschneiden, um das Einstecken des Zapfens zu erleichtern **(E).**

Wenn der Schlitz fertig gestemmt ist, verputzen Sie die Seitenwände, und überprüfen auf ganzer Länge die Breite des Schlitzes. Verwenden Sie dazu ein schmales Stück Holz als Lehre, das Sie in den breitesten Teil des Schlitzes stecken **(F).** Dort, wo die Lehre nicht in den Schlitz passt, muss mehr Holz entfernt werden. Denken Sie beim Stemmen daran, die Seitenwände eben und parallel zueinander zu schneiden.

Mit der Bohrwinde und Stechbeiteln geschnittener Schlitz

Markieren Sie die Enden des Schlitzes mit dem Bleistift. Reißen Sie dann die Wandungen des Schlitzes mit einem Zapfenstreichmaß an, das Sie auf die Breite des Stechbeitels eingestellt haben **(A).**

Entfernen Sie den Großteil des Verschnitts mit der Bohrwinde **(B).** Bringen Sie etwas Klebeband am Bohrer an, um die Schnitttiefe zu markieren. Rechnen Sie dabei die Länge der Zentrierspitze des Bohrers mit ein, damit Sie nicht bis zur anderen Seite des Brettes durchbohren. Halten Sie die Bohrwinde senkrecht zum Brett. Das lässt sich besser kontrollieren, wenn man das Werkzeug vom Brettende her anvisiert.

Bohren Sie zuerst die beiden Löcher an den Enden. Bohren Sie danach in der Mitte des Schlitzes **(C).**

Entfernen Sie die stehen gebliebenen Holzreste mit einem breiten, scharfen Stechbeitel. Setzen Sie den Beitel senkrecht mit der Spiegelseite gegen die Wandung des Schlitzes an. Orientieren Sie sich mit den Schnitten an den Bohrlöchern, und stechen Sie senkrecht nach unten **(D).**

Stechen Sie dann die Enden des Schlitzes rechtwinklig aus. Setzen Sie einen breiten Stechbeitel an der Wandung des Schlitzes neben der Schmalseite an, und stechen Sie nach unten. Stechen Sie dann zwischen den Wandungen an der Schmalseite nach unten **(E).** Stechen Sie zuerst leicht ein, entfernen Sie den Verschnitt, und führen Sie dann den nächsten Schnitt aus. Achten Sie darauf, den Beitel mit der angefasten Seite des Eisens in den Schlitz weisen zu lassen. Schneiden Sie jeden Schnitt sauber nach, indem Sie mit der angefasten Seite nach unten stemmen, um den Schnitt besser kontrollieren zu können. Verputzen Sie die Wandungen so, während Sie immer weiter nach unten stemmen.

A

B

C

D

E

VARIATION

VARIATION Sie können auch mit der elektrischen Bohrmaschine anstatt der Bohrwinde arbeiten. Denken Sie daran, die Bohrmaschine vom Brettende her anzuvisieren, damit Sie sie senkrecht halten.

A

C

B

D

Schlitz an der Ständerbohrmaschine

Der Verschnitt lässt sich aus einem Schlitz sehr präzise entfernen, wenn man dazu die Ständerbohrmaschine mit einem Anschlag verwendet. Reißen Sie die Enden und die Mitte des Schlitzes auf dem Brett an. Verwenden Sie das angerissene Brett, um den Anschlag an der Ständerbohrmaschine auf die richtige Entfernung vom Bohrer einzustellen. Richten Sie den Bohrer genau auf die Mitte des Schlitzes aus (A). Stellen Sie die Bohrtiefe ein, indem Sie den Bohrer auf das Werkstück absenken. Die Zentrierspitze des Bohrers, die über seine Schneiden hinausragt, muss dabei berücksichtigt werden **(B)**.

Bohren Sie zuerst die beiden äußeren Löcher bis zur Endtiefe **(C)**. Bohren Sie danach in der Mitte des Schlitzes **(C)**. Stellen Sie sicher, dass immer Holz stehen bleibt, in dem Sie die Spitze des Bohrers ansetzen können, sonst kann der Bohrer abwandern. Wenn Sie sorgfältig und langsam arbeiten, können Sie die sehr kleinen verbliebenen Holzreste mit einem guten Bohrer mit Zentrierspitze entfernen **(A)**.

Stellen Sie den Schlitz fertig, indem Sie mit dem Bohrer alle verbliebenen Holzreste entfernen. Stellen Sie sicher, dass das Werkstück beim Bohren fest eingespannt ist. Verputzen Sie den Schlitz mit einem breiten, scharfen Stechbeitel.

Schlitz an der Ständerbohrmaschine mit Schiebetisch

Wenn Sie einen Schiebetisch an der Ständerbohrmaschine anbringen, können Sie Schlitze mit Fräsern mit Stirnschneiden schneiden, wie sie in der Metallverarbeitung eingesetzt werden. Der Schiebetisch erlaubt es, das Werkstück unter dem Fräser hin und her zu bewegen, wodurch der Schlitz geschnitten wird **(A).** Allerdings empfiehlt es sich, vorher den Verschnitt auszubohren, um das Schneiden des Schlitzes zu beschleunigen und das „Rattern" des Fräsers zu verringern **(B).**

Bohren Sie zuerst die beiden äußeren Löcher, und bohren Sie dann den Verschnitt im Schlitz aus. Dabei können Sie einen Bohrer verwenden, der kleiner ist als die Endgröße des Schlitzes **(C).**

Bringen Sie dann den Unterbau des Schiebetisches an, und legen Sie den Schiebetisch darauf. Spannen Sie das Werkstück am Anschlag des Schiebetisches fest. Spannen Sie einen Fräser mit Stirnschneiden ein, richten Sie ihn am Schlitz aus, und arretieren Sie den Unterbau des Schiebetisches mit Zwingen oder Schrauben und Muttern.

Bringen Sie am Schiebetisch Stoppklötze an, um den Weg zu begrenzen, den er zurücklegen kann, wodurch die Länge des Schlitzes bestimmt wird **(D).** Wenn Sie mehrere gleiche Schnitte ausführen möchten, bringen Sie auch einen Stoppklotz am Anschlag an, um jedes Werkstück an der gleichen Stelle anlegen zu können. Legen Sie den Schlitz mit einer Reihe von flachen Schnitten an. Bewegen Sie den Schiebetisch beim Schneiden von links nach rechts am Fräser vorbei. Dadurch wird das Werkstück in die Drehung des Fräsers geführt und so gegen den Anschlag gedrückt, was das „Rattern" des Fräsers reduziert **(E).**

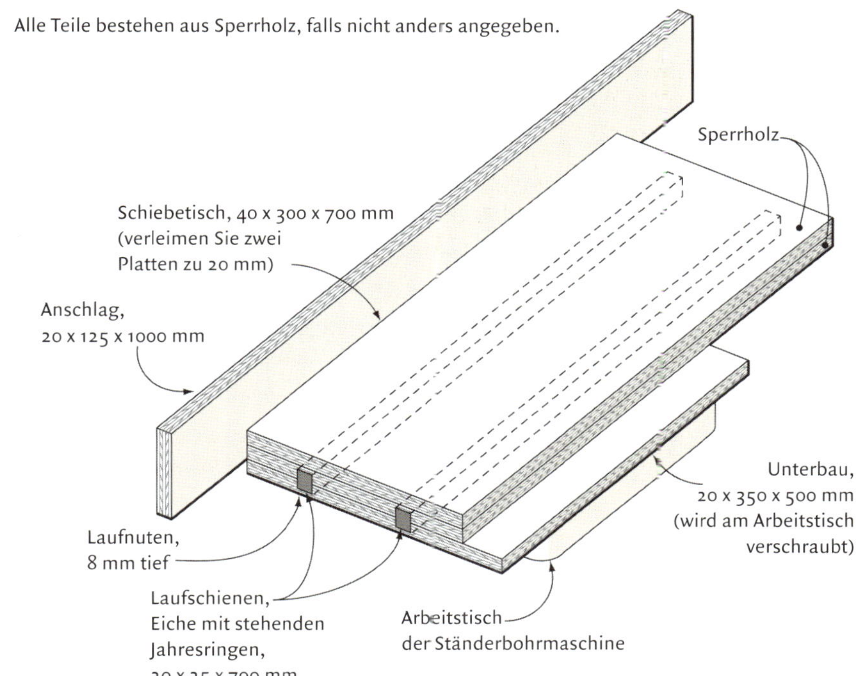

A

B

C

D

E

A

C

B

D

VARIATION

Schlitz mit der Stemmmaschine

Mit einer Stemmmaschine wird nur eine Arbeit ausgeführt: Schlitze stemmen.

Dabei wird die Hebelkraft des Bedienungshebels dazu benutzt, den Hohlmeißel durch das Holz zu drücken, während der Großteil des Verschnitts mit einem Bohrer entfernt wird. Allerdings erfordert diese Kombination aus Meißel und Bohrer sorgfältig eingestellte und gut geschärfte Werkzeuge, wenn man gute Ergebnisse erlangen möchte. Ziehen Sie den Bohrer und Hohlmeißel ab, und setzen Sie den Bohrer in den Hohlmeißel ein, so dass kaum 0,5 mm zwischen der Unterkante der Bohrerschneiden und den Spitzen des Meißels liegen. Sonst kann es passieren, dass Sie Stahl auf Stahl arbeiten lassen oder dass Sie nicht durch das Holz kommen. Achten Sie auch darauf, dass der Hohlmeißel richtig ausgerichtet ist, d. h. parallel zum Anschlag steht **(A).**

Reißen Sie den Schlitz auf dem Brett an, und stellen Sie den Anschlag so ein, dass der Hohlmeißel an der richtigen Stelle über dem Schlitz steht **(B).** Stellen Sie die Schnitttiefe ein, und spannen Sie dann das Werkstück fest – gegebenenfalls mit Zulagen unter dem Spannhebel. Schneiden Sie zuerst an den beiden Enden des Schlitzes ein, und stellen Sie den Schlitz mit Schnitten in der Mitte fertig. Achten Sie darauf, immer etwas Holz stehen zu lassen, auf das der Bohrer und Hohlmeißel angesetzt werden können, weil der Bohrer sonst beim Absenken abwandert **(C).** Vergessen Sie nicht, das Auswurfloch des Hohlmeißels zur Seite zeigen zu lassen, damit die heißen Späne nicht auf Ihre Hand fallen. Alternativ können Sie die Späne auch am Auswurfloch absaugen **(D).**

VARIATION Sie können einen Hohlmeißel zum Schlitzstemmen an der Ständerbohrmaschine einsetzen. Dazu muss das Bohrfutter kurzfristig abgenommen werden, um die Aufnahme für den Hohlmeißel befestigen zu können.

Schlitz mit der Handoberfräse und Anschlag

Wenn Sie schmale Werkstücke mit der Handoberfräse schlitzen, sollten Sie mehrere Teile auf der Hobelbank zusammenspannen, um eine gute Auflage für die Handoberfräse zu haben.

Reißen Sie zuerst den Schlitz an **(A)**. Bringen Sie einen Zusatzanschlag am Parallelanschlag der Handoberfräse an, um diese besser und genauer führen zu können. Senken Sie den Fräser auf das Werkstück ab **(C)**. Stellen Sie dann auf dem Schnitttiefeneinsteller die gewünschte Schnitttiefe ein **(D)**. Stellen Sie den Anschlag so ein, dass der Schlitz in der gewünschten Lage in der Stärke des Brettes geschnitten wird. Schneiden Sie den Schlitz in mehreren Durchgängen von jeweils etwa 3 mm.

Bringen Sie eine Bleistiftmarkierung auf dem Werkstück an, damit Sie die Schnitte immer genau am Ende des Schlitzes absetzen können. Bringen Sie dafür den Fräser an das Ende des Schlitzes, und markieren Sie das Werkstück am Rand der Grundplatte der Handoberfräse. Fräsen Sie bei jedem Durchgang bis zu dieser Markierung **(E)**.

Eine sicherere Methode ist es, am Werkstück einen Stoppklotz anzubringen, an den die Grundplatte beim Ende des Schnittes stößt **(F)**. Fräsen Sie zwischen den Markierungen oder Stoppklötzen, bis Sie die volle Tiefe erreicht haben **(G)**.

A

B

C

D

E

F

G

A

D

B

E

C

Schlitz mit der Handoberfräse und Universalvorrichtung

Sie können die Schnitte für einen Schlitz mit einer Handoberfräse, dem Parallelanschlag und einer Universalvorrichtung zum Schlitzen schneiden. Mit einer Vorrichtung hinreichender Größe können Sie Schlitze in Material fast jeder Größe oder Form schneiden. Der Parallelanschlag der Handoberfräse wird an der Außenseite der Vorrichtung geführt, während der Fräser das Werkstück schneidet, das auf der Innenseite festgespannt ist. Verwenden Sie gegebenenfalls Zulagen, um das Werkstück so weit anzuheben, dass es gefräst werden kann **(A).**

Spannen Sie den Fräser ein, und bringen Sie den Parallelanschlag an. Richten Sie den Fräser am Ende des angerissenen Schlitzes aus. Da meine Vorrichtung einen festen Stoppklotz hat, führe ich meinen Parallelanschlag bis an diesen heran und richte das Werkstück dann so aus, dass der Schlitz unter dem Fräser liegt **(B).** Der Parallelanschlag stößt immer an diesen Stoppklotz an, wodurch ein Ende des Schlitzes bestimmt wird.

Führen Sie dann den Fräser an das andere Ende des Schlitzes, und zwingen Sie einen Stoppklotz an der Universalvorrichtung fest, um den Weg, den die Handoberfräse zurücklegt, zu begrenzen. Dieser Stoppklotz bestimmt die Länge des Schlitzes **(C).** Setzen Sie den Fräser auf dem Werkstück auf, und stellen Sie dann am Schnitttiefeneinsteller die gewünschte Schnitttiefe ein **(D).**

Schneiden Sie zwischen den Stoppklötzen bis auf Endtiefe; achten Sie dabei darauf, den Parallelanschlag dicht an der Vorrichtung entlang zu führen **(E).** Um weitere Schnitte in der gleichen Position ausführen zu können, bringen Sie einen Stoppklotz am Brettende an.

Schlitz mit der Handoberfräse und Schablone

Um für ein Werkstück Schlitze mit gleich bleibender Größe zu schneiden, fertigen Sie sich eine Schlitzschablone an, die Sie mit der Handoberfräse einsetzen. Mit einer Kopierhülse in der Grundplatte der Handoberfräse und einem Nutfräser können Sie so wiederholt den gleichen Schlitz fräsen. Die Lage des Schlitzes im Werkstück hängt nicht nur davon ab, wie Sie den Schlitz in der Schablone anbringen, sondern auch davon, wie die Schablone auf dem Werkstück platziert wird. Schlitzschablonen sind auch nützlich, wenn man in die Enden von langen Brettern Schlitze schneiden möchte, da sie eine breitere Auflage für die Handoberfräse bereitstellen.

Befestigen Sie zuerst mit Leim und Nägeln ein 5 mm starkes Stück Hartfaserplatte oder Mitteldichte Faserplatte (MDF) auf einem Brett mit den Maßen 25 x 75 x 300 mm. Achten Sie darauf, die Kante des MDFs von der Kante des Brettes zurückzusetzen **(A).** Ermitteln Sie dann den Versatz zwischen dem Fräser und der Kopierhülse **(B).** Addieren Sie das Doppelte dieser Entfernung zur Länge des Schlitzes hinzu, um die Länge des Schablonenschlitzes zu ermitteln. Reißen Sie die Maße der Verbindung auf der Innenseite der Schablone an **(C).** Schneiden Sie mit einem Nutfräser in der Breite der Kopierhülse den Schablonenschlitz. Falls Sie nicht über einen Fräser in dieser Breite verfügen, schneiden Sie den Schlitz in mehreren Durchgängen. Stellen Sie den Parallelanschlag so ein, dass der Schlitz in der Schablone mittig über dem Schlitz im Werkstück steht. Denken Sie daran, die 25 mm Stärke des Anschlags einzuplanen, wodurch die Platzierung des Anschlags etwas erleichtert wird. Führen Sie am Ende der Schablone einige Probeschnitte durch, um die Einstellungen zu überprüfen **(D).**

A

C

B

D

Reißen Sie die Lage des Schlitzes am Brett an. Falls Sie möchten, können Sie einen Stoppklotz am Anschlag anbringen, um die Schnitte wiederholbar zu machen. Dadurch lässt sich die Schablone jedoch nur für die Hälfte der Schlitze in einem Rahmen verwenden, und Sie müssen eine zweite Schablone für die anderen Schlitze herstellen. Ohne Stoppklotz an der Schablone können Sie einfach den Versatz der Schablone einberechnen und eine weitere Markierung neben dem Schlitz anbringen. Richten Sie die Schablone an der Versatzmarkierung aus, und spannen Sie sie fest **(E)**.

Stellen Sie die Schnitttiefe ein, indem Sie die Handoberfräse auf die Schablone stellen und den Fräser auf das Holz absenken. Verstellen Sie dann die Stange des Schnitttiefeneinstellers um die erforderliche Entfernung nach oben **(F)**. Schneiden Sie den Schlitz, indem Sie die Kopierhülse im Schablonenschlitz entlang führen. Achten Sie darauf, dass der Schablonenschlitz nicht mit Spänen verstopft **(G)**. Stellen Sie einen Staubsauger bereit, um Holzreste zu entfernen, oder schließen Sie die Handoberfräse an eine Staubabsaugung an.

Schlitz am Handoberfräsentisch

Schneiden Sie flache Schnitze am Handoberfräsentisch. Platzieren Sie den Schlitz, indem Sie die Entfernung von der Schneide des Fräsers bis zum Parallelanschlag messen. Drehen Sie die Schneide des Fräsers so, dass sie so nahe wie möglich am Anschlag steht **(A).** Stellen Sie die Höhe des Fräsers so ein, dass der erste Schnitt 3 mm tief wird **(B).** Mit einem derart flachen Schnitt wird die Handoberfräse nur wenig belastet. Zwingen Sie Stoppklötze am Anschlag fest, um den Weg des Werkstücks zu beschränken **(C).** Dadurch wird die Länge des Schlitzes bestimmt.

Fräsen Sie, indem Sie ein Ende des Brettes gegen den entfernten Stoppklotz legen und das Brett langsam auf den Fräser absenken. Halten Sie das Werkstück fest gegen den Anschlag, während Sie es auf den Fräser absenken. Bewegen Sie das Brett während des Absenkens etwas vor und zurück, bis Sie auf Endtiefe sind. Dadurch werden die Brennspuren verringert, die bei Verwendung eines Fräsers ohne Stirnschneiden entstehen **(D).** Stellen Sie den Fräser nach dem ersten Schnitt für einen weiteren mit 3 mm Tiefe ein **(E).**

A

D

B

E

C

A

Schlitz an der Langlochbohrmaschine

In der Serienproduktion werden Schlitze mit Langlochbohrmaschinen hergestellt. Reißen Sie zuerst den Schlitz am Werkstück an, und spannen Sie dieses dann am kurzen Anschlag des Arbeitstisches fest. Führen Sie dann den Bohrer an das Werkstück, und stellen Sie ihn auf die richtige Höhe ein. Verstellen Sie dazu die Tischhöhe, bis der Bohrer an den Rissen für den Schlitz ausgerichtet ist **(A).**

B

Stellen Sie die Bewegung von Seite zu Seite mit den Anschlagstangen unter dem Tisch ein, um die Länge des Schlitzes zu bestimmen. Die Stangen werden nach Maßgabe des angerissenen Schlitzes eingestellt **(B).** Die Tiefe des Schlitzes wird mit den Anschlagstangen neben dem Bohrfutter eingestellt. Setzen Sie den Bohrer auf dem Werkstück auf, und stellen Sie die Schnitttiefe ein **(C).**

Um den Schlitz zu schneiden, wird das Bohrfutter so an das Werkstück herangeführt, dass der Bohrer einen flachen Schnitt ausführt, und dann wird der Arbeitstisch von einer Seite zur anderen geführt. Arbeiten Sie sich auf diese Weise bis zur Endtiefe vor **(D).**

C

D

Handgeschnittener Zapfen

Handgeschnittene Zapfen erfordern sorgfältiges Anreißen, scharfe Werkzeuge und Geduld beim Einpassen. Die Zapfen werden immer nach den Schlitzen angefertigt. Es ist viel leichter, einen Zapfen so nachzuarbeiten, dass er in einen vorhandenen Schlitz passt als umgekehrt.

Reißen Sie mit dem Streichmaß die Länge des Zapfens oder die Lage der Brüstung an. Quer zur Holzfaser lässt sich am besten mit einem Streichmaß anreißen, das mit einem Schneidrad ausgestattet ist **(A)**. Reißen Sie auf beiden Seiten des Brettes an. Markieren Sie die Stärke des Zapfens oder die Lage der Wangenschnitte mit Bleistift und Lineal oder wiederum mit dem Streichmaß **(B)**. Markieren Sie beide Kanten und das Ende des Brettes.

Schneiden Sie zuerst die Brüstungen; halten Sie das Werkstück dabei dicht an eine Stoßlade oder zwingen Sie es an der Hobelbank fest **(C)**.

A

B

VARIATION 1

VARIATION 1: Führen Sie die Säge an einem Anschlag, der am Werkstück festgezwingt ist. Wenn Sie den Anschlag auf beiden Seiten sorgfältig ausrichten und die Säge dicht an ihm entlang führen, erhalten Sie schöne gleichmäßige Brüstungen. Verwenden Sie einen Kombi-Winkel als Tiefenmaß, um den Anschlag einzustellen.

C

D

F

E

G

VARIATION 2

Nach den Brüstungsschnitten werden die Zapfenwangen mit der Rückensäge gesägt. Schneiden Sie die Wangen bei breiteren Brettern mit mehreren Schnitten, so dass Sie nicht mit einem breiten Schnitt arbeiten müssen, der misslingen könnte. Spannen Sie das Brett schräg in der Bankzange ein, so dass Sie die Risse auf dem Ende und der nahen Kante sehen können, und setzen Sie den Schnitt an **(D)**. Schneiden Sie bis dicht an den Brüstungsschnitt. Drehen Sie das Brett in der Bankzange um, und führen Sie einen zweiten Wangenschnitt bis hinab zum Brüstungsschnitt aus **(E)**. Beenden Sie die Schnitte, indem Sie das Werkstück senkrecht in der Bankzange einspannen und gerade bis zur Brüstung hinab schneiden **(F)**.

VARIATION 2: Bei schmaleren Werkstücken kann man gerade über die Breite sägen, um die Wangen zu schneiden.

Ich ziehe es vor, den ersten Wangenschnitt mit einem Simshobel zu verputzen, bevor ich mit dem zweiten Schnitt weitermache. Falls man beim Verputzen zu viel Holz abgenommen hat, kann man das beim zweiten Schnitt kompensieren.

Wenn beide Wangen geschnitten sind, wird die Passung des Zapfens überprüft. Versuchen Sie, den Zapfen zuerst etwas stärker bleiben zu lassen, damit Sie ihn dann mit dem Hobel oder Stechbeitel auf perfekte Passung nacharbeiten können **(G)**.

Zapfen mit der Handoberfräse und einer Vorrichtung zum rechtwinkligen Schneiden

Zapfen können Sie mit der Handoberfräse schneiden, die an einem festgespannten Anschlag oder einer Vorrichtung zum rechtwinkligen Schneiden geführt wird. Messen Sie die Entfernung von der Kante der Grundplatte der Handoberfräse bis zur Schneidenkante des Fräsers. Dies ist die entscheidende Entfernung für die Einstellung des Anschlags **(A).** Spannen Sie das Werkstück an der Hobelbank fest. Legen Sie ein weiteres Brett dicht daneben, um die Handoberfräse und die Vorrichtung zu stützen. Verwenden Sie einen Kombiwinkel als Tiefenmesser, um die Vorrichtung zu platzieren, und spannen Sie die Vorrichtung fest **(B).** Stellen Sie den Fräser so ein, dass er den Zapfen in mehreren Durchgängen schneidet. Bei einem flachen Schnitt können Sie auch in einem Durchgang fräsen.

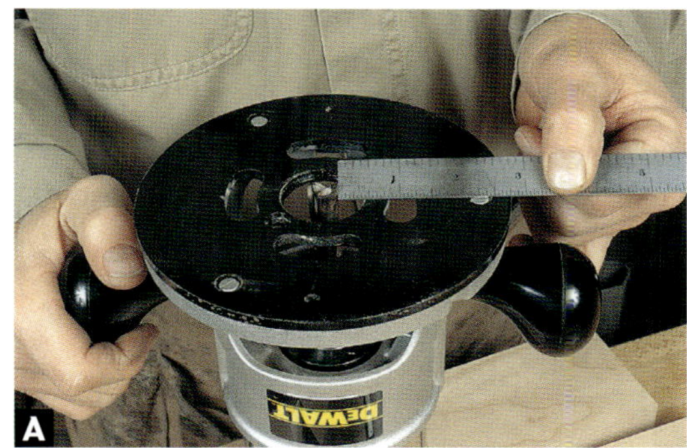
A

B

Setzen Sie den Schnitt am Brettende an, und fräsen Sie von links nach rechts quer zur Faser allmählich auf die Brüstung zu. Falls Sie zu langsam fräsen, kommt es am Hirnholz zu Brennspuren, sorgen Sie also für eine mäßig schnelle Vorschubgeschwindigkeit.

Schneiden Sie die Brüstung, indem Sie ein und denselben Punkt am Umfang der Handoberfräsengrundplatte an der Vorrichtung entlang führen. Schneiden Sie die Brüstung bis fast an das Ende, und ziehen Sie die Handoberfräse dann von der Vorrichtung fort, und heben Sie sie vom Brett ab. Fräsen Sie dann mindestens 50 mm in den Brüstungsschnitt zurück, um Faserausrisse an der Brettkante zu vermeiden **(C).**

C

A

B

C

D

Zapfen mit der Handoberfräse und Anschlag

Als Alternative zu dem letztgenannten Verfahren bietet sich das folgende an. Befestigen Sie einen Hilfsanschlag am Parallelanschlag der Handoberfräse. Reißen Sie den Schlitz am Werkstück an, und spannen Sie es dann an der Hobelbank fest. Legen Sie am entfernten Ende des Schnittes ein zweites Brett als Stütze unter. Arretieren Sie den Anschlag, wenn der Fräser am angerissenen Zapfen ausgerichtet ist. Achten Sie darauf, dass die Schneide des Fräsers in die richtige Stellung gedreht ist **(A).**

Führen Sie den ersten Schnitt am Zapfenende von links nach rechts quer über das Brett aus. Achten Sie an den Enden des Schnitts auf hinreichende Auflageflächen für die Handoberfräse **(B).** Stellen Sie den Zapfenschnitt an der Brüstung fertig. Schneiden Sie zügig über das Hirnholz, um Brennspuren zu vermeiden. Führen Sie den Anschlag dicht am Ende des Zapfenbrettes entlang, und schneiden Sie bis fast zum Ende der Brüstung **(C).**

Heben Sie die Handoberfräse vom Brett, und schneiden Sie in die Brüstung zurück, um den Schnitt zu vollenden. Auf diese Weise lassen sich Faserausrisse vermeiden. Führen Sie den Anschlag dabei weiterhin dicht am Ende des Brettes entlang **(D).**

Waagerechter Zapfen am Handoberfräsentisch

Als erster Schritt bei der Herstellung eines waagerechten Zapfens mit der Handoberfräse wird diese mit einem breiten Fräser versehen. Drehen Sie den Fräser so, dass sich eine Schneide am entferntesten Punkt vom Anschlag befindet. Messen Sie diese Entfernung, oder legen Sie den angerissenen Zapfen an den Fräser, um die richtige Position zu ermitteln, und arretieren Sie den Anschlag **(A).** Verwenden Sie den angerissenen Zapfen als Lehre, um die Schnitttiefe auf volle Tiefe einzustellen **(B).**

Schneiden Sie die Zapfen an der Bandsäge grob vor, um das Abstumpfen des Fräsers zu reduzieren **(C).** Heben Sie den Verschnitt auf, für den Falls, dass Sie einen Zapfen zu klein schneiden. In dem Fall können Sie den Verschnitt wieder anleimen und den Schnitt wiederholen.

Legen Sie eine Zulage hinter das Werkstück, wenn Sie es am Handoberfräsentisch schneiden. Das schmale Brett würde sonst am Anschlag schaukeln. Führen Sie den ersten Schnitt am Zapfenende, und führen Sie das Brett von rechts nach links über den Fräser. Arbeiten Sie sich allmählich zur Brüstung vor **(D).** Schneiden Sie mit dem letzten Schnitt die Brüstung an, indem Sie das Brett und die Zulage direkt am Anschlag entlang führen **(E).**

A

C

D

B

E

A

B

WARNUNG Die Backen des Anschlags müssen dicht am Fräser stehen, damit das Werkstück nicht zwischen Fräser und Anschlag verklemmen kann. Sonst könnte das Werkstück bei einem Säuberungsschnitt wie diesem, bei dem es von rechts nach links am Fräser vorbeigeführt wird, plötzlich durch den Schnitt gezogen oder aus Ihren Händen gerissen werden.

Senkrechter Zapfen am Handoberfräsentisch

Wenn das Material stark genug ist, leicht über den Handoberfräsentisch und seinen Einsatz zu gleiten, können Sie Zapfen auch senkrecht schneiden. Dünne Bretter neigen dazu, in den Fräser hinein zu kippen. Verwenden Sie einen Schiebeklotz, um das Werkstück glatt vorwärts zu bewegen. Führen Sie das Werkstück von rechts nach links und in die Drehrichtung hinein am Fräser vorbei **(C).**

Schneiden Sie zuerst die Außenseite des Brettes vor, um Faserausrisse zu verhindern. Stellen Sie den Anschlag dann so ein, dass er einen mittigen Zapfen schneidet, und führen Sie die Schnitte für den gesamten Zapfen aus **(B).**

A

B

C

Zapfen an der Kapp- und Gehrungssäge

Man kann Zapfen an der Kapp- und Gehrungssäge grob vorschneiden. Stellen Sie die Schnitttiefe an der Säge ein, indem Sie das Brett dicht an das Sägeblatt halten. Reißen Sie den Schlitz deutlich an. Unter Umständen müssen Sie einen breiteren Anschlag verwenden, damit die Säge bei der vorgesehenen Schnitttiefe ihren gesamten Schnittweg zurücklegen kann. Überprüfen Sie dies, bevor Sie weiterarbeiten **(A).**

Befestigen Sie einen Stoppklotz am Anschlag der Säge als Referenzpunkt für die Brüstungsschnitte. Der Stoppklotz sollte an dem Ende des Brettes sein, an dem auch der Schnitt liegt **(B).** Auf diese Weise schieben Späne, die zwischen den Stoppklotz und das Brett geraten, das Brett vom Klotz weg. Falls man den Stoppklotz am entfernten Ende des Brettes anbringt, können Späne den Schnitt über die Brüstungsmarkierung hinaus schieben.

Schneiden Sie die Wangen in mehreren Durchgängen. Drehen Sie nach Fertigstellung der ersten Wange das Brett um, und schneiden Sie die zweite **(C).**

Zapfen an der Bandsäge

Reißen Sie den Zapfen am Brett an, bevor Sie ihn an der Bandsäge schneiden. Stellen Sie den Anschlag an der Bandsäge zuerst für den Brüstungsschnitt ein. Achten Sie darauf, den Bleistiftriss für die Brüstung an einem Sägezahn auszurichten, der vom Anschlag weggerichtet ist **(A).**

Schneiden Sie die Brüstungen bis zu den Rissen für die Wangen. Legen Sie eine Zulage hinter das Werkstück, um es am Anschlag zu führen **(B).** Schmale Bretter wie das hier gezeigte neigen dazu, am Anschlag zu schaukeln, wenn Sie nicht abgestützt werden. Sie können das Werkstück auch am Gehrungsanschlag führen, falls Ihre Bandsäge über einen verfügt.

Schneiden Sie dann die Wangen. Verringern Sie den Vorschub, wenn Sie sich dem Brüstungsschnitt nähern. Es kommt schnell vor, dass man durch diesen letzten Holzrest hindurch schneidet, wenn man nicht darauf vorbereitet ist. Man kann natürlich auch einen Stoppklotz am Anschlag befestigen, um dies zu verhindern. Wenn der Zapfen mittig angeordnet ist, schneiden Sie eine Wange und drehen das Brett um, um die zweite zu schneiden. Heben Sie den Verschnitt für diejenigen in Ihrem Freundeskreis auf, die ihre Zapfen zu klein schneiden. Man kann den Verschnitt am Zapfen anleimen, und den fehlerhaften Schnitt korrigieren **(C).**

A

C

B

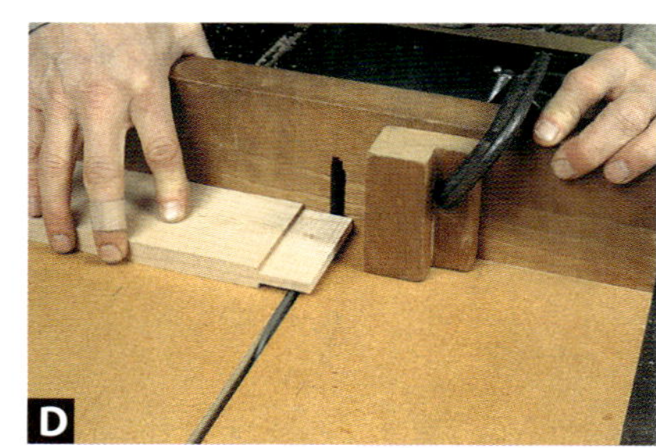
D

Zapfen an der Tischkreissäge ablängen

Man kann Zapfen an liegendes Material im Ablängschlitten der Tischkreissäge schneiden. Stellen Sie die Schnitttiefe anhand eines angerissenen Zapfens ein **(A).** Befestigen Sie einen Stoppklotz am Anschlag der Vorrichtung als Referenzpunkt für die Brüstungsschnitte. Ich markiere immer die Zapfenlänge an der Brettkante, die am Sägeblatt liegt, damit ich das Werkstück besser ausrichten kann **(B).**

Schneiden Sie die Wange in mehreren Durchgängen. Drehen Sie das Brett um, und schneiden Sie die andere Wange **(C).**

Wangen, die auf diese Weise geschnitten werden, weisen meist zahlreiche kleine Grate auf, die auf die Wechselbezahnung des Sägeblattes zurückzuführen sind. Befeuchten Sie Ihre Finger, um das Brett gut fassen zu können, wenn Sie diese Grate entfernen. Bewegen Sie das Brett genau über die höchste Stelle des Sägeblattes, und schieben Sie es über dem Blatt hin und her. Da das Brett dabei an den Stoppklotz bewegt wird, müssen Sie nicht befürchten, in die Brüstung hineinzuschneiden. Schieben Sie die Vorrichtung etwas weiter über das Blatt, und wiederholen Sie den Vorgang. Lassen Sie sich bei dieser Arbeit Zeit, und verputzen Sie nach und nach den gesamten Zapfen **(D).**

Zapfen an der Tischkreissäge mit einer selbstgefertigten Vorrichtung

Bevor Sie eine selbstgefertigte Vorrichtung zum Zapfenschneiden an der Tischkreissäge verwenden, müssen Sie die Zapfenbrüstungen mit einem Ablängschlitten schneiden, an dem ein Stoppklotz befestigt ist. Schneiden Sie bis knapp unter die volle Tiefe der Wangen **(A)**.

TIPP Entfernen Sie den Großteil des Verschnitts an der Wange mit der Bandsäge. Dadurch wird das Schneiden des Zapfens einfacher und genauer, und zudem verhindert man, dass Verschnittteile auf der Tischkreissäge herumfliegen.

Stellen Sie die Sägeblatthöhe auf knapp unter die Tiefe der Brüstungen ein **(B)**.

Das Zapfenbrett wird mit einer selbstgefertigten Vorrichtung gestützt. Platzieren Sie das Brett und die Vorrichtung neben dem Sägeblatt, um die Einstellung des Anschlags zu ermitteln **(C)**. Spannen Sie das Zapfenbrett an der Vorrichtung fest, und halten Sie die Vorrichtung mit sicherem Griff. Führen Sie es dicht am Sägeanschlag und genau senkrecht am Sägeblatt vorbei.

Falls der Zapfen mittig am Werkstück angeordnet ist, drehen Sie es um und schneiden die andere Wange. Kontrollieren Sie dann die Passung **(D)**. Falls der Zapfen nur um Haaresbreite zu groß ist, und Sie die Einstellung des Anschlags nicht verändern möchten, verwenden Sie eine dünne Zulage, um nachzuschneiden. Legen Sie dazu ein Stück Papier zwischen das Brett und die Vorrichtung, um diese ein kleines Stück vom Sägeblatt abzurücken.

A

D

B

E

C

A

B

C

Zapfen an der Tischkreissäge mit einer kommerziellen Vorrichtung

Um eine kommerzielle Zapfenschneidevorrichtung zu benutzen, stellen Sie die Höhe des Sägeblatts zuerst auf knapp unter die volle Höhe der Brüstung ein **(A).**

Spannen Sie das Werkstück ein, und richten Sie die Vorrichtung ein. Achten Sie darauf, dass die Vorrichtung senkrecht zum Sägeblatt ausgerichtet ist und glatt in den Tischnuten läuft. Nehmen Sie die Feineinstellung der Vorrichtung mit dem entsprechenden Drehgriff vor **(B).** Führen Sie das Werkstück langsam am Sägeblatt vorbei. Üben Sie dabei gleichbleibenden Druck auf die Vorrichtung aus **(C).**

A

B

C

D

Einen Zapfen mit der Hand abrunden

Bei jeder Schlitz-und-Zapfenverbindung steht man vor der Wahl: Runde ich den Zapfen ab, oder steche ich den Schlitz rechtwinklig nach? Um einen Zapfen mit der Hand abzurunden, spannt man das Werkstück in der Bankzange ein.

Reißen Sie mit dem Bleistift eine Mittellinie an der Kante des Zapfens an **(A).** Beginnen Sie das Abrunden der Ecken mit einer Bastardfeile. Bringen Sie mit einer der ersten Feilenbewegungen einen Schnitt in der Nähe der Brüstung an **(B).** Dadurch verhindern Sie, dass ein fehlgeleiteter Feilenzug an der Kante gleich bis in die Brüstung geht. Runden Sie beide Ecken ab, und verputzen Sie dann die Brüstungen mit dem Stechbeitel.

Stellen Sie aus einem Abfallstück eines geschlitzten Brettes eine Schablone her, um Ihre Arbeit zu überprüfen **(A).** Wenn Sie erst ein Dutzend oder mehr Zapfen abgerundet haben, werden Sie die Schablone nicht mehr benötigen.

Einen Zapfen am Handoberfräsentisch abrunden

Um einen Zapfen am Handoberfräsentisch abzurunden, verwenden Sie einen Viertelstabfräser, dessen Durchmesser die Hälfte der Zapfenstärke beträgt. Zum Beispiel verwenden Sie bei einem 10 mm starken Zapfen einen 5-mm-Viertelstabfräser. Stellen Sie die Fräserhöhe auf die Höhe des Zapfens ein **(A)**.

Man kann diesen Schnitt freihändig ausführen, muss dabei aber sehr vorsichtig sein, nicht in die Zapfenbrüstung zu fräsen. Achten Sie auf den Rand des Fräsers, um eine Gefühl dafür zu bekommen, wo der Schnitt beginnen und wo er aufhören muss. Eine sicherere Methode ist es, einen Anschlag zu verwenden, in dem der Fräser läuft. Legen Sie ein Lineal am Anschlag an, und arretieren Sie den Anschlag, wenn das Lineal den Anlaufring des Fräsers berührt **(B)**.

Bringen Sie Stoppklötze an, um den Vorschub des Werkstücks in den Fräser zu begrenzen. Befestigen Sie einen Stoppklotz für zwei der Kanten am Anschlag, und führen Sie diese Schnitte bis zum Stoppklotz aus **(C)**. Verstellen Sie den Anschlag für die anderen beiden Kanten. Diese Schnitte setzen knapp hinter der Brüstung ein. Dabei wird das Werkstück am Stoppklotz angelegt und dann am Fräser vorbeigezogen **(D)**.

Nach dem Fräsen werden Sie noch etwas verputzen müssen. Runden Sie die restlichen Kanten bis zu den Zapfenbrüstungen mit dem Stechbeitel ab **(E)**.

A

D

B

E

C

A

B

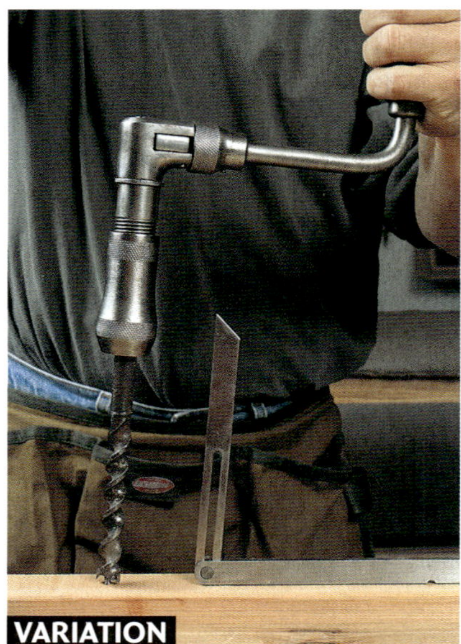
VARIATION

Zapfenloch mit der Bohrwinde

Traditionell werden runde Zapfenlöcher mit der Bohrwinde gebohrt. Der Löffelbohrer ist ein Bohrer, der von Stuhlmachern verwendet wird und es einem erlaubt, während des Bohrens die Richtung zu ändern. Machen Sie einige Probeschnitte mit dem Löffelbohrer, um Erfahrung damit zu sammeln, wie man den Schnitt ansetzt. Der Bohrer neigt etwas dazu, am Anfang des Schnittes zu wandern, da er keine Zentrierspitze besitzt **(A).**

Die besten Ergebnisse erzielt man, wenn der Faserverlauf im Zapfenloch mit dem im Rundzapfen übereinstimmt. Auf diese Weise findet das maximale Schwinden – tangential zu den Jahresringen – in der gleichen Richtung statt. Bohren Sie in eine gefladerte Brettseite, um das Zapfenloch zu schneiden, und richten Sie den Faserverlauf im Zapfen entsprechend ein. Fangen Sie an zu bohren, und verstellen Sie den Bohrer, um in der Mitte des Zapfenloches zu bohren.

VARIATION Mit einem Bohrer mit Zentrierspitze kann man die Bohrung besser platzieren und ansetzen. Achten Sie darauf, das Holz mit diesem Bohrer nicht zum Reissen zu bringen. Vergessen Sie nicht, die Länge der Zentrierspitze einzuplanen, falls das Zapfenloch nicht durchgehend sein soll.

Zapfenloch mit der Bohrmaschine

Sie können eine elektrische Bohrmaschine mit einem Holzbohrer mit oder ohne Zentrierspitze verwenden, um ein Zapfenloch zu schneiden. Die Zentrierspitze macht es leicht, das Bohrloch genau zu platzieren. Bringen Sie etwas Klebeband am Bohrer an, um die Schnitttiefe zu markieren **(A)**.

Lassen Sie die Schneiden außen am Umfang des Bohrers die Holzfasern durchtrennen, bevor Sie Druck nach unten ausüben. Dadurch werden Faserausrisse am Bohrloch verhindert **(B)**. Bohren Sie bis auf Endtiefe, wobei Sie den Bohrer von der Seite anvisieren, um den Bohrwinkel anhand einer Schmiege zu bestimmen **(C)**.

A

C

B

Zapfenloch an der Ständerbohrmaschine

Zapfenlöcher, die senkrecht in ein Werkstück gebohrt werden sollen, lassen sich mit jedem guten Bohrer schneiden. Löcher, die im Winkel in das Holz führen, schneidet man mit einem Forstnerbohrer oder einem Bohrer mit Zentrierspitze. Der fast ununterbrochene Rand des Forstnerbohrers macht ihn für solche Arbeiten besonders geeignet. Anstatt den Arbeitstisch der Ständerbohrmaschine für das einfache Bohren eines angewinkelten Loches zu verstellen, können Sie eine Vorrichtung verwenden. Stellen Sie eine Schmiege auf den richtigen Winkel ein, und verstellen Sie die Vorrichtung, bis der Schaft eines langen Spiralbohrers mit der Schmiege übereinstimmt. Ersetzen Sie den Spiralbohrer durch den Forstnerbohrer, und spannen Sie die Vorrichtung fest. Bringen Sie einen Anschlag an der Vorrichtung an, um die Bohrlöcher zu platzieren **(A)**. Setzen Sie den Bohrer am Mittelpunkt des Zapfenlochs an, und bohren Sie auf Endtiefe **(B)**.

A

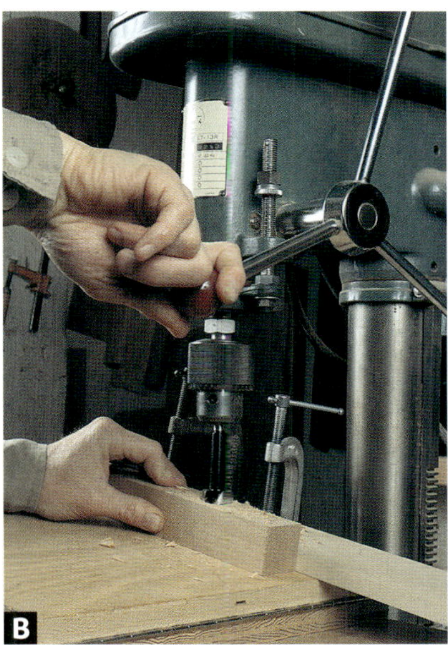
B

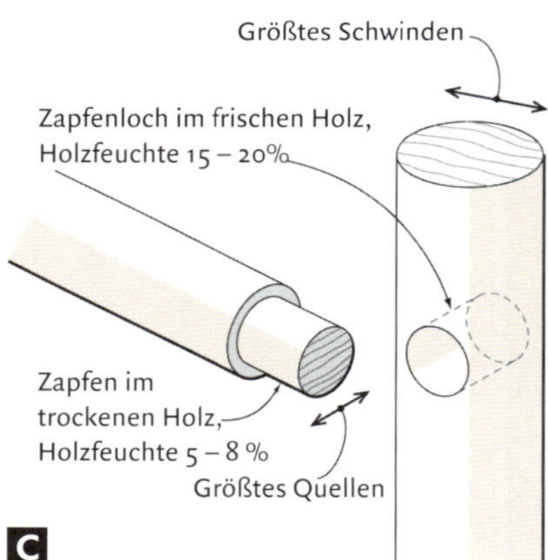

Handgeschnittener Rundzapfen

Wenn Sie einen Rundzapfen für ein bereits gebohrtes Zapfenloch schneiden wollen, bohren Sie mit dem gleichen Bohrer, den Sie für das Zapfenloch verwendet haben, ein Loch in ein Stück Restholz. Reißen Sie mit dem Brett und einem Bleistift den Durchmesser des Zapfens am Werkstück an. Beginnen Sie, den Zapfen mit dem Schweifhobel zu formen **(A)**.

Bearbeiten Sie den Zapfen bis zur Bleistiftmarkierung. Überprüfen Sie die Passung des Zapfens, indem Sie ihn durch ein Loch passender Größe in einem Stück harten Restholzes treiben, dessen Rand Sie mit Graphit aus einem Bleistift versehen haben. Entfernen Sie dann das Holz, an dem sich Graphit zeigt **(B)**.

Beim Arbeiten mit frischem Holz („Grünholz"), werden frisches und getrocknetes Holz zusammen verwendet, um Verbindungen zu erhalten, die durch das Schwinden des Holzes ihre Belastbarkeit erhalten. Ein trockener Zapfen wird in ein Zapfenloch im Grünholz gesteckt, und die Faserrichtung wird so gewählt, dass das größte Schwundmaß in der gleichen Richtung liegt **(C)**. Wenn das Holz um das Zapfenloch trocknet, schwindet dieses um den Zapfen und klemmt ihn fest. Zapfen können in einem provisorischen Ofen getrocknet werden **(D)**. Eine örtlich begrenzte Trocknung erreicht man mit erhitztem Sand. Diese Technik ist besonders bei der Herstellung von Windsor-Stühlen wichtig, deren Sprossen an den Enden trockene Zapfen und in der Mitte feuchte Zapfenlöcher aufweisen.

VARIATION Wenn der Rundzapfen fast passt, kann man ihn mit einer Dübellehre auf Endmaß bringen. Versuchen Sie jedoch nicht, den Zapfen durch die Stahlplatte zu treiben, wenn er noch deutlich Übergröße hat, da dies zum Brechen oder Verformen des Holzes führen kann.

Rundzapfen mit der Bohrmaschine und einem Zapfenschneider

Rundzapfen für rustikale Möbel lassen sich mit einem Zapfenschneider und der elektrischen Bohrmaschine schneiden. In unserem Beispiel werden Äste als Material verwendet. Schneiden Sie das Ende des Zapfens mit dem Schweifhobel zu, um sich die Arbeit zu erleichtern, und reißen Sie dann die Länge des Zapfens an **(A)**.

A

Setzen Sie den Zapfenschneider am Ast an. Halten Sie die Bohrmaschine so, dass Sie gerade in den Ast hinein bohren **(B)**. Bohren Sie bis auf Endtiefe. Verputzen sie raue Kanten an der Zapfenbrüstung mit einem Messer **(C)**.

B

C

A

B

C

D

E

VARIATION

Rundzapfen an der Drechselbank

An der Drechselbank können Sie Rundzapfen am Ende von eckigen oder runden Werkstücken anschneiden. Markieren Sie die Diagonalen am Ende des Werkstücks, um den Mittelpunkt zu finden. Verwenden Sie einen 45°-Winkel am Kombi-Winkel, um das Auffinden des Mittelpunktes zu erleichtern **(A)**.

Sägen Sie an den Markierungen mit der Rückensäge ein **(B)**. Treiben Sie dann die Spitze der Drechselbank ein. Spannen Sie das Werkstück sicher in der Drechselbank ein, und vergewissern Sie sich, dass es sich frei dreht, bevor Sie die Maschine anstellen.

Arbeiten Sie mit geringer Geschwindigkeit, und beginnen Sie, das Material mit einer Röhre abzurunden **(C)**. Stellen Sie einen Messschieber auf etwas mehr als die Endstärke des Zapfens ein. Drehen Sie den Zapfen mit der Röhre, bis der Messschieber knapp über den Zapfen passt **(D)**.

Verputzen Sie den Zapfen mit dem Schrägmeißel bis auf die Endgröße. Stellen Sie den Messschieber auf die genaue Zapfengröße ein, und überprüfen Sie damit Ihre Arbeit häufiger **(E)**.

VARIATION Zapfen kann man auch mit den Setzhaken drehen. Spannen Sie einen Platten- oder Abstechstahl in den Setzhaken ein, so dass der gewünschte Durchmesser zwischen Werkzeug und Haken entsteht. Schneiden Sie den Rundzapfen grob vor. Drehen Sie dann mit dem Setzhaken weiter. Achten Sie darauf, Druck auf den Setzhaken auszüben, wenn Sie ihn gegen den sich drehenden Zapfen halten; wenn der Zapfen den richtigen Durchmesser hat, gleitet der Setzhaken über den Zapfen.

Loser Zapfen mit der Handoberfräse und Schablone

Verbindungen mit losen Zapfen eignen sich besonders für lange Werkstücke, die zu unhandlich sind, um normale Zapfen an sie anzuschneiden. Setzen Sie eine Schlitzschablone ein, um eine gute Auflage für die Handoberfräse zu haben. Ermitteln Sie dann den Versatz zwischen dem Fräser und der Kopierhülse. Stellen Sie die Schlitzschablone unter Berücksichtigung der Versatzmaße her **(A, B)**.

Spannen Sie eine langes Brett schräg in die Bankzange **(C)**. Reißen Sie die Lage des Schlitzes am Ende des Brettes ein. Berücksichtigen Sie dabei den Versatz **(D)**. Oft werden lose Zapfen zwischen Bauteile unterschiedlicher Stärke angebracht. Stellen Sie eine Schablone für das größere Bauteil her, und verwenden Sie eine Zulage, um die Schablone für das dünnere Teil richtig zu platzieren **(E)**. Stellen Sie die Handoberfräse auf die Schablone, und fräsen Sie bis zur Endtiefe **(F)**.

> Siehe „Schlitz mit Handoberfräse und Schablone“ auf S. 283.

A

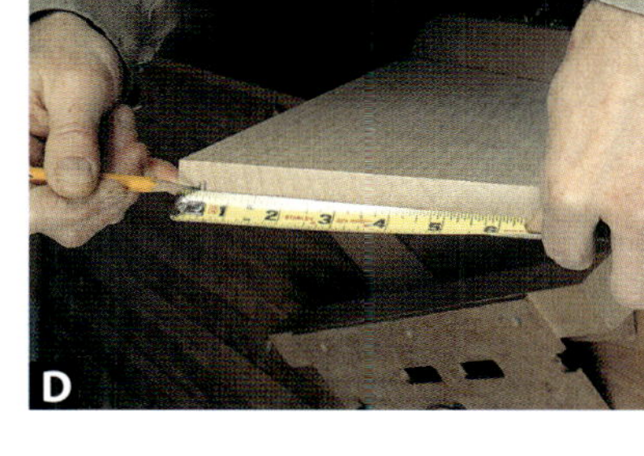
D

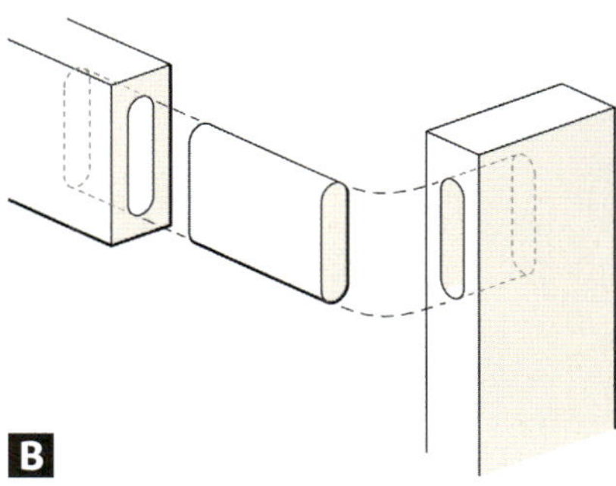
B

E

C

F

A

B

C

D

E

F

VARIATION

Einen losen Zapfen herstellen

Rohlinge für die Herstellung von losen Zapfen sollten so lang sein, dass man sie sicher handhaben kann. Richten Sie eine Seite und rechtwinklig dazu eine Kante des Materials ab. Schneiden Sie es dann auf Breite, so dass es gerade in einen Schlitz passt **(A).**

Schneiden Sie das Material an der Bandsäge grob auf Stärke. Hobeln Sie die Sichtseite nach, falls sie sich wölbt oder schüsselt **(B).** Hobeln Sie am Dicktenhobel auf Stärke. Verwenden Sie bei dünnem Material einen Tischeinsatz, um zu verhindern, dass sich das Material unter den Vorschubwalzen durchbiegt **(C).**

VARIATION Man kann das Material für die losen Zapfen auch an der Tischkreissäge auf Stärke schneiden. Verwenden Sie auf jeden Fall einen Schiebestock.

Schneiden Sie an der Tischkreissäge Leimnuten in die Zapfenrohlinge. Diese flachen Nuten erlauben Luft und Leim auszutreten, wenn der Zapfen eingetrieben wird **(D).** Runden Sie dann die Kanten der losen Zapfen am Handoberfräsentisch ab. Verwenden Sie einen Fräser, dessen Durchmesser der halben Stärke des Materials entspricht. Bei 12 mm starken Zapfen verwenden Sie einen Viertelstabfräser mit einem Durchmesser von 6 mm **(E).**

Ich leime den Zapfen nicht gleichzeitig in beide Schlitze ein. Ich mache es mir einfacher, indem ich den losen Zapfen erst in den einen und dann in den anderen Schlitz einleime. Kontrollieren Sie die Länge des überstehenden Zapfenteils, nachdem Sie ihn in den Schlitz getrieben haben, um sicherzustellen, dass er richtig sitzt **(F).**

Handgeschnittene Schlitz-und-Zapfenverbindung mit Nutzapfen

Eine Schlitz-und-Zapfenverbindung mit Nutzapfen lässt sich mit Handwerkzeug herstellen **(A)**. Reißen Sie den Schlitz und den Nutzapfen an.

> **Siehe „Mit dem Lochbeitel handgeschnittener Schlitz" auf S. 276.**

Winkeln Sie die Risse über das Werkstück, um die Enden des Schlitzes und Nutzapfens zu kennzeichnen **(B)**. Der Nutzapfen sollte etwa ein Drittel so breit sein wie der Zapfen. Stellen Sie ein Streichmaß ein, um die Breite des Schlitzes anzureißen. Verwenden Sie dabei Ihren Schlitzbeitel als Lehre, indem Sie ihn zwischen die beiden Spitzen des Zapfenstreichmaßes legen. Stellen Sie dann den Anschlag des Streichmaßes so ein, dass der Schlitz an der richtigen Stelle in der Stärke des Werkstücks geschnitten wird **(C)**. Führen Sie das Streichmaß dicht an der Kante des Werkstücks entlang, und reißen Sie den Schlitz an **(D)**.

Stechen Sie den Schlitz von der Mitte nach außen hin bis auf Endtiefe aus. Die Breite des Stechbeitels gibt die Lage der Seitenwandungen vor, aber denken Sie daran, senkrecht nach unten zu schneiden. Arbeiten Sie sich mit schrägen Schnitten zur Mitte hin bis auf die Endtiefe vor. Stechen Sie am Nutzapfenende des Schlitzes gerade nach unten **(E)**.

Verputzen Sie die Wandungen des Schlitzes, nachdem Sie ihn geschnitten haben. Überprüfen Sie die Breite des Schlitzes mit einer Lehre aus einem dünnen Stück Restholz, das sie in den breitesten Teil des Schlitzes stecken. Dort, wo die Lehre nicht hineinpasst, müssen Sie noch mehr Holz entfernen. Achten Sie darauf, die Wandungen beim Nacharbeiten eben und parallel zueinander zu schneiden.

VARIATION 1: Man kann den Verschnitt auch an der Ständerbohrmaschine ausbohren.

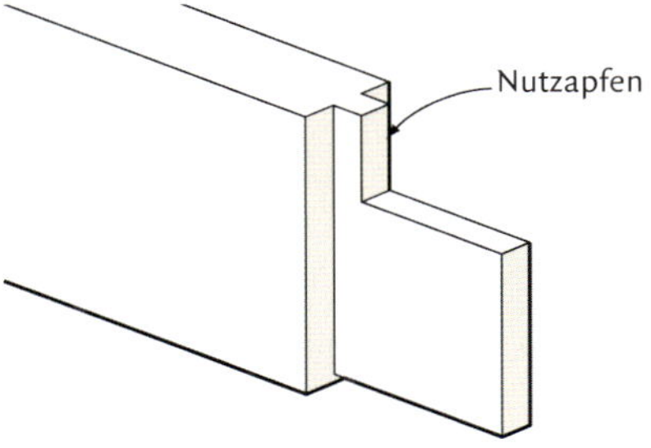

A

B

VARIATION 1

C

D

E

F

G

H

I

J

K

VARIATION 2

VARIATION 2 Die Aufnahmenut für eine Rahmenfüllung, die sich über die ganze Länge eines Werkstücks erstreckt, und den Nutzapfen kann man auch mit einem Kombinationshobel schneiden.

Schneiden Sie die Seiten des Nutzapfenschlitzes mit der Handsäge. Markieren Sie die Schnitttiefe am Ende des Brettes **(F).** Verputzen Sie den Grund des Nutzapfenschlitzes mit einem Stechbeitel oder einem kleinen Grundhobel **(G).**

Reißen Sie mit dem Streichmaß auf beiden Seiten des Brettes die Länge des Zapfens oder die Lage der Brüstung an. Quer zur Holzfaser lässt sich am besten mit einem Streichmaß anreißen, das mit einem Schneidrad ausgestattet ist **(H).** Markieren Sie die Stärke des Zapfens oder die Lage der Wangenschnitte mit Bleistift und Lineal oder wiederum mit dem Streichmaß. Markieren Sie beide Kanten und das Ende des Brettes **(I).**

> Siehe handgeschnittener Zapfen auf S. 287.

Schneiden Sie zuerst die Brüstungen; halten Sie das Werkstück dabei dicht an eine Stoßlade, oder zwingen Sie es an der Hobelbank fest. Nach den Brüstungsschnitten werden die Zapfenwangen mit der Rückensäge gesägt. Verputzen Sie den ersten Wangenschnitt mit einem Simshobel, bevor Sie mit dem zweiten Schnitt weitermachen. Falls man beim Verputzen zu viel Holz abgenommen hat, kann man das beim zweiten Schnitt kompensieren.

Wenn beide Wangen geschnitten sind, wird die Passung des Zapfens überprüft. Sie können die Ecke des Zapfens in den Schlitz stecken, um zu sehen, wie eng die Passung ist. Versuchen Sie, den Zapfen zuerst etwas stärker bleiben zu lassen, damit Sie ihn dann mit dem Hobel auf perfekte Passung nacharbeiten können **(J).**

Reißen Sie dann die Größe des Nutzapfens an, und schneiden Sie ihn auf Breite. Längen Sie ihn mit einer Rückensäge ab, und verputzen Sie ihn mit dem Stechbeitel **(K).** Um die Passung des Nutzapfens zu überprüfen, drehen Sie das Brett um und stecken den Nutzapfen in den Nutzapfenschlitz.

Schlitz-und-Zapfenverbindung mit Nutzapfen mit der Handoberfräse

Wenn Sie schmale Werkstücke mit der Handoberfräse schlitzen, sollten Sie mehrere Teile auf der Hobelbank zusammenspannen, um eine gute Auflage für die Handoberfräse zu haben. Reißen Sie zuerst den Schlitz an **(A)**. Setzen Sie dann den Fräser auf der Holzoberfläche auf **(B)**, und stellen Sie die Schnitttiefe für den Schlitz an der Handoberfräse ein **(C)**.Stellen Sie am Revolveranschlag einen zweiten Tiefenanschlag für den Nutzapfen ein. Der Tiefenanschlag muss mit dem Schraubendreher und/oder einem Schraubenschlüssel fein eingestellt und festgezogen werden **(D)**.

> Siehe „Schlitz mit Handoberfräse und Anschlag" auf S. 281.

Stellen Sie die Handoberfräse über das Ende des Schlitzes, und spannen Sie einen Stoppklotz an das Brettende **(E)**. Schneiden Sie zuerst den Nutzapfenschlitz. Vergessen Sie nicht, die Handoberfräse abzustützen, wenn Sie an das Ende des Brettes gelangen. Das lässt sich mit einem Kopierhülsenhalter in der Grundplatte der Handoberfräse machen **(F)**.

VARIATION Man kann die Nut für den Nutzapfen auch mit einem Nutfräser und Stoppklotz am Handoberfräsentisch schneiden. Der Stoppklotz sollte nicht auf dem Arbeitstisch aufliegen, damit Späne unter ihm durchgleiten können, anstatt an ihm anzuliegen und die Schnitt zu beeinträchtigen.

A

B

C

D

E

F

G

H

I

J

K

VARIATION

Stellen Sie am Revolveranschlag die volle Schnitttiefe ein, nachdem Sie den Nutzapfen geschnitten haben **(G).** Der Stoppklotz für das eine Ende des Schlitzes befindet sich bereits an Ort und Stelle. Markieren Sie mit einem Bleistift die Lage der Handoberfräsengrundplatte für das andere Ende, und nähern Sie sich bei jedem Durchgang langsam dieser Markierung **(H).**

Stellen Sie den Zapfen mit Ihrer bevorzugten Methode her.

> Siehe Schnittmethoden auf S. 287 – 296.

Der Vorteil, den ein Nutzapfen beim Einpassen der Verbindung bietet, liegt in dem Stück Holz an seiner Ecke, das entfernt werden muss. Das erlaubt Ihnen, mit der Tischkreissäge oder der Handoberfräse vorsichtige Schnitte auszuführen, damit Sie dort die Passung überprüfen können. Falls er zu klein ist, schadet das nicht. Man verstellt dann einfach den Anschlag und schneidet nochmals.

Reißen Sie den Zapfen nach Maßgabe des Schlitzes an, für den Fall, dass sich Ungenauigkeiten eingeschlichen haben sollten **(I).** Schneiden Sie unten am Zapfen eine kleine Brüstung an, um die Verbindung zu verdecken. Schneiden Sie dann den Zapfen an der Bandsäge auf Breite **(J).** Führen Sie den Schnitt in das Hirnholz des Nutzapfens mit dem Ablängschlitten aus, stellen Sie dabei die Sägeblatthöhe unterhalb des Bandsägenschnittes ein, damit sich kein Verschnitt zwischen dem Blatt und Stoppklotz verkeilen kann **(K).**

Schlitz-und-Zapfenverbindung mit schrägem Nutzapfen

Bei der Herstellung einer Schlitz-und-Zapfenverbindung mit schrägem Nutzapfen wird zuerst der Schlitz angerissen **(A).**

Stechen Sie den Schlitz aus, und schneiden Sie dann mit dem Stechbeitel den Nutzapfenschlitz schräg an. Setzen Sie den Schlitz vom Ende des Brettes zurück **(B).**

Schneiden Sie den Zapfen mit der Handsäge bis zur Brüstungslinie auf Größe, und schneiden Sie dann mit einem Sägeschnitt den Sägezapfen grob vor **(C).** Verputzen Sie den schrägen Nutzapfen mit dem Stechbeitel auf Endgröße **(C).**

> **Siehe „Handgeschnittene Schlitz-und-Zapfenverbindung mit Nutzapfen" auf S. 305.**

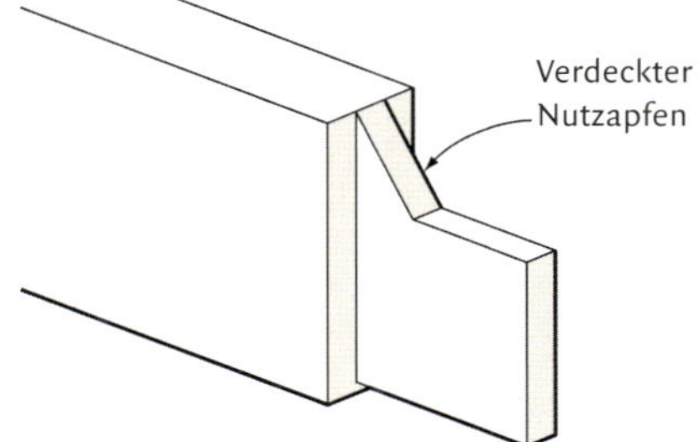

Doppelzapfen mit der Handoberfräse und Schablone

Eine Doppelzapfenverbindung kann man mit der Handoberfräse schneiden. Legen Sie die Schablone für doppelte Schlitze auf das Werkstück. Sie müssen mit Bleistift nur die Lage eines Schlitzes und den Versatz der Schablone markieren **(A)**. Stellen Sie die Handoberfräse auf die Schablone, um die Fräserhöhe einzustellen **(B)**.

Fräsen Sie bis auf Endtiefe. Schließen Sie die Handoberfräse an die Staubabsaugung an, oder verwenden Sie einen Staubsauger dazu. Schneiden Sie am Ende der Schlitze vorsichtig, wenn Sie zuvor Späne aus der Schablone entfernt haben. Der Fräser könnte plötzlich eine recht lange Strecke schneiden, wenn Sie nicht damit rechnen **(C)**.

Übertragen Sie von den doppelten Schlitzen die Risse für den Doppelzapfen. Stellen Sie den Anschlag an der Handoberfräse für die Brüstungsschnitte ein. Schneiden Sie den Doppelzapfen etwas kürzer als die Schlitze, damit unten etwas Raum für überschüssigen Leim bleibt. Stellen Sie die Schnitttiefe sorgfältig ein, um den Doppelzapfen zu schneiden **(D)**.

Fräsen Sie den Doppelzapfen vom Werkstückende zurück zur Brüstung. Achten Sie an den Enden des Schnitts auf hinreichende Auflageflächen für die Handoberfräse. Versuchen Sie, mit mittlerer Vorschubgeschwindigkeit über den Brüstungsschnitt zu fräsen, um Brennspuren zu verhindern **(E)**.

Schneiden Sie den Doppelzapfen mit der Bandsäge auf Breite **(F)**.

Schneiden Sie den Rest der Brüstung, indem Sie zwischen den zwei Zapfen mit der Handoberfräse einschneiden **(G)**.

Stellen Sie die Tiefe neu ein, um ganz durch das Material zu schneiden. Achten Sie darauf, mit dem Fräser nicht in den Doppelzapfen zu schneiden, und sorgen Sie für eine gute Auflage für die Handoberfräse, wenn Sie zu den Enden der Zapfen kommen. Dadurch wird der Raum zwischen den Zapfen in der gleichen Ebene angelegt wie die oberen und unteren Brüstungen der Verbindung. Verputzen Sie die Ecken mit dem Stechbeitel.

Handgeschnittene Doppelzapfenverbindung mit Nutzapfen

Eine Doppelzapfenverbindung mit Nutzapfen wird hergestellt, indem man zuerst ein Ende eines der Schlitze anreißt (A). Messen Sie von da aus das andere Ende ab, und reißen Sie es an. Reißen Sie dann den zweiten Schlitz an. Winkeln Sie an diesen Enden Linien über das Werkstück **(B)**. Stellen Sie ein Streichmaß ein, um die Breite des Schlitzes anzureißen. Verwenden Sie dazu Ihren Schlitzbeitel als Lehre: Legen Sie seine Schneide zwischen die beiden Spitzen des Zapfenstreichmaßes. Stellen Sie dann den Anschlag des Streichmaßes auf die Entfernung ein, in der die Schlitze von der Brettkante liegen sollen **(C)**. Führen Sie das Streichmaß dicht an der Brettkante entlang, und reißen Sie den Schlitz an. Führen Sie den Riss nicht über die Endrisse hinaus **(D)**.

Stechen Sie die Schlitze von der Mitte her aus **(E)**. Stechen Sie dabei abwechselnd von beiden Seiten schräg ein, bis Sie sich der Endtiefe nähern, stechen Sie dann senkrecht nach unten. Stechen Sie die Enden der Schlitze senkrecht ab, und verputzen Sie die Wandungen, bis sie parallel sind und die Schlitze die gleiche Größe aufweisen.

> Weitere Informationen unter „Mit dem Lochbeitel handgeschnittener Schlitz" auf S. 276.

Überprüfen Sie die Breite des Schlitzes mit einer Lehre aus einem dünnen Stück Restholz, das sie in den breitesten Teil des Schlitzes stecken. Dort, wo die Lehre nicht hineinpasst, müssen Sie noch mehr Holz entfernen.

Wenn die Schlitze geschnitten sind, legen Sie mit dem Stechbeitel einen Stoppschnitt für die Säge dort an, wo der untere Nutzapfen stehen wird.

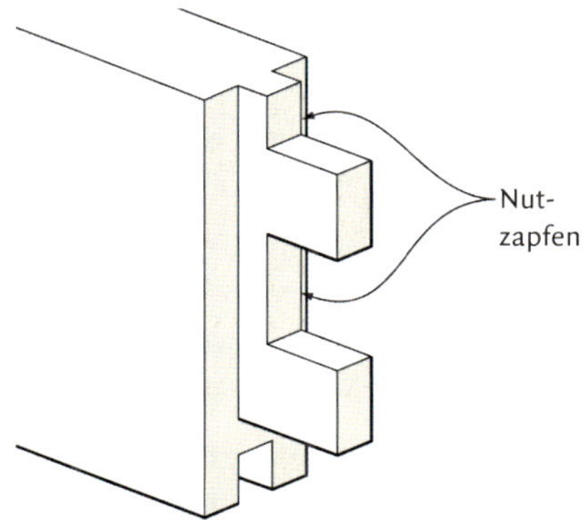

A Bei Doppelzapfen kann man mehrere Nutzapfen verwenden.

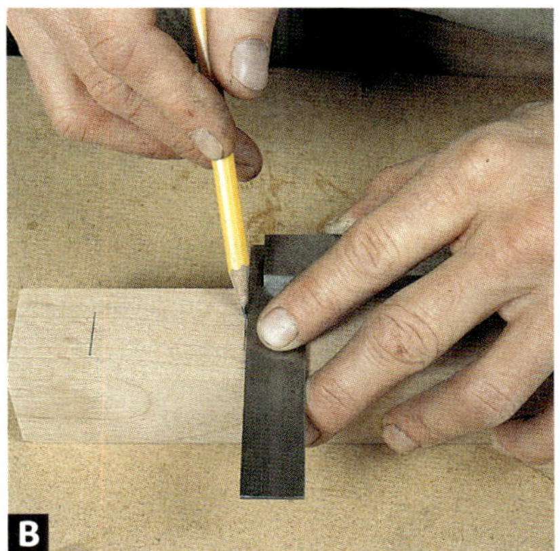

Schneiden Sie ihn nicht zu tief, sonst zeigt er sich am Ende des Zapfens.

Markieren Sie am Brettende die Schnitttiefe, oder bringen Sie ein Stück Klebeband am Sägeblatt als Schnitttiefenmarkierung an. Schneiden Sie mit der Rückensäge den Nutzapfenschlitz aus **(F)**. Richten Sie die Säge an den Wandungen des Schlitzes aus, und schneiden Sie auf Endtiefe. Entfernen Sie dann den Verschnitt an den Nutzapfen mit dem Stechbeitel.

G

H

I

J

K

L

M

N

Da ein Doppelzapfen lange Brüstungen hat, wird ein Anschlag verwendet, um die Schnitte zu führen. Stellen Sie einen Kombiwinkel als Tiefenmaß ein, um den Anschlag einzurichten. Spannen Sie den Anschlag am Holz fest. Bringen Sie etwas Klebeband an einer Ablängsäge an, und markieren Sie darauf die Schnitttiefe. Halten Sie die Säge dicht am Anschlag, und schneiden Sie auf beiden Seiten die Brüstungen **(G).**

Entfernen Sie den Großteil des Verschnitts mit einem breiten Stechbeitel, achten Sie dabei jedoch auf den Faserverlauf im Werkstück, damit Sie beim Abstechen nicht einen Riss verursachen, der über die Zapfenrissen hinausläuft **(H).** Schneiden Sie mit einem Simshobel, den Sie dicht an der Zapfenbrüstung entlang führen, den Zapfen bis auf Endtiefe. Dadurch wird nur eine Nut geschnitten **(I).** Entfernen Sie das restliche Holz an der Wange mit einem Hirnholzhobel oder Putzhobel. Schneiden Sie zuerst eine Wange und dann die andere **(J).**

Wenn eine Ecke des Zapfens in den Schlitz passt, oder Sie den Zapfen bis zum Grund des Nutzapfenschlitzes einstecken können, reißen Sie die Enden des Doppelzapfens und die Nutzapfen an **(K).**

Sägen Sie zwischen den Zapfen bis zu den Brüstungen hinab. Achten Sie darauf, mit der Säge auf der Verschnittseite der Linie zu bleiben **(L).** Längen Sie den oberen und unteren Nutzapfen ab. Entfernen Sie dann den Verschnitt zwischen den beiden Zapfen mit der Laubsäge **(M).**

Stechen Sie an der Brüstung zwischen den Zapfen mit dem Stechbeitel ein **(N).** Stechen Sie dabei abwechselnd von beiden Seiten, um Faserausrisse zu vermeiden. Passen Sie dann den Doppelzapfen abschließend auf Endtiefe ein.

TIPP Schneiden Sie unten am Doppelzapfen eine kleine Brüstung an, um Unsauberkeiten am Rand des Schlitzes zu verdecken.

Doppelzapfenverbindung mit Nutzapfen mit der Handoberfräse

Spannen Sie das Werkstück mit zwei Stützbrettern der gleichen Höhe auf Ihrer Hobelbank fest. Bringen Sie eins der Bretter neben dem Werkstück und das andere an seinem Ende an, so dass die Handoberfräse bei keinem Teil des Schnittes abkippen kann.

Spannen Sie einen Nutfräser in der Handoberfräse ein, und setzen Sie ihn auf der Holzoberfläche auf **(A).** Stellen Sie dann auf dem Schnitttiefeneinsteller die gewünschte Schnitttiefe für den Schlitz ein **(B).** Drehen Sie den Revolveranschlag an der Handoberfräse, und stellen Sie eine zweite Schnitttiefe für den Nutzapfenschlitz ein **(C).** Bringen Sie einen Parallelanschlag an der Handoberfräse an, damit der Schlitz an der richtigen Stelle geschnitten wird. Spannen Sie einen Stoppklotz für den Nutzapfenschlitz an dem Brett fest, an das die Grundplatte der Handoberfräse anstößt. Fräsen Sie bis zum anderen Ende des Brettes durch. Fräsen Sie den Nutzapfenschlitz bis auf Endtiefe **(D).**

Verstellen Sie jetzt mit dem Revolveranschlag die Schnitttiefe der Handoberfräse so, dass Sie die Schlitze auf Endtiefe fräsen. Spannen Sie einen weiteren Stoppklotz an, um den Weg zu begrenzen, den die Handoberfräse beim Schneiden der Schlitze zurücklegen kann **(E).**

Stechen Sie die Schlitze und die Enden der Nutzapfen rechtwinklig zu. Sie können hier leicht hinterschneiden, damit die Nutzapfen nicht beim Einpassen des Doppelzapfens stören **(F).** Schneiden Sie den Doppelzapfen mit der Handoberfräse und Parallelanschlag. Fräsen Sie vom Werkstückende zurück zur Brüstung.

Sie können die Schnitttiefe mit einer Ecke des Zapfenbrettes überprüfen, da diese Ecke abgenommen wird, um den Nutzapfen zu schneiden **(G).** Schneiden Sie die Zapfen auf Breite, wenn sie eben in den Schlitz passen. Schneiden Sie sie mit der Band- oder Stichsäge bis zu den Brüstungslinien hinab. Spannen Sie einen Stoppklotz am Anschlag der Bandsäge fest, um die Sägeschnitte an der richtigen Stelle zu beenden **(H).**

A

E

B

F

C

G

D

H

Doppelte Zapfen

Doppelte Zapfen werden in Situationen eingesetzt, in denen ein einzelner Schlitz ein Bauteil zu sehr schwächen würde. Versetzen Sie die Schlitze nach oben, so dass unten am Bauteil mehr Holz stehen bleibt **(A)**.

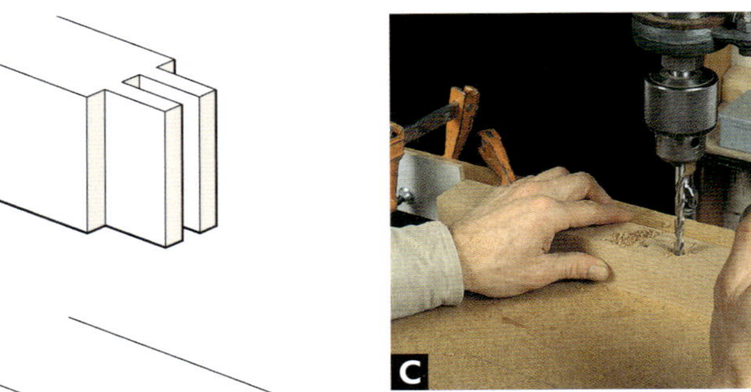

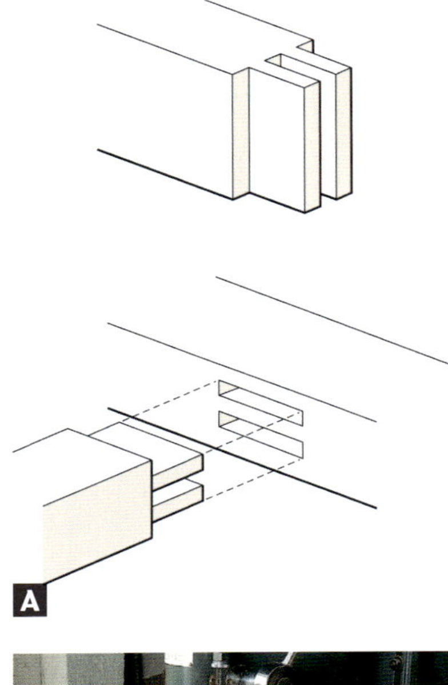

A

B

C

D

E

Reißen Sie die Schlitze so an, dass die Einrichtung der Ständerbohrmaschine für beide die gleiche ist. Beim Schneiden des zweiten Schlitzes wird eine Zulage als Abstandshalter zwischen Anschlag und Werkstück gelegt.

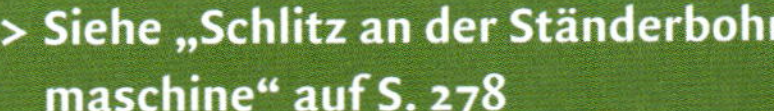

> Siehe „Schlitz an der Ständerbohrmaschine" auf S. 278

Richten Sie den Anschlag zuerst für den äußeren Schlitz ein, und bringen Sie Stoppklötze an ihm an, um die Schlitzlänge zu bestimmen **(B)**. Bohren Sie die beiden äußeren Löcher für den Schlitz. Bohren Sie dann das restliche Holz heraus. Dabei sollte die Zentrierspitze des Bohrers immer auf Holz aufgesetzt werden, damit der Bohrer nicht abwandert **(C)**. Legen Sie einen Abstandshalter für den zweiten Schlitz ein, und bohren Sie ihn **(D)**.

Reißen Sie die Brüstungen der Zapfen mit dem Streichmaß an, und schneiden Sie die erste äußere Brüstung.

> Siehe Schnittmethoden auf S. 287 – 296.

Falls die beiden Teile der Verbindung bündig abschließen sollen, schneiden Sie die erste Wange und kontrollieren ihre Lage anhand des Schlitzes. Drehen Sie das geschlitzte Stück um, und halten Sie es an die Zapfenwange. Falls die Sichtseite des Brettes mit der Wandung des Schlitzes fluchtet, werden auch die äußeren Seiten bündig abschließen, wenn Sie die Verbindung zusammenstecken **(E)**. Falls die Sichtseite nicht ganz fluchtet, nehmen Sie so viel Material ab, dass die erste Wange die richtige Größe hat.

Bearbeiten Sie auf die gleiche Weise die anderen Zapfenwangen. Schneiden Sie die inneren Wangen an der Band- oder Tischkreissäge, und stechen Sie die mittlere Brüstung mit dem Stechbeitel aus.

Schräge Brüstungen für einen festen Zapfen

Der Winkel einer schrägen Zapfenbrüstung sollte dem Winkel am Ende des Werkstücks entsprechen, das erleichtert das Zuschneiden. Reißen Sie den Winkel und die Position der Brüstungen mit der Schmiege an **(A).** Stellen Sie einen abgewinkelten Anschlag oder eine Zulage mit dem richtigen Winkel her, die Sie an den Anschlag des Ablängschlittens anlegen können. Dieser Winkel sollte den der Brüstung zu einem rechten Winkel ergänzen. So benötigt eine Brüstung im Winkel von 82° einen Anschlag, der im Winkel von 8° steht.

Schneiden Sie eine Brüstung an gegenüberliegenden Seiten des Werkstücks an. Sie können den abgewinkelten Einsatz mit einem festen Stoppklotz herstellen oder einen Stoppklotz festzwingen, um die Schnitte einheitlich auszuführen **(B).** Um die passende Brüstung zu schneiden, müssen Sie das Werkstück umdrehen. Für den zweiten Satz Brüstungsschnitte benötigen Sie entweder einen zweiten Winkelanschlag, oder Sie müssen das winklig zugeschnittene Stück Restholz umdrehen. Sie müssen die Stoppklötze sehr sorgfältig ausrichten, um sicherzustellen, dass diese gewinkelten Schnitte genau passen **(C).**

VARIATION Schneiden Sie die beiden Brüstungen, indem Sie den Gehrungsanschlag erst in die eine und dann in die andere Richtung schräg stellen.

Schneiden Sie die Zapfen an der Bandsäge sorgfältig vor. Halten Sie dabei das Werkstück im Winkel. Es muss für den Schnitt am Sägeblatt gut abgestützt werden. Kontrollieren Sie dann, dass beide Brüstungen gleich hoch sind, bevor Sie die Hilfsvorrichtungen abbauen **(D).**

A

C

B

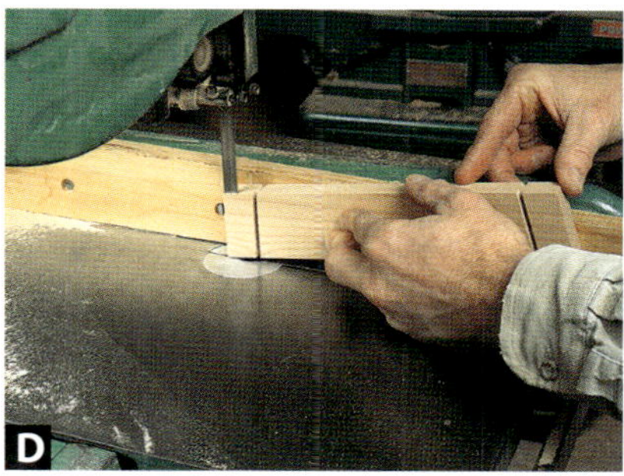
D

VARIATION

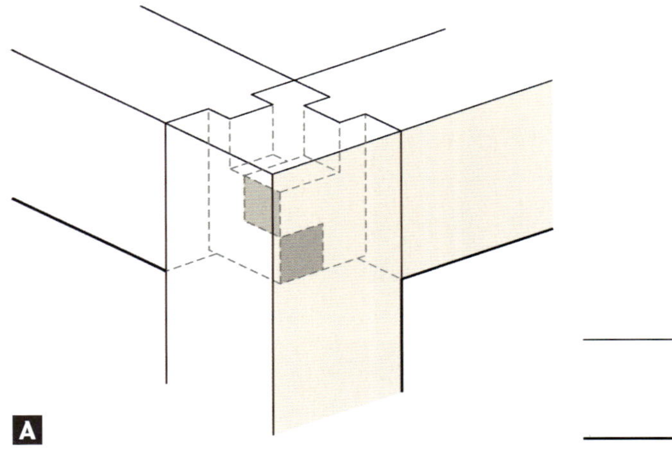

Ausgeklinkter Zapfen

Anstatt die Enden der beiden Zapfen auf Gehrung zu schneiden, kann man sie auch ausklinken, so dass sie überlappen können **(A).** Beachten Sie jedoch, dass dadurch die Leimfläche der Verbindung reduziert wird.

Reißen Sie die Lage der Ausklinkung an einem Zapfen an. Sie sollte die halbe Höhe des Zapfens betragen und um einen geringen Betrag breiter sein. Übertragen Sie die Ausklinkung auf den anderen Zapfen **(B).** Schneiden Sie die Ausklinkungen mit der Rückensäge **(C).**

VARIATION Schneiden Sie die Brüstung der Ausklinkung mit dem Ablängschlitten an der Tischkreissäge, und schneiden Sie den Zapfen dann an der Bandsäge auf Breite.

Verschränkte Zapfen

Bei verschränkten Zapfen wird der erste Zapfen durch das Einstecken des zweiten in seiner Position arretiert **(A)**. Schneiden Sie den Schlitz in dem ersten Zapfen nicht zu breit, weil sonst kurzes Holz entsteht, das leicht ausbrechen kann. Richten Sie eine Handoberfräse mit Parallelanschlag ein, um die Schlitze und Nutzapfen zu schneiden.

> Siehe „Schlitz-und-Zapfenverbindung mit Nutzapfen mit der Handoberfräse" auf S. 307.

Verwenden Sie zwei Schnitttiefeneinstellungen, um beide zu schneiden. Schneiden Sie zuerst den Nutzapfenschlitz **(B)**. Ändern Sie die Schnitttiefe, um die doppelten Schlitze zu schneiden; bringen Sie Stoppklötze an, um den Schnittweg der Handoberfräse zu begrenzen **(C)**.

Beschneiden Sie die Doppelzapfen an der Bandsäge, so dass sie in die Schlitze passen. Reißen Sie den Nutzapfen deutlich an, und schneiden Sie bis knapp an diesen Riss, oder bringen Sie einen Stoppklotz am Anschlag an **(D)**.

Stecken Sie den Doppelzapfen in den zugehörigen Schlitz, und schneiden Sie den Schlitz zum Verschränken hindurch **(E)**. Passen Sie den einzelnen Zapfen in der Breite auf den Schlitz durch den Doppelzapfen an **(F)**. Runden Sie die Zapfenbrüstungen mit einer Feile für einen runden Schlitz ab **(G)**.

VARIATION Sie können auch Dübel verwenden, um den Zapfen in einem Gegenstück zu sichern.

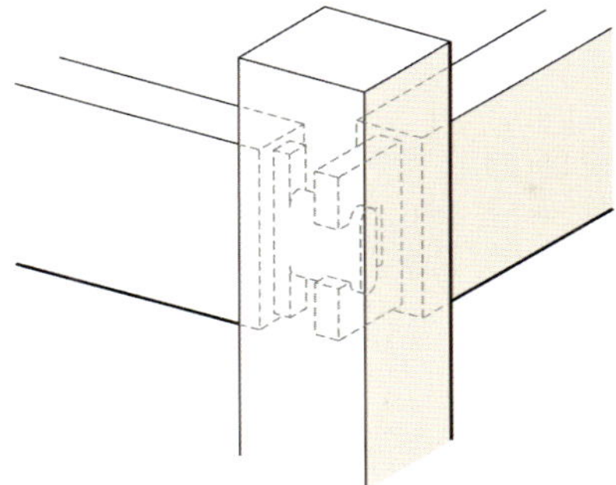

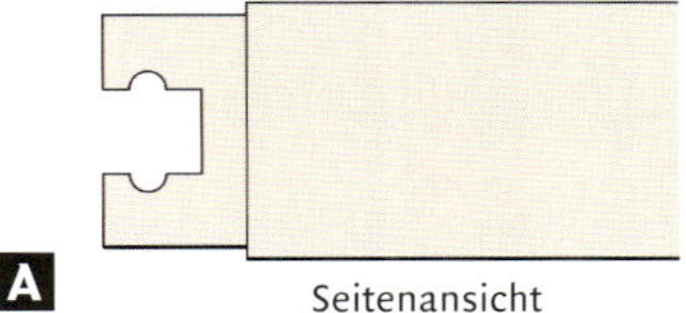

Seitenansicht

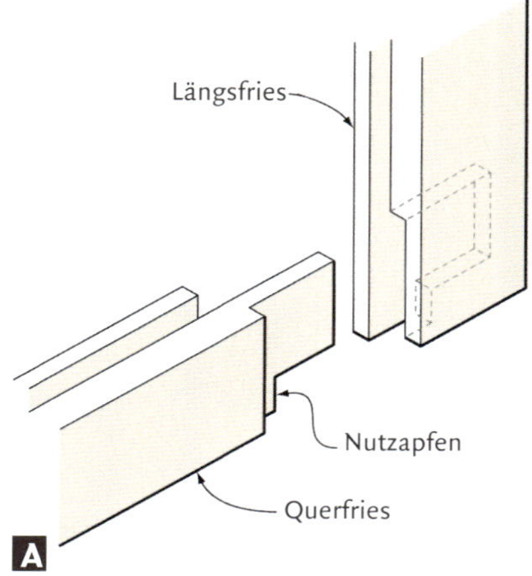

Zapfenverbindung mit Falz

Bei handgearbeiteten Rahmen mit Füllungen müssen manchmal an die Zapfenstücke unterschiedlich lange Brüstungen geschnitten werden **(A).** Wenn ein Rahmen innen auf der Rückseite gefälzt wird, schneidet man mit dem Falzhobel einen durchgehenden Falz bis an die Enden des Werkstücks. Die Brüstung auf der Rückseite des gezapften Brettes muss dann länger sein, um den Falz zu füllen. Mit der Handoberfräse geschnittene Fälze erfordern dies nicht, da man den Rahmen trocken zusammenspannen und dann die Fälze abgesetzt schneiden kann.

Verwenden Sie einen Kombiwinkel als Tiefenlehre, und reißen Sie die Schlitze und Fälze mit Bleistift an **(B).** Stechen Sie die Schlitze bis auf Endtiefe aus **(C).**

> Siehe „Handgeschnittene Schlitz-und-Zapfenverbindung mit Nutzapfen" auf S. 305.

Schneiden Sie mit dem Falzhobel und Anschlag an der Rückseite der geschlitzten Bretter einen Falz an. Stellen Sie den Anschlag so ein, dass der Falz mit einer der Schlitzwandungen fluchtet. Schneiden Sie auch an die gezapften Bretter die Fälze an **(D).**

Verwenden Sie ein Streichmaß mit Schneidrad, um die Brüstungen am Zapfenstück anzureißen. Reißen Sie zuerst die lange Brüstung an der Rückseite und dann die kurze Brüstung an der Vorderseite des Querfrieses an **(E).** Markieren Sie dann die Zapfenstärke mit Bleistift und Lineal oder dem Streichmaß.

Schneiden Sie die Brüstungen bis auf Tiefe. Schneiden Sie dann die Wangen der Zapfen mit der Rückensäge. Verputzen Sie den ersten Wangenschnitt mit einem Simshobel, bevor Sie mit dem zweiten Schnitt weitermachen. Sägen Sie den Nutzapfen mit der Rückensäge aus.

Falsche Gehrung

Eine einfache Fase an der Innenseite eines Rahmens oder einer Tür kann man nach dem Zusammenbau schneiden. Mit ein wenig Handarbeit werden die letzten Details hergestellt **(A)**.

Schneiden Sie zuerst die Zapfen mit Ihrer bevorzugten Methode.

> Siehe Schnittmethoden auf S. 276 – 286.

Verleimen Sie den Rahmen, und verputzen Sie die Sichtseiten. Schneiden Sie mit der Handoberfräse und einem 45°-Fasefräser eine Fase an der Innenseite des Rahmens an **(B)**.

Die Details an der Innenecke werden mit dem Stechbeitel geschnitten. Markieren Sie das Ende des Schnittes an, indem Sie den Stechbeitel an der Fase anlegen. Schneiden Sie dann bis zu dieser Markierung **(C)**. Beachten Sie, dass die Verbindung in der Ecke immer etwas dunkler sein wird, da Sie hier in das Hirnholz geschnitten haben **(D)**.

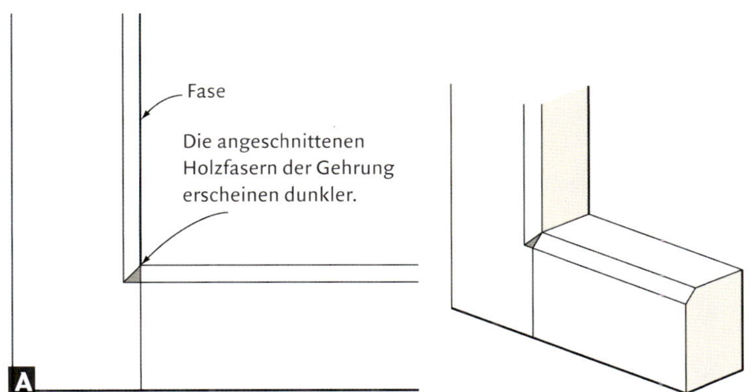

A

B

VARIATION

Schlitz-und-Zapfenverbindung mit Konterprofilfräsern

Konterprofilfräser gibt es in einer Vielzahl verschiedener Profile und in einigen Anordnungen. Mit diesen Fräsersätzen kann man an Rahmen mit Innenprofil eine kurze Schlitz-und-Zapfenverbindung schneiden, die mit der Nut für eine Füllung fluchtet. Da die Leimfläche in diesen Verbindungen gering ist, sollte man keine große Belastbarkeit erwarten, wenn man sie nicht zusätzlich mit Dübeln oder Schrauben verstärkt.

Schneiden Sie die Nut und das Profil am Längsfries mit dem Nutfräser des Konterprofilsatzes am Handoberfräsentisch. Die Geschwindigkeit sollte auf etwa 10 000 UpM eingestellt sein. Machen Sie einige Probeschnitte, um die Fräserhöhe genau richtig einzustellen, und denken Sie daran, einen Schiebestock zu verwenden **(A).**

TIPP Sicherer ist diese Arbeit, wenn Sie einen Anschlag am Anlaufring ausrichten.

Schneiden Sie mit dem Spundfräser des Konterprofilsatzes das Profil mit dem Spund ins Hirnholz des Querfrieses. Legen Sie eine Zulage hinter das Werkstück, um Faserausrisse zu verhindern und eine bessere Anlage am Anschlag zu haben **(B).**

VARIATION Sie können auch beide Seiten der Verbindung mit einem wendbaren Fräser schneiden. Solche Fräser sind preiswerter, es dauert aber etwas länger, die Stellung der Schneiden zu verändern.

Schlitz-und-Zapfenverbindung mit Profil auf Gehrung

Belastbare Möbeltürrahmen lassen sich mit Schlitz-und-Zapfen-Verbindungen herstellen, deren Innenprofil auf Gehrung gearbeitet ist **(A).** Kaufen Sie Material, an welchem das Profil bereits angefräst ist, oder stellen Sie sich Ihr eigenes her. Wenn Sie Ihre Schnittliste aufstellen, achten Sie unbedingt darauf, die Breite des Profils an beiden Enden des Querfrieses hinzuzuzählen.

Schneiden Sie die Schlitz-und-Zapfen-Verbindungen an den Friesen an **(B).**

> Siehe Schnittmethoden auf S. 276 - 296.

Ermitteln Sie den Anfang der Gehrung, indem Sie den Rahmen zusammenstecken und die Breite des Querfrieses am Längsfries markieren **(C).** Schneiden Sie das Profil mit der Bandsäge und einem Anschlag von den Längsfriesen ab. Schneiden Sie bis dicht an die Bleistiftmarkierung für die Gehrung, oder bringen Sie einen Stoppklotz am Anschlag an, um die Schnitte wiederholbar zu machen **(D).**

Spannen Sie eine Vorrichtung zum Nacharbeiten am Längsfries fest, und schneiden Sie das Profil an Quer- und Längsfries auf Gehrung. Überprüfen Sie dann die Passung **(E).**

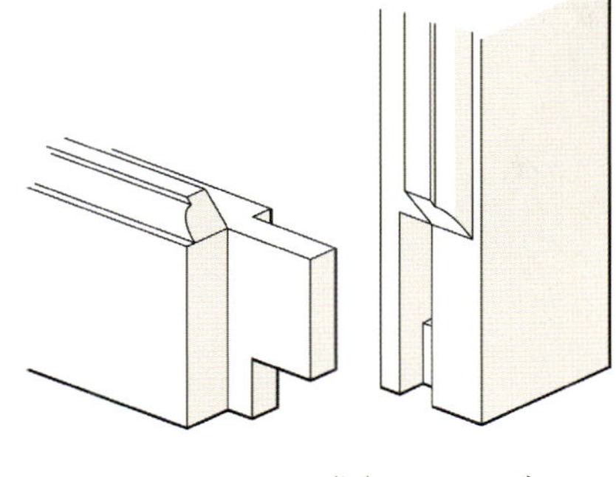

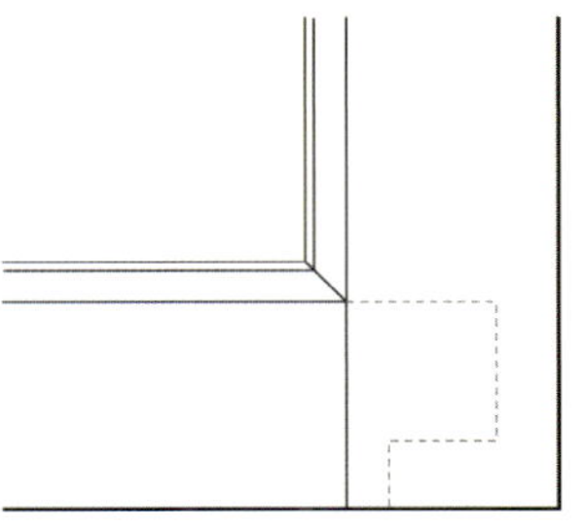

A

B

C

D

E

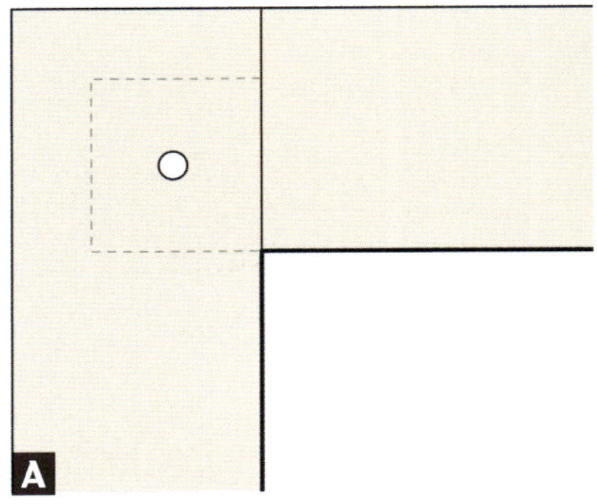

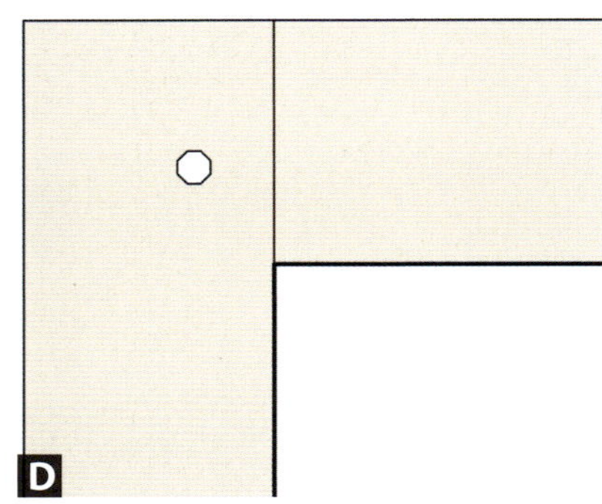

Gedübelte Zapfenverbindung

Um sicherzustellen, dass eine Zapfenverbindung länger hält, kann man sie dübeln **(A).** Auch wenn die Verleimung nachgibt, wird die Verbindung durch den Dübel noch zusammengehalten.

Verleimen Sie die Verbindung, und bohren Sie ein Loch mit einem Bohrer mit Zentrierspitze hinein. Falls der Dübel von beiden Seiten sichtbar sein soll, legen Sie ein Stück Restholz unter den Rahmen, um Faserausrisse beim Durchbohren zu verhindern. Falls nicht, stellen Sie die Schnitttiefe sorgfältig so ein, dass die Zentrierspitze nicht durch das Holz an der Rückseite stößt **(B).**

Fasen Sie das Ende des Dübels an, und geben Sie eine geringe Menge Leim an das Bohrloch, bevor Sie den Dübel eintreiben **(C).** Ein rustikaleres Aussehen erzielt man mit achteckigen Holzzapfen, die man in runde Löcher eintreibt **(D).**

VARIATION Die hier gezeigten Dübel sitzen formschlüssig, da sich ihre Kanten in das umgebende Holz schneiden. Formen Sie das Material für die Dübel mit dem Hirnholzhobel, und fasen Sie das Ende an, bevor Sie sie in die Löcher stecken. Schneiden Sie die Rohlinge nicht zu groß.

Auf Zug gebohrter Zapfen

Auf Zug gebohrte Zapfen sind eher für Zimmermannsarbeiten als für hochwertige Möbel geeignet, wenn man die Verbindung jedoch sorgfältig ausführt, kann man sie auch im Möbelbau einsetzen. Das Loch im Zapfen wird gegenüber dem Loch im Schlitz um 1 mm in Richtung Brüstung versetzt **(A).** Wenn man den Dübel eintreibt, wird die Brüstung des Zapfens dichter an den Schlitz herangezogen. Bei einer Bügelzapfen- oder Bügelzapfeneckverbindung wird das Loch im Zapfen näher an der Brüstung und weiter oben am Zapfen gebohrt, wodurch der Zapfen in den Schlitz und nach unten gezogen wird. Falls der Versatz zu groß ist, kann man den Dübel nicht in beide Löcher treiben, oder er weitet das Zapfenloch aus, anstatt die Verbindung zusammenzuziehen.

Auf Zug gebohrter Zapfen

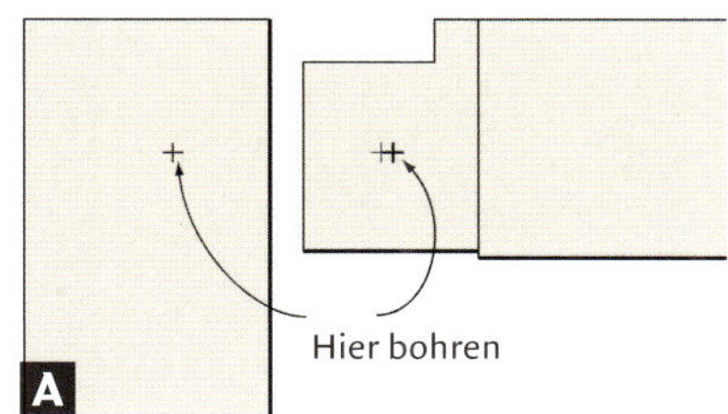

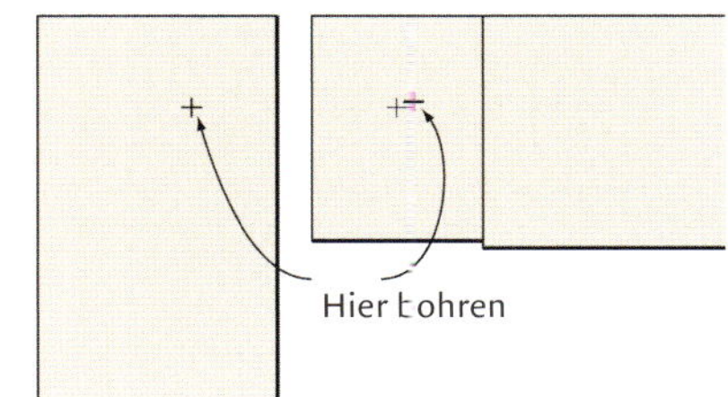

Schneiden Sie die Schlitz-und-Zapfenverbindung und passen Sie sie ein.

> Siehe Schnittmethoden auf S. 276 – 296.

Nehmen Sie die Verbindung auseinander, und bohren Sie an der Ständerbohrmaschine mit einem Bohrer mit Zentrierspitze ein Loch durch den Schlitz. Um Faserausrisse im Schlitz zu vermeiden, sollten Sie langsam bohren oder ein Stück Restholz in den Schlitz stecken **(B).**

Stecken Sie die Verbindung wieder zusammen, und markieren Sie den Mittelpunkt des Bohrloches mit dem gleichen Bohrer auf dem Zapfen **(C).** Nehmen Sie den Zapfen wieder heraus, und versetzen Sie die Markierung geringfügig in Richtung Brüstung **(D).** Legen Sie ein Stück Restholz unter den Zapfen, um Faserausrisse zu verhindern und das Werkstück während des Schnittes abzustützen, und bohren Sie durch den Zapfen **(E).**

Schneiden Sie einen überlangen Dübel zu, und fasen Sie ein Ende stark an. Leimen Sie den Zapfen in den Schlitz, und treiben Sie den Dübel in das Bohrloch, bis er auf der anderen Seite heraustritt. Sie können sich das Eintreiben erleichtern, indem Sie von der anderen Seite provisorisch eine Schraube mit angefastem Ende in das Bohrloch stecken **(F).**

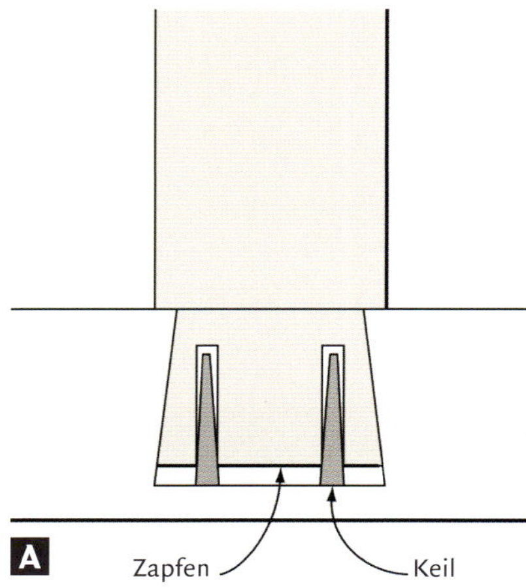

A

B

C

D

E

F

Versteckt verkeilter Zapfen

Mit versteckten Keilen kann man eine Schlitz-und-Zapfenverbindung belastbarer machen **(A).** Da man aber bei der Herstellung an verschiedenen Stellen Fehler machen kann, ist es eine Verbindung von vielleicht eher zweifelhaftem Wert.

Weiten Sie zuerst den Schlitz am Grund mit dem Stechbeitel aus. Übertreiben Sie dabei nicht **(B).** Schneiden Sie die Schlitze für die Keile mit der Handsäge oder Bandsäge. Sie sollten nahe an den Kanten des Zapfens liegen **(C, D).**

Gute Ergebnisse erzielen Sie mit der versteckten Verkeilung nur, wenn das Material für die Keile genau die richtige Länge und Breite hat.

Wenn die Keile zu lang sind, sitzen sie schon fest, bevor man sie ganz in den Schlitz getrieben hat. Wenn sie zu dünn sind, treiben sie den Zapfen nicht so weit auseinander, dass er sich im Schlitz verkeilt **(E).** Und schließlich wird der Zapfen reißen, wenn der Keil zu breit ist oder der Schlitz zu nahe an der Kante des Zapfens geschnitten worden ist **(F).**

> Siehe „Keile herstellen“ auf S. 342

Zapfen mit Brüstung auf Gehrung

Verwenden Sie einen Zapfen, dessen Brüstung auf Gehrung geschnitten wird, wenn eine Linie mit starker Krümmung die Zapfenbrüstung beim Formen zerbrechen lassen würde. Die Probleme, die durch das kurze Holz entstehen, lassen sich vermeiden, indem man das Ende der Brüstung auf Gehrung schneidet. Das Querstück muss an jedem Ende um die Länge größer sein, um welche die Brüstung nach außen springt **(A)**. Schneiden Sie die Schlitz-und-Zapfenverbindung, und bauen Sie sie zusammen.

> Siehe Schnittmethoden auf S. 276 – 296.

Beachten Sie, dass der Zapfen von der Unterkante des Querstücks nach oben versetzt ist, damit er nicht zum Vorschein kommt, wenn die Gehrung geschnitten wird. Reißen Sie die Lage der Unterkante des Querstücks am Bein oder Längsfries an. Zeichnen Sie dann von diesem Punkt aus mit Bleistift den Gehrungsschnitt an. Reißen Sie die vorspringende Brüstung bis zu dieser Gehrungslinie an. Ein Vorsprung von 5 mm ist ausreichend **(B)**. Winkeln Sie eine Linie von dem Kreuzungspunkt dieser beiden Linien zur Kante des Beines über. Montieren Sie dann das Querstück und das Bein wieder zusammen, und markieren Sie diesen Punkt am Querstück; von hier aus wird die Gehrung geschnitten **(C)**.

Schneiden Sie das Bein an der Bandsäge mit Anschlag bis zur Gehrungslinie ein **(D)**. Verputzen Sie diesen Schnitt mit einem Eckensimshobel mit abnehmbarer Nase (die Nase wird in diesem Fall entfernt). Drücken Sie hinten kräftig auf den Hobel, damit er nicht in den Schnitt abkippt **(E)**. Verputzen Sie die Gehrung mit dem Stechbeitel und einem Block mit 45°-Schräge, den Sie am Bein festgespannt haben **(F)**.

Schneiden Sie schließlich an der Brüstung des Querstücks eine Fase an, die der Gehrung entspricht **(G)**. An der fertigen Verbindung kann man erkennen, wie der Schwung der Linie durch den gesamten Übergang erhalten bleibt **(H)**.

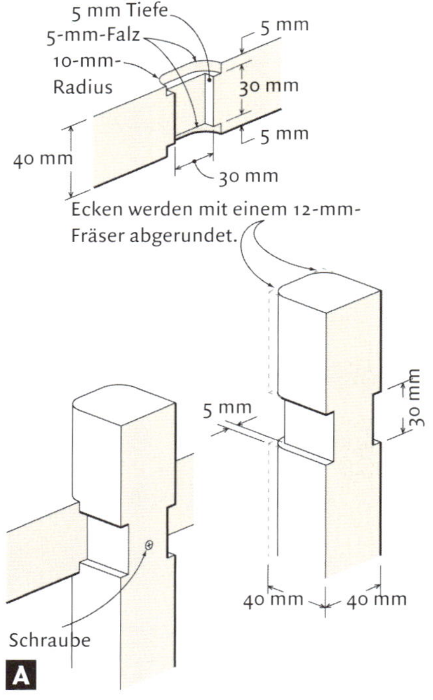

A

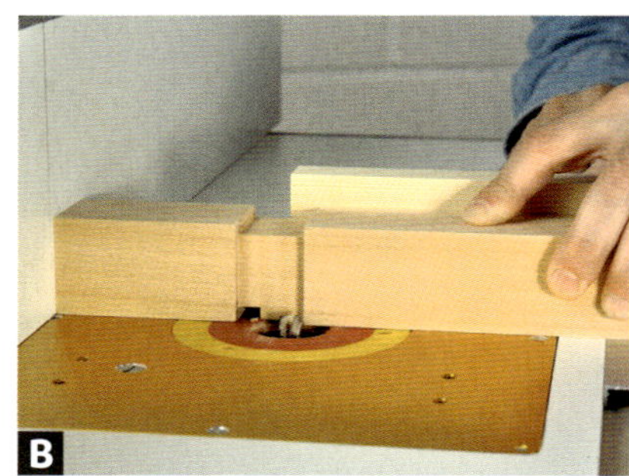
B

C

D

Verbindung für Stühle nach Art des Sam Maloof

Die genutete Stuhlverbindung nach Art des Sam Maloof, eines verstorbenen amerikanischen Möbelbauers, die hier zu sehen ist, wird mit verschiedenen Fräsern geschnitten **(A).** Reißen Sie die Nuten am Bein und der Sitzfläche an, bedenken Sie jedoch, dass die Nut an der Sitzfläche durch die Fälze verkleinert werden wird, die auf beiden Seiten des Rohlings für die Sitzfläche angeschnitten werden. Bringen Sie die Nut in der Sitzfläche nicht an der Kante an, um Probleme mit kurzem Holz zu vermeiden.

Nuten Sie drei Seiten des Beines bis zu einer Tiefe von 5 mm. Bringen Sie einen Stoppklotz für die entfernte Seite der Nut und einen Abstandshalter für die nähere Seite an **(B).** Schneiden Sie eine 5 mm tiefe Nut in die Sitzfläche, die so breit ist wie das Bein nach dem Nutschnitt **(C).**

Verwenden Sie einen 5-mm-Falzfräser mit einem Gesamtdurchmesser von 20 mm, um Fälze an die Ober- und Unterkante der Nut in der Sitzfläche zu schneiden **(D).** Dadurch bleibt ein 10-mm-Radius an den Ecken der Nut. Setzen Sie den Schnitt vorsichtig an, damit Sie nur die Nut fälzen und nicht auch die Kante des Stuhls. Genauso wichtig ist es, beim Austritt des Schnittes den Vorschub zu verringern, damit es nicht an der Kante der Nut zu Faserausrissen kommt. Dadurch kommt es am Hirnholz zu Brennspuren. Man kann die Kante auch mit dem Messer einritzen oder im Gleichlauf in die Nut zurückfräsen.

Spannen Sie einen 10-mm-Viertelstabfräser im Handoberfräsentisch ein, und runden Sie die inneren Ecken des Beines so ab, dass sie in die runde Ecke der Sitzflächennut passen **(E).** Überprüfen Sie die Passung der Verbindung, und arbeiten Sie gegebenenfalls nach. Falls das Bein zu breit ist, schneiden Sie mit dem Hobel nach, und runden Sie die Kanten wieder ab. Falls die Nut im Bein zu groß ist, arbeiten Sie sie mit dem Simshobel nach **(F).**

Bohren Sie ein oder zwei Schraubenlöcher in das Bein. Versenken Sie das Loch zuerst mit einem Bohrer mit Zentrierspitze, und bohren Sie dann ein Führungsloch durch das Bein **(G).**

Geben Sie Leim an, stecken Sie die Verbindung zusammen, und drehen Sie die Schraube ein. Formen Sie danach die Verbindung **(H).**

E

F

G

H

1. Schritt

Reißen Sie den Schlitz an, und schneiden Sie ihn. Schneiden Sie die erste Gehrung.

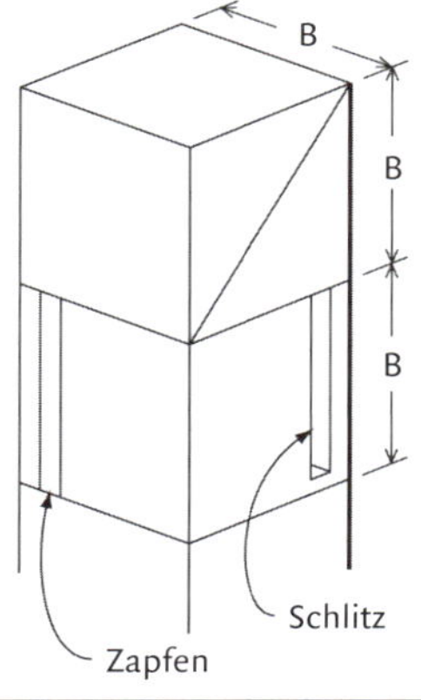

2. Schritt

Schneiden Sie den Zapfen.

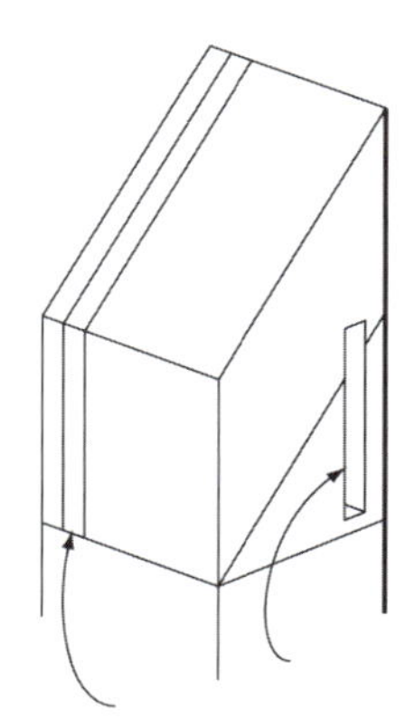

3. Schritt

Schneiden Sie die zweite Gehrung.

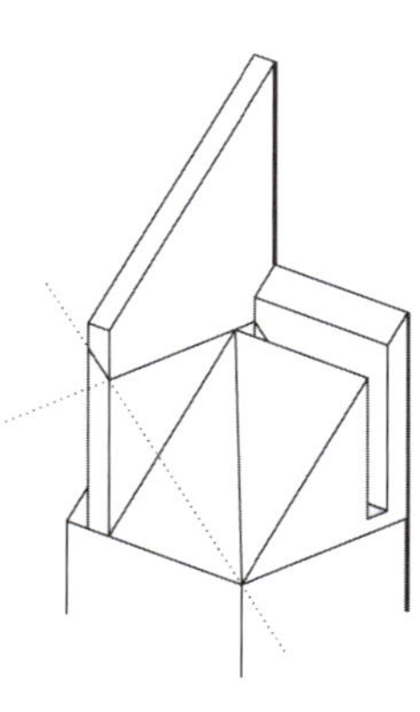

4. Schritt

Schneiden Sie den Zapfen auf Länge.

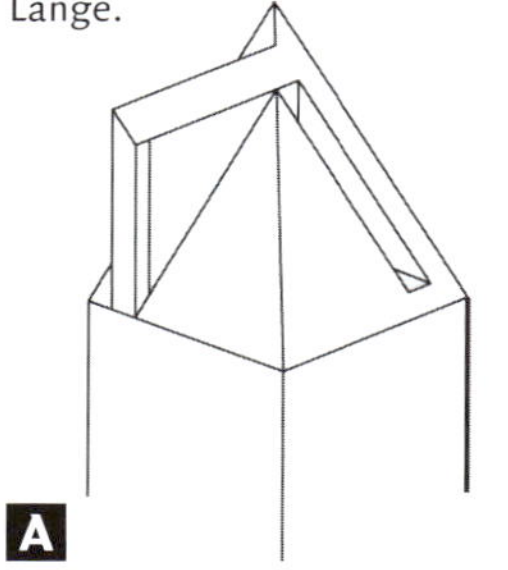

5. Schritt

Verputzen Sie mit dem Stechbeitel.

Fertige Verbindung

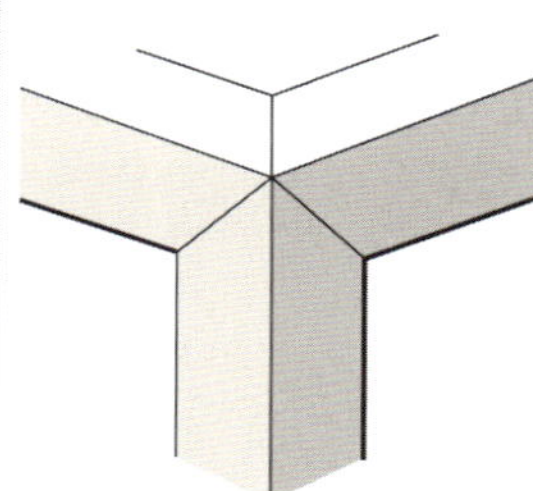

A

B

C

Dreifachgehrung

Um die elegante dreifach gegehrte Verbindung herzustellen, müssen Sie sehr genau und sehr geduldig sein **(A).** Um Ihnen die Arbeit zu erleichtern, sollten alle Teile die gleiche Größe und einen quadratischen Querschnitt haben. Stellen Sie dann die Säge und den Gehrungsanschlag so ein, dass sie genau im Winkel von 45° schneiden. Jedes Teil wird genau gleich bearbeitet und erhält zwei Gehrungen, einen Schlitz und einen Zapfen. Schneiden Sie die Teile mit einer Überlänge zu, die der Breite der Gegenstücke entspricht. Bei einem Tisch wird dann also die Zarge um die Breite von zwei Tischbeinen verlängert, und jedes Bein wird um die Breite der Zarge verlängert. In dieses überstehende Holz wird die Verbindung geschnitten.

Reißen Sie zuerst die Gehrungen, Schlitze und Zapfen an allen Bauteilen an. Zeichnen Sie für die Gehrung im Winkel von 45 Grad eine Linie von der Ecke nach unten. Winkeln Sie diese Linie dann auf die beiden Innenseiten über. Die Entfernung vom Ende sollte einer Seite eines Werkstücks entsprechen. Reißen Sie eine zweite Gehrungslinie an, oder messen Sie von der ersten Linie die gleiche Entfernung (eine Werkstückseite) ab. Markieren Sie diese Linie auf beiden Seiten. Reißen Sie Schlitz und Zapfen an diesen Seiten zwischen den beiden Linien an, aber versetzen Sie den Schlitz von der unteren Linie um 1 mm nach oben. Die mit Bleistift schraffierten Flächen zeigen, wo Holz entfernt wird **(B).**

Schneiden Sie dann die Schlitze.

> Siehe Schnittmethoden auf S. 276 – 286.

Die Breite und Tiefe der Schlitze hängen von den Maßen des verwendeten Materials ab. In diesem Fall habe ich 10 mm breite und 20 mm tiefe Schlitze in 10 mm Entfernung von der Werkstückkante geschnitten.

Schneiden Sie als nächstes die Gehrungen an die Enden aller Werkstücke.

> Siehe „Gehrungsschnitte“ auf S. 193

Stellen Sie dann die Höhe des Sägeblattes an der Tischkreissäge ein, um die erste schräge Zapfenbrüstung im Winkel von 45° zu schneiden. Die Position der Brüstung wird dadurch bestimmt, dass man das auf Gehrung geschnittene Ende des Werkstücks gegen den Parallelanschlag der Tischkreissäge legt **(C).** Verstellen Sie den Gehrungsanschlag, so dass er auf 45° in der anderen Richtung eingestellt ist, und verstellen Sie Sägeblatthöhe entsprechend. Schneiden Sie die zweite schräge Zapfenbrüstung **(D).**

Schneiden Sie die Wangen des Zapfens mit einer Zapfenschneidevorrichtung, die für 45°-Schnitte angefertigt wurde; entfernen Sie jedoch vor dem Schnitt für die innere Wange den Verschnitt an der Bandsäge oder mit einer Handsäge. Dadurch wird verhindert, dass der Verschnitt sich zwischen Sägeblatt und der Vorrichtung verklemmt. Der Verschnitt an der äußeren Wange fällt beim Schneiden einfach ab **(E).**

Schneiden Sie jetzt von der Spitze des Werkstücks die zweite Gehrung zurück. Achten Sie darauf, dass die Winkeleinstellung des Gehrungsanschlags genau richtig ist **(F).**

Danach müssen Sie den Zapfen so zuschneiden, dass er der Tiefe des Schlitzes entspricht. Längen Sie den Zapfen an der Tischkreissäge ab, aber schneiden Sie nicht in die Gehrung **(G)**!

Verputzen Sie abschließend quer zur Faser mit dem Stechbeitel. Schneiden Sie den Zapfen mit der Bandsäge auf Breite. Schneiden Sie dann unten am Zapfen eine kleine Brüstung an, die dem Schlitz entspricht und die Verbindungsfuge verdeckt **(H).**

D

G

E

H

F

Handgeschnittener durchgehender Schlitz

Handgeschnittene durchgehende Schlitze werden mit dem Stechbeitel gestemmt, um rechtwinklige Ecken zu erhalten.

> Siehe „Mit dem Lochbeitel handgeschnittener Schlitz" auf S. 276.

Reißen Sie auf einer Seite des Werkstücks die Endlinien des Schlitzes an, und winkeln Sie sie auf die gegenüberliegende Seite über. Überprüfen Sie die Risse, indem Sie vom Ende des Werkstücks nachmessen. Die Entfernung sollte auf beiden Seiten gleich sein **(A).**

Legen Sie die Breite des Schlitzes mit dem Stechbeitel fest. Legen Sie seine Schneide zwischen die Spitzen eines Zapfenstreichmaßes; stellen Sie dann den Anschlag des Streichmaßes so ein, dass die Lage des Schlitzes im Brett Ihrem Wunsch entspricht. Reißen Sie den Schlitz auf beiden Werkstückseiten an **(B).**

Bohren Sie den Verschnitt an der Ständerbohrmaschine aus, um das Schneiden des Schlitzes zu beschleunigen. Spannen Sie einen Bohrer ein, dessen Durchmesser etwas kleiner ist als die Breite des Schlitzes, und verwenden Sie einen Anschlag, um präzise bohren zu können. Bohren Sie zuerst die beiden äußeren Löcher und danach die in der Mitte. Legen Sie eine Unterlage unter das Werkstück, um den Arbeitstisch der Ständerbohrmaschine zu schonen **(C).**

Stellen Sie den durchgehenden Schlitz fertig, indem Sie mit dem Stechbeitel von beiden Seiten zur Mitte hin einstechen und die beiden Wandungen so verputzen, dass sie eben und parallel zueinander sind **(D).**

Durchgehender Schlitz an der Ständerbohrmaschine

An der Ständerbohrmaschine kann man mit einem Anschlag präzise durchgehende Schlitze schneiden.

> Siehe „Schlitz an der Ständerbohrmaschine" auf S. 278.

Bohren Sie von einer Seite durch das Werkstück hindurch. Legen Sie einen Hilfstisch auf den Arbeitstisch der Ständerbohrmaschine und darauf ein Stück Restholz, in das Sie hineinbohren können. Spannen Sie beide fest, damit sie sich beim Bohren nicht verschieben **(A).** Stellen Sie die Schnitttiefe so ein, dass Sie ganz durch das Werkstück und ein wenig in das Restholz hineinbohren **(B).**

Bohren Sie zuerst die beiden äußeren Löcher, und bohren Sie dann den Verschnitt im Schlitz aus **(C).** Lassen Sie immer ein wenig Holz stehen, auf dem Sie die Zentrierspitze des Bohrers ansetzen können, damit der Bohrer nicht abwandert. Lassen Sie die Enden des Schlitzes rund, und runden Sie den Zapfen ab, oder stechen Sie die Enden des Schlitzes rechtwinklig zu.

A

C

B

Durchgehender Schlitz mit der Handoberfräse und Anschlag

Mit einer Handoberfräse können Sie durchgehende Schlitze mit runden Enden schneiden.

> **Siehe „Schlitz mit der Handoberfräse und Anschlag" auf S. 281.**

Danach müssen Sie den Zapfen rund zuschneiden. Verwenden Sie einen Fräser, der so lang ist, dass er durch das Holz fräsen kann, ohne dass die Oberfläche vom Schaft des Fräsers oder der Spannzangenmutter beschädigt wird. Sie können ganz durch das Werkstück und in ein Stück Restholz fräsen oder den Schnitt kurz vor dem Durchschneiden beenden. Ich ziehe die zweite Methode vor, da sie versehentliche Schnitte in die Hobelbank ausschließt. Legen Sie an beiden Enden des Schnittes Bretter mit der gleichen Höhe wie das Werkstück als Auflagen für die Handoberfräse neben das Werkstück.

Reißen Sie den Schlitz auf einer Seite an. Stellen Sie anhand dieser Risse den Parallelanschlag der Handoberfräse ein **(A)**. Legen Sie einen Abstandshalter aus Pappe auf die Hobelbank, und stellen Sie damit die Schnitttiefe so ein, dass der Schnitt fast ganz durch das Werkstück geht. Setzen Sie den Fräser auf der Pappe auf, und arretieren Sie die Stange des Schnitttiefeneinstellers **(B)**. Fräsen Sie den Schlitz. Das dünne Holzstück, das stehen bleibt, kann mit einem Bleistift leicht herausgedrückt werden **(C)**.

Verputzen Sie den Schlitz mit dem Stechbeitel und einer runden Feile.

Durchgehender Schlitz mit der Handoberfräse und Schablone

Durchgehende Schlitze kann man auch mit der handgeführten Handoberfräse und einer Schablone schneiden.

> Siehe „Schlitz mit der Handoberfräse und Schablone" auf S. 283.

A

B

Danach müssen Sie den Zapfen rund zuschneiden, damit er in den Schlitz passt. Achten Sie darauf, dass der Fräser lang genug ist, um durch das Werkstück zu schneiden und dass die Spannzangenmutter nicht auf der Schablone aufsetzt. Legen Sie ein Stück Restholz unter das Werkstück, um Faserausrisse zu verhindern, oder beenden Sie den Schnitt, kurz bevor er durch das Holz stößt. Legen Sie die Schablone auf das Werkstück, und stellen Sie die Handoberfräse darauf, um die Schnitttiefe einzustellen.

Legen Sie ein Stück Pappe oder Papier auf die Hobelbank, und setzen Sie den Fräser darauf. Arretieren Sie dann die Stange des Schnitttiefeneinstellers **(A)**.

Fräsen Sie bis kurz vor die andere Seite des Werkstücks, nehmen Sie die Schablone ab, und drücken Sie das verbleibende Holz heraus **(B)**. Verputzen Sie die Austrittseite des durchgehenden Schlitzes mit dem Stechbeitel und einer runden Feile.

A

B

C

Durchgehender verkeilter Zapfen

Der Keil in einem Zapfen sollte so angeordnet werden, dass er auf das Hirnholz des Schlitzes Druck ausübt, nicht auf das Längsholz. Dadurch wird die Neigung des Längsholzes auszureißen reduziert. Schneiden Sie zuerst den Schlitz, und passen Sie die Zapfenwangen an.

> Siehe Schnittmethoden auf S. 276 – 296.

Schneiden Sie dann den Zapfen auf Länge, so dass er in der Tiefe gerade in den Schlitz passt. Verwenden Sie die Bandsäge, um den Zapfen auf Größe zu bringen. Überprüfen Sie die Passung von einem Ende des Schlitzes zum anderen **(A).** Runden Sie dann die Zapfenenden ab, falls der Schlitz runde Enden hat.

> Siehe „Einen Zapfen abrunden" auf S. 296 und S.297.

Erweitern Sie den Schlitz nicht, da der Keil, vor allem in trockenem Holz, Druck ausübt. Dadurch wird das Risiko vergrößert, dass der Zapfen reißt, wenn Sie den Keil eintreiben. Geben Sie dem Schlitz auf seiner ganzen Tiefe die gleiche Breite, und konzentrieren Sie sich darauf, dass auch ein kleiner Keil seine Aufgabe erfüllt, indem er Druck erzeugt.

Um zu vermeiden, dass der Zapfen unten durch den Druck des Keils reißt, bohren sie in etwa zwei Drittel der Entfernung von seinem Ende an der Ständerbohrmaschine ein Entlastungsloch mit 4 mm Durchmesser **(B).** Dadurch wird der Keildruck kreisförmig verteilt, anstatt sich am Ende des Keilschlitzes zu konzentrieren und dort zu Rissen zu führen. Schneiden Sie an der Bandsäge den Schlitz für den Keil bis zu diesem Loch. Verwenden Sie einen Anschlag, um den Schnitt zu führen **(C).** Machen Sie den Schlitz etwa 2 mm breit.

> Siehe Zeichnung „Eingeleimte Keile“ auf S. 272.

Der Keil sollte aus härterem Holz als der Zapfen bestehen. Schneiden Sie ihn auf die doppelte Breite des Schlitzes zu, und stellen Sie einige weitere Keile her, die etwas stärker sind. Falls Sie feststellen, dass die Keile sich zu leicht eintreiben lassen, verwenden Sie für die anderen Zapfen diese stärkeren Keile. Schneiden Sie die Keile auf Länge: etwa drei Viertel der Gesamtlänge des Keilschlitzes. Sie werden feststellen, dass der Keildruck die meisten Lücken schließt, die sich an der Fuge einer durchgehenden Zapfenverbindung zeigen.

Geben Sie Leim in den Keilschlitz, und treiben Sie den Keil mit dem Hammer ein. Wenn sich das Geräusch von dumpf zu hell verändert, haben Sie den Keil so weit wie möglich eingetrieben **(D)**.

> Siehe „Keile herstellen“ auf S. 342.

VARIATION Ansprechende Entwurfsakzente können Sie mit doppelten oder diagonalen Keilen in durchgehenden Zapfen setzen. Ein diagonaler Schlitz wird mit der Handsäge in den Zapfen geschnitten.

D

VARIATION

Seitlich verkeilte durchgehende Zapfen

Zapfen mit rechteckigen Enden können seitlich an diesen Enden verkeilt werden. Solche Keile führen nicht zum Reißen des Zapfens, da sie außen auf den Keil drücken, nicht innen.

> **Siehe Zeichnung „Eingeleimte Keile" auf S. 272.**

Schneiden Sie den Schlitz und Zapfen mit Ihrer bevorzugten Methode.

> **Siehe Schnittmethoden auf S. 276 – 296.**

Erweitern Sie den Schlitz mit dem Stechbeitel, um Platz für die Keile zu schaffen. Vergleichen Sie den Winkel dieser Erweiterung mit der Form der Keile **(A).**

> **Siehe „Keile herstellen" auf S. 342.**

Überprüfen Sie, ob der Zapfen vollkommen im Schlitz sitzt, bevor Sie die Keile eintreiben. Stützen Sie das gezapfte Werkstück ab, oder spannen Sie es ein, um Bewegungen beim Eintreiben der Keile zu verhindern. Geben Sie etwas Leim an die Keilschlitze an **(B).**

Verkeilter durchgehender Schwalbenschwanzzapfen

Der verkeilte durchgehende Schwalbenschwanzzapfen verbindet die mechanischen Vorteile des Schwalbenschwanzes mit der Haltekraft des Keils **(A)**. Man kann den Keil von der Innen- oder Außenseite der Verbindung eintreiben. Wenn der Keil Druck ausübt, wird der abgeschrägte Zapfen im Schlitz festgehalten.

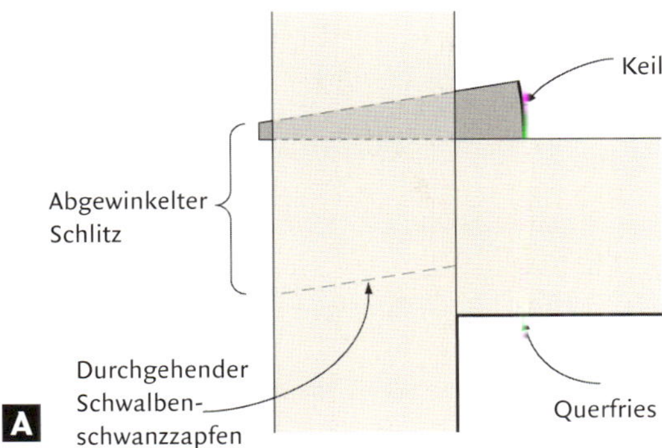

Schneiden Sie den durchgehenden Schlitz.

> Siehe Schnittmethoden auf S. 276 – 236.

Reißen Sie dann auf dem Werkstück zwei parallele Linien an, und schneiden Sie den Schlitz an diesen Linien entlang schräg zu. Diese Linien werden im Winkel der Keile gezogen, der 7° bis 8° beträgt. Achten Sie darauf, dass die Enden des Schlitzes eben zugeschnitten sind, und bearbeiten Sie sie von beiden Kanten aus, um Faserausrisse zu vermeiden **(B)**.

B

Die schräge Seite des Zapfens kann an der Bandsäge oder mit einer Handsäge geschnitten werden. Der Winkel muss dem des Schlitzes entsprechen. Schneiden Sie oben am Zapfen keine Brüstung an, da hier der Keil eingetrieben werden muss.

> Siehe Schnittmethoden auf S. 276 – 296.

C

Stecken Sie die Verbindung zusammen, und treiben Sie den Keil von innen ein, um die Verbindung zu verkeilen **(B)**. Die Verbindung kann angepasst werden, indem man den Keil oder den Zapfenwinkel nacharbeitet.

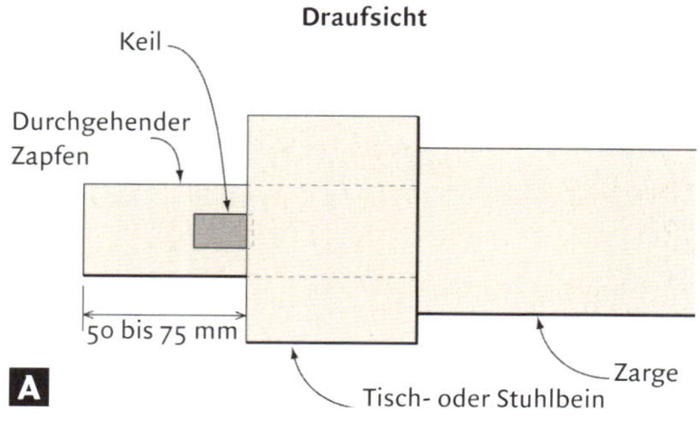

Senkrecht verkeilter durchgehender Zapfen

Zapfen, die aus einem durchgehenden Schlitz herausragen, können mit einem Keil auf der Außenseite festgehalten werden. Diese Keile können lose bleiben oder eingeleimt werden. Der Zapfen selbst kann recht lose in den Schlitz eingepasst werden, damit man das Möbelstück demontieren kann, da der Keil und die Brüstungen des Zapfens bei dieser Verbindung die Arbeit machen. Man kann den Zapfen aber auch so einpassen, dass er verleimt werden kann.

Achten Sie darauf, dass am Ende des Zapfens genügend Holz vorhanden ist, dass es nicht ausreißt, wenn Sie den Keil eintreiben. Der Zapfen sollte 50 bis 75 mm aus dem Schlitz ragen, um das zu gewährleisten **(A).** Schneiden Sie zwei breite Brüstungen an den Zapfen an; diese liegen dann dicht am geschlitzten Bauteil an, wenn der Keil eingesetzt wird. Mit kleinen Brüstungen oben und unten am Zapfen kann man eventuelle Unsauberkeiten am Rand des Schlitzes verdecken. Die Größe des Keils hängt von der Stärke des Zapfens ab. Der Schlitz für den Keil sollte so schmal sein, dass man ihn in den Zapfen schneiden kann, ohne dessen Seitenwände zu schwächen, aber breit genug, um einen ausreichend starken Keil einsetzen zu können.

Stecken Sie den Zapfen in den zugehörigen Schlitz, und reißen Sie die Oberkante des Schlitzes auf dem Zapfen an **(B).** Nehmen Sie die Verbindung wieder auseinander, und reißen Sie den Schlitz für den Keil in seiner Gesamtgröße auf dem Zapfen an **(C).** Der Schlitz für den Keil erstreckt sich bis hinter die Sichtseite des geschlitzten Bauteils, so dass der Keil beim Eintreiben nicht von der Wandung seines eigenen Schlitzes gestoppt wird.

Der Schlitz für den Keil ist auf beiden Seiten schräg geschnitten, obwohl nur die äußere Seite den gleichen Winkel wie der Keil aufweisen muss. Stellen Sie den Arbeitstisch der Ständerbohrmaschine schräg, so dass sein Winkel dem des Keils entspricht, und arretieren Sie ihn **(D)**. Der Winkel sollte 7° bis 8° betragen.

Legen Sie den Schlitz im Zapfen an, indem Sie mit einem Bohrer mit Zentrierspitze oder einem Forstnerbohrer ausbohren. Bohren Sie zuerst die beiden äußeren Löcher und danach die in der Mitte. Legen Sie ein Stück Restholz unter den Zapfen, um Faserausrisse zu verhindern und das Werkstück während des Schnittes abzustützen **(E)**.

Stechen Sie nur das äußere Ende des Keilschlitzes rechtwinklig nach **(F)**. Richten Sie den Lochbeitel an den Winkelrissen auf dem Zapfen aus. Wenn Sie das andere Ende des Keilschlitzes weit genug nach hinten versetzt haben, können Sie es rund belassen. Fasen Sie das untere Ende des Keilschlitzes leicht an, um Faserausrisse zu vermeiden, wenn Sie einen eng sitzenden Keil hindurch treiben **(G)**.

> Siehe „Vollzapfen mit losem Keil“ auf S. 136.

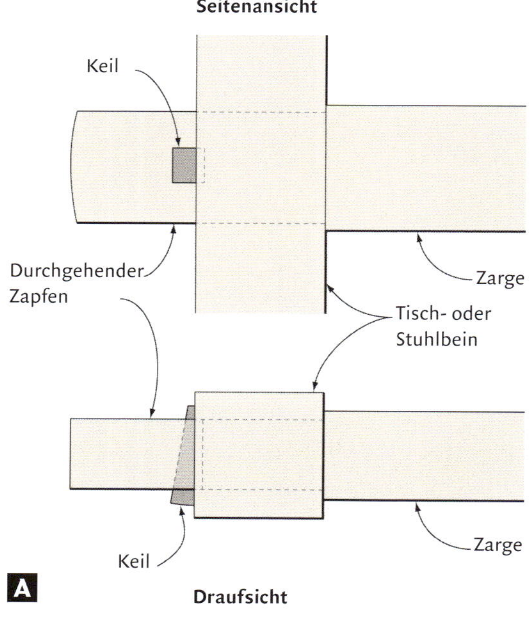

Waagerecht verkeilter durchgehender Zapfen

Der Vorteil eines waagerecht verkeilten Zapfens liegt darin, dass es leichter ist, einen Schlitz quer durch den Zapfen zu schneiden als senkrecht **(A).**

Stellen Sie den Arbeitstisch der Ständerbohrmaschine schräg, und bohren Sie den Verschnitt aus dem Schlitz.

> Siehe Schnittmethoden auf S. 276 – 296.

Stechen Sie die Enden des Schlitzes rechtwinklig und in dem erforderlichen Winkel von 7° bis 8° zu **(B).** Legen Sie etwas Restholz unter den Zapfen, während Sie mit dem Stechbeitel arbeiten. Der Schlitz für den Keil erstreckt sich bis hinter die Sichtseite des geschlitzten Bauteils, so dass der Keil beim Eintreiben nicht von der Wandung seines eigenen Schlitzes gestoppt wird.

Treiben Sie den Keil mit einem Metallhammer ein; wenn das Schlaggeräusch von dumpf zu hell wechselt, wissen Sie, dass der Keil tief genug sitzt **(C).** Sie können den Keil einleimen oder lose lassen, falls das Möbelstück demontierbar sein soll.

Große Keile für durchgehende Verkeilungen
Schneiden Sie große Keile grob an der Bandsäge vor. Hobeln Sie sie an der Abrichthobelmaschine dann auf Stärke, oder schieben Sie sie am Sägeblatt vorbei, um sie annähernd auf Stärke zu bringen. Entfernen Sie die Sägespuren mit dem Handhobel, um die Keile auf Endstärke zu bringen. Überprüfen Sie die Stärke anhand des Keilschlitzes.

Stellen Sie eine einfache Vorrichtung zum Verjüngen aus Sperrholz oder Mitteldichter Faserplatte (MDF) her, mit der an der Bandsäge die Schrägen an die Keile geschnitten werden. Reißen Sie den erwünschten Winkel für die Keile auf der Vorrichtung an, und schneiden Sie sie sauber aus. Der Winkel sollte 7° bis 8° betragen. Längen Sie das Material für die Keile ab, und bringen Sie es dann an der Vorrichtung an. Stellen Sie den Anschlag der Bandsäge ein, um die Keile auf die richtige Breite zu schneiden **(E)**.

Es gibt unzählige mögliche Keilformen, lassen Sie also Ihrer Phantasie freien Lauf. Verputzen Sie die Sägespuren, und bringen Sie den Keil mit einem Hobel, den Sie umgekehrt in die Bankzange gespannt haben, auf seine Endgröße. Verwenden Sie einen kleinen Schiebeklotz, um die Keile zu halten und Ihre Fingerspitzen zu schützen **(F)**.

> Siehe „Lose Keile herstellen" auf S. 138.

E

F